油 葵

白桂萍　黄启秀　叶朝晖　主编

气象出版社
China Meteorological Press

内容简介

油葵是重要的油料作物之一，在国内外广泛种植。本书首先介绍了油葵在国内的生产布局和丰富的种质资源。随之阐述了油葵种植的生物学基础，包括生育进程、环境条件对油葵生长发育的影响，油葵生育过程中的碳代谢、脂肪代谢、水分代谢等内容。在前述基础上，详细论述和介绍了油葵的实用栽培技术。在油葵种植中，为了保证其优质丰产，具体阐述了油葵种植中的病、虫、草害的种类、生活习性、对油葵生长的危害及其防治、防除措施；同时介绍和论述了环境胁迫对油葵种植的影响及其应对措施。最后，从食用和综合利用方面，撰述了油葵的品质和综合利用。本书可供从事油葵研究和种植的农业科研人员和农民朋友使用。

图书在版编目（CIP）数据

油葵 / 白桂萍，黄启秀，叶朝晖主编. -- 北京 :
气象出版社，2022.8
ISBN 978-7-5029-7754-2

Ⅰ. ①油… Ⅱ. ①白… ②黄… ③叶… Ⅲ. ①向日葵
—栽培技术 Ⅳ. ①S565.5

中国版本图书馆CIP数据核字(2022)第119167号

Youkui
油葵
白桂萍　黄启秀　叶朝晖　主编

出版发行：气象出版社
地　　址：北京市海淀区中关村南大街 46 号　　邮政编码：100081
电　　话：010-68407112（总编室）　010-68408042（发行部）
网　　址：http://www.qxcbs.com　　E-mail：qxcbs@cma.gov.cn
责任编辑：王元庆　　终　　审：吴晓鹏
责任校对：张硕杰　　责任技编：赵相宁
封面设计：地大彩印设计中心
印　　刷：北京中石油彩色印刷有限责任公司
开　　本：787 mm×1092 mm　1/16　　印　　张：14
字　　数：356 千字
版　　次：2022 年 8 月第 1 版　　印　　次：2022 年 8 月第 1 次印刷
定　　价：76.00 元

本书编委会

策　划：曹广才

主　编：白桂萍（襄阳市农业科学院）
黄启秀（新疆农业科学院经济作物研究所）
叶朝晖（乌兰察布市农林科学研究所）

副主编（按作者姓名的汉语拼音排序）：
曹　彦（乌兰察布市农林科学研究所）
褚乾梅（襄阳市农业科学院）
高荣嵘（榆林市农业科学研究院）
雷中华（新疆农业科学院经济作物研究所）
刘金善（乌兰察布市农林科学研究所）
沙　红（新疆农业科学院经济作物研究所）
谢　捷（襄阳市农业科学院）
张存霞（乌兰察布市农林科学研究所）
张　黎（新疆农业科学院经济作物研究所）

编委（按作者姓名的汉语拼音排序）：
蔡付琳（昌吉市农业技术推广中心）
陈捍军（襄阳市农业科学院）
黄文娟（乌兰察布市农林科学研究所）
李艳娥（阜康市农业技术推广中心）
刘道敏（六安市农业科学研究院）
刘　凯（乌兰察布市农林科学研究所）
母　俊（襄阳市农业科学院）
唐雪辉（襄阳市农业科学院）
魏冬梅（乌兰察布市农林科学研究所）
夏　昀（特克斯县农业农村局）

向理军(新疆农业科学院经济作物研究所)
谢雄泽(襄阳市农业科学院)
尹羽丰(襄阳市农业科学院)
张清伟(襄阳市农业科学院)
赵发屺(乌兰察布市化德县农牧业行政综合执法大队)

前　言

油葵，是油用向日葵的简称，为菊科向日葵属，学名 *Helianthus annuus* L.，英文名称为 Sunflower。油葵起源于北美洲南部和西部以及秘鲁及墨西哥北部地区，在16世纪末17世纪初传入中国。中国长期以来向日葵栽培主要是出于观赏之用或作为干果食用，油用型向日葵是20世纪50年代从苏联引进后开始大面积种植，在1979年正式列入国家油料作物种植计划，成为油菜、花生、大豆之后的第四大油料作物。据中国农村统计年鉴数据，2019年中国向日葵种植面积 9.15×10^5 hm^2，平均单产 2910 kg/hm^2，总产 266.4 万 t。中国向日葵栽培主要集中在东北、内蒙古及西北地区，东北地区以嗑食型为主，油用型品种则主要分布在中部及西北地区。种植面积最大的是内蒙古自治区，占全国向日葵总面积的64.3%左右，新疆维吾尔自治区种植面积占14.9%左右，位居第二。

油葵是一种抗干旱、抗逆性强的油料作物，具有适应性广、抗逆性强、早熟高产等特点，其籽粒主要成分为氨基酸、亚油酸、油酸、不饱和脂肪酸等，对降低胆固醇、调节血脂有较好的效果。近年来，油葵在品种培育、栽培种植技术及开发应用等方面呈现出新的发展变化，同时被广泛应用于食品加工行业、化工行业、农牧业等领域，其较长的产业链条和后续加工有效带动了主产区经济发展。因此，本书将近年的理论、实用技术及最新的应用等方面进行了系统总结，为指导油葵生产及全面认识油葵多功能用途提供了有效的支持。

本书是由襄阳市农业科学院、新疆农业科学院经济作物研究所和乌兰察布市农林科学研究所等单位在一线从事向日葵育种、栽培、推广等工作的科技人员共同写作完成的。全书共分5章：第一章为中国油葵生产布局和种质资源；第二章为油葵种植的生物学基础；第三章为油葵栽培；第四章为环境胁迫及其应对；第五章为油葵品质与利用。全书从中国油葵生产布局、种质资源、油葵的生育进程、环境条件对油葵生长发育的影响、油葵的有关代谢、油葵栽培、生物胁迫与非生物胁迫及其应对、油葵的品质与综合利用等方面进行了全面系统地介绍，可供从事油葵科研、教学及农业领域相关人员参考。

参考文献按章编排，以作者姓名的汉语拼音排序，同一作者的则以年代先后为序。中文文献排在英文文献之前。非正式出版的和学位论文不作为参考文献引用。

本书的策划与统稿得到了中国农业科学院作物科学研究所曹广才先生的悉心指导。本书虽经编写人员认真、谨慎的多次讨论及修改，但限于编写人员水平有限，书中疏漏及不足之处在所难免，敬请同行与广大读者不吝指正。

白桂萍

2022年3月

作者分工

前言 …………………………………………………………………………………… 白桂萍

第一章

第一节………………………………………………………………………… 黄启秀、向理军

第二节 ………………………………………………………………………… 黄启秀、雷中华

第二章

第一节 ……………………………………………………………………… 张黎、沙红、雷中华

第二节 …………………………………………………………………… 白桂萍、谢雄泽、母俊

第三节 …………………………………………………………………………………… 高荣嵘

第三章

第一节………………………………………………………… 谢捷、尹羽丰、刘道敏、张清伟

第二节 …………………………………………………………………… 李艳娥、夏昀、蔡付琳

第四章

第一节………………………………………………………………………… 曹彦、张存霞

第二节 …………………………………………………………………… 刘凯、叶朝晖、黄文娟

第五章

第一节 ………………………………………………………………… 褚乾梅、唐雪辉、陈捍军

第二节……………………………………………………… 刘金善、叶朝晖、魏冬梅、赵发屺

全书统稿 ……………………………………………………………………………… 曹广才

目录

第一章 中国油葵生产布局和种质资源

第一节　中国油葵生产布局

一、油葵的植物分类地位、形态特征、生活习性

（一）分类地位

向日葵（*Helianthus annuus* L.）是菊科（Compositae）向日葵属（*Helianthus* L.）一年生草本植物。据《中国植物志》记载，向日葵属约有 100 种，主要分布于美洲北部，少数分布于南美洲的秘鲁、智利等地，其中一些"种"在世界各地栽培很广。本属除向日葵（*H. annuus* L.）和菊芋（*H. tuberosus* L.）这两种著名的特用作物外，在中国还有不少已经引种栽培的观赏植物。其中最主要的有绢毛葵（*H. argophyllus* Torr. et Gray）、瓜叶葵（*H. cucumerifolius* Torr. etA. Gray）、狭叶向日葵（*H. angustifolius* L.）、毛叶向日葵（*H. mollis* Lam.）及其心叶变种（var. *cordatus* Bailey）、千瓣葵（*H. decapetalus* L.）、糙叶向日葵（*H. maxillianii* Schred.）、黑紫向日葵（*H. atrorubens* L.）等。

向日葵因花序随太阳转动而得名。别名向阳花、葵花、太阳花、转日莲、朝阳花、望日莲，这个学名是由希腊文的 Heis（太阳）和 anthos（花）组成的，意思是头状花序随着太阳转动。向日葵的幼苗、叶片和花盘（开花的前半期）每天都随太阳转。

向日葵原产于北美洲的西南部，它的野生种广泛分布在北纬 30°～50°的北美南部、西南部以及秘鲁和墨西哥北部地区，北美印第安人将野生向日葵进行驯化，逐渐变为最早的栽培向日葵。公元 1510 年，西班牙探险队从美国新墨西哥州将向日葵引入欧洲，种在庭院或花园里供人观赏，后来人们从鸟儿啄食它那金黄花盘上成熟的种子，才发现向日葵的食用价值，然后用作园艺植物与农作物。18 世纪初，美国有人发现火上烤过的向日葵种子有很多油渍和十分诱人的香味，于是想到用向日葵的种子作为榨油的原料，开始对向日葵进行选择并大面积种植。这一发现为工业化提取植物油打开了大门，从此，世界上开始有了葵花油。油葵（*Helianthus annuus* L.）是"油用型向日葵"的简称。原产美洲，是世界第二大油料作物，于 15 世纪传入中国，是主要油料作物之一。所谓"油葵"与"向日葵"是同一个物种。可以理解为是以油用为主的 *Helianthus annuus* L. 这个物种内的品种群，至今已有众多的品种。

向日葵多向性分类如下：

(1)按染色体分

① 二倍体（$2n=34$）　多数向日葵种属于二倍体。

② 四倍体($2n=4x=68$) 分布在美国东部的 *H. laevigatus* 和 *H. smithii* 属四倍体。

③ 六倍体($2n=6x=102$) 分布在美国东部和东南部的 *H. tuberosus* 和 *H. resinosus* 均为六倍体。

(2)按习惯分 有野生向日葵、观赏向日葵、栽培向日葵。

(3)按选育途径分 有常规种、杂交种。

(4)按熟期(从出苗到成熟的生育日数)分 有极早熟种(生育日数 85 d 以内);早熟种(生育日数 86～100 d);中早熟种(生育日数 101～105 d);中熟种(生育日数 106～115 d);中晚熟种(生育日数 116～125 d);晚熟种(生育日数 126 d 以上)。

(5)按用途分 按向日葵籽实的用途(主要是含油率),可分为如下几种类型:

① 食用型向日葵 分常规品种和杂交种。以作为休闲嗑食食品为主,适合用于烘烤做成干果小食品。籽仁也可作为食品加工的原料。

常规品种植株高大,株高 2～3m,生育期长达 120～140 d,籽实大,百粒重 12g 以上,种皮多带黑白纹,籽仁率 50%左右,籽实含油率 20%～30%。

杂交种植株较矮,1.2～2.0m,生育期一般较常规品种短,在 85～125 d。

② 油用型向日葵 植株较矮,株高 1.2～1.9m,生育日数 80～115 d,籽实小,百粒重 5～8g,种皮黑色或黑色带灰纹,籽仁饱满,籽仁率 70%～80%,籽实含油率高,可达 40%～55%,适用于榨油。

③ 中间型 植株性状、生育性状均介于食用型和油用型之间。若作榨油用,其含油率偏低;若作嗑食用,籽实又嫌小,在国外常用来喂鸟。近年来,中间型向日葵主要用于扒仁,作为植物蛋白质原料。

④ 观赏型 多分枝、多花盘、花盘小、花色鲜艳。主要用于插花。

目前,中国栽培的向日葵有不同的品种类型,如普通向日葵、观赏向日葵、油用型向日葵(简称油葵)。在相当长的时间内,中国向日葵是作为观赏植物或干果食用植物而零星种植的。20 世纪 50 年代初全国种植向日葵近 4 万 hm^2,1955 年为 6.7 万 hm^2,大都以嗑食为主。1958 年从苏联、匈牙利等国引进油用型向日葵(如派列多维克,原意先进工作者)等,开始大面积种植。20 世纪 70 年代又从国外引入了法国雄性不育源,之后实现了三系配套,80 年代开始推广三系杂交种,向日葵生产得以快速发展。1987 年陕西省种子公司从美国引进油葵杂交种 G101,在陕西各地试种成功,1991 年通过陕西省农作物品种审定委员会审定。之后在陕西、宁夏、内蒙古、新疆等省(区)大面积推广种植。1998 年赤峰种子联营公司(赤峰德农股份有限公司前身)高级农艺师汪家灼等人从澳大利亚太平洋种子公司引入杂交油葵"S31",试种获得成功,并先后在内蒙古和新疆通过审定。S31 在 2008 年前曾是中国油葵种植面积最大的品种。进入 21 世纪以来,油用型向日葵杂交种在产量、含油率、抗逆性等方面均有所提高和改善,食用型向日葵杂交种也在生产上推广开来,在炒货市场的强力拉动下,种植面积和产量得到迅速扩大和提高,向日葵主产区也从东北迅速向华北和西北发展。目前中国食用和油用型向日葵年种植面积在 100 万 hm^2 上下,总产量 170 万 t 左右,主要集中在东北、华北和西北"三北"地区,成为中国重要油料作物和经济作物之一。近几年种植面积和总产量均居世界第五位。2011 年播种面积 94.02 万 hm^2,总产量为 231.28 万 t,单产 2459.70 kg/hm^2。2011 年向日葵种植面积稍有减少,但总产量和单产水平都较 2010 年有所提高。

中国向日葵生产主要集中在内蒙古、新疆及东北三省等地。新疆是中国第二大向日葵主产区，2016 年种植面积 260 万亩*，总产量 53.63 万 t，2017 年和 2018 年种植面积有小幅下降。新疆向日葵种植主要分布在北疆地区，阿勒泰地区是新疆食用型向日葵的主产区之一，伊犁州地区是新疆油葵主产区，除此之外，河北省近年来的油葵种植面积也比较大。

在中国，向日葵生产中食用型向日葵占主要地位，食葵与油葵的面积比大约为 7：3。中国有少量的向日葵籽出口，呈稳步发展的趋势。从 2005 年开始稳定在 11 万 t 以上，总值 1.07 亿美元，2010 年中国出口向日葵籽 14.59 万 t，总值 2.01 亿美元。近年来中国开始进口向日葵油，2010 年进口 14.47 万 t，总值 1.39 亿美元。

（二）形态特征

向日葵的一生是指从种子萌动开始到新的种子成熟。向日葵整个生长发育过程包括根、茎、叶、花、籽实等器官的建成。向日葵器官的形态建成过程是基因与环境因素共同作用下的复杂生长发育现象。外界环境条件，如阳光、空气、气温、地温、降水、风速等气象因素，土壤质地、水、气以及病、虫状况对向日葵的生长发育也会产生影响，而低温冷害、霜冻、干旱、雨涝等则可能对生长发育造成严重后果。

1. 种子发芽

分吸胀、萌动和发芽 3 个阶段。有生命的向日葵籽实即种子，在适宜的温度、水分和氧气供应条件下，开始吸水膨胀（吸胀），此时各种酶被激活，呼吸作用增强，子叶中贮存的营养物质，在酶的作用下，逐步降解为低分子化合物。譬如，淀粉水解为葡萄糖、麦芽糖，蛋白质降解为氨基酸，脂类分解为甘油和脂肪酸。这些低分子化合物，一部分作为呼吸作用的底物被氧化消耗，成为能量的来源；另一部分则参与新生胚根、胚轴、胚芽的建成。

种子发芽，一般从胚根伸长开始，胚根突破种皮，显露出根尖，完成萌动阶段。当胚根长到与种子等长、胚芽长达种子长度一半时，即达到了发芽阶段。随着胚轴的生长将两片子叶和果皮顶出地表，果皮脱落（有时子叶也可能将果壳带出地面），子叶露出地面并平展，此时即为出苗（图 1-1）。

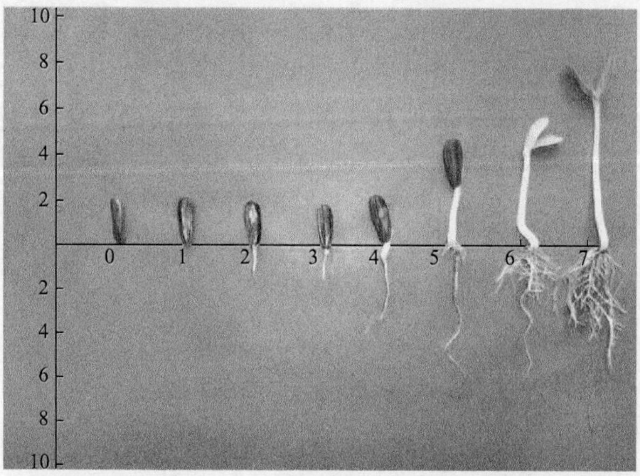

图 1-1　种子发芽过程（黄启秀制图）

0—干种子；1—吸胀的种子（播种后第 1 d）；2—胚根突破种皮（播种后第 2 d）；3—播种后第 3 d；4—播种后第 4 d；5—侧根生出（播种后第 5 d）；6—果壳脱落，两片子叶展开（播种后第 6 d）；7—播种后第 7 d 的幼苗，子叶变绿

* 1 亩≈666.67 m^2。

出苗时，胚轴由弯变直，下胚轴长度与播种深度有关，一般在 5～6 cm，地下部稍长些，地上部稍短些。

2. 向日葵的根

来源于胚根顶端分生组织（一般称作根端），根的顶端为根冠，它是根初生结构的一部分，具有保护作用。根冠的后面依次是分生区、伸长区、成熟区。

向日葵的根系属于直根系，由主根、侧根、须根和根毛 4 个部分组成。向日葵根的生长从种子萌发时即已开始，胚根首先突破果皮，受向地性控制而向下生长，形成主根，之后在其周围产生侧根。向日葵的侧根包括从主根上长出的侧根（定根）和从胚轴上长出的不定根。不定根中又可分为下下根 、下上根、上下根 3 种（土面下称下下根、土面至子叶段的称下上根、子叶至真叶的下半段称上下根）。到开花期，不定根总量已超过从主根上发出的侧根的重量，以后还在继续增加。赖先齐等(1993)研究了不定根的发生规律，结果表明，随着植株的生长，不定根越长越多，其作用越来越重要。如在盛花期观察，下下根占侧根总量的 31%，下上根占 15.8%，上下根占 7.92%，共占 54.72%，到灌浆期则达到侧根的 67.1%。

向日葵根的生长速度比茎快（春播比夏播更显著），当株高只有 5 cm 时，根入土中已达 14 cm。而且，在不同的生育阶段，根的生长速度也不同。现蕾期根系伸长较快，开花期达到高峰，每天可伸长 2～5 cm，后期又变慢。向日葵的根量比玉米约大 1 倍以上，它的风干重约占整个植株的 20%～30%。据崔良基等(2011)测定，盆栽试验向日葵品种 F60 的冠根比为 3.3；田间条件下，同一品种的冠根比为 5.2。

3. 向日葵的茎

源于胚顶端分生组织。在初生生长完成后，产生一种次生组织——微管形成层。微管形成层细胞分裂，其衍生细胞出现分化，向内产生次生韧皮部（运输养料），向外产生次生木质部（运输水分），从而构成茎的次生微管系统。微管组织数量增加，茎的直径也随之增粗。

向日葵茎的生长属于单轴生长，是由胚轴从下向上无限伸长，分化成节和节间，在节上着生叶和分枝。

作物茎尖分生组织具有自我形成和维护的能力，包括分生组织的形成与再生、保护和调控。茎秆的高度取决于地上部分的伸长节间数和节间长度。向日葵的茎，主要靠茎尖分生组织的细胞分裂和伸长，使节数增加，节间伸长，植株逐渐长高，其节间伸长的方式为顶端生长。

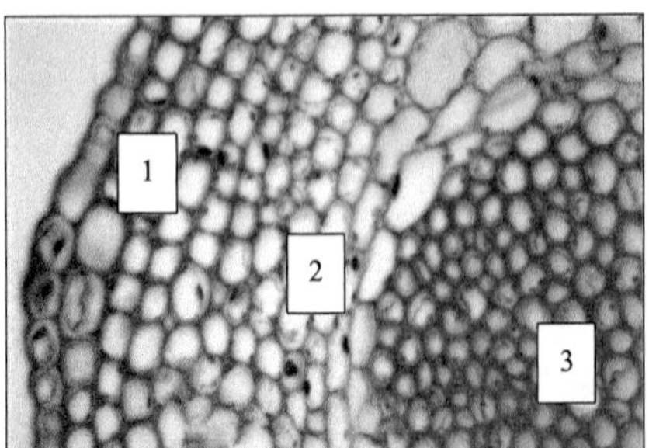

图 1-2　向日葵幼茎横切所示初生结构

（黄启秀制图）

1—表皮；2—皮层；3—维管束

向日葵的茎秆直立，高度差异很大，从 0.5 m 至 5 m 不等。茎的横断面近圆形，直径 0.8～10.0 cm 不等。表面粗糙，被有刚毛。由外向里由表皮、皮层、微管组织（韧皮部、木质部）和海绵状的髓部组成（图 1-2）。接近完熟期，茎秆发生强烈木质化，而茎内的髓则形成空心。

向日葵的幼茎多呈绿色，也有淡紫色或紫色者，这是幼茎细胞中含有花青苷色素所致，这一特征是苗期鉴别品种进行去杂提纯的重要标志。

向日葵茎秆可分为无分枝型和分枝型两种。分枝型又分顶部分枝、基部分枝、有主盘全分枝、无主盘全分枝 4 种类型，详见图 1-3。

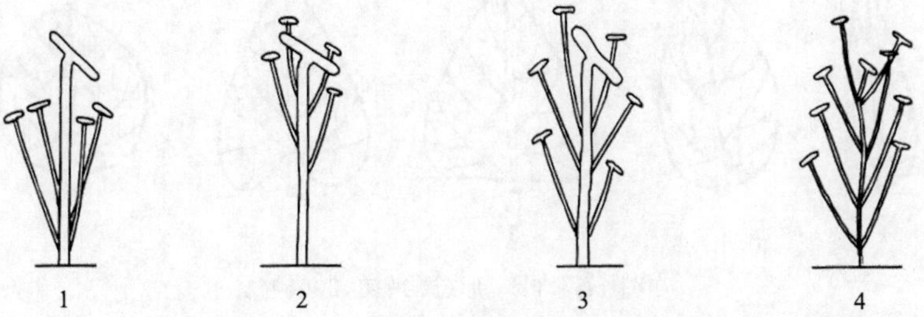

图 1-3 向日葵的分枝类型（严兴初，2006）

1. 基部分枝；2. 上部分枝；3. 有主盘分枝；4. 无主盘分枝

除上述分枝类型外，还有一种特殊的类型，即“双头同熟分枝型”，也称 Y 分枝性状，如苏联的 WJR1629 基因型（图 1-4）。Y 分枝源自顶端分生组织的分裂：顶部原体细胞首先解体，靠近原套的细胞随之坏死，接着，周围的分生细胞形成新的顶生分生组织，形成二叉植株。分枝前叶螺线数达 4 个或更多，分杈后则回到 2 个叶螺线。

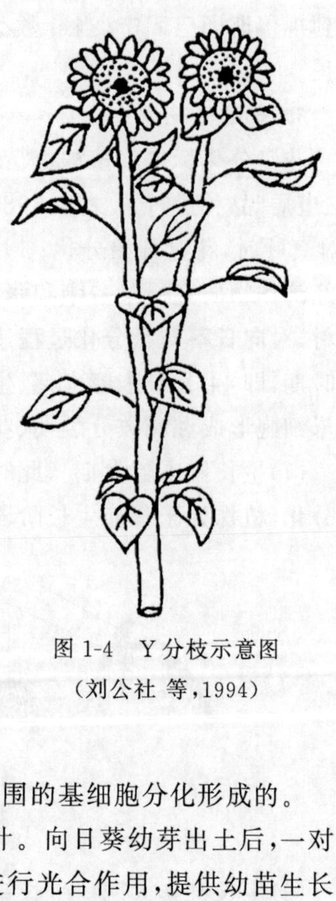

图 1-4 Y 分枝示意图

（刘公社 等，1994）

向日葵的分枝又可分为遗传性分枝和非遗传性分枝两种类型。遗传性分枝是品种本身具有分枝性。这类品种，即使在比较干旱瘠薄的环境条件下，叶腋也会长出分枝。非遗传性分枝是因环境条件影响出现的分枝。

基部分枝是由单显性基因控制。也就是说，只要有分枝基因存在就 100％发生基部分枝。上部分枝、有主盘全分枝、无主盘全分枝这 3 种分枝类型为等位隐性。

栽培上要选用不分枝的品种。但是在配制杂交种过程中，常常利用恢复系的隐性分枝延长散粉时间以提高结实率，不育系为无分枝，这样隐性性状在 F1 中不会表现。

4. 向日葵的叶

是由叶原基发育而来的。叶原基则是由茎顶端分生组织外围的基细胞分化形成的。

向日葵的叶根据其来源和着生部位不同，可分为子叶和真叶。向日葵幼芽出土后，一对子叶首先破土钻出地面，一般为圆扇形。子叶逐渐变为绿色，可进行光合作用，提供幼苗生长所需的养分。之后两片子叶的顶端（生长点）长出两片对生真叶，着生在短的叶柄之上，直到继续长出 3 对对生真叶（有的是 4 对真叶），以后随着茎的继续生长，每个节上只生一片单叶，单叶互生，并着生在较长的叶柄之上，直到茎的顶端。当真叶长出后，子叶逐渐枯萎、脱落，“完成了它的历史使命”，子叶也叫不完全叶，真叶则叫完全叶。

向日葵叶片的形状和数量因品种而异，与叶原基的形状、细胞分裂的次数、叶细胞体积的增大等因素有关。向日葵叶片较大，长和宽均可达到 40 cm 或更长，形状有披针形、椭圆形、三角形、心形、圆形，但多数呈心形（图 1-5）。叶端尖，叶缘大都有缺裂或呈锯齿状。叶面上覆有一层极薄的蜡质层，且密生短而硬的茸毛，可减少水分消耗。

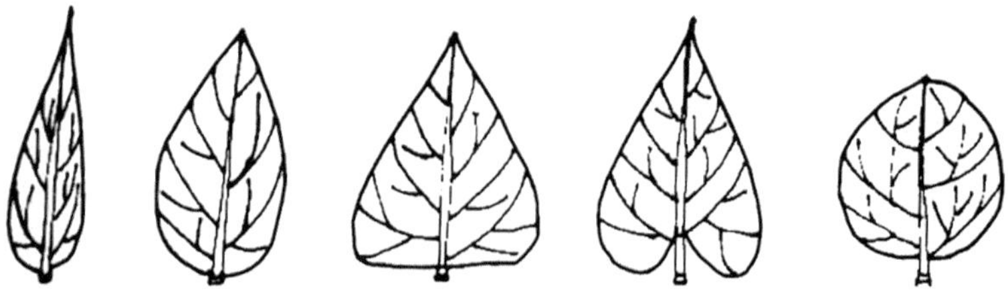

图 1-5 叶 形(严兴初,2006)

1. 披针形;2. 椭圆形;3. 三角形;4. 心形;5. 圆形

不同品种叶片数不同,一般为 30～50 片,极个别的品种只有 18～19 片。向日葵叶片数目到现蕾期即已固定,当叶数为全株叶片的半数时,叶片开始迅速生长,到开花盛期便停止生长。

5. 向日葵花盘

花盘分化标志着植株由营养生长期进入生殖生长期。山西省阳曲县王润中和郑海兔对“三道眉”品种进行了观察:1980 年 4 月 21 日播种,5 月 5 日出苗;5 月 26 日,当株高约 16 cm、5 对真叶时,花盘开始分化;6 月 16 日,株高 54 cm、17 对真叶时进入雏形期。山西省农业科学院经济作物研究所梁一刚和张维锋于 1981 年,以“三道眉”和油用品种“墨西哥派列多维克”为试材,对向日葵花盘分化过程进行了比较详细的解剖学观察。他们把整个分化过程划分为 8 个时期,即:生长锥未膨大期、生长锥膨大期、花盘雏体分化期、小花分化期、雄雌蕊形成期、花粉母细胞形成和减数分裂期、花粉粒形成期和花粉粒充实完成期。现分述如下:

(1)生长锥未膨大期 此时生长锥呈馒头状,其高度和宽度基本相同,生长点尚未开始花盘分化,植株处于营养生长阶段(图 1-6)。

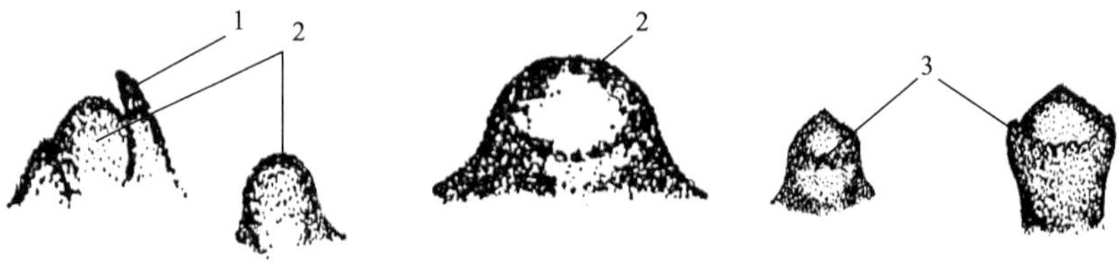

图 1-6 生长锥(梁一刚 等,1992)

1. 茎生叶原基;2. 生长锥(未膨大);3. 苞片原基

(2)生长锥膨大期 生长锥基部的宽度大于高度,基部膨大突起,形成苞叶原始体着生基盘,并分化出最后 1～2 片真叶的原基。此期结束,标志着茎节和真叶分化过程的结束及结实器官形成过程的开始(图 1-6)。

(3)花盘雏体分化期 由于生长锥继续向周边扩展,并由外向内相继分化出第 1～5 圈或 6 圈苞片原始体。同时,因为生长锥的膨大速度远远超过幼茎顶部加长的速度,所以使原来的柱状突起逐步发育成头状花盘雏体(图 1-6)。

(4)小花分化期 此期生长锥和繁殖器官的形态变化比较复杂,又可细分为 3 个阶段。

① 小花原基分化期 花盘雏体边缘的粗糙表面开始隆起,第一圈小花原基微凸。开始时较扁,以后渐尖(图 1-7)。

② 托片原基分化期　小花原基生长到一定程度后，其边缘一侧开始分化出托片原基凸起，体积较小形似圆锥体(图 1-7)。托片原始体形成之后，花盘边缘大约每隔两个小花原基的部位开始分化出一个个半圆球状的微小凸起，即边缘舌状花突起。

③ 花冠原始体形成期　当舌状花原基分化形成之后，小花原基顶部眉缘开始隆起，形如轮胎。尔后，小花中心生长点周缘突起迅速生长，其顶端形成五裂(图 1-7)。

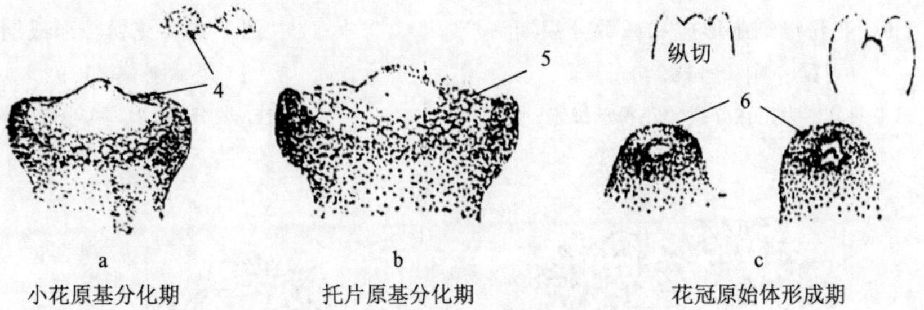

图 1-7　小花分化期(梁一刚 等，1992)

4. 小花原基；5. 托片原基；6. 花冠原基(及纵切面)

(5)雄雌蕊形成期　当花冠形成裂片以后，其内侧相继出现雄蕊和雌蕊原基以及珠心组织。此期又可分为如下 3 个时期：

① 雄蕊原基分化期　在小花花冠内部，生长点周围分化出 5 个突起，这便是雄蕊原基(图 1-8)。

② 雌蕊原基分化期　在雌蕊基部的内侧，先分化出二片心皮突起，随着心皮生长，上部愈合，基部形成子房室(图 1-8)。

③ 珠心原始体分化期　当二片心皮接近合拢时，子房室基部略微隆起；心皮愈合后，珠心组织明显突出(图 1-8)。

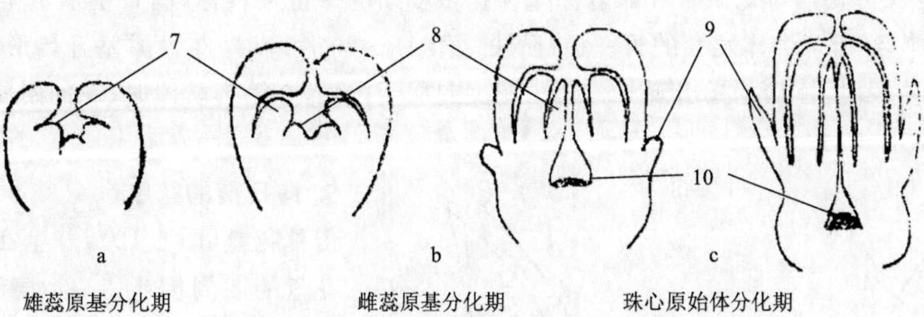

图 1-8　雌雄蕊形成期(梁一刚 等，1992)

7. 雄蕊原基；8. 心皮原始体；9. 苞片原始体；10. 珠心原始体

(6)花粉母细胞形成和减数分裂期　当小花长至 1.5mm 后，雄蕊内的孢原细胞开始分化形成；约 2.2 mm 后，花粉母细胞成熟；而在 2.4 mm 时，花粉母细胞进入旺盛分裂期(图 1-9)。

(7)花粉粒形成期　花粉母细胞经减数分裂后，形成四分体，接着每一个分体的细胞壁增厚，外围出现刺突，花粉粒即告成熟(图 1-10)。

(8)花粉粒充实完成期　此时，花粉粒的内容物逐渐充实，体积逐渐增大，刺突增长，颜色变黄，花粉粒成熟。至此，花盘分化全程截止(图 1-11)。

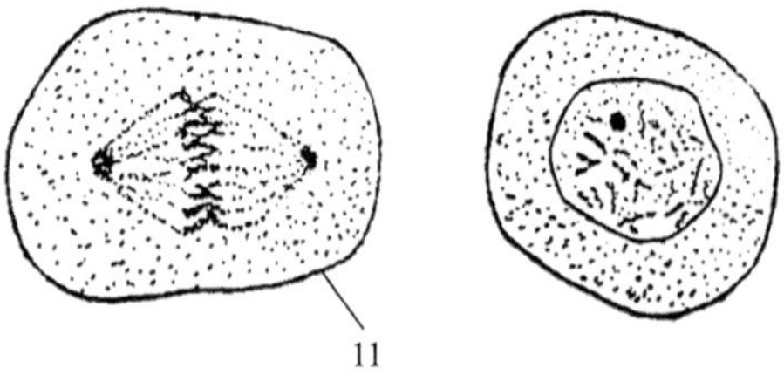

图 1-9　花粉母细胞形成和减数分裂期

（梁一刚 等，1992）

图中的“11”为正在分裂的花粉母细胞

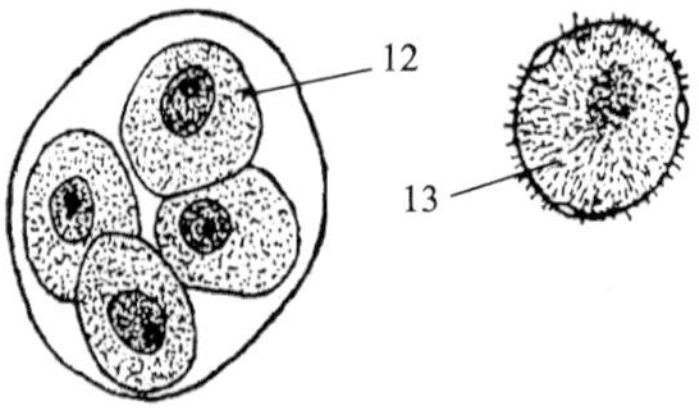

图 1-10　花粉粒形成期

（梁一刚 等，1992）

12. 四分体；13. 初生花粉粒

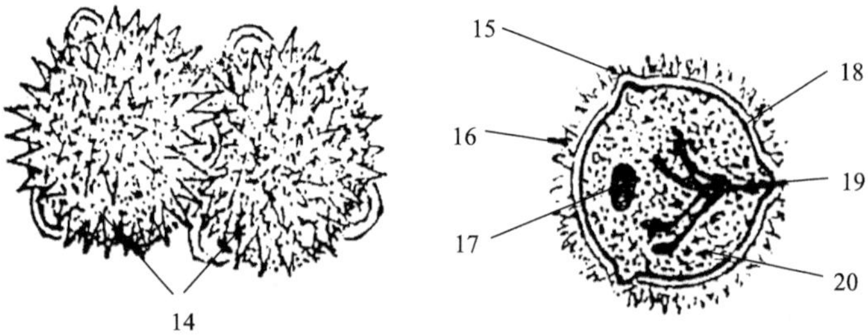

图 1-11　花粉粒充实完成期（梁一刚 等，1992）

14. 充实的花粉粒；15. 萌发孔；16. 刚毛；17. 精核；18. 细胞膜；19. 染色体；20. 细胞质

向日葵植株通过一定时期的营养生长之后，其顶端分生组织在形态上虽然没有什么变化，但是在生理生化和基因表达上却发生了明显的变化，进入了生殖生长启动阶段。茎端分生组织此时向花分生组织转变。在花分生组织特性基因控制下，顶端的细胞停止分裂，分生组织首先变平，进而凹陷，接着从外往里逐步分化出花托原基、苞叶原基、花（舌状花、管状花）原基，而每朵管状花又分化出雄蕊原基和雌蕊原基。据俄罗斯的一份资料称，向日葵从出苗至第 18～20 片叶之前，经历了个体发育的第一、二阶段。第 18～20 片叶时，花盘原基开始形成，是第三阶段；第四阶段时，柱状花托出现 5～8 片，花突起居于中央，在第五阶段时，花的附属器官和生殖器官相继形成。

6. 向日葵的花序

俗称花盘（图 1-12），着生在茎秆的顶端。花盘的四周围生 3～4 层绿色苞叶。花盘直径一般为 20～40 cm，其形状因品种而异，有凸起、凹下、平展、畸形等类型（图 1-13）。花盘的形状对产量亦有一定影响，平展形和微凸形花盘的维管束分布比较合理，使花盘中央的小花能获得较为充足的营养，所以可受精结实，提高单盘产量；其他形状的花盘则因维管束分布不合理，营养供应不充足，导致花盘中央出现较多的空秕粒。

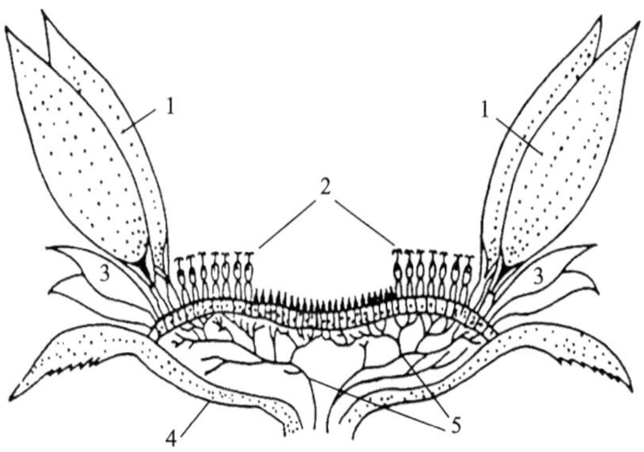

图 1-12　向日葵花盘的基本构造及维管束的分布

（严兴初，2006）

1. 舌状花；2. 管状花；3. 苞叶；4. 花托；5. 维管束

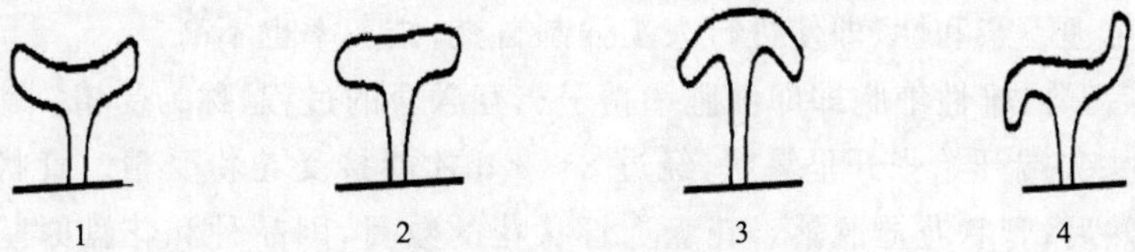

图 1-13　花盘的形状(严兴初,2006)

1. 凹；2. 平；3. 凸；4. 畸形

向日葵的花序由两种花组成。在花盘的边缘围生着 1～2 层或更多层的舌状花,多呈鲜艳的橙黄色,也有少数为淡黄色,或紫红色。它具有引诱蜂、蝶及其他昆虫前来采蜜传粉的作用。舌状花花瓣大,长约 5 cm,宽 2 cm 左右,无花蕊,不结实,是无性花。舌状花的内侧均为管状花(图 1-14),短圆管形,花冠 5 裂齿状,为两性花。每朵花由子房、萼片、花冠和 5 个雄蕊(花药)、1 个雌蕊(柱头)构成。

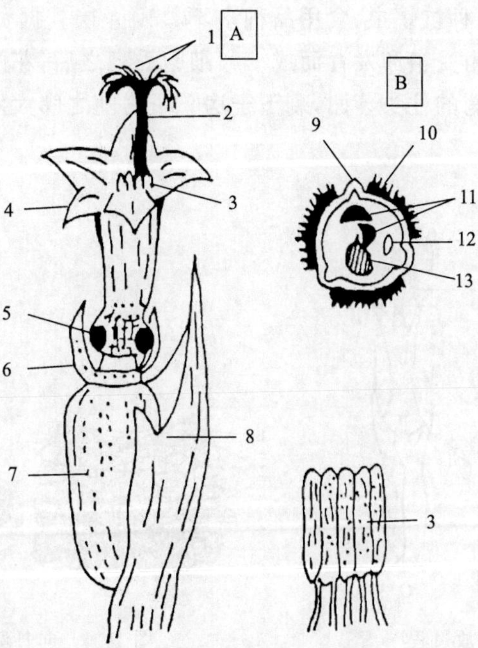

图 1-14　向日葵筒状花的构造(严兴初,2006)

A(管状花):1. 柱头；2. 花柱；3. 花药；4. 花冠；5. 蜜腺；6. 萼片；7. 子房；8. 萼片

B(花粉粒):9. 花粉上的萌发孔；10. 刚毛；11. 精子；12. 细胞器；13. 花粉的营养核

7. 开花

是指花朵张开,当已成熟的雄蕊和雌蕊(或二者之一)暴露出来即为开花。向日葵开花的次序是由外缘向盘心逐渐开放的。开花第 1 d 只开 1～2 轮,3 d 后每天可开放 3～4 轮,最多不超过 5 轮。每个花盘的开花持续时间为 7～10 d。天气晴朗、气温高时花期常缩短,阴雨天则延长。

授粉:成熟的花粉粒借助昆虫或人工等外力的作用从雄蕊花药传到雌蕊的柱头上的过程,称为授粉。向日葵是典型的异花授粉作物,自交不亲和。由于雄蕊先熟,在雌蕊柱头未熟前,成熟的花粉就散落了，所以一般都是异花授粉，即别的植株上的花粉落在本株花朵之上才有效。另外，由于生理不亲和性，即使进行人工强制自交，结实率也不高。

受精：授粉后，雌、雄性细胞即卵细胞和精子相互融合的过程，称为受精。雌蕊伸出管状花之后 5～7 d，柱头尖端开始张开呈翼状，经过 8～9 d 才能接受花粉受精。管状花在授粉后很快萎蔫，种子成熟后，管状花冠脱落。花盘上管状花的数目，因品种和花盘原基形成期间所处的条件不同而异。如果条件适宜，花盘上的小花就多些；条件不适宜则少些。小花数量在 500～2000 朵，常见品种多为 1000～1500 朵小花。

结实的管状花的开放过程如图 1-15 所示。

8. 籽实的形成

向日葵的果实（籽实）是有坚硬外壳的瘦果（习惯上称为种子）。果实的结构比较简单，包括皮壳、种皮、子叶和胚 4 个部分。皮壳由表皮、木栓组织与厚壁组织组成，大部分油用种的皮壳，在木栓组织与厚壁组织之间有一层硬壳层（图 1-16）。硬壳层基本上是由碳素组成，也叫碳素层，有阻止向日葵螟蛀入的作用。品种有无硬壳层是其能否抗螟虫的一项标志。一般油用种具有硬壳层，绝大多数品种抗螟虫，食用品种多不具硬壳层。据资料介绍，有硬壳层的品种抗列当的能力较强。果实由受精卵发育而成。卵细胞受精之后，花的各部分发生显著的变化。花萼、花冠枯萎，雄蕊和雌蕊的柱头萎谢，剩下子房。子房随之膨大发育为果实，胚珠发育为种子（种仁）。

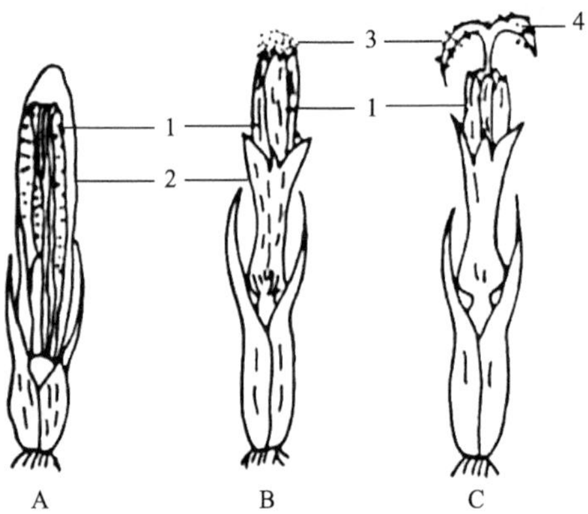

图 1-15　管状花的开放过程

（严兴初，2006）

A. 孕花期；B. 雄花期；C. 雌花期

1. 花药；2. 花冠；3. 花粉；4. 柱头

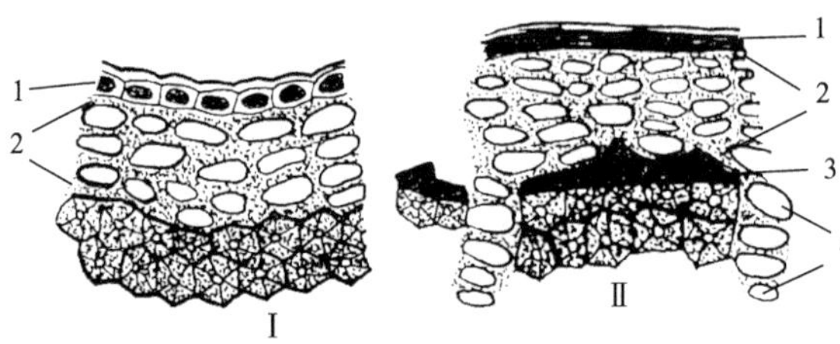

图 1-16　向日葵籽实皮壳的断面

（梁一刚 等，1992）

Ⅰ. 种子没有硬壳层　Ⅱ. 种子有硬壳层

1. 表皮细胞；2. 木栓组织；3. 硬壳层；4. 厚壁组织

9. 种子和果实的发育

种子由胚珠发育而成，各部分的对应关系是：受精卵发育成胚，初生胚乳核发育成胚乳，包被胚珠的珠被发育成种皮。受精卵连续分裂的结果，使胚不断长大，并依次分化出子叶、胚芽、胚轴和胚根，形成种子——新的生命。在初生胚乳核发育成胚乳、积累贮藏养分的过程中，向日葵的胚乳会被发育中的胚所吸收，而把养分贮藏在子叶内，从而形成无胚乳的种子。在胚和胚乳发育的同时，珠被也长大，包被在胚和胚乳的外面起保护作用。

子房受精后，籽实开始生长，约持续 14～16 d，接着开始灌浆，大约经 20～25 d，脂肪和其他贮存物陆续积蓄。这一时期需水较多。在籽实生理成熟时，其含水量在36%～40%。当花盘完全成熟即收获时，花盘呈黄褐色或褐色，此时籽实的含水量降至12%～14%。

向日葵籽实外形一头宽一头窄，宽头有小花脱落的痕迹；窄头有唇形的果孔（图1-17）。果孔周边呈疏松海绵状，吸收水分后膨胀开裂，促进种子萌发。有些品种尤其是食用品种其皮壳内侧生有疏密不同的绒毛，绒毛吸收水分，不利于种子贮存。

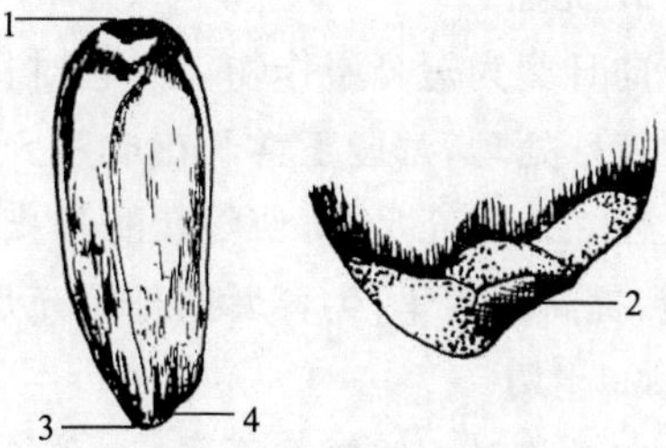

图1-17 向日葵果实外形与构造

（梁一刚 等，1992）

1. 小花脱落痕；2. 果孔放大；3. 果脐；4. 果孔

向日葵籽实的纵切面和横切面如图1-18所示。

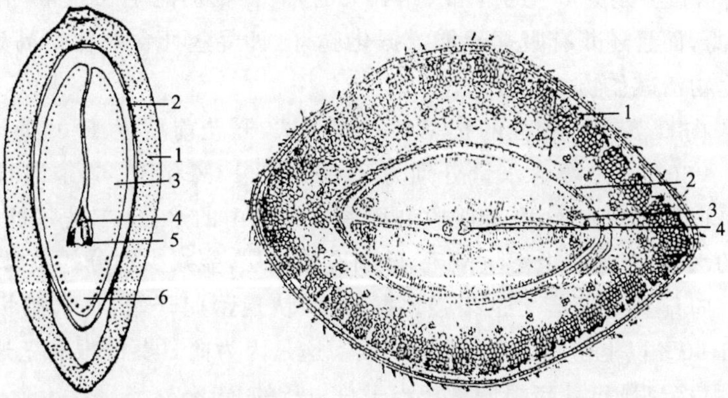

纵切面　　横切面

图1-18 向日葵籽实解剖图（品种：派列多维克）（侯家骙 等，1985）

1. 果皮；2. 种皮；3. 子叶；4. 胚芽；5. 胚的生长点；6. 胚根

（三）生活习性

1. 温度

向日葵原产热带，但对温度的适应性较强，是一种喜温又耐寒的作物。向日葵种子耐低温能力很强，当地温稳定在2 ℃以上时，种子就开始萌动；4～5 ℃时，种子能发芽生根；地温达8～10 ℃时，就能满足种子发芽出苗的需要。发芽的最适温度为31～37 ℃，最高温度为38～44 ℃。向日葵在整个生育过程中，只要温度不低于10 ℃，就能正常生长。在适宜温度范围内，温度越高，发育越快。

2. 水分

向日葵植株高大，叶多而密，是耗水较多的作物。它的吸水量是玉米的1.74倍。但因其生长发育多与当地雨热同步，水分供求矛盾不突出。向日葵不同生育阶段对水分的要求差异很大。从播种到现蕾，比较抗旱，需水不多，仅为总需水量的1.9%。而适当干旱有利于根系生长，增强抗旱性。现蕾到开花，是需水高峰，需水量约占总需水量的43%。此期缺水，对产量影响很大。此阶段恰逢雨水较多，基本上能满足向日葵生长发育对水分的需要。如过于干旱，需灌水补充。开花到成熟需水量也较多，约占总水量的38%。如果水分不足，不仅影响产量，而且还降低油脂含量。

3. 光照

向日葵为短日照作物。但它对日照的反应并不十分敏感。比如在天津市的日照条件下，无须特殊处理，都能正常开花成熟。向日葵喜欢充足的阳光，其幼苗、叶片和花盘都有很强的向光性。日照充足，幼苗健壮能防止徒长；生育中期日照充足，能促进茎叶生长旺盛，正常开花授粉，提高结实率；生育后期日照充足，籽粒充实饱满。

4. 土壤

向日葵对土壤要求不严格，在各类土壤上均能生长，从肥沃土壤到旱地、瘠薄、盐碱地均可种植。有较强的耐盐碱能力。

5. 抗逆性

(1)耐盐性　向日葵有较强的耐盐性，土壤含盐量在0.4%能出全苗。现蕾期0～5 cm和5～10 cm土层含盐量分别为0.420%和0.445%时，向日葵仍能生长正常。向日葵不仅具有较强的耐盐碱能力，而且还兼有吸盐性能。据化验，向日葵茎秆含氯化钠高达0.5%左右，因此，它是盐碱地生物治碱作物之一。

(2)耐旱性　向日葵具有较强的抗旱性。据测试，开花前后近40 d的干旱，0～20 cm、20～40 cm和40～60 cm土壤含水量分别为8.8%、15.12%和19.6%，向日葵仍生育正常。其耐旱原因，一是根系发达入土深，能吸收利用深层土壤中的水分；二是茎秆内充满海绵状的髓，能贮存较多的水分；三是茎上密生刚毛，叶面有蜡质层，能减少水分的蒸腾。

(3)耐涝性　向日葵耐涝能力也很强。据验证，从现蕾期开始，在水淹状态下(地面积水50 cm)生长40 d，90%以上植株不死，仍有收成。这是因为向日葵的根和茎通气组织发达，遇水后增生新根能力相当强，5 d新根增量相当于总根量的21%。

二、中国油葵生产布局

尽管向日葵传到中国已有将近400年历史，但它一直没有被人们所重视。新中国成立以后，随着工农业生产的发展、国际贸易的不断扩大及人民生活水平的不断提高，向日葵的栽培面积逐步扩大，在全国18个省(区、市)扎根下来，主要分布在东北三省、华北、西北的半干旱或轻度盐碱地区。近年来，随着全国食用油需求量的增加，在中国北部约有300万 km^2 的地区逐渐发展了一条向日葵带。东起黑龙江，西至新疆，北纬35°～50°，包括黑龙江省、辽宁省、吉林省、内蒙古自治区、宁夏回族自治区、甘肃省北部、陕西省北部、山西省、河北省、新疆维吾尔自治区等省(区)，约0.4亿 hm^2 耕地。这些地方主要属季风气候，阳光充足，雨热同季，全年降水80%集中在作物生长旺盛期，具有向日葵生长所需的生态条件。

中国是种植向日葵较晚的国家，但却是发展较快的国家。1981年向日葵栽培面积居世界第四位。2011年播种面积94.02万 hm^2，总产量为231.28万t，单产2459.70 kg/hm^2。2011年向日葵种植面积稍有减少，但总产量和单产水平都较2010年有所提高。从生产实际看，虽然全国范围内均有种植油葵的条件和生产实践，但总体上主要产区在中国北方，例如东北地区、华北和西北黄土高原及内蒙古高原地区、新疆各地；华北平原和江南一些地区也有种植。内蒙古是中国最大的向日葵主产区，2011年种植面积41.20万 hm^2，总产量102.97万t，占全国总产量的44.52%。其次是新疆，占全国总产量的20%。内蒙古巴彦淖尔市是向日葵产量最大的地区，产量在39.54万t，占全国总产量的17.10%。

向日葵主要分布在中国的半干旱、轻盐碱地区，由于各地无霜期长短不同，决定向日葵分为一季栽培和二季夏播复种两种地区。

(一)一季栽培地区

新疆、内蒙古、黑龙江、吉林和辽宁的阜新、朝阳地区,河北的承德、张家口地区,山西的太原以北地区。这些地区一般无霜期短,适合种植生育期较长食用葵或早熟油用葵,还可以晚播躲盐、救灾。

(二)二季夏播复种地区

辽宁沈阳以南和锦州地区,河北、山西的中南部,天津、河南、江苏、湖北、湖南、贵州等无霜期长的地区。在小麦收获之后种植生育期短的油用型向日葵,进行二季复种栽培。

中国地域广阔,半干旱轻盐碱土地分布面大,约有3亿余亩,这里灾害重、土质薄、产量低、收入少。一般粮食作物亩产量只有100 kg左右,油料作物产量更少。种植向日葵后,保苗、耐旱、耐盐能力比其他作物强,并能获得亩产50～100 kg的葵花籽产量,收入可超过粮谷作物3～4倍;还可促进当地养殖业的迅速发展。因而,向日葵成了这些地区致富的重要途径,又是改造轻盐碱土的先锋作物。据此,中国的半干旱区和轻盐碱地区种植向日葵有很大潜力。

(三)具体种植地区简介

1. 新疆维吾尔自治区

新疆发展种植油葵是从20世纪70年代中期开始的,在此之前新疆是一个严重缺油地区。自从大量发展种植油葵后,食油不仅自给有余还有外调。油葵是新疆主要作物之一,新疆已成为中国最大的油葵产区,新疆油葵种植面积占全国油葵面积的18%,总产达22万t/年,占全国总产的18%以上。2002年国家正式把新疆列为国家油葵重点发展区域,新疆油葵种植面积大多稳定在180万～220万亩(2000年最高达245万亩),从1995年起就超过油菜的种植面积,至今一直是自治区最大的油料作物,也是自治区的主要大田作物,占全自治区种植业面积的2.5%以上,占油料作物的57%。从自治区2016年统计年鉴发现,2015年自治区油料播种面积327.5万亩,向日葵播种面积220.5万亩,油菜播种面积73.8万亩,胡麻播种面积33.2万亩,自治区油料总产32.82万t,其中油葵16.17万t,油菜9.73万t,胡麻2.52万t。

油葵无论从在单产、总产、播种面积上都是新疆第一大油料作物,在自治区油料作物生产中占有不可替代的作用。现阶段新疆种植的向日葵分两类,即油葵和食葵两种,从1999年新疆就成为中国最大的油葵产区,一直保持至今。新疆油葵种植面积占全国油葵面积的18%,油葵种植面积大多稳定在180万～220万亩(2000年最高达245万亩),据《新疆农业统计年鉴》数据,2019年新疆向日葵种植面积在205万亩以上。

2. 河北省

河北省是农业大省,耕地600多万 hm^2,其中旱地、半干旱地占60%以上,且盐碱、沙薄地多,坝上地区无霜期短且气候干旱。油葵是一种抗旱、抗逆性较强的作物,也是典型的边际土地作物,能在盐碱地、滩涂地等边际土地上正常生长。油葵种植管理简单,耗费人力少,而且正常年份每亩还能比其他作物多收300～500元。另外,油葵生长期短,春播105 d左右、夏播90 d左右。播种持续时间长,3月下旬到7月下旬都可播种,即为两茬作物。

河北省从20世纪80年代开始引入油葵,当时由于产量较低,一直发展缓慢,直到2010年以后,伴随着高产早熟优质油葵品种培育成功和农业生产结构以及人们饮食结构的优化,河北省油葵种植面积和产量快速增长,种植面积由原来的40万亩增长为100万亩左右,总产由原来的 5 万多 t 增长为 20 多万 t。目前,葵花籽油已成为河北省主要食用油品种。2020 年仅河北省沧州市平乡县的油葵种植面积就达 11 万亩左右。

3. 宁夏回族自治区

宁夏日照时间长、昼夜温差大、干旱少雨、春暖快、秋霜迟,气候环境十分适宜种植油葵。多年来形成了宁南山区清水河流域上中游次生盐渍化地段和东部黄土丘陵区、宁夏中部干旱带扬黄灌溉区以及引黄灌区沿黄河两岸的水浇地、盐碱低洼地和河滩地等三大油葵种植产业带,有效改变了这些干旱、盐碱地区的地域不利状态,促进了中低产田改造。然而近年来,受生产成本攀升、葵花籽价格低迷、种植收益下降、进口市场冲击等因素的影响,宁夏油葵产业规模持续萎缩。

2018 年宁夏向日葵种植面积为 2.3 万 hm^2,较 2008 年的 4.7 万 hm^2 降低 50.1%;葵花籽产量 7.5 万 t,较 2008 年的 13.1 万 t 下降 43.0%。其中油葵的播种面积和产量占 60%以上。另据调研,5～6 年前宁夏国营灵武农场油葵种植面积在 666.7 hm^2 以上,目前仅有 70 hm^2 左右,主要原因是葵花籽市场行情不佳,导致农场职工种植积极性下降。

4. 黑龙江省

自向日葵传入黑龙江省至 1952 年为零星种植阶段,多者不过几百平方米,无规模化种植,多为自食,只少量出售。1955 年引入国外油用种进行试种,推广了苏联 3 号和匈牙利 4 号,向日葵由过去的嗑食为主转为油食兼用。到 1959 年全省向日葵面积达 8.35 万 hm^2,比 1949 年增加 12.5 倍,为黑龙江省向日葵生产的高峰期。1959—1975 年由于农业政策的改变和向日葵病害的影响,种植面积大幅下降,全省向日葵面积多则 1 万 hm^2,少则不足 0.1 万 hm^2,几乎没有大面积商品生产,产量 500～600 kg/hm^2。由此,向日葵生产出现了一次低潮。1976 年起特别是党的十一届三中全会以后,政府为向日葵生产制定了许多优惠政策,调动了农民种植向日葵的积极性。1980—1986 年平均播种面积为 221 万 hm^2,占全国同期年平均播种面积的 223%;总产 286 万 t,占全国同期年平均总产量的 20.3%,居全国之首。出现了全省向日葵生产的第二个高峰。在此期间,全省先后共建立起设备比较先进的向日葵油厂 24 座。然而,由于生产上应用的品种严重混杂退化,以及菌核病的严重危害等因素,至 20 世纪 80 年代末,黑龙江省向日葵播种面积回落到 6 万 hm^2 左右。绝大多数向日葵油厂因原料不足而被迫转产加工大豆。"八五"至"九五"期间由于新品种的逐渐推广以及相应的配套栽培技术的应用,年播种面积和生产规模稳中有升,1997 年全省向日葵播种面积已回升至 8.84 万 hm^2,2000—2009 年达到 20 万 hm^2/年左右,可见黑龙江省的向日葵生产随着种植结构和产业结构的调整,已经处于第三个生产高峰。2010—2014 年黑龙江省向日葵播种面积逐年减少,由 2010 年的 5.7 万 hm^2 降至 2014 年的 1.7 万 hm^2,虽 2015 年回升至 6.7 万 hm^2,但随后至今,播种面积继续降低,至 2019 年,黑龙江省向日葵播种面积仅有 0.2 万 hm^2。

虽然黑龙江省过去是中国的向日葵种植大省,但主要以食葵为主,油葵种植比例明显少于食葵。1949—1955 年是黑龙江省食用型向日葵的生产阶段,1955 年以后油用型和食用型向日葵的生产就从未间断,但种植面积和比例变化较大。从总体上看,食用型向日葵面积和稳定程度都要好于油用型。自 20 世纪 80 年代末以来,虽然年份之间种植比例不同,但以食用型向日葵为主,占 80%以上,最高年份达 95%左右。2000 年以后油葵播种面积稳定在 10%左右。

5. 甘肃省

甘肃省土地资源丰富,生态区域多样化,光照充足,太阳辐射较强,以干旱或半干旱气候为主，而向日葵具有耐盐碱、耐瘠薄、抗旱适应性强等特点。因此，甘肃省土地资源及地区特点适宜向日葵的生长。

甘肃省向日葵育种研究工作从 20 世纪 90 年代中期开始。随着种植业结构的调整，甘肃省向日葵的种植已逐步向规模化方向发展，加之向日葵的适应性广、经济效益好等特点，使甘肃省向日葵播种面积不断扩大。2002 年全省种植面积仅 20 余万亩，2006 年扩大为 38 万亩，2007 年全省种植规模继续扩大，达到 50 多万亩，2008 年甘肃省向日葵种植面积达到 90 余万亩。甘肃省向日葵主要分布于中东部的平凉、庆阳、陇南、天水及河西走廊。目前已发展成为甘肃省的主要经济作物之一。

第二节　中国油葵种质资源

一、资源丰富

(一)数量众多

中国具备丰富的向日葵种质资源库。中国农业科学院作物科学研究所种质资源数据分享平台保存有向日葵种质资源 625 份，其中油用型向日葵种质资源 374 份，中间型材料 36 份。

谭美莲等(2011)介绍，全世界已收集了 610 多万份向日葵种质，其中 90%以上是以种子的形式保存在低温种质库中。至今，中国收集、繁殖和入库保存的向日葵资源有 3000 余份，保存在国家农作物种质资源长期库(北京)和国家油料作物种质资源中期库(武汉)中。向日葵国内种质占 87%，主要来源于吉林(18%)、内蒙古(17%)、贵州(10%)、辽宁(8%)、新疆(8%)、山西(6%)和湖北(5%)等 20 个省(区、市)；国外种质资源分别来源于南斯拉夫、加拿大、美国和阿根廷等 30 个国家或组织。

但是，目前种质资源的开发利用较少，大部分品种依然使用的是国外杂交品种自交产生的后代材料，遗传范围窄。这就需要进行系统的整理、鉴定、分类和评价，对资源的遗传多样性进行分析，从中筛选各种特异资源，做好资源共享利用。

1. 新疆维吾尔自治区

新疆农业科学院经济作物研究所、品种资源研究所拥有 3907 余份向日葵“三系”材料，收集和整理近 78 份野生资源和 63 份农家品种。其中有 1842 份油葵种质资源，这部分油葵资源主要来自自育的油葵资源，以及从国外油葵产区引进；2065 份食葵种质资源主要来自转育的食葵资源，以及从国外食葵产区引进的食葵资源。近年来从国内(吉林、内蒙古、黑龙江、辽宁)、国外(美国、德国、法国、俄罗斯、塞尔维亚)先后引入了上百份材料，同时还利用新疆向日葵品种、品系以及国外的杂交种培育了一批新的自交系，已测定了部分不育系和恢复系的配合力，试配了一批杂交组合，积累了一定的经验，评选出几份较好的杂交组合。在同国内外同行交流过程中引入了抗斑病、抗菌核病野生种质资源材料，利用构建的抗菌核病基因，尝试进行了花粉管导入。新疆向日葵的种质资源大体分为以下 5 种类型：

(1)地方品种　对于向日葵育种者来说，地方品种资源是非常重要的育种资源，因为当地群体大多对当地的环境条件(土壤环境、气候环境)具有非常好的适应性，而且其中一些对当地的一些病害具有较高的抗性，如黑龙江省的地方向日葵品种“龙食葵 2 号”对当地的菌核病可以达到中耐程度。而随着近年来外地品种尤其是国外杂交种的快速涌入，地方品种受到了大量冲击，如何利用和保护好地方品种也是育种工作者的重要任务。

(2)过时的品种　一些曾经推广的品种现在已经在市场上难以找到，因为在产量和品质上不及目前的向日葵品种。可是这些陈旧的品种可能含有育种者需要的某些性状基因，所以这些过时的品种也是重要的育种材料。

(3)生产中常用的品种　应用目前生产上常用的品种作为育种材料是非常简单和有效的手段，这些品种大多具有高产、优质、抗病等优点，并符合市场的需要。

(4)育种品系　这些材料包括纯系、突变体、远缘杂交后代，还有利用基因工程技术获得的一些新材料。

(5)混合品种　在育种过程的开始阶段利用混合品种作为育种资源是非常有价值的。比如混合群体 CM303 就是一些著名的自交系的来源。利用混合品种的实质就是在开放授粉的条件下使各种基因型充分混合，以便创造一些具有新基因型的资源(例如抗病或者一些优异农艺性状)。

2. 甘肃省

甘肃省农业科学院目前拥有 500 余份油葵种质资源。甘肃省从 20 世纪 90 年代中期开始进行向日葵育种研究工作。种质资源的研究工作起步较晚，主要的资源类型以育种品系为主，还有从国内外引入的油葵杂交种，同时还有很大一部分为生产中推广的现有品种。

3. 内蒙古自治区

内蒙古自治区是全国向日葵主要种植区。自治区内进行向日葵研究的单位较多，资源类型较为丰富。目前全区拥有油葵资源的数量在 2000 份左右，分散在不同的育种单位。

内蒙古的油葵资源类型较为丰富，来源较为广泛。其中主要以全国各地收集的常规品种和育种三系为主。此外，通过油葵育种者的交流与合作，从国外收集到一些抗性资源和野生资源类型，这些资源为国内油葵育种者的品种选育工作奠定了良好的基础。

4. 山西省

山西省每年油葵的播种面积在 10 万～12 万 hm^2。主要由山西省农业科学院在进行相关新品种选育方面的工作。经过多年的积累和创新，目前拥有油葵种质资源材料 500 份左右。资源类型以油葵育种三系材料为主，还有一些油葵地方品种及国内外搜集到的野生资源类型。

(二)品种沿革

1. 引种及系统选育

中国从 20 世纪 50 年代开始向日葵引种与系统选育工作。1955 年吉林省农业科学院首先从苏联、匈牙利等国引进一批油用型向日葵品种，通过示范试验，确定在东北地区推广“匈牙利 1 号”和“苏联 3 号”；之后山西省确定推广“苏联 3 号”“草原人”“匈牙利 4 号”；1962 年吉林省白城地区农业科学研究所以“匈牙利 1 号”为材料，用系统选育方法育成了向日葵新品种“白葵 3 号”；1965 年前华北农业科学院从“匈牙利 4 号”的分离品系中选育出“北葵 15 号”；1973 年从阿尔巴尼亚引进苏联油用型向日葵品种“派列多维克”，在东北三省、内蒙古等地推广，并以此材料为基础，从中系统选育出“派改一号”；山西农业大学通过辐射选育成了“晋葵 1 号”；辽宁省农业科学院也以罗马尼亚杂交种为材料用系统选育方法于 1974 年育成“辽葵 1 号”。

2. 杂种优势利用

中国向日葵杂种优势利用研究始于 20 世纪 70 年代，大体可分为 3 个阶段。

第一阶段(1973—1980 年)完成了向日葵“三系”配套工作。1974 年,中国农业科学院从加拿大引进了细胞质雄性不育系“1366A”及其同型保持系“1366B”。在此基础上,吉林省白城地区农业科学研究所于 1977 年选出了细胞质雄性不育系“74102-4A”、同型保持系“74102-4B”及恢复系“矮 113”,实现了“三系”配套。此后,辽宁省农业科学院、沈阳市农业科学研究所、内蒙古农业科学院也先后选出向日葵“三系”。向日葵“三系”的配套成功,为中国向日葵杂种优势应用于生产奠定了基础。中国第一批向日葵杂交种“辽葵杂 1 号”“沈葵杂 1 号”和“白葵杂 1 号”等于 1979—1980 年育成并在中国向日葵主产区首次进行区域试验和推广应用。第一批杂交种的特点是产量较高、含油率偏低。

第二阶段(1981—1988 年)的主攻方向是提高籽实含油率和单产。此间育成了一批配合力高、籽实含油率较高的不育系和恢复系。其中较优良的不育系有“7718A”“75-33A”“84102-6A”“76202A”等;恢复系有“7602-1-5”“1049”“恢 5”“3893”“索 82-4”及“7838-3”等;同时育成了第二批向日葵杂交种“辽葵杂 2 号”“白葵杂 2 号”“内葵杂 1 号”等。这批杂交种表现出高产、高油的特点,尤其是产量上有所突破,使中国的向日葵杂交种籽实产量达到甚至超过了先进国家水平。

第三阶段(1989 年至今)工作重点转到了抗病育种上来,形成了以常规育种为主、生物技术与病理技术为辅、多学科相结合的育种体系。由于中国向日葵种植区域较为固定,菌核病、褐斑病、黑斑病等病害发生逐年加重,尤以菌核病为害最重。针对生产上的主要病害,这一时期引进并筛选出一批抗病种质,对种质的抗性遗传、鉴定方法等进行了研究,并在生物育种方法上取得了一些进展。吉林省向日葵研究所利用幼胚培养技术实现了野生种与栽培向日葵的种间杂交及野生种间的远缘杂交,建立了新的杂种优势育种程序。

目前已经筛选出了一批适合中国不同地区自然条件种植、性状稳定、高产高油的优良自交系,成为中国开展高油向日葵育种的宝贵资源。也选育出了一些含油量较高的油葵杂交种,如“巴葵杂 4 号”“新葵系列”“晋葵 5 号”和“矮大头 HZ001”等,含油量均已达到 45%以上。除此之外,也选育出耐菌核病、抗霜霉病、黄萎病、锈病的群体和自交系,育成了一批抗病新品种如“新食葵 6 号”“新葵 14”“同葵杂 1 号”“新引 T012244”等。中国向日葵杂交种和国外相比,还存在皮壳率偏高、籽仁含油率偏低的问题。今后的育种研究在提高品种抗性的同时,应注意降低皮壳率、提高杂交种籽实含油率。

二、油葵育种手段和方法

油葵(*Helianthu sannuus* L.)是二倍体植物,$2n=2x=34$。

育种手段和方法与其他农作物大同小异。包括引种、常规育种、诱变育种、分子标记辅助育种、转基因等。目前仍以引种和常规育种为主。

向日葵杂交种不仅在产量上表现出明显的优势,多数对锈病、霜霉病和黄萎病具有抗性,而且用不育系生产杂交种比较容易。所以,以胞质雄性不育系为基础配制杂交种的选育,是当前世界向日葵品种改良的主要方向。

(一)向日葵杂种优势利用的若干规律

向日葵是具有强大杂种优势的作物。据辽宁省农业科学院研究(1980—1981 年),有关生育期、产量、油分的 15 个性状的总平均优势为 53.91%。但在不同性状间和不同组合间存在明显差异。产量性状表现了最高优势,生长发育性状表现了中等优势,品质性状表现了低优势。在产量性状中，又以籽实产量的优势为最大。辽宁省农业科学院又统计分析了1978—1980年3年172个组合，其产量平均优势为75.9%。品质性状如出仁率、果实含油率、子仁含油率等具有较低的优势，必须注意选用高标准的亲本。

向日葵普遍存在组合间的优势差异，但不同性状间有所不同。生育期、出仁率、子仁含油率、粒长、粒宽等性状，组合间差异较小，可着重考虑一般配合力；盘粒重、单株产量、千粒重、盘粒数等性状，组合间差异甚大，应着重考虑其特殊配合力。

杂交种单位面积产量是由单株产量和栽植密度两个因素决定的。加大栽植密度是今后向日葵生产的发展方向。高密度要求有较矮的茎秆。试验表明株高的优势(1978—1980年3年平均)为18.4%，可见选配弱势组合是可能的。茎秆粗度是高产的保证性状，3年结果近似，其平均优势为22.4%。表现了高度集中性和稳定性。

油分含量的优势表现在不同组合之间有很大的变化。1978年、1980年两年平均为6.9%。这个数值虽然较低，但考虑到在产量方面已表现了很高的优势。但有的组合油分含量的优势可以高达40%以上，说明在油分含量方面应致力于特殊配合力的研究。

(二)向日葵杂交种的选育方法

1. 自交系的选育

自交系可用于生产合成品种和杂交种。在技术和经济上还不能实行向日葵杂交制种的地区，利用合成品种较为有利。但合成品种没有杂交种整齐一致，而且，合成品种的所有自交系必须具备对主要病害的抗性，而杂交种只要其中有一个亲本具有显性抗性就可以了。目前，各国选育自交系主要用于生产单交种。

把收集到的资源材料(包括国内外优良品种、品种间及种间杂交所获得的特异材料等)种植在原始材料圃中，进行自花授粉(至少100株)，以获得S0代。因向日葵自花授粉结实率很低，必须在花期给以辅助授粉(开花前要套袋)。对资源材料要进行接种鉴定，以观察其对本地区主要病害的抗病性。第二年把自花授粉植株所结的种子播种2行(20株/行)。从S1代开始对下列性状进行鉴定：生育期、植株高度、每盘籽粒数、异交和自交的种子产量(测单株)、花盘倾斜度、千粒重、皮壳率、种子含油率、抗病虫等。一些研究表明，一般对营养生长旺盛起作用的性状与高产相关。南斯拉夫斯克尼奇认为，叶片厚、有皱褶可抗斑病，叶色绿叶绿素A含量高，有利于光合作用，叶子少、叶柄与主茎夹角小则适于密植，可配制早熟杂交种。

要特别注意选择自交结实率高的自交系，这种自交系不但容易保持，而且能够获得高度自交能育的杂交种，在传粉昆虫较少的情况下也能获得高产。经验表明，通过选择，可育成自交结实率接近100%的自交系。选择的方法是S0、S1、S2代时，只要在开花前选择好优良单株把袋套上就不必去管它了，到收获时，选择结实率高于10%的自交系，到S3代时再采用人工自交。

根据上述性状选择培育的自交系，在S5代可进行配合力测定。

2. 配合力测定

(1)一般配合力测定　多基因杂交在3 km隔离区内，把数个被测定的自交系种在一起，设3次重复，随机排列，各试材自由授粉，每个品系的多交后代进行产比试验。它们的一般配合力是由它们的生产力来估价的。收获的种子进行品质分析，性状优良、产量高的，可认为是一般配合力高的自交系。

(2)顶交测验鉴定法　用综合性状好的品种与被测验种(自交系)1∶1种植,现蕾期用0.16%赤霉素处理测验系,即杀雄(如果被测验的自交系是用来选育不育系的,则应用赤霉素处理被测验种),通过蜜蜂或人工授粉,得到的种子,下年进行产量鉴定,收获的种子进行品质分析,表现优良的,说明一般配合力高。即一般配合力根据其种子产量和含油率评定。

不育系测定用配合力好的不育系与自交系1∶1种植,套袋隔离。给不育系授粉时,至少要用一个自交系的5个植株花粉混合后进行。把不育系所结的种子收下,下年进行产量鉴定。产量高的说明其配合力高。这个方法较好,因为同时可进行恢复可育性鉴定。

(3)特殊配合力测定　采用双列杂交法,根据一般配合力和抗病性鉴定结果,选出10～15个最好的品系进行人工杂交。用作母本的植株用赤霉素溶液杀雄,所结种子于下年进行产量鉴定和品质分析。表现优良者,认为是特殊配合力高的自交系。

3. 不育系的选育

当前,用胞质雄性不育系测配杂交种被认为是向日葵育种的主要方向。这里主要介绍胞质雄性不育系的选育方法和途径。

(1)不育系的引用　引进现成不育系,再用优良品种或自交系进行转育(或直接利用),是既快又好的方法。1974年中国引入1366胞质不育系,以此为基础,各育种单位先后转育出一批新的不育系,并很快开始了杂交种的选育,可以说1366胞质不育系的引入,对中国开展向日葵杂种优势利用的研究起了重要作用。现在中国已从美国、法国等国家引入新的不育系,杂交种的选育工作正在进行之中。

(2)回交转育　这是当前常用的一种见效快的方法。即以现有稳定的雄性不育系为基础,将优良品种或经过配合力测定的优良自交系转育成新的不育系。

选育方法,以现有稳定的不育系为母本,与经过筛选确认属于保持类型的优良品种或自交系进行成对杂交,然后在杂种一代中选择不育株和不育株率高的组合的不育株,用其父本进行回交,如此回交6代,即可育成新的不育系(图1-19)。

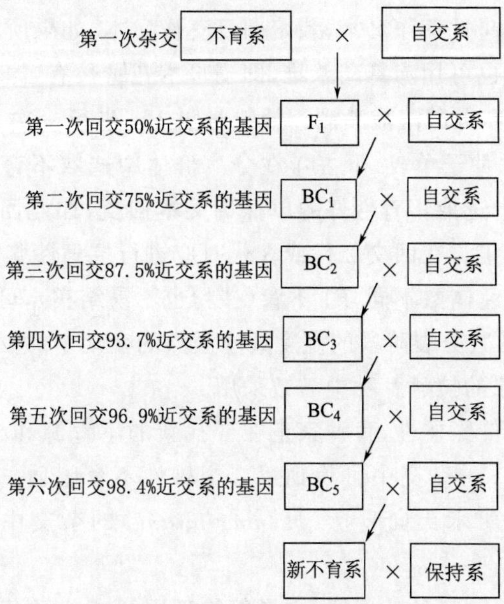

图1-19　回交转育不育系模式图

(3)杂交选育　选用具有某项所带特征的保持系或经过测交鉴定表现为不育类型的自交系(如果是品种最好经 2 年以上自交再用),进行人工杂交(即称保×保)。杂交组合要掌握少而精的原则。杂交后代进行单株选择并与生育期相同的不育系测交,在测交种鉴定中,选择不育率高、性状好的组合进行回交。如此继续选择与回交,直至全部性状稳定为止(图 1-20)。

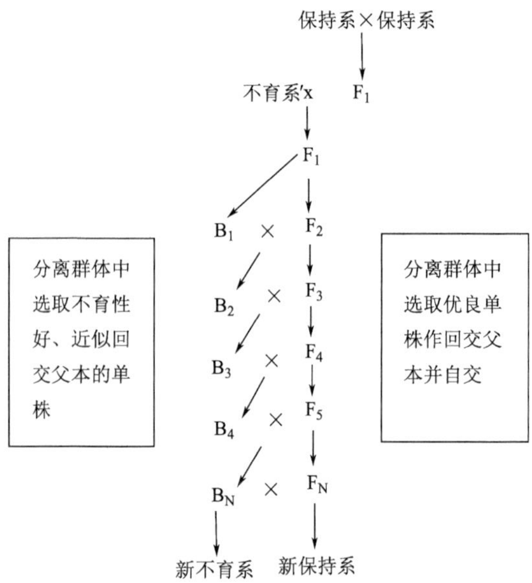

图 1-20　杂交选育模式图

(4)远缘杂交　利用种间、属间或亲缘较远的品种(或类型)进行杂交和连续回交,用回交父本的细胞核取代母本的细胞核。法国最先育成的向日葵雄性不育系,就是用野生种(*H. petiolaris*)与栽培种(阿尔玛维尔)杂交获得的。

这种杂交一般用野生向日葵作母本,栽培向日葵作父本,如果所用父母本染色体数目相同时,可对母本去雄后授粉,也可用赤霉酸杀雄,即当母本花蕾长有 1.5 cm 时(即减数分裂前期)用浓度为 0.5 mg/cm^3 的赤霉酸溶液喷洒。授粉时隔 1 d 进行一次。授粉用的笔和器皿用漂白粉或 75%的酒精消毒。种子单收,下一年在分离群体中选取不育性好的单株,用栽培父本回交,下年仍在分离群体中选取不育性好的单株用父本回交,如此回交到母本不育性稳定、形态特征与父本完全相似为止。在回交 2 代或 3 代时应进行抗病性鉴定。

如果所用杂交亲本染色体数不同,F1 不育(授粉也不易结实),可在减数分裂阶段,夜间用 3～30 ℃温度处理,使其减数分裂阶段的温度处于激烈的变动中,这样可以得到可育后代。遗种办法,用野生种获得抗原的抗病育种中已被采用。

为解决对病虫害的遗传脆弱性,育种家正在寻找新的不育源和相应的恢复基因。勒克莱尔格发现,在 *H. petiolaris* 的杂交中可找到第二个雄性不育胞质。在 *H. petiolaris*、大向日葵(*H. gigantens*)和马克西米氏向日葵(*H. maximiani*)的杂交中也发现具有胞质雄性不育性。

(5)人工诱变　用一定剂量的 γ 射线,中子等物理因素或化学药剂处理作物品种(或不育系、保持系),使其产生变异,可能出现不育株。将不育株授以邻近能育植株的花粉,再经多代回交就可以得到雄性不育系。

此外，由于天然杂交或自然突变，可能出现自然雄性不育株，注意发现也可利用。如山东省潍坊及周边地区的小麦潍型不育系、湖南水稻南新不育系等，就是利用自然不育株培育的雄性不育系。

4. 恢复系的选育

在栽培向日葵中，胞质雄性不育的完全育性恢复基因很少，大量的恢复资源存在于野生种中，因此，通过种间杂交的方法获得具有某种抗性基因的恢复系是一重要途径。在栽培向日葵中，要使显性恢复基因，结合到父本恢复系中，可以用育成的自交系作轮回亲本回交，也可以用雄性可育杂交种，通过连续自交再从中分离出恢复基因纯合而其他性状较为理想的恢复系。下面介绍几种常用的选育方法。

(1)利用品种资源测定筛选　用稳定的不育系为母本，用现有品种(国内与国外的资源)作父本，分别与不育系成对杂交，然后检查杂种一代的育性。如果某品种与不育系杂交第一代育性正常，说明这个品种对该不育系有恢复能力。经复测一次，如果杂种结实率仍然正常，则这个品种即为该不育系的恢复系。中国育成的第一批向日葵杂交种中，白葵杂 1 号和辽葵杂 1 号的恢复系，就是用这种方法筛选出来并加以培育而成的。

(2)杂交转育　通过品种间杂交的方法，创造新的适应当地生产发展需要的恢复系。

选育方法：采用一次杂交，系统选育的方法。把现有恢复系的恢复基因转移到杂种后代里。如用恢复系与恢复系(或优良品种)杂交，将两个以上的恢复系的恢复基因和优良性状综合到一个品种里。这种方法可以选配多种组合方式，较易选出恢复力强、配合力高、农艺性状好的恢复系。一般从三代开始进行恢复力测定。方法是：取当选系单株的花粉与不育系成对测交，检查杂种一代的育性，恢复力表现好的，再复测一次，约经 5～6 代的选育，即可育成新的恢复系。

(3)回交转育　一种是以恢复系为母本，以生产上推广的优良品种为父本进行杂交，然后用生产上推广的良种为父本与 F1 代的优良单株进行回交，回交同时进行测交，选择有恢复能力的材料进一步回交，这样连续回交 3～4 代后，再自交 2～3 代，即可育成新的恢复系(图 1-21)。

另一种方法是把恢复基因结合到特殊配合力好的自交系中去。方法如下：先将自交系与一个不育系杂交，同时该自交系再与一个恢复系杂交，所得的两个 F1 进行人工杂交，下一代可育株再用配合力好的自交系回交，后代可育株再连续回交，在此循环过程中，接受恢复基因的品系还可与其他的新类型杂交，然后再自交便可得到含有恢复基因、配合力好，并具多种特性的纯合子，即恢复系。

(4)由测交种中分离选育　用具有恢复基因的品系或群体与胞质雄性不育系杂交，所获得的杂种通过连续自交，可以分离出育性基因纯合而其他性状理想的恢复系。

选育方法：不育系与恢复系(自交系或品种)杂交所得的杂种一代，生育期间选株套袋自交，在 F2 代中，选择育性好的优良单株自交，如此进行到 F4 代，在选择优良单株套袋自交的同时再与不育系进行测交，下年对测交种的恢复性、抗病性及配合力进行鉴定。其中恢复性好、其他性状优良的组合，再复配鉴定一年。两年恢复力及其他性状均好，该组合的父本株系即为新选育的恢复系(图 1-22)。如果性状仍有分离时，可再自交两年。

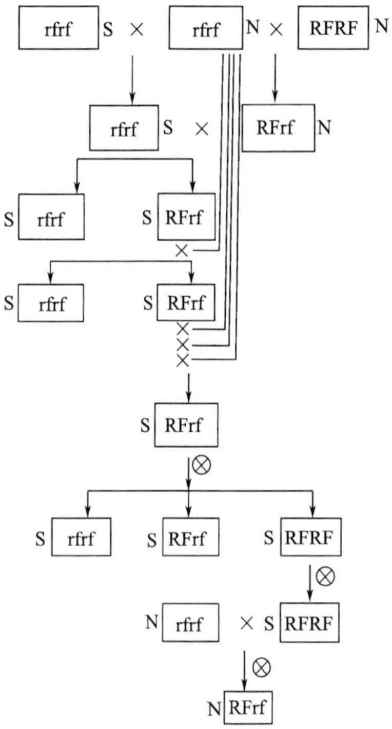

图 1-21　回交转育恢复系图示

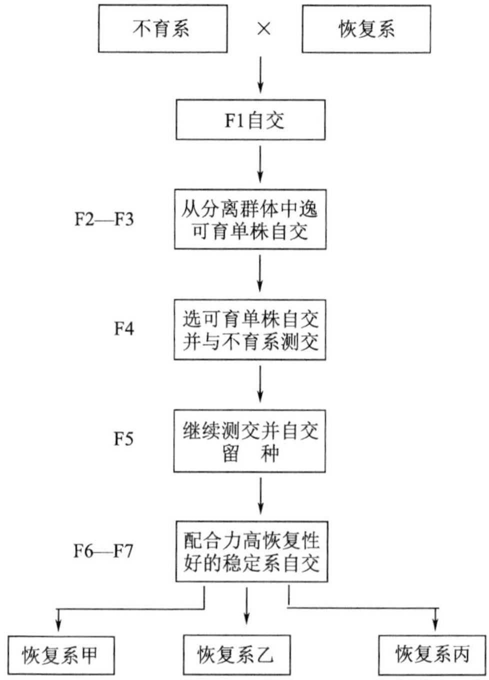

图 1-22　测交种选育恢复系图示

(5)种间杂交　选育恢复系研究证明,野生种 *H. annuus* 和 *H. petiolaris* 中普遍存在恢复基因,野生种是向日葵胞质雄性不育恢复基因的丰富源泉。通过种间杂交的方法,可以获得具有某种抗性基因的恢复系。

选育方法:可参照前面提到的种间杂交方法,在杂种后代的选择中要注意花粉量大、结实率高的株系。回交 2 代以后,用结实性好并具有抗病性的姊妹株杂交,进行 3～4 年再自交,然后用不育系测配,鉴定恢复性,再重复一次,恢复性稳定,其他性状具备,即可隔离繁殖。所得自交系还可与其他品种或自交系进行品种间杂交,以获得更多的优良性状。

5. 杂交种的选育

(1)选育标准　这里重点介绍与产量有关性状的选择标准。

向日葵籽实和油脂产量的组成因素有种植密度、果盘粒数、千粒重、容重、皮壳率和籽实含油率。如果向日葵种植密度达到 3000～3300 株/亩,果盘籽粒数达到 1500 粒,千粒重达到 80 g,容重达到 450～500 g/L,皮壳率为 20%～24%,籽实含油率达到 50%,那么每亩可获得 133.35 kg 以上的油脂。

① 适于密植类型的选择标准　决定密度的主要因素是品种的生育期、株高和叶面积。要使密度达到 3000 株/亩以上,则杂交种的生育期应是中早熟和中熟的(95～120 d);正常株高应在 160 cm 以下,当密植时株高才能不超过 180 cm;叶片中等大小,生理寿命长,顶部叶片成熟时尚有绿色,叶片之间要呈 90°角分布,叶面具有轻微皱褶,叶柄短。

② 丰产型果盘的选择　果盘大小和形状,决定果盘的粒数、瘦果千粒重和容重。要获得每株 1500 粒同时具有较高的千粒重和容重的杂交种,果盘应为中等大小,直径可在 20～25 cm,表面微凸或稍平,这样的果盘输导组织可以分布到盘心,可以保证水分和养分的供应,不使盘

心形成秕粒，又可得到容重和千粒重均高的籽实。杂交种苗期应具有适应外界不良条件的特性，可以保证花原基形成时，不致因不良的外界条件的影响而减少，保证有足够的籽粒数。花盘成熟时要高于所有叶片，这样有利于干燥，不易感病，茎颈部组织要坚硬，不裂，花盘倾斜度最好5级，即花盘与主茎形成270°角。

③ 抗旱性的选择　干旱是获得高产的限制因素。杂交种要抗土壤干旱和大气干旱，抗开花授粉和成熟期的高温，所以要选择根系强大、粗壮、有效根系多、叶子蒸腾系数小的类型，从而能有效地利用土壤中的空气、水分和营养；要选择自交亲和力高的类型，以避免因高温干燥而授不上粉；要选早熟类型，3个月能够成熟的杂交种抗御干旱的能力很强。

④ 抗病性的选择　杂交种必须对当地发生的主要病害具有抗性，才能保证高产稳产。野生资源可以获得高度抗病的亲本，目前一些国家用这种方法已经成功。用在选育过程中，注意选择叶片厚、有皱褶、绿色持续时间长的有抗病特性的后代。

⑤ 抗虫性的选择　向日葵螟(*Homoeosemane bulella* Hb)是向日葵主要虫害，要选择皮壳内具有硬壳层的类型，硬壳层对保证果皮必要的坚韧性和防止向日葵螟幼虫蛀食种子。

⑥ 高含油类型的选择　向日葵籽实含油量的提高，主要是通过降低皮壳率和提高籽仁率取得的。南斯拉夫斯克尼奇认为，选择皮壳率24%、蛋白质22%时含油率只能达到54%。所以含油率指标应在46%～54%。如果再提高含油率，只有再降低皮壳率，其结果会使硬壳层消失，失去抗虫能力。如果采用减少蛋白质来提高含油率则会使种子生理平衡失调而降低品质。

(2)选育途径和方法

① 引种鉴定　现有杂交种根据本地区的自然条件、栽培特点及耕作制度等，引入现成的杂交种，经鉴定后加以推广利用，对发展生产很有积极作用。在引种试种过程中，应注意以下几项工作：

A. 引种时应严格实行检疫，以免检疫对象(危险性病、虫害及杂草)传播蔓延。

B. 国外引进的杂交种鉴定，最好在隔离地区由专门机构负责进行，确定其没有检疫病、虫害后，再进行其他试验。

C. 要与当地品种进行2～3年产量比较之后，确认该杂交种适于本地种植方可大面积推广。

② 利用引入不育系与自选恢复系选配杂交种。

③ 利用引入恢复系与自选不育系选配杂交种。

④ 结合不育系与恢复系的选育选配杂交种。

⑤ 核雄性不育型杂交种的选育。

⑥ 杂交种恢复性及主要性状配合力鉴定　选配的杂交组合，要进行恢复性及生产力鉴定，观察鉴定其是否符合选育目标。

测配的组合播种时，行长不小于5 m，行数最好不要少于3行(父本可相邻种植作为对照以观察杂交种的优势表现)。生育期间进行恢复性观察，如果有花粉的植株数达90%以上，且花粉量大的组合，可以认为恢复性好。用株高、茎粗、果盘直径及产量来评价组合的配合力。用含油量、皮壳率及千粒重来评价组合的经济性状。在鉴定配合力的同时，要另设一抗病鉴定圃，以鉴定杂交组合对当地主要病害的抗性。最后根据选育目标要求，综合评定，决定中选组合。

(3)杂交种的产量鉴定

① 产量比较试验　经恢复性和主要性状配合力鉴定后中选的组合，可进行产量比较试验。要求采取随机排列，3～4 次重复，小区面积在 30 m^2 左右，以当地推广杂交种(或优良品种)作对照，试验结果要进行变量分析。这样经 2 年以上产量比较试验，表现优良的中选组合，进入区域试验。

② 区域试验　区域试验是对新育成或引进的杂交种(或品种)的生育特性、适应性、丰产性和抗逆性能进行观察鉴定的重要环节。通过区域试验可以确定新组合的适应地区，为新杂交种布局区域化提供科学依据。

参加区域试验的新组合，必须经过连续两年以上完整的品种比较试验，在试验中表现丰产、品质好、抗逆性强或具有某种特殊的优良经济性状的组合，报省农作物品种审定委员会审议批准后方可参加。

被批准参加区域试验的品种，由选育单位提供数量充足的无检疫病、虫的种子，拟定栽培要点和简要说明书，直接寄给承担区域试验单位。

区域试验的对照种，要用统一规定的标准品种，所需种子应由种子管理部门指定单位统一繁、制和供应。

田间设计：采用随机区组法或对比法排列。随机区组法要求 3～4 次重复，小区面积应在 50 m^2 左右。试验结果应用变量分析法进行产量分析。对比法要求 2～3 次重复，小区面积不少于 60 m^2。两种设计方法的小区均不宜少于 8 行，计产时要去掉边行。

根据气候变化情况和杂种表现，一般进行 2～3 年。第一年除表现特殊不良者外，一般不予淘汰，经 2 年试验，表现不良者可淘汰，表现优异者可结束试验。2 年结果有出入，可再进行 1 年试验，但不要超过 3 年。经过区域试验合乎标准的品种，即由选育单位向品种审定委员会提出申请参加生产试验。

③ 生产试验　按规定完成区域试验年限并确认表现优良的组合，或经过 1 年以上区域试验表现特别优良的组合，经协作组讨论同意，省农作物品种审定委员会批准，可参加生产试验。

生产试验可采用大区对比法，即与对照品种间隔种植，每组合试验面积不得少于 1 亩。

生产试验一般可进行 2 年。试验中观察认为表现尚不够理想的组合，可延长生产试验 1 年。

完成生产试验年限后，确认表现优良的组合，可按照规定，报请省农作物品种审定委员会审定命名和推广。

三、油葵的代表性品种

(一)油用型向日葵“新葵 1 号”

选育单位：新疆农业科学院经济作物研究所。

品种来源：新疆农业科学院经济作物研究所以派列多维克 770160 为基础经过系统选育育成的油用型向日葵品种。

特征特性：从出苗至成熟平均 90 d，属早熟品种。

株高 170 cm 左右，生育整齐度好，叶数 29 片，茎粗 2.0 cm，花盘直径 16.6 cm，花盘平展。单头籽实重平均 61.04 g。

籽粒锥形，黑色，平均百粒重 5.35 g，籽仁率 70.95%。平均结实率 86.6%。

籽实含油率44.31%。

耐菌核病,抗螟虫、抗褐斑病和霜霉病。

区域试验平均产量2596.10 kg/hm²,比对照增产11.87%。生产试验平均产量2985.75 kg/hm²,比对照增产8.65%。

栽培要点:生产田适宜播期4月上旬至6月中旬,播种量3~4 kg/hm²。

一般垄作,保苗4.5万~5.5万株/hm²。最好轮作3年以上。

建议一次性施向日葵专用复合肥250~300 kg/hm²,或施磷酸二铵150 kg/hm²、硝酸钾75~100 kg/hm²;现蕾前追施尿素150 kg/hm²。

生育期做到中耕除草两次以上。

适宜种植区域:新疆油葵主产区。

(二)油用型向日葵"新葵杂2号"

选育单位:1992年新疆农垦科学院作物研究所引进。

品种来源;辽宁省沈阳市农业科学研究所1981年选配的杂交组合,属油用型向日葵杂交种品种。

特征特性:从出苗至成熟平均96 d,属早熟品种。

株高175 cm左右,生育整齐度好,叶数26片,茎粗1.8 cm,花盘直径17.6 cm,花盘平展。单头籽实重平均65.04 g。

籽粒锥形,黑色,平均百粒重5.35 g,籽仁率74.95%。平均结实率84.6%。

籽实含油率45.31%。

耐菌核病,抗螟虫、抗褐斑病和霜霉病。

区域试验平均产量2586.10 kg/hm²,比对照增产11.07%。生产试验平均产量2942.75 kg/hm²,比对照增产8.05%。

栽培要点:生产田适宜播期4月上旬至6月中旬,播种量3~4 kg/hm²。

一般垄作,保苗4.5万~5.5万株/hm²。最好轮作3年以上。

建议一次性施向日葵专用复合肥250~300 kg/hm²,或施磷酸二铵150 kg/hm²、硝酸钾75~100 kg/hm²;现蕾前追施尿素150 kg/hm²。

生育期间做到中耕除草两次以上。

适宜种植区域:新疆油葵主产区。

(三)油用型向日葵"新葵杂3号"

选育单位:新疆沙湾县农业技术推广中心。

品种来源:新疆沙湾县农业技术推广中心以自选不育系88901A为母本,外引恢复系88108R为父本杂交育成的油用型向日葵杂交种。

特征特性:从出苗至成熟平均91 d,属早熟品种。

平均株高158.48 cm;平均花盘直径17.27 cm;平均茎粗1.83 cm;平均叶数29.98片,平均单头重64.94 g。

籽粒锥形,黑色,平均百粒重5.5 g,籽仁率72.35%。平均结实率85.70%。

籽实含油率47.37%。

中抗黑斑、褐斑、锈病和黄萎病。

两年区域试验平均产量 2623.50 kg/hm^2，比对照增产 5.21%。生产试验平均产量 2288.63 kg/hm^2，比对照增产 11.06%。

栽培要点：生产田适宜播期 4 月上旬至 6 月中旬，播种量 3～4 kg/hm^2。

一般垄作，保苗 4.0 万～5.0 万株/hm^2。

建议一次性施向日葵专用复合肥 250～300 kg/hm^2，或施磷酸二铵 150 kg/hm^2、硝酸钾 75～100 kg/hm^2；现蕾前追施尿素 150 kg/hm^2。

生育期间做到两铲两趟。

适宜种植区域：新疆油葵主产区。

（四）油用型向日葵"新葵杂 4 号"

选育单位：新疆农垦科学院作物研究所。

品种来源：新疆农垦科学院作物研究所油葵室 1988 年以不育系 HA89A 为母本、恢复系 7961-2 甲为父本配制的杂交组合。

特征特性：从出苗至成熟平均 105 d，属中熟品种。

平均株高 178.48 cm；平均花盘直径 18.27 cm；平均茎粗 1.88 cm；平均叶数 31 片；平均单头重 67.54 g。

籽粒锥形，黑色。平均百粒重 5.5 g。籽仁率 76.35%。平均结实率 86.70%。

籽实含油率 47.67%。

中抗黑斑、褐斑、锈病和黄萎病。

两年区域试验平均产量 2686.50 kg/hm^2，比对照增产 7.21%。生产试验平均产量 2378.63 kg/hm^2，比对照增产 13.06%。

栽培要点：生产田适宜播期 4 月上旬至 6 月中旬，播种量 3～4 kg/hm^2。

一般垄作，公顷保苗 4.0～5.0 万株。

建议一次性施向日葵专用复合肥 250～300 kg/hm^2，或施磷酸二铵 150 kg/hm^2、硝酸钾 75～100 kg/hm^2；现蕾前追施尿素 150 kg/hm^2。

生育期间做到两铲两趟。

适宜种植区域：新疆油葵主产区。

（五）油用型向日葵"新葵杂 5 号"

选育单位：新疆农业科学院经济作物研究所。

品种来源：新疆农业科学院经济作物研究所选育的特早熟、高产优质的油葵杂交种。用自育油葵不育系 9311A 与自育油葵恢复系 9309R 杂交而成，于 1996 年 11 月 27 日经新疆农作物品种审定委员会审定命名。

特征特性：该杂交种中熟，春播生育期 93 d；复播栽培，生育期 80～85 d。

株高 1.4 m 左右，叶片数 22～4 片，茎粗 2.0～2.5 cm，单盘，不分支，盘茎 18～22 cm，花盘微凸，花盘倾斜度 4～5 级，单盘粒重 65～80 g。其种子呈圆锥形，黑色，千粒重 68～75 g，出仁率 77%左右。

在产量比较试验、区域试验及生产试验中，新葵杂 5 号产量为 173.2～281.80 kg/亩，比对照新葵杂 2 号增产 4.5%～13.2%。种子含油率 48.1%～51.0%，是一个矮秆、丰产、高油、特早熟油葵杂交种。

栽培要点：

种子处理：复播油葵易发生霜霉病、菌核病，种子药剂处理能有效地防治霜霉病、菌核病。用种子量0.03%的25%瑞毒霉（甲霜灵）可湿性粉剂拌种，防治霜霉病，用种子量0.03%的50%异菌脲可湿性粉剂拌种，防治苗期菌核病。

播种期：该品种适应性广，适合在南北疆种植。春播从3月下旬到5月下旬都可播种，以3月下旬到4月中旬为宜，盐碱地宜早播，轻盐碱地可晚播。复播以7月5日前播种为宜。

播量和播深：若用机械条播，每亩800 g左右，精量点播只需300 g即可，播种深度一般以4～5 cm为宜。

施肥：应防止施肥"一炮轰"，一般播种时用10～15 kg/亩磷酸二铵作种肥（种子和肥料分开，严禁与种子混施），现蕾后结合中耕开沟施肥，每亩追施尿素15～20 kg，追施深度以8～10 cm为宜。

早间苗、早定苗：1对真叶时开始进行间定苗，2对真叶时定苗结束，田间保苗在5500株左右。

灌水：现蕾后应及时灌水，要求头水小，二水紧跟上，灌水要匀，灌水量70～80m^3/亩，整个生育期应根据当地实际情况灌水2～4次。

辅助授粉：要求每5亩地放一箱蜂。

适时收获：人工收获在植株上部4～5片叶和茎秆上部及花盘背面变黄、籽粒变硬时即可进行，机械收获要求95%以上的花盘失水变褐才能收获。

适宜种植区域：国内油葵春播主产区，以及天山以北，乌伊公路沿线7月5日前麦收后种植。

（六）油用型向日葵"新葵杂6号"

选育单位：新疆农垦科学院作物研究所。

品种来源：由新疆农垦科学院作物研究所选育的中熟、高产的油葵杂交种。于1997年11月27日经新疆农作物品种审定委员会审定命名。

特征特性：该杂交种中熟，春播生育期100～110 d。株高1.8 m左右，叶片数28～34片，茎粗2.0～2.5 cm，单盘，不分支，盘茎18～22 cm，花盘微凸，花盘倾斜度4～5级，单盘粒重74 g。其种子呈圆锥形，黑色，千粒重68～75 g，出仁率76%左右。

在产量比较试验、区域试验及生产试验中，新葵杂6号产量为177.2～283.8 kg/亩，比对照新葵杂2号增产4.15 %～13.6%。种子含油率46.1 %～48.2%，是一个高秆、丰产、中熟油葵杂交种。

栽培要点：

种子处理：复播油葵易发生霜霉病、菌核病，种子药剂处理能有效地防治霜霉病、菌核病。用种子量0.03%的25%瑞毒霉（甲霜灵）可湿性粉剂拌种，防治霜霉病，用种子量0.03%的50%异菌脲可湿性粉剂拌种，防治苗期菌核病。

播种期：该品种适应性广，适合在南北疆种植。春播从3月下旬到5月下旬都可播种，以3月下旬到4月中旬为宜，盐碱地宜早播，轻盐碱地可晚播。

播量和播深：若用机械条播，每亩800 g左右，精量点播只需300 g即可，播种深度一般以4～5 cm为宜。

施肥：应防止施肥"一炮轰"，一般播种时用10～15 kg磷酸二铵作种肥（种子和肥料分开，严禁与种子混施），现蕾后结合中耕开沟施肥，每亩追施尿素 15～20 kg，追施深度以 8～10 cm 为宜。

早间苗、早定苗：1 对真叶时开始进行间定苗，2 对真叶时定苗结束，田间保苗在 5500 株/亩左右。

灌水：现蕾后应及时灌水，要求头水小，二水紧跟上，灌水要匀，灌水量 70～80 m^3/亩，整个生育期应根据当地实际情况灌水 2～4 次。

辅助授粉：要求每 5 亩地放一箱蜂。

适时收获：人工收获在植株上部 4～5 片叶和茎秆上部及花盘背面变黄、籽粒变硬时即可进行，机械收获要求 95%以上的花盘失水变褐才能收获。

适宜种植区域：新疆油葵春播主产区。

（七）油用型向日葵“新葵杂 7 号”

选育单位：新疆农业科学院经济作物研究所。

品种来源：由新疆农业科学院经济作物研究所选育的中熟、丰产、高油类型的油葵杂交种。于 1998 年经新疆农作物品种审定委员会审定命名。

特征特性：该杂交种中熟，生育期 100～110 d，适宜在新疆各地种植。

植株呈宝塔型，株高 1.78 m 左右，叶片数 38～-41 片，茎粗 2.2～2.4 cm，单盘，不分支，盘茎 18.1～21.7 cm，花盘微凸，花盘倾斜度 3.0～3.5 级，单盘粒重 79.8 g。其种子呈圆锥形，黑暗条纹，千粒重 54.7 g，出仁率 77.7%。

在产量比较试验、区域试验及生产试验中，新葵杂 7 号产量为 205～330 kg/亩，其种子含油率为 49.2%，产油量 101～162 kg/亩，亩产量和亩产油量均比对照 G101 增产 10%以上。

栽培要点：

种子处理：用种子量 0.03%的 25%瑞毒霉（甲霜灵）可湿性粉剂拌种，防治霜霉病，用种子量 0.03%的 50%异菌脲可湿性粉剂拌种，防治苗期菌核病。

播种期：该品种适应性广，适合在南北疆种植。从 3 月下旬到 5 月下旬都可播种，以 3 月下旬到 4 月中旬为宜，盐碱地宜早播，轻盐碱地可晚播。

播量和播深：若用机械条播，每亩 600～800 g，播种深度一般以 4～5 cm 为宜。

施肥：应防止施肥“一炮轰”，一般播种时用 10～15 kg/亩磷酸二铵作种肥（种子和肥料分开，严禁与种子混施），现蕾后结合中耕开沟施肥，每亩追施尿素 15～20 kg，追施深度以 8～10 cm 为宜。

早间苗、早定苗：1 对真叶时开始进行间定苗，2 对真叶时定苗结束，田间保苗在 3600～4000 株/亩左右。

灌水：现蕾后应及时灌水，要求头水小，二水紧跟上，灌水要匀，灌水量 70～80m^3/亩，整个生育期应根据当地实际情况灌水 2～4 次。

辅助授粉：要求每 5 亩地放一箱蜂。

适时收获：人工收获在植株上部 4～5 片叶和茎秆上部及花盘背面变黄、籽粒变硬时即可进行，机械收获要求 95%以上的花盘失水变褐才能收获。

适宜种植区域：新疆油葵主产区。

（八）油用型向日葵“G101”

选育单位：美国迪卡种子公司。

品种来源:由中国种子集团有限公司和新疆兵团康地种子公司 1994 年从美国引进。

特征特性:从出苗至成熟平均 103 d,属中熟品种。

平均株高 178.48 cm;平均花盘直径 17.27 cm;平均茎粗 1.83 cm;平均叶数 29.98 片;平均单头重 64.94 g。

籽粒锥形,黑色。平均百粒重 5.8 g。籽仁率 74.35%。平均结实率 88.70%。

籽实含油率 47.37%。

中抗黑斑、褐斑、锈病和黄萎病。

两年区域试验平均产量 2623.50 kg/hm^2,比对照增产 5.21%。生产试验平均产量 2288.63 kg/hm^2,比对照增产 11.06%。

栽培要点:生产田适宜播期 4 月上旬至 6 月中旬,播种量 3～4 kg/hm^2。

一般垄作,每公顷保苗 4.0 万～5.0 万株。

建议一次性施向日葵专用复合肥 250～300 kg/hm^2,或施磷酸二铵 150 kg/hm^2、硝酸钾 75～100 kg/hm^2;现蕾前追施尿素 150 kg/hm^2。

生育期间做到两铲两趟。

适宜种植区域:国内油葵主产区。

(九)油用型向日葵"KWS303"

选育单位:德国 KWS 种子公司。由中国内蒙古天葵种子公司 2000 年引进。

特征特性:生育期 105～115 d。株高 180～190 cm,叶片上冲 3.5,叶柄短壮,叶片数 31～33 片,果盘直径 16～22 cm,果盘倾斜度 4 级。果皮为黑灰色,果型长卵形。

抗病性强,耐高密。

单盘粒重 61 g,千粒重 57 g,籽仁率 77.2%。

含油率 47.6%。

产量表现:大面积生产试验平均产量 281.3 kg/亩,最高产量可达 324.5 kg/亩。

栽培要点:生产田适宜播期 4 月上旬至 6 月中旬,播种量 3～4 kg/hm^2。

一般垄作,保苗 1.8 万～2.0 万株/hm^2。最好轮作 3 年以上。

建议一次性施向日葵专用复合肥 250～300 kg/hm^2,或施磷酸二铵 150 kg/hm^2、硝酸钾 75～100 kg/hm^2;现蕾前追施尿素 150 kg/hm^2。

生育期做到两铲两趟。开花期如果自然界中昆虫数量不足,要做 2～3 次的人工辅助授粉。

适宜种植区域:国内油葵主产区。

(十)其他品种

1. 油用型向日葵"TO12244"

育成单位:先正达(中国)投资有限公司。

品种来源:TO12244 是由中国种子集团有限公司独家引进并审定。

特征特性:中熟品种,生育期 90～100 d;株高 160～175 cm,叶片数 27 片左右;植株生长整齐,茎粗 2.5 cm 左右;花盘形状好,无空心,盘径 20～22 cm;籽粒饱满,单盘籽实重 89 g,百粒重 6.5～7.2 g;含油率 49%左右。易于人工或机械收获。

抗列当,耐霜霉病、锈病、叶斑病,耐干旱、耐盐碱。

该品种丰产性良好，在科学的栽培管理和良好的水肥条件下亩产可达 300 kg(在特殊年份和不良气候条件下，会出现营养分枝，属品种正常生理反应)。

栽培要点：

选地及整地：应避免重茬，深翻整地，实施耙耱保墒。

播种期：该品种适应性广，在春播地区当土壤温度稳定在 10 ℃以上时可开始播种；夏播种植，一般应在 6 月中旬至 7 月初播种。

播种量和播种深度：每亩播种量一般在 400～500 g，播种深度一般在 3 cm 左右。

亩株数：根据土壤情况，地力较好、光照充足的地块保苗可在 3300～3500 株/亩，一般的地块在 3500～3800 株/亩。

田间管理：苗期应及时除草，生长前期如无特殊干旱应尽量少浇水以利蹲苗；现蕾初期根据土壤情况及时灌水，到灌浆期遇旱时，有灌溉条件的地块要及时灌水；向日葵怕涝，因此在播种时应考虑开花授粉和成熟收获期避开雨季。施肥量一般为：每亩施底肥尿素 10～15 kg、磷酸二铵 10～15 kg、硫酸钾 10～15 kg，或亩施三元复合肥 30～40 kg。现蕾至开花期追施尿素 5～10 kg/亩；也可根据当地实际情况，另行安排施肥数量和方法。

适时收获：当花盘背面变成黄褐色、籽粒含水率低于 14%时即可收获。

适宜种植区域：国内油葵主产区。

2. 油用型向日葵“S606”

育成单位：先正达(中国)投资有限公司。

品种来源：先正达(中国)投资有限公司以 X0012A×F20 杂交选育而成，2006 年由新疆华西种业引进。

特征特性：春播生育期 106 d，比对照 G101 早熟 1 d，属中熟油用型杂交品种。

中幼茎花青苷色素强，株高 172.63 cm，茎粗 2.48 cm，茎上部刚毛较少。全株 30 片叶，叶浅绿色，叶圆形，叶锯齿小且规则，叶柄长 15～18 cm，叶侧脉成锐角，叶尖高，叶柄下部与茎间角度小，叶片大小中等，叶横截面成凹形。花盘微凸形且向下倾斜，盘径 17.68 cm，花瓣数中等，花及花粉黄色，每盘 1230 粒，结实率 92.47%，盘粒重 73.21 g，百粒重 6.19 g，籽实出仁率 74.87%。经农业部油料及制品质量监督检验测试中心(武汉)测定：籽实含油率 46.35%，籽仁含油率 61.8%。

感黑斑病、褐斑病。苗期生长势强，株高适中，生长整齐，耐密植，籽粒饱满，容重高，结实率高，丰产稳产性较好。

产量：2008 年区域试验亩产 269.26 kg，比对照 G101 增产 6.76%，增产不显著；2009 年区域试验亩产 268.4 kg，比 G101 增产 13.57%，增产不显著；两年区域试验亩产 268.83 kg，比 G101 平均增产 10.17%；2009 年生产试验亩产 275.31 kg，比 G101 增产 8.79%。

栽培要点：

适时播种：春播区 4 月中下旬至 6 月中旬均可播种。人工点播 0.5 kg/亩，机播 0.55 kg/亩，足墒播种，播深 3～4 cm。

合理密植：中等肥力地块每亩保苗 3700～4000 株。

科学施肥：播种时每亩施磷酸二铵 15 kg、硫酸钾或氯化钾 7.5 kg，现蕾期追施尿素 10 kg。

适时灌水：开花前灌第一水，灌浆期结合土壤墒情灌二水，在无风天进行，灌水量不宜过大，防止倒伏。

适时收获：在植株上部4～5片叶及葵盘背面变黄、籽实含水量低于15%时即可收获。

适宜种植区域：适宜新疆油葵主产区。

3. 油用型向日葵“新葵18号”

育成单位：新疆农业科学院经济作物研究所。

品种来源：新葵18号是早熟、高产、抗病、高油类型的油葵杂交种，2007年2月经新疆农作物品种审定委员会审定并命名。

特征特性：新葵18号生育期85～95 d，一般春播95 d，复播85 d左右。植株生长整齐，株高130～170 cm，叶片数28片，茎粗3.3 cm。叶心脏形，绿色，叶缘叶裂多而宽，舌状花和柱头为黄色，花药褐色。花盘为单盘微凸，倾斜度4级，花盘直径16 cm。种子卵圆锥形，种皮黑色带暗条纹，单株产量55.8克，千粒重51.0克，籽仁率78.8%，籽实含油率48%。耐水肥，抗倒伏。

抗向日葵霜霉病、锈病、褐斑病，耐菌核病。

产量：该品种两年复播油葵区域试验，折合亩产177.3 kg，比辅助对照DK3790增产11.11%。亩产油80.0 kg，较对照新葵10号的76.5 kg增产3.5 kg，增长4.58%。丰产性及稳定性较好。

栽培要点：新疆冷凉地区春播4月中旬即可开始，在昌吉至伊宁一线复播应在7月5日前播种为宜。

播量0.7～1.0 kg/亩，播种时每亩带种肥：三料磷肥8～10 kg、尿素3 kg与种子分沟施入。

出苗后1～2对真叶时进行第一遍中耕，并进行人工间定苗，亩保苗4500～5000株。

第一遍中耕后8～10 d进行第二次中耕，现蕾后进行第三次中耕、开沟培土，并亩追施尿素8～10 kg，磷酸二胺3～5 kg。

现蕾后开始灌第一水，花期不得脱水，生育期间灌水3～5次。开花时应放蜜蜂辅助授粉，每公顷地3～5箱，可有效提高结实率。

适宜种植区域：适宜在新疆冷凉地区春播和昌吉至伊宁一线复播种植。

4. 油用型向日葵“矮大头HZ001”

育成单位：新疆农业科学院经济作物研究所、新疆昌吉西亚子有限责任公司。

品种来源：由新疆农业科学院经济作物研究所、昌吉西亚种子公司选育的矮秆、中熟、抗病、高油类型的油葵杂交种。2007年2月经伊犁哈萨克自治州农作物品种审定委员会审定并命名。2018年在国家农业部登记命名：矮大头HZ001。

特征特性：生育期100～110 d。植株生长整齐，株高100～130 cm，叶片数28片，茎粗3.4 cm。叶片肥厚、深绿色、叶心脏形，叶缘叶裂多而宽，舌状花和柱头为黄色，花药褐色。花盘为单盘微凸，倾斜度4～5级，花盘直径18 cm。种子卵圆锥形，种皮黑色带暗条纹，单株产量48.8 g，千粒重48.0 g，籽仁率80.8%，籽实含油率51.6%。耐水肥，抗倒伏。

抗向日葵霜霉病、锈病、褐斑病，耐菌核病。

产量：该品种两年油葵区域试验，折合亩产267.3 kg，比对照KWS303增产11.11%。亩产油133.6 kg，较对照KWS303增产28.5 kg，增长17.58%。生产试验比对照增产16.2%，丰产性及稳定性较好。主要经济性状和生物性状均优于对照。

栽培要点:新疆地区春播 3 月下旬即可开始,昌吉至伊宁一线复播应在 7 月 20 日前播种为宜。

亩播量 0.7～1.0 kg,播种时每亩带种肥:三料磷肥 8～10 kg、尿素 3 kg 与种子分沟施入。

出苗后 1～2 对真叶时进行第一遍中耕,并进行人工间定苗,亩保苗 5000～5500 株。

第一遍中耕后 8～10 d 进行第二次中耕,现蕾后进行第三次中耕、开沟培土,并亩追施尿素 8～10 kg、磷酸二胺 3～5 kg。

现蕾后开始灌第一水,花期不得脱水,生育期间灌水 3～5 次。开花时应放蜜蜂辅助授粉,每公顷地 3～5 箱,可有效提高结实率。

适宜种植区域:适宜在南北疆向日葵产区种植。

5. 油用型向日葵"早熟矮大头 6K132"(伊葵杂 3 号)

育成单位:新疆农业科学院经济作物研究所、新疆昌吉西亚子有限责任公司。

品种来源:由新疆农业科学院经济作物研究所选育的矮秆、特早熟、抗病、高油类型的油葵杂交种,2008 年 2 月经伊犁哈萨克自治州农作物品种审定委员会审定并命名。2010 年在新疆种子站认定。

特征特性:生育期 70～80 d,一般春播 88 d,复播 75 d 左右。植株生长整齐,株高 80～120 cm,叶片数 24 片,茎粗 3.1 cm。叶心脏形,绿色,叶缘叶裂多而宽,舌状花和柱头为黄色,花药褐色。花盘为单盘微凸,倾斜度 2～3 级,花盘直径 16 cm。种子卵圆锥形,种皮黑色带暗条纹,单株产量 43.8 g,千粒重 46.0 g,籽仁率 75.8%,籽实含油率 47%。耐水肥,抗倒伏。

抗向日葵霜霉病、锈病、褐斑病,耐菌核病。

产量:该品种两年复播油葵区域试验,折合亩产 167.3 kg,比辅助对照 DK3790 增产 11.11%。亩产油 80.0 kg,较对照新葵 10 号增产 1.5 kg,增长 0.58%。主要经济性状和生物性状均优于对照。复播丰产性及稳定性较好。

栽培要点:新疆春播 3 月中旬至 5 月中旬都可播种,一般以 4 月中下旬播种为宜。亩播量 0.7～1.0 kg,播种时每亩带种肥:三料磷肥 8～10 kg、尿素 3 kg 与种子分沟施入。

出苗后 1～2 对真叶时进行第一遍中耕,并进行人工间定苗,亩保苗 4500～5000 株。

第一遍中耕后 8～10 d 进行第二次中耕。现蕾后进行第三次中耕、开沟培土,并亩追施尿素 8～10 kg、磷酸二胺 3～5 kg。

现蕾后开始灌第一水,花期不得脱水,生育期间灌水 3～5 次。开花时应放蜜蜂辅助授粉,每公顷地 3～5 箱,可有效提高结实率。

适宜种植区域:适宜在新疆冷凉地区春播和昌吉至伊宁一线麦收后复播种植。

四、中国油葵代表性品种名录

1. 白葵 3 号

来源:依列基为材料选育。

选育单位:吉林省白城地区农业科学研究所。

2. 辽葵 1 号

来源:罗马尼亚杂交种为材料选育。

选育单位:辽宁省农业科学院。

3. 晋葵 1 号

来源:派列多维克为材料选育。

选育单位:山西农业大学。

4. 新葵 1 号

来源:770160。

选育单位:新疆农业科学院经济作物研究所育成。

5. 新葵杂 2 号

来源:HA89×106-2。

选育单位:新疆农垦科学院作物研究所引进。

6. 白葵杂 1 号

来源:74102-4A×矮 113。

选育单位:吉林省向日葵研究所。

7. 辽葵杂 1 号

来源:7611A×辽 68。

选育单位:辽宁省农业科学院作物育种研究所。

8. 内葵杂 1 号

来源:75-33A×77-30。

选育单位:内蒙古农业科学院作物研究所。

9. G101

来源:美国引进。

选育单位:美国迪卡种子公司育成,中国种子公司和新疆康地公司引进。

10. 晋葵 6 号

来源:9609A×9604R。

选育单位:山西省农业科学院棉花研究所。

11. 新葵杂 3 号

来源:88901A×NS-H-27R。

选育单位:新疆沙湾县农业技术推广中心育成。

12. 白葵杂 5 号

来源:H-16A×SRB296R。

选育单位:吉林省向日葵研究所。

13. 新葵杂 4 号

来源:HA89A×7961-2 甲。

选育单位:新疆农垦科学院作物研究所育成。

14. 新葵杂 5 号

来源:9311A×9309R。

选育单位:新疆农业科学院经济作物研究所。

15. 新葵杂 6 号

来源:87430-312A×7961-2411。

选育单位:新疆农垦科学院作物研究所。

16. 新葵杂 7 号

来源:9317。

选育单位:新疆农业科学院经济作物研究所。

17. KWS303

来源:KWS303。

选育单位:德国 KWS 种业公司选育,内蒙古天葵经济作物研究发展中心引进。

18. S606

来源:X0012A×F20。

选育单位:先正达(中国)投资有限公司育成,新疆华西种业引进。

19. TO12244

来源:TO12244。

选育单位:瑞士先正达中国投资有限责任公司育成,中种集团承德长城种子有限公司引进。

20. 新葵杂 18 号

来源:1K020。

选育单位:新疆农业科学院经济作物研究所育成。

21. 新葵杂 10 号

来源:AR7-5150。

选育单位:新疆农垦科学院作物研究所育成。

22. 矮大头 567

来源:567DW。

选育单位:新疆昌吉州西亚种业公司引进。

23. 新葵杂 22 号

来源:AR5-0306。

选育单位:新疆农垦科学院作物研究所育成。

24. 新葵杂 23 号

来源:9K200。

选育单位:新疆农业科学院经济作物研究所。

25. 矮大头 HZ001

来源:HZ001。

选育单位:新疆农业科学院经济作物研究所,昌吉西亚种业有限公司育成。

26. 早熟矮大头 6K132

来源:6K132。

选育单位:新疆农业科学院经济作物研究所。

27. 瑞特姆

来源:RITMO。

选育单位:新疆华西种业有限责任公司引入。

参考文献

陈苍,王皓学,2014. 油葵新品种油葵杂 1 号的选育及栽培技术[J]. 农业科技通讯(9):239-240.

崔良基，王德兴，宋殿秀，等，2011. 不同向日葵品种群体光合生理参数及产量比较[J]. 中国油料作物学报，33(02)：147-151.

董学，邢占民，许利平，等，2015. 油用型向日葵 NH2202 栽培密度研究[J]. 农业科技通讯(7)：111-112，172.

何录秋，杨文淼，罗琼，2016. 湖南油葵品种(系)引种比较试验[J]. 湖南农业科学(4)：11-13.

侯家骙，石兴山，1985. 向日葵果实的解剖及其发育[J]. 中国油料(02)：28-33.

焦展，安胜军，王昆声，等，2015. 航天搭载对油葵的诱变效应[J]. 江苏农业科学(11)：128-136.

焦展，安胜军，邵铁梅，等，2018. 油葵转基因方法的比较[J]. 江苏农业科学，48(10)：75-79.

赖先齐，张风华，帕尼古丽，等，1993. 向日葵不定根的研究——向日葵不定根的形态结构[J]. 中国油料(04)：31-33.

雷中华，石必显，孙逊，等. 2015. 中亚 15 份油葵种质资源的综合性状分析[J]. 新疆农业科学(11)：2023-2027.

李积铭，李和平，张玉兰，等，2016. 适宜黑龙港流域种植的油葵品种筛选[J]. 河北农业科学，20(2)：74-76，83.

李积铭，李锴雯，李和平，等，2016. 华北低平原区高产油葵新品种比较试验[J]. 安徽农业科学，44(7)：46-47，69.

李培江，李碧娟，南伟，等，2017. 油用与食用型向日葵籽形态及主成分差异辨析[J]. 四川大学学报(自然科学版)，54(1)：203-208.

梁一刚，文张生，1992. 向日葵优质高产栽培法[M]. 北京：金盾出版社.

刘公社，Alain B，彭克敬，1994. 向日葵研究与开发[M]. 北京：中国科学技术出版社.

谈建鑫，余娟娟，刘建国，等，2015. 北疆地区复播油葵主栽品种筛选研究[J]. 新疆农垦科技，38(10)：9-11.

谭丽萍，曲文祥，张玮，等，2009. 内蒙古中东部食用型向日葵品种的生态类型分布规律和利用价值[J]. 内蒙古农业科技(6)：81-82，87.

谭美莲，杨明坤，严明芳，等，2011. 向日葵种质的 SSR 分析[J]. 西北植物学报，31(12)：2412-2419.

王德兴，崔良基，孙恩玉，等，2014. 高光效优质油葵杂交种辽葵杂 12 号的选育[J]. 辽宁农业科学(5)：84-86.

王鹏冬，杨新元，贾爱红，等，2005. 我国油用型向日葵研究发展概述[J]. 杂粮作物，25(4)：241-245.

向理军，雷中华，贾东海，等，2020. 新疆特色油料作物栽培[M]. 北京：中国农业科学技术出版社.

严兴初，2006. 向日葵种质资源描述规范和数据标准[M]. 北京：中国农业出版社.

杨春安，肖才升，朱泰生，等，2017. 湖南油葵生产现状及其发展设想[J]. 安徽农业科学，45(14)：94-101.

张俊杰，席旭东，2019. 18 个油葵品种在安定区的引种表现及主要农艺性状与产量的相关性[J]. 甘肃农业科技(7)：69-74.

郑洪元，刘怀华，贾海滨，等，2020. 中国北方向日葵种植[J]. 北京：中国农业科学技术出版社.

第二章 油葵种植的生物学基础

第一节　生育进程

一、生育期

生育期一般指在正常播期条件下，从播种后种子萌发、出苗至成熟的经历天数，是一个完整的生活周期，其长短用天数表示。生育期是向日葵的主要性状之一。在油葵的早熟、中早熟、中熟、中晚熟、晚熟品种类型中，生育期长短各异。它关系着品种的选育、选用、适宜区域以及在耕作制度中的位置等。在油用型向日葵众多的品种中，根据生育期长短分为：

极早熟种：从出苗至成熟生育日数在 85 d 以内。

早熟种：从出苗至成熟生育日数在 86～100 d。

中早熟种：从出苗至成熟生育日数在 101～105 d。

中熟种：从出苗至成熟生育日数在 106～115 d。

中晚熟种：从出苗至成熟生育日数在 116～125 d。

晚熟种：从出苗至成熟生育日数在 126 d 以上。

向日葵是短日照植物，但不同品种类型对光周期的反应又是不完全相同的。播期效应在向日葵上的表现是非常明显的。播期不同，就其实质而言是光周期和温度的差异，而光周期的影响是主要的。同一品种在同一地点种植，与春播相比，夏播的生育期大为缩短。向日葵夏播生育期缩短主要是缩在出苗至现蕾的营养生长阶段，而生殖生长阶段仍保持相当的时间。

二、生育时期

在连续的、完整的生长发育过程中，根据植株形态变化，可以人为地划分为一些“时期”。向日葵的生育时期与物候期的含义有相近之处，但又有区别。物候期偏重于指呈现某种征候的时间；而生育时期则主要是指某种形态特征出现后持续的一段时间。

在油葵的生育期内，根据植株的形态变化，可以人为地划分为一些时期(Stage)。在适期播种条件下，这些时期往往对应着一定的物候现象，故也称物候期。

向日葵的物候期，是在向日葵的一生中，其外部形态会出现若干次显著的变化。为了对品种和育种材料的重要性状及其生长发育动态作出评判，为了按照植株的生长发育进程采取适当的栽培措施，根据外部形态的显著变化，把向日葵的一生划分若干个物候期是十分必要的。

向日葵从出苗到生理成熟经历日数之多少即生育期的长短，因品种特性、种植地区、栽培技术、气候条件等不同而差异很大。食用类型、晚熟品种、高纬度地区、春季早播、水肥充足、气温较低的情况下，其生育期较长；反之，则较短。食用型品种以三道眉为例在太原地区的生育期为 110～120 d；油用型品种以墨葵为例春播生育期为 100～110 d，夏播生育期为 95 d 左右。

同一品种种植在不同地区的生育期长短差别很大。比如，白葵杂 1 号杂交种的生育期，在黑龙江省呼兰及内蒙古呼和浩特市等地种植需 123 d，在吉林省白城市需 115 d，在新疆沙湾县需 113 d，在山西省汾阳市需 108 d，在辽宁省沈阳市需 89 d，在山西省定襄县需 83 d，在山东省广北农场需 79 d。

同一品种在同一地区因播种期不同其生育期也不同。据河北省沧州地区农业科学研究所观察，派列多维克品种在 2 月下旬播种的生育期为 104 d；4 月中、下旬播种的生育期为 90 d；6 月上旬播种的生育期仅为 75 d。生育期长短的差异主要表现在营养生长阶段，播种期早的营养生长期较长，生殖生长阶段的差别较小。比如，从出苗到现蕾经历的日数，早播和晚播的相差 21 d，从现蕾到成熟早晚相差仅 2～3 d。

种植密度对向日葵生育期无影响或影响轻微。同一品种同期播种，不同密度的群体植株基本上同期现蕾、开花和成熟。

在油葵的生育期内，生育时期可以分为幼苗期、长叶期、现蕾期、初花期、成熟期。通常要求在底墒充足的条件下，5 cm 地温稳定在 8～10 ℃时播种，覆土 3～5 cm 较为适宜，在现有主推杂交种及适宜的播期条件下，从播种到出苗需 6～10 d，出苗到现蕾需 30 d 以上，现蕾到开花需 18 d 以上，开花到成熟 35 d 左右，活动积温 2300 ℃ · d，5 ℃以上的有效积温 1800 ℃ · d。

（一）播种期

播种的日期，以年月日表示。

（二）出苗期

整个试验小区 75％幼苗子叶出土平展的日期。油葵种子在 4 ℃就可以萌发，在 8～10 ℃时萌发较好，但最适宜的萌发温度是 13～15 ℃。

（三）现蕾期

整个试验小区 75％植株主茎花蕾直径达 1 cm 的日期。进入现蕾期，向日葵生长旺盛，需要消耗大量的水分和养分，应及时追肥浇水。

（四）开花期

整个试验小区 75％植株主茎花蕾的舌状花完全展开的日期。随着花盘逐渐长大，从盘心由内向外逐渐外露，接着舌状花冠吐露、张开，部分管状花的雄蕊管高耸，雌蕊柱头从中钻出，两裂展开，进入开花期。开花期是植株生长最旺盛的时期，消耗了大量的水分和养料，因此，灌水追肥和中耕培土等农事活动必须在开花期以前进行，否则将影响生殖器官的发育。开花期需要晴朗天气，以利于开花授粉和蜜蜂传粉，能提高结实率。土壤长时间干旱也会使授粉结实不良。阳光充足、昼夜温差适中，有利于增加粒重和含油量。开花期如果遇上低温阴雨天，小花开花量将减少，雌雄蕊成熟时间推后。据山西省农业科学院研究，阴雨天相对湿度 81％～93％，小花开花量减少 17％，雌雄花散粉时间推迟 5 h 以上，雌雄蕊成熟时间推迟 3～4 h。阴雨天花粉湿润或结团，蜜蜂停止活动，最终造成产量降低、品质下降。开花期遇到高温、干旱、干燥天气则花期提前，花粉量减少，生活力变弱，受精不能正常进行，部分小花不能授粉。

（五）盛花期

整个试验小区 75%植株主茎花蕾的管状花完全开放的日期。

同一花盘开花持续时间为 8～10 d。

（六）成熟期

整个试验小区 90%植株籽实（种子）成熟的日期。籽实成熟的标准：花盘背面和茎秆上中部变成黄白色，叶片出现黄绿色；籽实充实，外壳坚硬，呈现固有色泽，籽实的含水率减少到 25%～28%。

国内外不同研究者划分向日葵物候期的标准不尽相同。例如，Schneiter 等（2002）对植株各物候期划分标准如下：出苗达 90%为出苗期（VE），可见蕾达 50%为现蕾期（R1），开花达 50%为开花期（R5.1），90%达生理成熟则为成熟期（R9）。

各生育时期植株的形态特征及田间记载标准各异。据梁一刚等（1984）以"墨葵"为试材所进行的观察，当播种层地温为 20 ℃、土壤含水量为 18%时，向日葵种子在播后第 2～3 d 皮壳尖端即可张开，露出胚根白尖；第 4～5 d，胚根长 3～4 cm，在胚根与胚茎交界线以下出现密集的根毛；第 6～7 d，弯曲的茎颈部接近地面；第 7～8 d，茎颈部开始顶土，随着胚茎伸长，子叶被带出地面，即为出苗。

当"墨葵"长到 25 叶左右、株高 70 cm 上下时，植株顶部出现被尖形小苞叶围绕的星状体——花蕾，直径约 1 cm 时，植株进入现蕾期。食用品种"三道眉"在株高 120 cm、34 片叶左右、苗龄 50～60 d 时进入现蕾期。

现蕾后，随着茎颈部伸长，将花蕾托出，大约经 20 d 左右，花盘长大，盘心逐渐外露，舌状花和管状花相继开放，进入初花期。从现蕾到初花约 20 d 是株高增长极快的时期。花盘直径也从 1 cm 迅速增大到 9～10 cm。从初花到花盘定形约经 15～20 d，增长最快时每日盘径可扩大 0.9～1.0 cm。

管状花授粉受精后即进入籽实灌浆期。灌浆期约持续 30 d 左右（因品种而异）。紧随灌浆期之后，向日葵逐渐进入成熟期。

三、生育阶段

向日葵的生长发育是有阶段性的，只有顺利通过不同生长发育阶段，才能开花结果。向日葵各生育阶段长短与品种、温度、光照、水分和播期有关，例如同一品种在不同纬度种植或播期不同，其生育阶段长短也不同。

油葵的一生大体可分 3 个生长发育阶段：从播种到花序形成，以营养生长为主，称为营养生长阶段；从形成花序到开花，是营养生长和生殖生长并进的阶段；从开花到瘦果成熟以生殖生长为主，称为生殖生长阶段（表 2-1）。

向日葵生长发育阶段如下：

（一）播种至出苗

种子播种后，在地温、湿度、空气等条件适宜的环境中，吸水萌动，发芽出苗。种子发芽最低温度是 3～6 ℃，当地温达到 8～10 ℃时，种子即可发芽。新疆 5 月中、下旬播种一般经 8～10 d 就可以出苗；6 月上、中旬播种一般 6～7 d 就可以出苗。种子发芽时首先长出胚根，一般皮壳留在地下，子叶破土而出，当子叶由黄变绿展开后，达到 75%（穴播指穴数），即为出苗期。

表 2-1 向日葵的生长发育阶段描述(段玉等,2019)

阶段		描述
第一阶段(VE)	出苗	播种出苗,子叶外的真叶小于 4 cm
V-1 V-2 V(n)	营养生长阶段	通过数 4 cm 以上真叶的数量确定,如果发生衰老的叶子,数叶疤痕(不包括那些子叶连接)来确定适当的阶段
R-1	生殖生长阶段	终端芽形成一个微型花卉的头而不是一个集群的叶子。从正上方时,未成熟的苞片组成一个多指向的星形外观
R-2		茎最上面的叶与不成熟芽靠近伸长 0.5～2.0 cm。叶不直接靠近萌芽
R-3		最近的叶子与不成熟芽超过 2.0 cm
R-4		花序开始开放。从正上方可见待开的花
R-5(小数): 5.1;5.2 等		这个阶段开始开花。根据头部(花盘)区域开花的百分比,这个阶段可以分为多个子阶段。如 R-5.3(30%)、R-5.8(80%)等
R-6		完全开花,花瓣枯萎
R-7		花盘背面已经出现淡黄色
R-8		头是黄色的,但后面的苞片保持绿色
R-9		苞片变成黄色和棕色。这一阶段被认为是生理成熟

注:V:真叶(单位:片);V-n 中的 n 表示大于 4 cm 的真叶数量。R:花蕾,花盘直径(单位:cm)。R-1 到 R-9 表示生殖生长的 9 个阶段。

出苗期生长特点是子叶初展开时呈微黄色,逐渐变成淡绿色。幼茎则呈现该品种固有的色泽紫色、淡紫色、绿色等。向日葵出苗后两片子叶间显露出真叶嫩尖,此期根生长大于茎生长,苗高 3～5 cm,主根伸长 30～40 cm,主根伸长的速度比苗高增长的速度快得多。苗高 12～14 cm 时,第 3、第 4 对真叶展开。对生叶不再增加,单叶则呈现轮生排列。对生的 3～4 对叶片较小,其主要功能是提供根系及幼苗生长所需的营养物质。整个苗期至花蕾期以营养生长为主。从播种到出苗经历的天数受环境条件影响,在高纬度、高海拔地区,播种期早,覆土厚,地温低,土壤水分少,土质黏重或盐分含量高等情况下出苗慢;反之出苗较快。其中地温的影响最大。

(二)出苗至现蕾

当田间 75%的向日葵植株主茎出现直径 1 cm 左右花蕾时的日期为现蕾期。从出苗到现蕾,春播品种需 35～50 d,夏播需 28～35 d。这一阶段的长短与品种和栽培条件有关。此阶段是叶片、花原基形成和小花分化阶段。叶片形成期:从出苗到 3～4 对真叶,此期决定叶片数。花原基形成期:从 3～4 片叶到 7～8 片真叶,此期决定小花数(籽实数)。小花分化和雌、雄蕊形成期:7、8 片真叶到现蕾期,这一时期决定小花是否可育。出苗至现蕾阶段地上部生长迟缓,地下部根系生长较快,很快形成强大根系,是向日葵抗旱能力最强的阶段。现蕾前为营养生长,植株吸肥吸水能力强,有较强的抗旱能力。现蕾后植株开始快速生长。

(三)现蕾至开花

茎颈部(花蕾下面一段茎秆)伸长将花蕾托出,高耸于茎颈之上。花盘逐渐长大,总苞包拢不住,从盘心由内向外逐渐外露,花盘边缘的管状花含苞待放,接着舌状花冠吐露、张开,进入初花期。

从现蕾到开花需要25～40 d，是营养生长和生殖生长并进阶段，也是一生中最旺盛的生长阶段。需肥水量大，需水量占总需水量的50%左右；消耗养分占总需要量的30%左右。此阶段如果不能及时满足对水肥的需要，将会严重影响产量。

当田间75%的向日葵植株舌状花完全展开的日期为开花期。花盘的开花次序是由外向内开放。舌状花先开，管状花后开。管状花开花的第1 d只开1～2轮，以后每天开3～5轮，整个花盘开花时间为8～10 d。从第2～5 d是该花序的盛花期，这4 d开花数量约占总开花数量的75%。花多在早晨4—6时开放，翌日上午授粉、受精，未受精的枝头可保持7～10 d不凋萎。一个花盘上着生管状小花的数目，决定于品种特性和花盘分化形成期的环境条件。但是已经形成的小花能否正常授粉结实，则取决于现蕾开花期的环境条件。花期是决定结实率及籽实产量的关键时期。环境优良时花器发育正常，授粉良好，从而结实率高，空秕率低。向日葵自花授粉结实率极低，仅为0.36%～1.43%，接近于自花不育。异花授粉结实率高。但如果气温高、雨水多、湿度大、光照不足、土壤干旱等，结实率会大大降低。因此，调节播期，适时施肥、浇水、防治病虫害，以及采取放蜂或人工辅助授粉等措施，可提高结实率。

（四）开花至成熟

籽实灌浆鼓粒，大量的碳水化合物向籽粒运转，油分形成、蛋白质和淀粉积累，此期决定其经济产量和品质。此时根系停止生长，茎叶定型，生长中心为种子。

花盘在终花后迅速增大，花盘直径与单株产量呈显著正相关，花盘大的产量高。开花授粉后籽粒逐渐膨大，授粉第6～12 d增长最快，油分、蛋白质、淀粉等干物质不断形成积累，直到生理成熟期籽实干重达到最大值、油分含量达最高值、脂肪酸成分稳定时为止。皮壳颜色由浅而深，至授粉后第15 d前后固定为该品种固有粒色。

从开花到成熟需要35～55 d，开花授粉后15 d左右为籽粒形成阶段，籽粒由小长大，为了籽粒大而饱满，要加强田间管理。田间90%的植株花盘舌状花全部干枯，茎秆、叶片和花盘背面变黄，籽粒充实，外壳坚硬呈现固有的形状和色泽的日期即为成熟期。如果生理成熟前遇高温天气，有催熟作用。

各个生育期所需天数，因品种、温度、日照、水分和播种时期等不同有很大差异。油用型向日葵对外界环境条件也有不同的要求。因此，认识和利用这些特点对油用型向日葵有重要意义。

四、花盘与花芽分化

向日葵的花为头状花序，也称花盘，呈螺旋形排列。花盘的基部是茎的变态，一般称为花托。向日葵的花有舌状花和管状花之分。在花盘的边缘围生着1～2层或更多层的舌状花，多呈鲜艳的橙黄色，也有少数为淡黄色，或紫红色。它具有引诱蜂、蝶及其他昆虫前来采蜜传粉的作用。舌状花花瓣大，长约5 cm，宽2 cm左右，无花蕊，不结实，是无性花。舌状花的内侧均为管状花，短圆管形，花冠5裂齿状，为两性花。每朵花由子房、萼片、花冠和5个雄蕊（花药）、1个雌蕊（柱头）构成。

管状花位于舌状花的内侧，占据着大部分花盘，是能够传粉受精结实的两性花。每一朵花有5枚雄蕊和1枚两裂柱头的雌蕊。子房下位，一室子房。开花时柱头从5枚环抱的雄蕊中伸出，授粉受精后，管状花结实。种子成熟后，管状花冠就逐渐脱落。

管状花在花盘上分布很规则，据中国科学院刘公社等研究认为，一般花盘按 SSild4 的双螺线排列，螺线数因品种和花盘大小而异。花盘上一般着生 700～3000 朵管状花。花盘的直径 10～40 cm。花盘的形状大致可分为凸形、平形、微曲形和凹形等。

向日葵的花序俗称花盘，着生在茎秆的顶端。花盘的四周围生 3～4 层绿色苞叶。花盘直径一般为 20～40 cm，其形状因品种而异，有凸起、凹下、平展、畸形等类型。花盘的形状对产量亦有一定影响，平展形和微凸形花盘的维管束分布比较合理，使花盘中央的小花能获得较为充足的营养，所以可受精结实，提高单盘产量；其他形状的花盘则因维管束分布不合理，营养供应不充足，导致花盘中央出现较多的空秕粒。

花盘的形状是品种的特征之一，对产量亦有一定影响。平形、微曲形花盘内的维管束分布比较合理，使花盘中央的小花能够获得较为充分的营养，结实率提高，从而提高了单盘的产量；其他形状的花盘则因维管束分布不合理，导致花盘中央出现较多的空秕粒。因此在选育中要注意选择合理的花盘形状。

开花的顺序是从外向里，逐渐开放。每天开花 2～3 轮，每个花盘平均开 9～15 d。不同种，栽培、气候等条件会对开花期产生影响。

开花后 2～3 d 雌蕊授粉，授粉后子房开始发育。当花粉粒落到雌蕊柱头上，在气温 25～27 ℃，相对湿度 76%～80%时，萌发特别快，一般在 5～10 min 就萌发，完成授粉。在一般情况下，花粉落到柱头上到子房受精要 1 d。但气温高达 35 ℃以上、空气干燥时，花粉生活力受到影响，授粉困难。

向日葵属于异株异花授粉作物，自花授粉结实率很低。因此，应发展养蜂业，利用昆虫授粉，或进行人工辅助授粉，以降低空壳率，提高籽实产量。

灌浆是作物一生中最终决定粒重和产量的极为重要的生理过程。对灌浆特征的准确描述有助于加深对其生理过程的认识，进而对灌浆进程合理调控，获得最佳的粒重和产量。籽粒形成天数与籽粒干重呈“慢—快—慢”的 Logistic 生长模式。

向日葵花盘分化标志着植株由营养生长期进入生殖生长期。

山西省阳曲县王润中和郑海兔对“三道眉”品种进行了观察：1980 年 4 月 21 日播种，5 月 5 日出苗；5 月 26 日，当株高约 16 cm、5 对真叶时，花盘开始分化；6 月 16 日，当株高 54 cm、17 对真叶时进入雏形期。山西省农业科学院经济作物研究所梁一刚和张维锋于 1981 年，以“三道眉”和油用品种“墨西哥派列多维克”为试材，对向日葵花盘分化过程进行了比较详细的解剖学观察。他们把整个分化过程划分为 8 个时期，即：生长锥未膨大期、生长锥膨大期、花盘雏体分化期、小花分化期、雄雌蕊形成期、花粉母细胞形成和减数分裂期、花粉粒形成期和花粉粒充实完成期。

（一）生长锥未膨大期

此时生长锥呈馒头状，其高度和宽度基本相同，生长点尚未开始花盘分化，植株处于营养生长阶段。

（二）生长锥膨大期

生长锥基部的宽度大于高度，基部膨大突起，形成苞叶原始体着生基盘，并分化出最后 1～2 片真叶的原基。此期结束，标志着茎节和真叶分化过程的结束和结实器官形成过程的开始。

（三）花盘雏体分化期

由于生长锥继续向周边扩展，并由外向内相继分化出第1～5或6圈苞片原始体，同时，因为生长锥的膨大速度远远超过幼茎顶部加长的速度，所以使原来的柱状突起逐步发育成头状花盘雏体。

（四）小花分化期

此期生长锥和繁殖器官的形态变化比较复杂，又可细分为以下时期：

（1）小花原基分化期　花盘雏体边缘的粗糙表面开始隆起，第1圈小花原基微凸。开始时较扁，以后渐尖。

（2）托片原基分化期　小花原基生长到一定程度后，其边缘一侧开始分化出托片原基凸起，体积较小形似圆锥体。托片原始体形成之后，花盘边缘大约每隔两个小花原基的部位开始分化出一个个半圆球状的微小凸起，即边缘舌状花突起。

（3）花冠原始体形成期　当舌状花原基分化形成之后，小花原基顶部眉缘开始隆起，形如轮胎。尔后，小花中心生长点周缘突起迅速生长，其顶端形成五裂。

（五）雄雌蕊形成期

当花冠形成裂片以后，其内侧相继出现雄蕊和雌蕊原基以及珠心组织。此期又可分为如下3个时期：

（1）雄蕊原基分化期　在小花花冠内部，生长点周围分化出5个突起，这便是雄蕊原基。

（2）雌蕊原基分化期　在雌蕊基部的内侧，先分化出二片心皮突起，随着心皮生长，上部愈合，基部形成子房室。

（3）珠心原始体分化期　当二片心皮接近合拢时，子房室基部略微隆起；心皮愈合后，珠心组织明显突出。

（六）花粉母细胞形成和减数分裂期

当小花长至1.5 mm后，雄蕊内的孢原细胞开始分化形成；约2.2 mm后，花粉母细胞成熟；而在2.4 mm时，花粉母细胞进入旺盛分裂期。

（七）花粉粒形成期

花粉母细胞经减数分裂后，形成四分体，接着每一个分体的细胞壁增厚，外围出现刺突，花粉粒即告成熟。

（八）花粉粒充实完成期

此时花粉粒的内容物逐渐充实，体积逐渐增大，刺突增长，颜色变黄，花粉粒成熟。至此，花盘分化全程截止。

向日葵植株通过一定时期的营养生长之后，其顶端分生组织在形态上虽然没有什么变化，但是在生理生化和基因表达上却发生了明显的变化，进入了生殖生长启动阶段。茎端分生组织此时向花分生组织转变。在花分生组织特性基因控制下，顶端的细胞停止分裂，分生组织首先变平，进而凹陷，接着从外往里逐步分化出花托原基、苞叶原基、花（舌状花、管状花）原基，而每朵管状花又分化出雄蕊原基和雌蕊原基。据俄罗斯的一份资料称，向日葵从出苗至第18～20片叶之前，经历了个体发育的第一、二阶段。第18～20片叶时，花盘原基开始形成，是第三阶段；第四阶段时，柱状花托出现5～8片，花突起居于中央，在第五阶段时，花的附属器官和生殖器官相继形成。

第二节　环境条件对油葵生长发育的影响

一、温度的影响

(一)三基点温度

植物在生长发育过程中,由于内部参与代谢活动的酶的活性在不同温度下有不同的表现,所以温度对植物生长的影响也具有最低温度、最适温度和最高温度三基点。在最适温度下,作物生长发育迅速而良好;在最高和最低温度下,作物停止生长发育,但仍能维持生命。如果继续升高或降低,就会对作物产生不同程度的危害,直至死亡。温度三基点是最基本的温度指标,它在确定温度的有效性、作物种植季节与分布区域,计算作物生长发育速度、光合与产量潜力等方面,都有广泛应用。

不同植物生长的温度三基点不同。这与植物的原产地气候条件有关。原产热带或亚热带的植物,温度三基点偏高,分别为 10 ℃、30～35 ℃、45 ℃;原产温带的植物,温度三基点偏低,分别为 5 ℃、25～30 ℃、35～40 ℃;原产寒带的植物,温度三基点更低,纬度或海拔较高的植物可在 0 ℃或以下的温度生长,最适温度一般很少超过 10 ℃。由此也可以看出,大多数植物在生长过程中,其最适温度接近最高温度,而远离最低温度。

油葵作为向日葵的一种类型,其特性与其他类型向日葵基本一致。中国向日葵种植主要集中在东北、华北、西北等北方地区,其中又以内蒙古播种面积占比最大,因此油葵生长的三基点温度基本符合中温带地区植物对温度的需求特征。以向日葵种子萌发和出苗的三基点温度为例,郑洪元等(2020)认为,向日葵种子萌发和出苗所需的最低温度较低,一般为 4～6 ℃,最适温度为 31～37 ℃,最高温度为 37～44 ℃。因此,向日葵在苗期生长阶段能耐低温,但并不喜欢低温,其生长状态受环境温度变化的影响较大,在温度适宜或较高的情况下发育会明显加快。

王冀川等(2002)选用 G101 和新葵杂 4 号两个油葵品种在水、气等适宜条件下开展了温度对油葵种子发芽和出苗的影响研究。结果表明(表 2-2):油葵种子发芽需要在一定的温度条件下才能顺利进行,在 6～30 ℃的温度变化范围内,随着温度的上升,发芽势、发芽率、日平均发芽率、发芽指数均相应增加,平均发芽天数缩短,在 20～30 ℃范围内,发芽率及最终发芽率均保持在 90%以上;当温度高于 30 ℃时,除平均发芽天数缩短外,其余指标均呈现缩小的趋势。由此可见,20～30 ℃是油葵种子发芽的最适温度。此外,通过以温度为自变量、以发芽指数为因变量得出两个油葵品种种子发芽的回归方程,求解计算出 G101 发芽的起始临界温度为 3.2 ℃、新葵杂 4 号为 3.7 ℃。

另外,王冀川等(2002)在一定的环境条件下通过营养钵培养的方式开展了温度对油葵种子出苗的影响研究。结果表明(表 2-3):在 10～25 ℃温度范围内,油葵种子的出苗率及最终出苗率随温度升高逐渐增大,超过 25 ℃时出苗率呈现下降趋势,此外,在 10 ℃的环境条件下,10 d 内油葵种子无法正常出苗。在 10～30 ℃温度范围内,日平均出苗率、出苗指数随温度升高逐渐增大,平均出苗天数逐渐缩短,超过 30 ℃后,日平均出苗率和出苗指数呈现下降趋势,平

表 2-2　温度对油葵种子发芽的影响(白桂萍等制表)

温度(℃)	品种	发芽率(%)	发芽势(%)	最终发芽率(%)	日平均发芽率(%)	平均发芽天数(d)	发芽指数
6	G101	30.1	10.1	40.2	2.21	16.65	2.9
	新葵杂 4 号	27.8	6.7	34.1	1.77	19.55	2.5
10	G101	77.9	23.7	86.8	8.64	6.87	8.2
	新葵杂 4 号	65.0	15.4	80.4	7.31	7.86	6.8
20	G101	95.8	81.6	95.8	13.60	2.68	22.3
	新葵杂 4 号	90.0	78.8	90.0	9.78	3.13	18.3
25	G101	96.7	93.3	96.7	16.12	2.25	29.7
	新葵杂 4 号	92.2	86.4	92.2	15.37	2.55	24.6
30	G101	98.2	97.9	98.2	32.70	1.73	35.3
	新葵杂 4 号	94.2	94.2	94.2	23.55	1.97	29.7
35	G101	86.4	84.2	86.4	21.52	1.43	38.1
	新葵杂 4 号	74.3	72.3	74.3	18.55	1.66	34.4

注:数据来源王冀川等(2002)。

表 2-3　温度对油葵种子出苗的影响(白桂萍等制表)

温度(℃)	品种	出苗率(%)	最终出苗率(%)	日平均出苗率(%)	平均出苗天数(d)	出苗指数
10	G101	0.0	80.2	3.51	19.7	2.3
	新葵杂 4 号	0.0	76.5	3.33	20.1	2.0
15	G101	30.7	87.1	5.81	11.5	4.1
	新葵杂 4 号	28.2	80.4	5.36	13.0	3.9
20	G101	89.8	89.8	9.98	6.3	7.2
	新葵杂 4 号	80.3	84.3	9.37	6.9	7.0
25	G101	90.2	90.2	10.02	4.8	10.2
	新葵杂 4 号	88.4	88.4	9.82	5.0	9.8
30	G101	76.7	76.7	10.96	3.8	10.5
	新葵杂 4 号	80.3	80.3	11.45	3.7	10.8
35	G101	62.4	62.4	8.91	4.4	7.3
	新葵杂 4 号	61.9	61.9	8.84	4.1	7.3

注:数据来源王冀川等(2002)。

均出苗天数逐渐延长。其中在 20 ℃和 25 ℃的温度处理下,出苗率、最终出苗率和出苗指数均达到最高水平,由此可见,20～25 ℃是油葵出苗的最适温度。此外,为研究油葵种子出苗的最低温度,相关研究采用 3～8 ℃的不同温度处理油葵种子,结果表明:G101 在 4 ℃条件下有效积温的变异系数最小,新葵杂 4 号在 5 ℃条件下有效积温的变异系数最小。因此认为,4～5 ℃为油葵品种出苗的最低温度。

刘乃森等(2010)开展了催芽温度对油葵芽苗菜生长的影响研究,结果表明:在 20～40 ℃恒温处理下,随着催芽温度的升高,油葵芽苗菜发芽率总体呈先升高后降低的趋势,在 20 ℃时发芽率最高，而 40 ℃时的发芽率显著低于其他温度处理，说明过高的温度会抑制油葵种子的萌发。杜红等(2012)在研究气象条件对油葵生长发育的关系时发现，温度对油葵苗期长短有较大影响，油葵在生长发育过程中能适应的温度范围最低为 5～10 ℃，最高为 37～44 ℃。综合来看，相关学者对油葵种子萌发及出苗对应的三基点温度的研究结论虽不尽相同，但总体趋于一致，即油葵种子萌发及出苗所需的最低温度应不低于 5 ℃，最适温度在 20～30 ℃，最高温度不宜超过 40 ℃。

(二)积温效应

有效积温，是作物在某个生育期或全部生育期内有效温度的总和，即作物在某一段时间内日平均气温与生物学零度之差的总和。有效积温是反映生物生长发育对热量的需求或衡量地区热量资源的指标。由于有效积温剔除了生物学下限温度以下和上限温度以上的温度，因而较为稳定，能确切反映作物对热量的要求，也能反映作物的生育速率与温度的线性关系。

禹庆奎等(1982)研究认为，向日葵的生物学下限温度为 5 ℃，根据不同品种全生育期对有效积温的需求不同，可将其分为 4 个类型：①早熟品种，需有效积温 2000～2200 ℃·d；②中早熟品种，需有效积温 2200～2400 ℃·d；③中晚熟品种，需有效积温 2400～2600 ℃·d；④晚熟品种，需有效积温 2600 ℃·d 以上。

张凤华等(2002)对新疆北疆沿天山一带复种油葵品种 3 种不同生态型的生育规律开展了相关研究，结果表明：7 月 10 日复播的品种，按熟期(生育期天数、≥5 ℃的积温)可分为早熟、中熟及晚熟 3 种生态类型。早熟型新葵杂 5 号、DK3790 等 6 个品种全生育期为 95 d，所需积温为 2080.5 ℃·d；中熟型新葵杂 4 号、新葵杂 6 号、KWS 系列品种全生育期为 105 d，积温 2220 ℃·d；晚熟型新葵杂 8 号、G101 等品种全生育期为 113 d，积温 2259.2 ℃·d(具体见表 2-4)。分析可以看出，复播油葵生育期长短差异主要在开花至成熟阶段，即生殖生长阶段，早熟品种平均为 41.8 d，中熟型品种为 48 d，延长了 14.8%(积温增加了 3.9%)，而晚熟期则达 54 d(积温增加了 6.1%)，这是生育后期温度下降、灌浆速率减慢、时间延长所致。通过分析中晚熟型品种灌浆后期温度状况，自 1999 年 10 月上旬的气温 14～15 ℃降为下旬的小于 5 ℃，此时早熟型品种基本成熟，中熟型灌浆要遭遇 10 d 左右的低温，而晚熟型品种要承受的低温天气接近 20 d，所以在这种特殊气候条件下，生育期长的品种反而表现出低产。

表 2-4　复播油葵不同生态类型品种的生育进程(白桂萍等制表)

生态型	播种—出苗		出苗—现蕾		现蕾—开花		开花—成熟		播种—成熟	
	天数(d)	≥5 ℃积温(℃·d)	天数(d)	≥5 ℃积温(℃·d)	天数(d)	≥5 ℃积温(℃·d)	天数(d)	≥5 ℃积温(℃·d)	天数(d)	≥5 ℃积温(℃·d)
早熟型	6	159.9	28	719.3	20	477.5	41	723.8	95	2080.5
中熟型	6	159.9	29	743.8	22	548.1	48	768.2	105	2220.0
晚熟型	6	159.9	30	770.0	23	545.4	54	783.9	113	2259.2

注：数据来张凤华(2002)。

彭秉玉等(2008)在西宁市对从国外引进的一批油葵品种的生育特性、抗性、丰产和稳产性进行了观察，以筛选适宜在青海省种植的油葵品种。在观察期间对种植的 10 个油葵品种各生育期所需的积温(≥0 ℃)进行了详细的记载(表 2-5)。从表 2-5 中各品种全生育期所需积温可以看出，基本都属于早熟品种。

表 2-5 不同油葵品种各生育阶段所需积温统计(白桂萍等制表)

品种	观察地点	播种—出苗		出苗—现蕾		现蕾—开花		开花—成熟		生育期		全生育期	
		天数(d)	≥0 ℃积温(℃·d)	天数(d)	≥0 ℃积温(℃·d)	天数(d)	≥0 ℃积温(℃·d)	天数(d)	≥0 ℃积温(℃·d)	天数(d)	≥0 ℃积温(℃·d)	天数(d)	≥0 ℃积温(℃·d)
美 562	西宁	14	160.4	51	726.1	16	265.4	45	701.4	112	1692.9	126	1853.3
NC208	西宁	12	136.8	51	670.9	22	363.8	47	708.7	120	1743.4	134	1880.2
CF1	西宁	12	136.8	44	607.7	28	457.5	42	649.6	114	1714.8	126	1851.6
澳 2	西宁	14	160.4	53	768.2	20	334	52	753	125	1855.2	139	2015.8
澳 3	西宁	14	160.4	53	768.2	20	334	52	753	125	1855.2	139	2015.8
212	西宁	12	136.8	45	623.3	14	224.8	38	620.2	97	1468.3	109	1605.1
766	西宁	14	160.4	44	615.5	19	309.2	52	809	115	1733.7	129	1894.1
765	西宁	14	160.4	44	615.5	21	342.6	49	762	114	1720.1	128	1863.8
H1	西宁	16	184	45	639.3	25	412.1	54	779.1	124	1830.5	140	2014.5
H89	西宁	15	172.2	42	587.9	21	341.7	54	820	117	1749.6	132	1921.8

注:数据来源彭秉玉(2008)。

刘建国等(1997,2000)在北疆地区选用 DK3790、新葵杂 3 号、新葵杂 4 号 3 个不同品种,从 6 月 22 日至 7 月 22 日期间,每隔 10d 设置一个播期开展了不同播期生育规律研究,结果表明:同一品种随着播期延迟,生育期逐渐延长,生育期所需积温(≥10 ℃)逐渐减少;复播油葵在北疆地区气候条件下,早熟品种(如 DK3790、新葵杂 3 号)在 4 个不同播期下,生育期为 90~96 d,生育期所需积温(≥10 ℃)1900~2050 ℃·d;中熟品种(如新葵杂 4 号)生育期为 95~102 d,有效积温(≥10 ℃)2050~2150 ℃·d;在油葵开花后要保证正常成熟,早熟品种应保证有 600~680 ℃·d 有效积温,中熟品种应保证有 650~720 ℃·d 有效积温,正常年份早熟品种成熟保证率可达 85%以上,中熟品种保证率较低,不宜用于复播。李谷鑫等(2016)选用 6 个北方油葵品种在辽宁西部地区开展生产试验,于 6 月 28 日播种,6 个品种的生育期在 91~106 d 的范围内,全生育期所需有效积温在 2000 ℃·d 左右,但不同品种间存在较大差异。

从诸多学者的相关研究可以看出,油葵在整个生育期间所需的有效积温相对较低,播期弹性较大,适宜不同生态区的不同种植模式。近年来随着生产过程中对不同作物轮茬及复播等不同种植方式的需求不断增加,使得油葵在品种选育过程中更趋向于选育早熟品种,因此油葵品种在全生育期对有效积温的需求也发生了相应变化。综合多年来有关学者对不同油葵品种播期、生育期及有效积温的相关报道,作者认为,可以将目前栽培的油葵品种按照全生育期对有效积温的需求划分为早熟、中早熟、中熟、中晚熟、晚熟品种五大类,其对应的有效积温分别为早熟品种:1800~2000 ℃·d、中早熟品种:2000~2200 ℃·d、中熟品种:2200~2400 ℃·d、中晚熟品种:2400~2600 ℃·d、晚熟品种:2600 ℃·d 以上,以更好地指导不同生态区、不同积温带根据种植需求选择适宜熟期的油葵品种,以实现周年高效种植。

(三)温度对油葵生产的影响

温度对油葵各生育阶段的生长发育有着复杂的影响,这种影响是综合的,它可以通过影响光合作用、呼吸作用、蒸腾作用、有机物的合成和运输、水肥的吸收和输导等不同的生理过程来影响油葵的生长发育以及产量品质等。温度对油葵生长发育的影响主要有气温和地温两种不同的表现形式。气温和地温对油葵影响的共同点在于两者对油葵的生长发育均存在相应的最低温度、最适温度和最高温度三基点以及适应昼夜温差变化的温周期，不同点在于气温可对油葵不同生育阶段产生特定的积温效应，进而影响油葵生长发育阶段的长短以及熟期等。同气温相比，地温比较稳定，变化相对缓慢，也使得油葵根系对温度变化的适应能力弱于地上部分。地温的变化会直接影响油葵根系的生长、活性及根毛发生，还能够通过影响土壤微生物的活动及有机质的分解转化等，间接地影响油葵根系对水分和养分的吸收。因此，在油葵生长过程中高温和低温危害也较多出现在根部，如苗期由于低地温引起的立枯、寒根等现象，高地温又易诱发某些病毒病等。

杜红等(2012)在研究气象因素对油葵生长发育及产量影响时发现：温度是影响油葵种子萌发、出苗以及苗期长短的主要因素之一；在土壤墒情适宜的条件下，5 cm 日平均地温与油葵发芽出苗天数呈幂函数曲线关系(拟合方程为 $Y=365.31X^{-1.2263}$)，稳定通过 5 cm 地温越高则出苗速度也越快，当温度高于 10 ℃时，油葵出苗速度明显增快，但超过 35 ℃以上，出苗速度与出苗天数的变化趋势不再明显；在实际生产过程中，油葵种子出苗时间一般在 7～10 d 左右，通过函数方程可以计算出 19～25 ℃的地温对油葵出苗最为有利。

任利民(2018)在观察河套地区向日葵生育时期温度对生长发育的影响时发现：播种到二对真叶期间，平均气温为 22 ℃，对向日葵生长较为有利，此间较高的温度对于播种后的向日葵种子而言，有利于种子的出芽率和出苗率的提高；温度较低，则会使向日葵种子的休眠期延长，出苗率降低。从二对真叶到出现花蕾期间，温度降低会导致向日葵花蕾的生长速度变慢，胚珠分化的向日葵花蕾数目也会减少，造成大盘在形成过程中出现障碍，使产量降低。在花蕾刚出现到完整开花的过程中，理论适宜温度为 20～25 ℃，适宜的温度能够促进向日葵植株从吸收营养进行自身发育的过程向生殖生长过渡。杜红等(2012)研究发现，在开花前日平均气温过高对油葵的生长发育不利，会造成灌浆期干物质积累比例下降，导致籽粒结实率降低，影响油葵产量。从开花到生长成熟时期向日葵生长的适宜温度为 21～24 ℃，此期间若出现高温天气会影响到向日葵正常授粉，但如果出现高温天气的时间较短，则不会对其造成较为严重的影响，出现空壳的向日葵所占比例也相对较低。刘建国等(2000)研究结果表明，在油葵籽粒灌浆后期，气温的升高会导致籽粒快速脱水鲜重下降，但籽粒中干物质积累速率会显著提高，有利获得高产。杨相昆等(2016)在研究光热资源对油葵的影响时则发现，在油葵生长后期，随着温度的降低，油葵籽粒灌浆受影响程度逐渐增大，过低的温度会导致油葵籽粒干物质积累速率变缓，对产量形成有较大影响。

此外，任利民(2018)相关研究还发现，向日葵生长过程中从开花期到成熟期是决定向日葵当年产量的关键时期，如果出现昼夜温差较大的温周期效应对于增加产量是极为有利的。白天向日葵进行光合作用合成有机物，能够加快灌浆过程，提高果实生长率；夜晚进行呼吸作用，较低的温度可以减缓呼吸作用的速率，减少有机物的消耗，提高果实的产量和品质，保证高产稳产。

关于油葵在生长发育过程中受高温胁迫的关键温度，孙向伟等(2017)在内蒙古河套灌区采用油葵品种 T562 开展了相关研究，结果表明：随着温度的升高，油葵的光合效率明显降低，但是不同温度强度下，光合效率的变化幅度不同。36 ℃是油葵潜在热耗散能力达到最大值的转折点，高于 36 ℃时热耗散受阻，超出了保护机制的能力保护范围，油葵的正常生理功能受到伤害。油葵的叶片、花可溶性蛋白、可溶性糖及过氧化物酶 POD 活性进行自身调节的转折温度是 39 ℃。油葵的可溶性蛋白质含量在 39 ℃的高温胁迫下变化不明显，表明在高温胁迫下，油葵有一定的适应机制，胁迫温度较低时，可以通过渗透物质保护细胞免受损伤，但随着胁迫温度升高，其防御机制受损，进而影响正常的生理过程。

综合来看，油葵的生长发育要求在一定的温度范围内进行，在适宜的温度下，油葵不仅生命活动旺盛，而且生长发育迅速。但在不同的生长发育阶段，温度过高或过低都会影响油葵的正常生长，甚至导致其生理功能障碍、生理活动受阻而死亡。在油葵的生长发育过程中应保证前期处于温度适中、中期温度不过高、后期积温充足且昼夜温差相对较大的条件下，才能获得高产。

二、光照的影响

光照对植物生长的影响，除通过代谢作用影响其生长外，还可通过抑制细胞生长、促进细胞分化对植物器官分化和形态产生直接影响。光对植物形态建成产生的直接影响称为光范型作用。光是绿色植物正常生长所必须的条件，其影响植物生长的光照因素主要有光照周期、光照强度、光照波长(光质)。光照对植物的生长发育具有特殊重要的地位，它影响着植物几乎所有的生长阶段。

(一)光周期的影响

光周期是指昼夜周期中光照期和暗期长短的交替变化。光周期现象是生物对昼夜光暗循环格局的反应。大多数一年生植物的开花决定于每日日照时间的长短。除开花外，块根、块茎的形成，叶的脱落和芽的休眠等也受到光周期的控制，但其他生理活动也受光周期影响。植物对光周期的反应通常分为长日照植物、短日照植物、中间型日照植物 3 类。相关研究表明，向日葵属于短日照植物，且在不同生育期对光照要求不同，特别是花期，短日照能促进向日葵开花，日照时数增加会导致开花、授粉延迟。

段维生等(1983)在吉林省农安县研究了短光照处理向日葵的生态反映，采用当地常规向日葵品种，5 月 20 日播种，6 月 28 日至 7 月 13 日对向日葵进行遮光处理，发现光照长度的变化对向日葵发育阶段、生长状况及产量等方面均会产生一定的影响。发育阶段表现为：短日照处理后向日葵的现蕾期、开花期、成熟期均相应提前。生长状况表现为：短日照处理后，叶片生长的初始速度略快，随后逐渐慢于对照，总叶片数减少；植株变矮，茎秆变细，花盘直径减小。产量性状表现为：短光照处理后，结实率略有增加，这与遮光处理后植株变矮、有利接受虫媒花粉及相邻的植株较高的对照的风媒花粉有关，单盘粒数明显减少，千粒重降低。

杜红等(2012)研究了新疆北疆沿天山一带地区油葵生长发育与气象条件的关系时指出：油葵属于短日照作物，对日照反应较为敏感，同时油葵又是喜光作物，良好的光照条件是油葵正常生长、开花结实的必要条件。油葵开花至成熟期的日平均日照时数对籽粒千粒重影响较大，在前期生长发育正常的情况下，籽粒形成和充实与灌浆期的日平均日照时数呈线性相关，线性方程为：$Y=2.1296X+33.707(R^2=0.9803)$，达极显著水平，在油葵籽粒灌浆期，日平均日照时数每增加 1 h，千粒重就会随着增加 2.13 g 左右，表明在油葵灌浆期的光照时数直接影响油葵光合作用和光合产物的形成。因此，在生产中需要调节播种期，使油葵灌浆期延长光照时数，可增加籽粒的千粒重。

李思慧等(2015)选取了 1987—2011 年向日葵生长发育期观测资料、产量资料及逐日气象资料,对河套灌区向日葵生长发育气候条件开展了定量评价研究,从向日葵各生育期的生长情况来看:在播种期(5月中旬至5月下旬),日照与向日葵的产量呈正效应;在幼苗期(6月上旬至6月下旬),6月上旬至6月中旬日照对向日葵产量的影响都呈负效应,此阶段光照条件能够满足植株生长需要,6月下旬,日照对向日葵产量的影响呈正效应;花序形成到开花期(7月上旬到7月下旬),日照对向日葵产量的影响均呈正效应,说明光照条件满足不了向日葵生长的需要,在一定程度上反映了该阶段低温、阴雨是制约向日葵产量的主要因子,此阶段充足光照,日照时间长,对于提高产量更高效;开花到成熟期(8月上旬至9月上旬),此期间日照条件能够满足向日葵的生长需要,日照对向日葵产量的影响均呈负效应,其中8月中旬和下旬,日照长度对产量影响效应相对较大。任利民(2018)研究则认为,在向日葵的成熟时期,日照时数正常即能保证灌浆,此期日照对向日葵成熟影响不是太过明显。

综合相关研究结果可以看出,光周期对油葵生育阶段、生长状况、产量形成等方面均有一定的影响。在生育阶段及生长状况方面,随着日照时间的缩短,油葵的现蕾期、开花期和成熟期均相应提前,对应的生育期时长也随之变短;植株总体的叶片数也相应减少,植株变矮,茎秆变细,花盘直径减小,单盘粒数减少,千粒重降低。在产量形成方面,光周期则是通过对各生育阶段的不同影响进而影响产量的形成,具体表现为:播种期长日照对产量的形成有利;苗期日照时长对产量的形成没有特定的规律,前中期短、后期长对产量形成有利;花期日照充足能够促进产量的形成,但过长对油葵的开花、授粉、结实均有不利影响;成熟期日照长度能保证油葵的正常灌浆即可,长日照对油葵的产量形成不利,在产量形成后期影响较为明显。

(二)光强和光质的影响

光照强度对植物会产生很大影响,一切绿色植物必须在阳光下才能进行光合作用。植物体重量的增加与光照强度密切相关。植物体内的各种器官和组织能保持发育上的正常比例,也与一定的光照强度直接相关。一般情况下,光照强度增加,光合作用的强度也会随之增加,但在达到光照强度上限后,即使光照强度增加,光合作用的强度也不会再随之增加。另外,光的特性也会对作物的光合作用有影响(例如光的波长),作物在光合作用时,叶绿体中色素主要吸收红光和蓝紫光的光波,在生产中,可以通过添加或遮挡部分光质,进而调节植物的生长状态。

关于光照强度对向日葵的影响研究,目前开展的较少。徐惠风等(2004)选用吉农92-1和吉农92-5两个品种开展了向日葵光合特性研究,研究结果表明:在25 ℃时,两个品种的净光合速率均随着光强增加而增加,最后达到最大值时,两品种的光饱和点均为1700 $\mu E/(m^2 \cdot s)$,光补偿点为95～120 $\mu E/(m^2 \cdot s)$,当两个品种的光强超过光饱和点时,其光和速率均呈下降趋势。向日葵光合作用的光饱和点和光补偿点是衡量植物光能利用能力的重要指标。吕晶洁(2018)的研究表明:光照是向日葵生长发育的必需条件,在一定强度内,随光照强度的增加,向日葵的呼吸作用也会大幅度增加,确保充足的阳光可以让植株茎叶更为繁茂。

光质对向日葵的影响,受限于实际生产中存在的诸多操作难题,目前相关研究主要集中在不同光质对向日葵芽苗菜生长的影响方面。戴凌燕等(2008)在研究不同处理对向日葵芽苗菜萌发及营养物质含量的影响时发现,紫外线照射对向日葵种子萌发有很大的影响,向日葵种子经过14 h的培养后,再经紫外线照射,发芽率、发芽指数和活力指数显著降低,并随着照射时间的增长,降低程度加重。研究认为,这是因为紫外线照射对生活力弱的种子造成伤害,照射时间越长对种子的伤害越大,但随着时间的延长,受损伤的种子也会缓慢萌发,最终发芽率趋于一致。邢泽南等(2012)采用发光二极管调制光谱能量分布,以荧光灯作为对照,研究光质对油葵芽苗菜生长和品质的影响,研究表明,在光照强度为 23 μmol/(m^2·s)、光周期 14 h/d 和温度(25±2) ℃的条件下,红光处理显著提高子叶面积、下胚轴直径、淀粉含量、叶绿素总量、类胡萝卜素含量,与其他光质处理相比,红光下油葵芽苗菜叶绿素 a、叶绿素总量和类胡萝卜素含量显著提高;蓝光显著提高芽苗菜干物质、可溶性蛋白含量及 POD、CAT 活性;黄光对根长有抑制效果,而对游离氨基酸的积累有促进作用;紫外线光显著提高下胚轴长度和 SOD、CAT 的活性。因此认为,红光照射有利于油葵芽苗菜生长及品质提升。张欢等(2012)采用发光二极管精确调制红光(630±20)nm 的光强及光周期,研究不同光周期 LED 红光对油葵芽苗菜生长和品质的影响。结果表明:随着光周期从 0 h/d 延长至 12 h/d,油葵芽苗菜下胚轴长显著降低,子叶面积显著增加;而随着光周期从 0 h/d 延长至 16 h/d 时,芽苗菜叶绿素和类胡萝卜素含量显著提高;全株鲜质量和淀粉含量在光周期为 16 h/d 时均有显著提高;维生素 C 的含量随光周期延长呈现逐渐提高的趋势,而游离氨基酸含量、SOD 和 CAT 活性均呈现降低趋势。总体而言,红光光周期设置在 16 h/d 时有利于促进油葵芽苗菜生长和部分品质改善。

三、水分的影响

水分是油葵细胞原生质的主要组成成分、油葵许多代谢过程的反应物质及油葵生化反应和物质吸收运输的溶剂,可以对土壤中的各种营养物质和矿物元素进行溶解,植株根系对营养物质和矿物元素进行吸收时依靠水分在植物细胞、组织、器官中进行交换和运转。在油葵植株生长过程中,土壤水分对油葵不同生育阶段生理作用有重要影响,不同生育期的水分高低均对油葵株高、叶面积、干物质累积产生不同程度的影响。因此,降水和合理的灌溉水量对创造适宜的土壤水分条件是非常必要的。

作为油葵来说,其整个生育期的需水总量较小,具有较强的耐旱性,但是在各生育阶段也需要保证水分充足,所以每个阶段的需水量要得到满足,才能使得向日葵结实率得到提升。葛宇等(2012)在新疆石河子大学节水试验站研究了不同灌水量对油葵耗水的影响,结果表明:油葵各生育期耗水量以现蕾和开花期较多,灌浆期和成熟期较少。仝炳伟等(2014)在宁夏通过田间试验,分析了不同生育阶段在不同水分处理下对油葵生长生理指标、产量和水分利用效率的影响,结果表明:现蕾期是油葵的关键需水期,可供水分较少时,在油葵关键需水期灌溉可基本满足油葵生长所需。王振华等(2014)在新疆石河子大学节水灌溉试验站以 KF366 为材料进行田间试验,研究了各生育时期不同灌溉定额对油葵耗水规律的影响,结果表明:现蕾期和开花期是油葵的需水高峰期,此期间耗水量约占油葵全生育期耗水量的 57%以上。

谈建鑫等(2015)研究指出,北疆地区在滴灌条件下复播油葵耗水量在苗期比较小,然后耗水量开始增加,开花期油葵的耗水量达到最大,此后的两个时期逐渐减少,复播油葵的需水量由小到大依次为:成熟期、灌浆期、苗期、现蕾期、开花期,且仅开花期和现蕾期复播油葵的耗水量占整个生育期耗水量的一半以上,故现蕾期和开花期是油葵生育期需水最为关键的两个时期。油葵的耗水量在不同生育期有很大的不同,不同灌溉水量对油葵的耗水量也有较大的影响,一般而言,油葵各个生育期的耗水量随着灌溉水量的增加而增加,并且得到滴灌条件下北疆地区复播油葵合适的灌溉定额为 285.2～287.7 mm。张会梅等(2016a)研究结果表明,油葵各生育阶段实际需水量从高到低依次是现蕾—开花>开花—灌浆>出苗—现蕾>灌浆—乳熟>乳熟—成熟>播种—出苗,其中现蕾—开花、开花—灌浆、出苗—现蕾、灌浆—乳熟、乳熟—成熟和播种—出苗平均实际需水量分别占全生育期的 42%、23%、21%、8%、5%和 3%。吕明山等(2019)研究发现，油葵耗水量均呈前期小、中期大、后期小的变化规律，各处理灌水量越小，整个生育期耗水量越小，日耗水强度也越小。就各生育期来说，孕蕾开花期是向日葵的耗水高峰期，主要以植株的蒸腾耗水为主，日耗水量均在 3.90 mm 以上，耗水强度最大。到生长后期，随着生长发育功能和各器官的衰退，对水分的需求逐渐降低，田间耗水量也随之减少。

相关学者关于油葵各生育阶段需水特性的研究结论基本一致，充足的水分能够保证油葵正常的生育进程及产量形成，但在不同的生育阶段也呈现出不同的需水规律。其中在现蕾期和开花期，油葵的需水量最大，这两个生育时期的需水量约占油葵全部生育期需水量的 50%左右，其次需水量较大的生育时期为苗期，约占全生育期需水量的 30%左右，而灌浆期和成熟期的需水量不足全生育期需水量的 20%。

四、纬度和海拔的影响

纬度与海拔并不能直接影响作物的生理生长以及生产过程，而是通过改变光、热、水等气候条件间接影响。纬度主要影响地区的光照和温度。高纬度地区夏季白天光照强温度高，有利于作物进行光合作用，促进有机物(糖分)的合成；而夜晚气温低，植物呼吸作用弱，消耗有机物比较少，所以有利于糖分等有机物的积累，因此，高纬度地区的农产品一般具有较好的品质。南方作物不能在北方正常栽种，主要是由于北方地区纬度较高，无霜期相对短，年积温达不到作物发育、开花以及结果等生理过程的要求而造成。海拔作为重要的地形因子主要对温度影响较大。一般来讲，温度伴随着海拔升高而降低，海拔每上升 100 m，温度约降低 0.6 ℃左右，而且日温差也逐渐增大，从而对植物生长过程产生影响。同时，海拔高度还会影响降水和土壤水分的变化，有些高海拔区可能降水频度和总量较低海拔区大，但由于温度较低，其潜在蒸散下降，气压降低，导致部分作物气孔关闭加剧，因此可能大大限制植物的光合作用和生长速度。另有研究表明，随着海拔的不断升高，昼夜温差增大，植物体内光合色素如叶绿素等含量和比例随之增高，有利于加强吸收光能，部分作物也可能增加自身光合作用效率。总的来说，不同的纬度和海拔会导致气温、土壤温度、空气湿度、降雨量以及光周期、光照强度、光质等多方面的因素发生相应的改变，进而形成适宜各类不同作物生长的生态区类型。目前，关于纬度和海拔因子对作物生长影响的研究较多，但在油葵生长发育方面，关于纬度和海拔对其影响方面的相关研究报道较少。

葛春芳等(1996)以稳定选系 75-1(派选 1 号)为统一试材，在全国向日葵主要产区北纬 37°18′—46°12′设 8 个试验点种植，开展了不同纬度对向日葵脂肪酸含量的影响研究，结果表明：向日葵脂肪酸组成在不同地区之间的差异较大。一方面，受纬度的影响较大，如黑龙江康金镇和吉林白城市纬度(北纬 46°12′和 45°38′)较高，其亚油酸含量也高，分别为 69.27%和 64.96%；另一方面，受海拔高度的影响也较大，例如在呼和浩特(北纬 40°49′)向日葵亚油酸含量为 62.96%，比在沈阳市(北纬 41°46′)的 56.17%的亚油酸含量高得多，这主要是由于前者海拔高(1063 m)、气候冷凉所致，而油酸变化则与此相反。中国向日葵主要产区分布在北纬 35°—55°，气象研究表明，平均纬度每升高 1°气温降低 1.5 ℃。西北地区不仅纬度高，海拔也高，生产季节温度低，温差大，所以，这些地区种植向日葵含油率高，其脂肪酸组成中亚油酸含量高；东北地区纬度高、海拔低，向日葵含油率随纬度而变化，一般来说油脂中亚油酸含量较高；华北地区除内蒙古外(海拔高)，北京、天津、山西等地区通过调整播期，可以提高向日葵籽实的油酸含量；西南、中南及华东地区，应该是高油酸油脂向日葵的理想产区。

王凯辉等(2020)选用油用型向日葵品种冀葵1号在河北省冀中南、冀东和张承3个不同生态区共10个试点开展了观察试验，结果表明：冀葵1号在不同生态区的生育期变化较大，其中张承地区春播生育期最长、冀中南地区夏播生育期最短，但在同一生态区相同试点的同一种植时期，生育期的长短变化不大。冀中南地区光热资源充足，春播生育期95 d左右，能够在7月10日左右成熟收获，不影响下茬短季作物的种植收获；夏播生育期85 d左右，可以推迟到7月中旬播种，上茬作物的选择空间较大。冀葵1号在不同生态区的农艺性状存在一定差异，但各指标差异均较小，仅冀中南地区夏播的株高偏低、茎粗偏细，叶片数和盘径差异较小，这与夏播生育期短有关，造成生长量小、产量偏低，单盘粒重、百粒重和容重也较小。冀葵1号在不同生态区的籽实含油率和蛋白质含量均存在一定差异，但差异不大，其中冀中南地区春播含油率最高，达到了48%以上，其他生态区种植时含油率也均达到了47%以上；冀中南地区夏播籽实蛋白质含量最高，达到了20.70%，其他生态区种植时蛋白质含量也均达到了18%以上，含油率和蛋白质含量均达到了较高水平。

胡杨等(2020)在河北省选用9个不同的油葵品种在张家口市、石家庄市、衡水市饶阳县3个不同生态区开展了多点比较试验，张家口属冀北高寒区，该区海拔高，无霜期短，作物只能一年一季种植，油葵需在5月下旬播种，而石家庄和饶阳这两个生态区为一年两季种植，可在3月下旬完成油葵的春播。试验结果表明：张家口试点播种日期较晚，但生育期较短，各品种生育期在85 d左右，较石家庄和饶阳试点平均晚20 d左右，但各品种全生育期在不同试点所需积温基本相同。此研究认为，通过筛选生育期短、适应性强的品种，进行麦后复播，可以在张家口市实现一年两季种植，提高收入。衡水市饶阳县和石家庄这两个生态区，可通过筛选生育期较短、适应性广的品种进行复播种植，如油葵—油葵、油葵—萝卜、油葵—谷子、油葵—大豆等不同复种模式，充分利用油葵品种对有效积温的需求特性，实现作物一年三季种植，有效提高土地利用率，增产创收。

五、人为因素的影响

(一)播期的影响

在农作物种植过程中，调整播期是避免和防治病虫害的一项重要栽培措施，同时也是应对不利天气、保证不同作物之间顺利轮茬的主要栽培手段，同一作物的不同播种期会对其生长发育、生理特性、产量形成以及产品品质等产生一定的影响。油葵作为一种播期弹性较大且轮茬优势较强的油料作物，在不同区域的实际生产中会存在多种不同的播期和播季，在同一播季中，随着播期的改变，也会对油葵的生长发育产生不同的影响。

刘建国等(2000)在北疆地区开展复播油葵不同播期生育规律研究时发现：同一品种随着播期的延迟，生育期逐渐延长，全生育期所需的有效积温下降，在开花之前，不同播期的油葵各生育阶段由于处在较高的温度条件下，生育日数比较接近，但在开花期和灌浆期，随着播期的延迟，日平均温度和有效积温逐渐下降，相应的生育阶段也随之延长。复播油葵油分积累呈现慢—快—较快—慢的增长规律，随着播期的延迟，油分快速积累的高峰期延迟，累积速率逐渐降低，高峰期持续时间延长；随着播期延迟产量因子盘粒数、单株粒重、含油率逐渐降低，产量随之逐渐减少，空壳率逐渐增加；播期的延迟还会导致油葵在生育后期遭遇低温天气，低温若在0 ℃以上，可以保证干物质累积、根系活动继续进行，但低温会影响干物质的积累速率，也会影响花粉萌发和虫媒活动，造成单株粒重、含油率降低，空壳率增加。

卯旭辉等(2008)研究发现：春播油葵随着播期的推迟，地温不断升高，向日葵萌发和出苗速度加快，成苗率呈现先升后降的趋势，生育期缩短。对播期与生育期进行相关性分析，播期与生育期呈负相关，达极显著水平；播期对油葵主要经济性状株高、叶片数、花盘直径、结实率、单株产量、百粒重、出仁率和籽实含油率均产生一定的影响，其中影响最大的是单株产量，其次为百粒重，影响最小的是含油率；播期与花盘直径、结实率、单株产量、百粒重、出仁率和籽实含油率均呈负相关，除百粒重达显著水平外，其余均不显著。播期对产量的影响表现为：在4月27日之后播种，产量随播期推迟降低，相关性分析达极显著水平，实际产量(y)与播种期(x)的回归方程为 $y=3926.83-39.93x$，即4月27日以后播种，每晚播种1 d，产量降低39.93 kg/hm^2。

沈姣姣等(2013)在农牧交错带地区开展了油葵不同播期试验，结果表明：播种期对油葵生育期、株高和叶面积指数影响显著。随播期推迟，油葵生育期缩短，播期每推迟10 d，生育期平均缩短9 d，生殖生长期在总生长期中的比例增加，超晚播因积温不足无法正常成熟。晚播和超晚播叶面积指数显著高于其余播期，超晚播最大叶面积指数在5个播期中最高。中播地上部干物重和花盘干重显著高于其余播期，不同播期间花盘干重占地上部干物重的比例变化较大，中播最高为59%，超晚播最低为7%。超早播、早播和中播处理间产量和千粒重差异不显著，但显著高于超晚播。水分利用效率随播期推迟减小，早播水分利用效率最高，超晚播水分利用效率最低。

杨相昆等(2016)采用随机区组试验设计，以新葵10号为试材，设春播(4月20日播种)和两期复播(分别在6月30日和7月10日播种)共3个处理，通过对比不同处理条件下油葵皮壳、籽仁干物质积累变化，含水率变化，探讨油葵产量与播期之间的关系。研究结果表明：复播一期处理油葵在灌浆期间总积温、太阳总辐射、光合有效辐射较春播处理分别减少21.95%、32.43%、32.24%，籽粒产量变化不大，表明油葵对低温具有较好的耐受性。复播二期处理产量较春播和复播一期处理分别低19.8%和20.65%，表明随着播期推迟，温度下降对籽粒灌浆影响较大，易造成油葵减产。光热资源对灌浆的影响主要体现在干物质的积累速率以及含水率上，春播处理油葵在灌浆后期因气温高，快速脱水造成籽粒鲜重下降；复播二期处理在成熟的最后一周干物质日增长量及皮壳干物质重均呈下降趋势，皮壳脱水缓慢；而复播一期油葵在花后12～26 d内籽仁干物质积累速率显著高于其他两个处理，产量也较其他两个处理高。灌浆期的光热条件对油葵的产量形成具有重要作用，复播油葵在光热资源不足的条件下仍能获得较高的产量，但播期过晚对籽粒灌浆影响较大，成熟后期容易遭遇低温天气，不利于籽粒脱水，同时会导致油葵产量降低。

通过相关学者的研究可以看出，不同地区、不同播季的不同播期，对油葵生长发育的影响不尽相同。总体来看，播期或播季的不同，主要是通过影响油葵各生育阶段的平均温度或有效积温进而影响油葵的生长发育。春播油葵因播种时温度相对较低，随着播期的延迟，各生育阶段的平均温度及有效积温逐渐升高，最终表现为各生育阶段缩短，产量下降，与产量有关的因子也多表现为下降趋势。复播油葵随着播期的推迟，生长期间的平均温度及有效积温逐渐下降，生育期逐渐延长，在生育后期易受低温天气影响，油葵籽粒灌浆及干物质积累受阻，进而导致产量下降。因此，在油葵种植过程中，无论是春播还是复播，都应当根据各地的气候条件选择适宜的播期，以保证油葵的产量及品质。

（二）栽培措施的影响

油葵具有耐旱、耐盐碱、耐瘠薄等特点，在种植业结构调整和节水农业发展中发挥了重要作用。但长期以来，产量水平一直偏低，种植效益差，限制了油葵产业的发展。为提高油葵单产水平，各地区相继探索出适宜不同生态区的栽培措施。诸多学者也对油葵不同栽培措施进行了相关研究，大量研究结果表明，地膜覆盖栽培模式能够通过增温保水、提高土壤水肥利用率、活化土壤养分等作用促进油葵的生长发育，进而提高其产量和品质。

卯旭辉等(2002)选用陇葵杂 1 号在甘肃省农科院武威黄羊镇试验农场开展油葵覆膜栽培试验，结果表明：覆膜穴播油葵比露地穴播出苗提早 5 d，并且在同期内生长势明显增强；覆膜油葵茎粗、叶片数、叶面积以及植株鲜重、干重等均呈现增加的趋势；覆膜油葵不仅营养生长旺盛，产量构成性状也明显优于对照，其盘径较对照增大，单株产量、千粒重增加，籽实含油率提高。测产结果表明，覆膜处理比露地对照处理增产 21.8%，增产效果显著。

王冀川等(2004)研究了地膜覆盖下油葵 G101 的生长规律与密度效应，结果表明：油葵株高生长符合 Logistic 曲线；覆膜油葵的旺盛生长期在出苗后 22～42 d，不覆膜油葵在出苗后 28～53 d；叶面积指数在各个时期覆膜处理均高于不覆膜处理；干物质积累也符合 Logistic 曲线；覆膜处理的干物质积累直线增长期为出苗后 36～59 d，积累量为 163.830 g/株；不覆膜处理的干物质积累直线增长期为出苗后 41～64 d，积累量为 119.821 g/株；覆膜油葵的产量比不覆膜的增加 23.6%。

郑艳艳等(2007)选用美国 567DW 在宁夏银北暖泉农场开展了膜草覆盖、覆膜和裸地 3 种不同栽培模式下油葵的生长规律，结果表明：3 种栽培模式的全生育期长表现为膜草覆盖＜覆膜＜裸地，出苗率表现为膜草覆盖＞覆膜＞裸地，株高表现为膜草覆盖＞覆膜＞裸地，油葵总叶片数表现为膜草覆盖＞覆膜＞裸地；在油葵生育前期膜草覆盖地表下不同土壤层平均温差分别比覆膜和裸地栽培模式低，说明膜草覆盖具有较好的保温效果，但在油葵生育后期膜草覆盖增温幅度明显降低；膜草覆盖的产量较覆膜和裸地高近 50%。

崔彦芹等(2019)在冀中南地区以矮大头 667 和 T562 两个油葵品种为试验材料，设露地(CK)、地膜半覆盖、地膜全覆盖 3 种栽培模式处理，研究了不同栽培模式对油葵生长参数、生理生化指标及产量的影响。结果表明：不同栽培模式下，2 个品种不同生长发育时期的株高、茎粗、叶面积指数、叶绿素含量、可溶性糖含量、可溶性蛋白含量，以及百粒重、单盘粒数、单盘粒质量、结实率和产量均表现为地膜全覆盖＞地膜半覆盖＞露地；生育期均表现为地膜全覆盖模式下最短，地膜半覆盖模式与露地种植相当。地膜全覆盖栽培模式不仅可以促进油葵生长发育，缩短生育期，还可以提高油葵各项生理生化指标以及产量。

相关研究结果表明，在油葵种植过程中，覆膜是提高油葵产量的最有效的栽培方式。油葵覆膜栽培，有明显的增温保墒作用，可明显减少土壤水分蒸发，抑制盐分在地表积聚，阻止水分与大气间直接交流，对土表水分上行起到阻隔作用，同时还增加光的反射率和热量传递，降低土表温度，从而降低蒸发耗水，土壤理化性状得到改良，协调土壤水、气、热状况，创造良好的土壤结构，有利于油葵出苗率的提高和生育前期的生长发育，使株高和叶片数的旺盛生长期提前，为高产打下基础。在油葵不同的生育阶段内，覆膜的增温效应有较大的差别。在苗期覆膜的增温效应最明显，土壤温度变化幅度最小。随着油葵的迅速生长，农田覆盖率变大，覆膜栽培的增温效应逐渐变弱。总体来看，覆膜栽培更有利于油葵根系的生长发育，根系更好地吸收水分和养分，促使油葵生长比裸地栽培快。从产量结果分析，覆膜栽培的油葵产量远远高于裸地栽培，表明覆膜栽培对油葵产量的增加效应显著。

（三）化感作用

化感作用也称异株克生（Allelopathy），是物种之间的一种竞争类型，具体是指包括微小生物在内的各类植物间相互促进或抑制的生物化学作用，也称异株克生、化学互感，作物（或残体）对作物本身、作物（或残体、水提取液）对杂草、杂草对作物、杂草对杂草都可能有促进或抑制作用。关于油葵与其他植物之间的化感作用，相关的研究报道并不多见。

徐衡（2005）以中国北方3种向日葵收获后的茎和叶为材料，研究其水提取液对各种杂草的化感作用，试验结果表明：这3种向日葵叶子的水提取液对大多数杂草种子的萌发都有一定的抑制作用，尤其对旱田阔叶杂草种子的萌发抑制作用极为显著，在1∶20倍液和1∶50倍液时抑制率可达100%，随着水提取液浓度降低，3种向日葵水提取液对反枝苋种子萌发的抑制作用也下降；同时3种向日葵叶子水提取液对反枝苋幼苗的株高、鲜重和出叶数也都有较强的抑制作用；而对旱田作物玉米种子的萌发和幼苗的生长抑制作用都低于5%的安全值。他认为，可以考虑在农业生产中将向日葵的叶子粉碎后在雨前撒入即将播种的玉米田中，以便其浸生出化感物质，用于抑制玉米田中的旱生阔叶杂草种子的萌发和杂草幼苗的生长。

吴振振等（2016）曾为探讨油葵对甘草潜在的化感作用，选择矮大头（567DW）、矮早丰（BKZ9806）、新葵4号以及新葵6号等不同品种油葵和3种药用甘草为研究对象。用油葵根、茎、叶等器官不同浓度的水浸提液分别处理乌拉尔甘草、胀果甘草和光果甘草的种子和幼苗，比较0、25 mg/mL、50 mg/mL 3个浓度的水浸提液对3种甘草种子萌发和幼苗生长影响的差异。结果表明：不同油葵品种、不同油葵器官的水浸提液的化感效应不尽相同，矮大头水浸提液对胀果甘草的种子萌发和幼苗生长均无明显抑制作用，并且其根的提取液显著促进了根的生长。根据本实验结果，在生产实践中建议选用矮大头与胀果甘草进行套种，有望能提高种植收益。

崔超等（2016）为了明确列当寄生对向日葵全生育时期的化感作用，以SH363为材料，在内蒙古巴彦淖尔市临河区双河镇与白脑包镇开展了3种列当危害程度下向日葵各生育时期根冠生理特性、物质积累特性、产量及产量构成的影响研究。结果表明：向日葵列当轻度寄生危害处理条件下，两个试验点向日葵产量均较无向日葵列当寄生危害处理减产；重度寄生危害处理条件下，减产效应更加显著。与无向日葵列当寄生危害处理相比，向日葵列当轻度寄生危害和向日葵列当重度寄生危害处理的收获株数、单盘粒数、百粒重和结实率显著降低，开花期和成熟期植株干物质积累量显著减少，根系生物量特别是20～40 cm土层根系后期迅速降低。由此可见，随着向日葵列当寄生危害程度的加重，灌浆期植株根系正常生长受限，叶面积指数下降，光合能力降低，干物质积累减少，导致向日葵产量形成关键时期植株得不到正常的养分及水分供给，最终导致减产。

李澳然等（2020）介绍了他们于2018年所做的试验研究。在严格受控条件下研究了意大利苍耳不同器官的水浸提液对油葵种子萌发的影响，以评价在种子萌发阶段意大利苍耳对油葵的化感抑制潜力。结果表明：意大利苍耳各器官的水浸提液均对油葵种子萌发产生了强烈的、具有浓度和器官依赖性的化感抑制效应，随着浸提液浓度的提高，化感抑制活性显著增强；与根和茎相比，叶片和果实的化感抑制活性更强。意大利苍耳不同器官水浸提液不仅减缓了油葵种子的萌发速度、推迟了种子的萌发时间，而且显著地降低了油葵种子的萌发率；其中在100 g/L浓度的根、茎、果实、叶片水浸提液中，油葵种子14 d的累积萌发率较对照组分别下降了 27%、48%、53%、78%。因此，意大利苍耳凋落物和残茬的化感抑制作用所造成的油葵种子的萌发变缓、萌发延迟以及萌发失败，可能是导致油葵大量缺苗的重要原因之一。

第三节　油葵的有关代谢

一、碳代谢

碳代谢是植物体内有机物质的合成、转化和降解的代谢过程。它是植物从环境吸收水分及二氧化碳等，然后把这些简单的、低能量的无机物质合成复杂的、具有高能量的有机物质，并利用这些物质来建造自己的细胞、组织和器官，或作为呼吸消耗的底物，或作为贮存物质贮藏于果实、种子和延存器官基本的生理代谢。碳代谢在作物生育过程中的动态变化和强度对作物产量和品质的形成将产生重大影响。碳代谢包括碳水化合物的合成和分解两部分，其中，光合作用是重要的碳水化合物合成过程，呼吸作用是重要的碳水化合物分解过程。

根据植物光合碳代谢途径的不同，将植物分为 C_3 植物、C_4 植物和 CAM 植物（景天酸代谢植物）。高等植物大多为 C_3 植物，C_4 植物和景天酸代谢植物是由 C_3 植物进化而来的。CO_2 光合同化过程的最初产物是 2 分子的 3-磷酸甘油酸的植物，称为 C_3 植物；而最初产物为四碳化合物苹果酸或天门冬氨酸，然后再转化形成三碳化合物的植物，称为 C_4 植物；夜间吸收并固定 CO_2，白天气孔关闭，进行脱羧，CO_2 被再固定进入 C_3 途径的植物，称为 CAM 植物。C_3 植物叶片中的维管束鞘细胞不含叶绿体，维管束鞘以外的叶肉细胞排列疏松，但都含有叶绿体。C_4 植物的叶片中，围绕着维管束的是呈“花环型”的两圈细胞：里面的一圈是维管束鞘细胞，外面的一圈是一部分叶肉细胞。构成 C_4 植物的维管束鞘细胞比较大，里面含有没有基粒的叶绿体，这种叶绿体不仅数量比较多，而且个体比较大，叶肉细胞则含有正常的叶绿体。

在高温、光照强烈和干旱的条件下，绿色植物的气孔可以部分地收缩减少蒸腾失水，这时 C_4 植物能够利用叶片内细胞间隙中含量很低的 CO_2 进行光合作用，从而光合速率降低的程度就相对较小，继而提高了水分在四碳植物中的利用率，而 C_3 植物则不能，这就是 C_4 植物比 C_3 植物具有较强光合作用的原因之一。C_4 植物与 C_3 植物的一个重要区别是 C_4 植物的 CO_2 补偿点很低，而 C_3 植物的补偿点很高，所以 C_4 植物在 CO_2 含量低的情况下存活率更高。在油葵光合作用过程中，先通过 C_4 途经（发生部位在维管束鞘细胞）合成有机物，再通过 C_3 途径（发生部位在叶肉细胞），即卡尔文循环，完成碳水化合物的合成过程，油葵是 C_4 植物。

（一）光合作用

碳代谢过程中，光合作用是一个重要部分，除了受作物自身的遗传特性影响外，还受温度、光照、水分、CO_2 浓度、O_2 浓度和矿质营养等环境因子的影响。在作物体内，仅有 5%～10% 的生物学产量来自根部吸收的营养物质，而 90%～95%则来自于作物的光合作用。据估计，全球每年大约有 10^{11} t CO_2 通过光合作用固定生成有机化合物（张翼飞，2013），植物作为地球上的“生产者”在给其他生物如动物和微生物提供食物和能量方面起着重要作用。绿色植物的光合作用是绿色植物特有的一种生化现象，光合作用（photosynthesis）即植物吸收光能，由叶绿素的作用，使 CO_2 还原形成 O_2，同时由 CO_2 和水形成碳水化合物，因此，太阳光、叶绿素、CO_2 和水是光合作用不可缺少的因素。光是光合作用的能量来源，叶绿体是光合作用进行的场所，CO_2 和水则是光合作用的原料，一切生理活动必须在一定的温度条件下进行，因此，适宜的温度也是光合作用中一个重要条件。

光合作用只能在植物中含有叶绿素的绿色部位进行，植物的绿叶就是进行光合作用的主要器官。植物的叶片是由表皮组织，叶肉组织和输导组织3部分构成，表皮组织可以透过阳光有利于光合作用。在叶的上、下表皮上布满了小孔称为“气孔”，气孔是植物水分蒸腾和气体交换的器官，光合作用的原料 CO_2 就是通过气孔进入细胞的。光合作用中光能的吸收、传递及转换是由光合色素完成，电子传递是由类囊体膜上的 PSⅡ复合体、PSⅠ复合体和 $Cytb_6/f$ 复合体协同完成。一般过程可表示如下：

$$6CO_2 + 12H_2O \xrightarrow[\text{光、酶}]{\text{叶绿体}} (CH_2O)_6 + 6O_2 + 6H_2O$$

CH_2O 代表光合作用的最终产物碳水化合物。式中的反应物 CO_2 中的碳是氧化态，而生成物 CH_2O 中的碳是还原态，所以光合作用是一个氧化还原反应。其中 CO_2 作为氧化剂，在反应中被还原，而 H_2O 则作为还原剂，在反应中提供所需的氢质子，本身则被氧化。

光合作用包括光反应和暗反应两个阶段。光反应场所在叶绿体类囊体的薄膜上，暗反应的场所在叶绿体的基质中。光反应阶段的特征是光驱动下水分子氧化释放的电子通过电子传递系统传递给烟酰胺腺嘌呤二核苷酸磷酸（$NADP^+$），使它还原为 NADPH，电子传递的另一结果是基质中质子被泵送到类囊体腔中，形成的跨膜质子梯动 ADP 磷酸化生成 ATP。暗反应阶段是利用光反应生成的 NADPH 和 ATP 进行碳的同化作用，使气体 CO_2 还原为糖，由于这阶段基本上不直接依赖于光，而只是依赖于 ATP 和 NADPH 的提供，故称为暗反应阶段。大气之所以能经常保持21%的氧含量，主要依赖于光合作用。光合作用一方面为有氧呼吸提供了条件，另一方面，氧气的积累逐渐形成了大气表层的臭氧层，臭氧层能吸收太阳光中对生物体有害的强烈的紫外辐射。

1. C_4 途径

（1）C_4 途径过程　也称四碳循环，与 C_3 途径相辅而行，反应过程如图2-1所示。

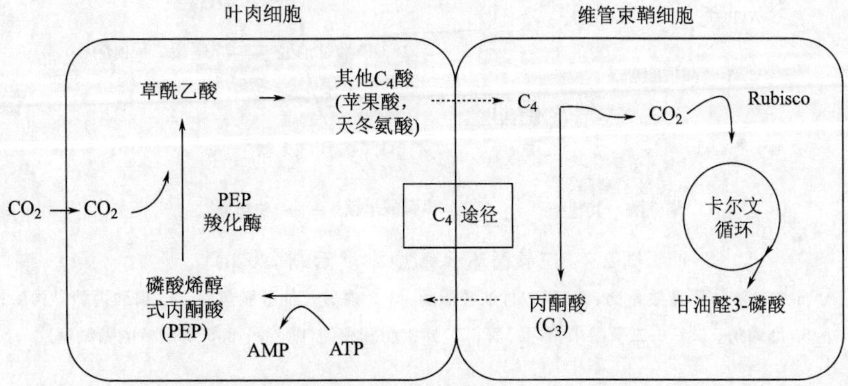

图2-1　四碳循环示意图（郑洪元 等，2020）

① 羧化反应　在叶肉细胞中，在 PEP 羧化酶的作用下，PEP 与 CO_2 结合，形成草酰乙酸（OAA）。

② 还原或转氨作用　OAA 转化为苹果酸（MAL）或天冬氨酸（ASP），经苹果酸脱氢酶催化形成苹果酸（MAL），或经天冬氨酸转氨酶催化形成天冬氨酸（ASP）。

③ 脱羧作用　苹果酸或天冬氨酸从叶肉细胞膜透入维管束鞘细胞。C_4 植物在维管束鞘

细胞中发生 C_4 化合物的脱羧反应，释放 CO_2，在维管束鞘细胞叶绿体中进入卡尔文循环。

④ 底物再生　脱羧后形成的丙酮酸转运回叶肉细胞，重新作为 CO_2 的受体。不过丙酮酸需在丙酮酸磷酸双激酶的催化下，重新形成 PEP 方可作为受体。

(2)C_4 途径的意义

① C_4 植物叶肉细胞中的 PEP 对底物 HCO_3^- 的亲和力极高，细胞中的 HCO_3^- 浓度一般不成为 PEP 固定 CO_2 的限制因素。

② C_4 植物由于有"CO_2 泵"浓缩 CO_2 的机制，使得维管束鞘细胞中有高浓度的 CO_2，从而促进 Rubisco 的羧化反应，降低了光呼吸，且光呼吸释放的 CO_2 又易被再固定。

③ 高光强又可推动电子传递与光合磷酸化，产生更多的同化力，以满足 C_4 植物光合碳同化循环对 ATP 的额外需求。

④ 鞘细胞中的光合产物可就近运入维管束，从而避免了光合产物累积对光合作用可能产生的抑制作用。

2. C_3 途径

C_3 途径是指某些高等植物光合作用的暗反应过程中，一个 CO_2 在 RuBP(1,5-二磷酸核酮糖)羧化酶的催化下，被一个 RuBP 固定后形成两个三碳化合物(3-磷酸甘油酸)的过程，是 20 世纪 50 年代卡尔文提出的，因此又叫卡尔文循环。卡尔文循环是光合作用中碳反应的一部分，反应场所为叶绿体基质。可分为羧化阶段、还原阶段和再生阶段 3 个阶段，具体如图 2-2 所示。

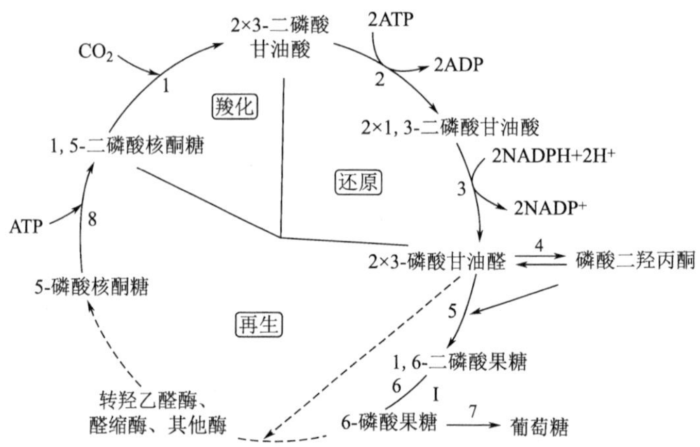

图 2-2　三碳循环示意图(郑洪元 等,2020)

(1. 1,5-二磷酸核酮糖羧化酶；2. 磷酸甘油酸激酶；3. 3-磷酸甘油醛脱氢酶；4. 磷酸丙糖异构酶；5. 醛缩酶；6. 1,6-二磷酸果糖(酯)酶；7. 异构酶和磷酸(酯)酶；8. 5-磷酸核酮糖激酶)

(1)羧化阶段(carboxylation phase)　植物将吸收到的一分子 CO_2 通过 1,5-二磷酸核酮糖羧化酶(Rubisco)的作用整合到一个五碳糖分子，1,5-二磷酸核酮糖(RuBP)的第二位碳原子上，此过程称为 CO_2 的固定。这一步反应的意义是，把原本并不活泼的 CO_2 分子活化，使之随后能够被还原。但是这种六碳化合物极不稳定，会立刻分解为两分子的三碳化合物 3-磷酸甘油酸，这就是羧化阶段。

(2)还原阶段(reduction phase)　3-磷酸甘油酸在磷酸甘油酸激酶催化下，形成 1,3-二磷酸甘油酸，然后在 3-磷酸甘油醛脱氢酶作用下被 NADPH 还原，变为 3-磷酸甘油醛，这就是

CO_2 还原阶段。羧化阶段产生的3-磷酸甘油酸是一种有机酸，尚未达到糖的能级，为了将其转化成糖，要消耗光反应中产生的同化力。ATP 提供能量，NADPH 提供还原力，使它的羧基转变成 3-磷酸甘油醛的醛基，这也是光反应与暗反应的联结点。当 CO_2 被还原为 3-磷酸甘油醛时，光合作用光反应中形成的同化力 ATP 和 NADPH 携带的能量转储存于碳水化合物中。

(3)再生阶段(regeneration phase)　由 3-磷酸甘油醛经过一系列的转变，重新形成 CO_2 受体 RuBP 的过程。这一阶段也需要光反应产生的 ATP 驱动。3-磷酸甘油醛在磷酸丙糖异构酶作用下，转变为磷酸二羟丙酮。3-磷酸甘油醛和磷酸二羟丙酮在醛缩酶的作用下形成 1，6-二磷酸果糖，1，6-二磷酸果糖在 1，6-二磷酸果糖(酯)酶作用下释放磷酸，形成 6-磷酸果糖。6-磷酸果糖在异构酶和磷酸(酯)酶的作用下形成葡萄糖，同时部分 6-磷酸果糖进一步转变下去。

6-磷酸果糖与 3-磷酸甘油醛在转羟乙醛酶和醛缩酶等酶的作用下经过一系列反应形成 5-磷酸核酮糖，5-磷酸核酮糖在 5-磷酸核酮糖激酶的作用下，消耗 1 个 ATP，形成 CO_2 受体 RuBP。

3. 完成暗反应酶系统

(1)1，5-二磷酸核酮糖羧化酶(Rubisco)　它是光合碳代谢中的第一个关键酶，也常被称为光合作用的限速酶。光饱和的光合速率与该酶的活性之间存在正相关关系，因此，活化的该酶量的不足，常是光合作用的一个重要限制因素，同时，它还能调节 CO_2 同化的另一种酶，即磷酸烯醇式丙酮酸羧化酶，许多研究表明，Rubisco 含量或其羧化活性与光合速率关系密切，Rubisco 初始活力下降是光合衰退的内在因素。Rubisco 是植物体内含量最丰富的酶，约占叶片中可溶性蛋白质总量的 40%以上，在叶绿体基质中，活性位点浓度高达 4mol/L，约为它催化的底物 CO_2 浓度的 500 倍以上。但 Rubisco 酶羧化能力低下，一般认为，Rubisco 酶羧化能力低下的原因是：Rubisco 酶对 CO_2 的亲和力非常低，Rubisco 酶是一个双功酶，既能催化 RuBP 与 CO_2 结合进行羧化反应，又能催化其与 O_2 结合进行氧化反应，羧化反应和氧化反应的速率取决于叶绿体内 CO_2 浓度和 O_2 浓度的比值，以及 Rubisco 酶对 CO_2 和 O_2 的亲和力。

(2)磷酸甘油酸激酶　3-磷酸甘油酸在磷酸甘油酸激酶的催化下，形成 1，3-二磷酸甘油酸，是一种有机酸，尚未达到糖的能级，为了把 1，3-二磷酸甘油酸转化成糖，要消耗光反应中产生的同化力。ATP 提供能量，NADPH 提供还原力，使 1，3-二磷酸甘油酸的羧基转变成 3-磷酸甘油醛的醛基，这也是光反应与暗反应的联结点，当 CO_2 被还原为 3-磷酸甘油醛时，光合作用的贮能过程即告完成。

(3)3-磷酸甘油醛脱氢酶　由 Gap A 和 Gap B 两种亚基组成，依赖 NADPH 进行光合反应的碳固定，是卡尔文循环中催化光合最初产物 3-磷酸甘油酸还原成 3-磷酸甘油醛的关键调节酶，3-磷酸甘油醛既是叶绿体光合产物输出的一种形式，又是形成 5-磷酸核酮糖的底物，因此，3-磷酸甘油醛脱氢酶活性的高低会影响光合作用的运转效率。

(4)磷酸丙糖异构酶　磷酸丙糖异构酶在卡尔文循环中也占有重要地位，能够催化磷酸二羟丙酮和 3-磷酸甘油醛这两种丙糖磷酸异构体之间的可逆转换，磷酸丙糖异构酶是由两个相同的亚基所形成的二聚体，每一个亚基都含有 250 个左右的氨基酸残基。

(5)醛缩酶　醛缩酶是卡尔文循环中固定 CO_2 后第一个催化三碳化合物转化为六碳化合物的酶，也是控制光合作用速率的重要酶之一，对卡尔文循环中碳代谢流的控制及 RuBP 的再生起关键作用。

(6)1,6-二磷酸果糖(酯)酶　催化 1,6-二磷酸果糖生成 6-磷酸果糖，在光合作用同化物蔗糖的合成中起关键性的作用，是卡尔文循环中的关键酶，1,6-二磷酸果糖(酯)酶的过量表达研究显示，能够提高植株光合能力、蔗糖合成水平，促进糖类积累，从而加速植株生长。

4. 油葵的光饱和点和光补偿点

(1)光饱和点　在一定的光照强度范围内，光合作用随光照强度的上升而增强，但光照强度达到一定的数值以后，光合作用维持在一定的水平而不再提高，此现象称为光饱和现象(light saturation)，而此时的光照强度临界值称为光饱和点(light saturation point，LSP)。光饱和点是植物光合能力的重要体现，光饱和点的高低反映了光合机构暗反应过程对同化力的最大需求量，暗反应能力越强，所需要的同化力越多，光饱和点也相应越高。同时，光饱和点能够反映不同品种对强光的适应能力。

光饱和点形成的主要原因在于 CO_2 的浓度维持在一定水平，而光照强度的增强只使光反应速度增加，但是暗反应中 CO_2 的固定能力和速度不会因此而发生改变。另外，植物长期暴露在过高的光照下，会导致光抑制现象的产生，消耗掉光合作用产生的有机物，并导致光合功能下降。

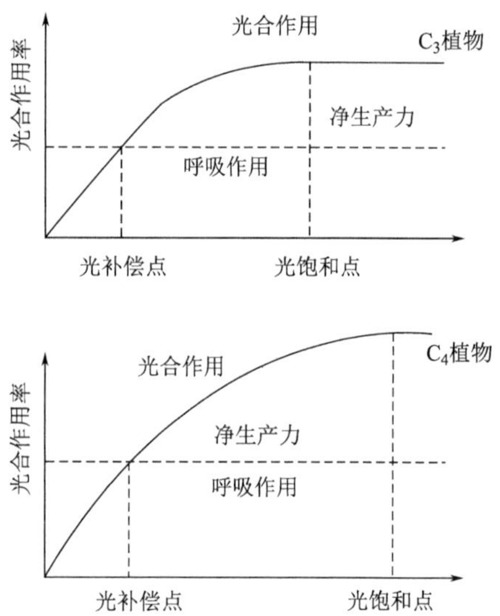

图 2-3　C_3 与 C_4 植物的光饱和点与光补偿点示意图(郑洪元 等，2020)

光饱和现象是由德国 J. 赖因克于 1883 年首次发现，光饱和点的高低取决于所研究的植物对象不同而有所差异。喜阴植物的光饱和点较低，是海平面全光照植物的十分之一，而喜阳植物的光饱和点则较高，尤其对于荒漠植物或高海拔植物，一天中光照最强时仍未达到其光饱和点。C_4 植物的光饱和点要高于 C_3 植物，某些 C_4 植物，如玉米嫩叶的光饱和点在自然光强下甚至检测不出。对于水稻、小麦等 C_3 植物，光饱和点为 30000～80000 lx。农作物叶片群体的光饱和点高于单叶片，这是因为随着光照度的增加，作物的上层叶片虽已达到光饱和点，但下层叶片的光照度仍然需要增加，以满足光合反应过程所需，所以群体的总光合强度要高于单叶片(图 2-3)。

(2)光补偿点　光照强度在光饱和点以下时，随光强减弱，光合速率也降低，当光强减弱到某一值时，光合作用吸收的 CO_2 与呼吸作用释放的 CO_2 处于动态平衡，这时的光照强度称为光补偿点(light compensation point，LCP)。LCP 能够反映不同品种对光的适应能力。植物在光补偿点时，有机物的形成和消耗相平衡，干物质不能得到累积。植物在此状态下，光合作用过程吸收的 CO_2 量与呼吸过程所释放的 CO_2 量完全相等时，有效光合强度检测不到，氧的净交换停止，叶片没有任何净积累，植物只能勉强维持生命，而不能进行生长、结实等生理活动。喜阴植物的光补偿点低于喜阳植物，C_3 植物则高于 C_4 植物。

油葵的生物产量、籽粒产量分别与最大净光合速率和饱和光强具有相关性，而与生物产量、籽粒产量与暗呼吸速率、光补偿点及表观量子效率无相关性。最大净光合速率与油葵生物产量、籽粒产量为正相关关系，但其相关系数均未达到显著水平，而饱和光照度与油葵生物产量、籽粒产量的相关系数均为极显著水平，说明 LSP 是决定油葵生物产量、籽粒产量的主要光合特征参数之一，即光饱和点值越大油葵越不易出现光抑制现象，生产和积累的光合产物越多（王智明 等，2014）。

5. 油葵光合作用的影响因素

提高油葵产量的重要措施之一是要提高油葵对光能的利用率。要提高油葵对光能的利用率，除了延长光合作用时间和增加光合作用面积外，还应当提高油葵的光合作用效率，生产上影响油葵光合作用的因素既有光合作用日变化的影响，也有品种本身光合能力的影响，还有栽培措施的影响，具体如下：

(1)光合作用日变化　张凤华等(2000)曾对新疆沿天山一带高产油葵群体光合特性做了初步研究。结果表明，油葵群体光合日变化呈单峰曲线，峰值一般出现在 12:00—13:00，光合持续时间为 13 h。不同叶层的透光率以中上层叶片较大，且对光合产物的贡献率达 85%。对比春播与夏播油葵的群体光合，春播高于夏播，故表现出春播油葵的生殖器官干物质积累速率、灌浆速率及产量分别比夏播高出 29.7%、5.6%及 10.6%。

唐建昭等(2014)介绍，为了解农牧交错带油葵旺盛生长季光合作用日变化特征和光合“午休”原因，使用光合作用测量系统(LI-6400XT)于内蒙古武川试验站测定了晴天条件下油葵光合特性。结果表明，油葵光合速率日变化呈现典型的双峰曲线，具有明显的“午休”现象，且上午的峰值显著高于下午的峰值，观测期间平均高出 11%。对油葵光合速率有显著影响的气象因子是光强和温度。蒸腾速率和气孔导度的日变化规律相似，也呈现双峰曲线，并且两者的峰值要早于光合速率的峰值。对气孔导度有显著影响的气象因子是光强和饱和水汽压差，对蒸腾速率有显著影响的气象因子是光强、饱和水汽压差和温度。油葵叶片的水分利用效率最高值出现在 11:00，最高值为 2.71 g/kg。观测期间，在油葵光合速率下降的阶段均表现为胞间 CO_2 浓度增加，气孔限制值下降。因此，造成该地区油葵光合“午休”的主要因素是非气孔因素。

孔东等(2005)在内蒙古自治区河套灌区杭锦后旗巧塚渠试验站试验田以康地 115 号油料向日葵为材料，以 0.29%、0.39%、0.68% 3 种盐分条件下现蕾期油葵光合速率日变化进行田间试验研究。结果表明，现蕾期不同盐分处理下光合速率日变化均呈单峰曲线，盐分为 0.29%和 0.39%处理的峰值在 10:00，盐分为 0.68%处理的峰值在 12:00，盐分为 0.29%处理光合速率比盐分为 0.39%和盐分为 0.68%分别高 14.35%和 33.9%。

唐建昭等(2014)以葵杂 3 号为材料，采用随机区组试验，在内蒙古武川县农业部武川农业环境科学观测实验站进行，研究油葵光合作用日变化。结果表明，油葵光合速率、气孔导度和蒸腾速率日变化均呈双峰曲线，光合速率峰值上午相比下午高 11%。

(2)品种对油葵光合作用的影响　段学艳等(2020)研究不同密度水平下 3 个油葵杂交种产量及其相关性状分析，试验采用裂区试验方法排列，对 5 个密度下 5 个油葵杂交种产量及株高、茎粗、盘径、百粒质量、籽仁率进行方差分析。结果表明，品种、密度以及品种和密度二者交互作用对油葵产量、株高、茎粗、盘径、百粒质量、籽仁率 6 个性状的影响均显著，而品种对产量、株高、百粒质量、籽仁率的影响要大于密度及品种和密度的交互作用；3 个油葵杂交种产量、籽仁率随着密度的增加都呈现先增加后降低的趋势，株高随着密度的增加而增加，茎粗、盘径、百粒质量随着密度的增加而降低。临葵 4 号和 S606 明显优于 BW667，生产中密度应分别选择 7.50 万株/hm^2、6.75 万株/hm^2。建议生产中选择优良品种的同时选择适合的密度，即良种配良法，以达到提高油葵产量和生产效益的目的。

王智明等(2014)采用2种典型的光响应模型对3个油葵品种KWS203、TH320及矮大头667DW叶片的光合—光响应曲线进行拟合,并分析其光合参数与油葵生物产量、籽粒产量的关系。结果表明,直角双曲线修正模型和非直角双曲线模型对3个油葵品种的光合—光响应曲线的拟合精度较高,拟合方程的决定系数均为 $R2\geqslant0.997$。其中直角双曲线修正模型可以更好地拟合KWS203和矮大头667DW光系统Ⅱ动力学下调或光抑制部分的光合—光响应曲线,可准确计算其饱和光照度及最大净光合速率,且与实际测量值相当接近。直角双曲线修正模型拟合3种油葵光合—光响应曲线所得的光合参数与产量关系表明,油葵产量与最大净光合速率和饱和光照度具有相关性,饱和光照度与其生物产量、籽粒产量的相关系数均为极显著差异水平,但最大净光合速率与其生物产量、籽粒产量的相关系数都未达到显著水平,TH320的最大净光合速率、饱和光照度均最大,其生物产量、籽粒产量也最高。综上所述,直角双曲线修正模型更符合油葵的光合生理特征,是研究油葵光合—光响应曲线的首选模型,TH320相对于其他2个油葵品种,具有更高的光饱和点和最大净光合速率、更低的暗呼吸速率和光合产物消耗。

杜社妮等(2014)以先瑞9号和T9938为材料,在内蒙古河套灌区西部的磴口县坝楞村进行田间试验,对油葵光合作用能力最强的叶片和光合作用日变化进行研究。结果表明,先瑞9号和T9938光合速率、气孔导度最高的分别是第5和第6节位,蒸腾速率最高的分别是第6和第7节位,胞间 CO_2 浓度最低的分别是第5—6和第6节位,光合作用能力最强分别是第5和第6节位;T9938和先瑞9号气孔导度、光合速率日变化均在11:00达到峰值,胞间 CO_2 浓度日变化在11:00达到谷值,蒸腾速率日变化分别在13:00和14:00达到峰值。

(3)栽培措施对油葵光合作用的影响　栽培措施可改变油葵的生态环境,从而影响油葵生长发育和光合作用的强弱。杨泽龙等(2010)研究表明,油葵在水分胁迫下,其光合速率、蒸腾速率和气孔导度等生理特征都表现出不同程度的下降,水分胁迫显著影响油葵的光合速率。邹璐等(2012)研究表明,盐碱地施用脱硫石膏可以提高油葵叶片光和能力。

孔东等(2005)曾采用LI-6400型光合仪测定新疆产康地115号油料向日葵在不同盐渍化土壤现蕾期的光合速率日变化及其影响因子。结果表明,3种不同盐分处理其净光合速率日变化曲线均为单峰曲线,0.29%、0.39%盐分含量处理的 P_n(净光合速率)峰值在10:00,而0.68%盐分含量处理在12:00,随着盐分胁迫的增加,其光合速率总体呈现下降趋势。相关及通径分析结果表明,光强并不是 P_n 的主要限制因素,轻度盐分处理 P_n 的下降受气孔因素的影响,中度盐分处理 P_n 的下降则是气孔因素、气孔与非气孔因素协同作用的结果,重度盐分处理 P_n 的下降主要是受非气孔因素和气孔与非气孔因素协同作用的影响。

赵小霞等(2016)曾在碱化土壤条件下,研究了不同施肥措施对油用型向日葵光合特性及产量的影响。结果表明,运用非直角双曲线模型对净光合速率进行模拟,拟合程度高。不同施肥处理油用型向日葵的净光合速率、气孔导度和蒸腾速率均随光合有效辐射的增加而明显提高,之后趋于平缓,而胞间 CO_2 浓度持续降低。无磷处理下,表观量子效率和最大净光合速率最大;无钾处理下,暗呼吸速率和光补偿点均最高;氮磷钾全施的条件下,光饱和点、产量、生物产量和增产率均最高,千粒重以生物有机肥处理最佳,而秕粒率则以无钾肥处理最低。从回归方程看出,施肥可以提高千粒重,降低秕粒率,增加光合产物的积累,提高产量。因此,在油用型向日葵灌浆初期,在增施氮肥的基础上,合理配施磷钾肥和有机肥,可从改善其光合特征的基础上提升经济产量。

张会梅等(2016b)以油葵康地562为材料,采用单因子随机区组试验方法,在内蒙古阿拉善左旗巴彦浩特镇希尼套海嘎查村进行了膜下滴灌灌溉定额对油葵光合生理特性和水分生产率的影响试验,定期测定了土壤含水率和作物光合生理指标。结果表明,现蕾期油葵的光合速率、蒸腾速率、气孔导度日变化均呈"凸抛物线"规律;胞间 CO_2 摩尔分数日变化呈"凹抛物线"规律,同一灌溉定额条件下,采用先进的滴灌技术的日光合速率、日蒸腾速率和日气孔导度等指标均比畦灌技术较高,且产量提高了19.17%。试验条件下,膜下滴灌油葵产量随灌溉定额的增大而提高。

王亚竹等(2021)为了研究不同灌水处理下垄作沟播喷灌油葵的生长指标、水分利用效率、产量及其构成因素,比较不同喷灌处理的优越性,通过作物生长指标常规测定方法结合HD2土壤水分测定仪,分析了不同灌水处理对油葵生长特征、产量、灌溉水利用率的影响。结果表明,垄作沟播喷灌集水保墒效果较好,有利于油葵生长,适宜的喷灌定额条件下(T3)可使有限灌溉水充分利用,油葵株高、茎粗、叶面积指数及干物质积累量均较大,两年产量较对照(CK)分别增加4.07%、8.70%,分别节水11.0%、14.1%,灌溉水利用率分别提高21.1%、22.1%,水分生产率达9.0元/m^3 以上。综上所述,在本试验条件下,与传统覆膜平作喷灌相比,垄作沟播喷灌处理整个生育期能有效利用喷灌水分,改善土壤水分状况,使油葵生长更加旺盛,提高了产量及灌溉水利用率,是一种经济可行、易于推广的节水灌溉技术。

(二)呼吸作用

呼吸作用(respiration)是生物界普遍存在的一个生理过程,是一切生物所共有的生理功能,它遍及植物的每个细胞,是新陈代谢的重要组成部分,和光合作用共同组成植物代谢的核心,是指植物细胞内的有机物在一系列酶的催化下,逐步氧化分解,并释放能量的过程。呼吸作用既为生命活动提供可利用的能量,又为植物体内多种重要有机物的形成提供重要的原料及还原剂,从而把所有的代谢活动都带动起来,成为植物代谢的一个中心。因此,呼吸作用的强弱必然会影响到植物的生长与发育,进而影响农作物的产量和品质。

呼吸作用包括有氧呼吸和无氧呼吸两大类型。有氧呼吸(aerobic respiration)是指细胞在氧的参与下,通过多种酶的催化作用,把有机物彻底氧化分解(通常以分解葡萄糖为主),产生二氧化碳和水,释放能量,合成大量ATP的过程(图2-4)。无氧呼吸(anaerobic respiration)是指在无氧条件下,生活细胞把某些有机物氧化分解成不彻底的氧化产物,同时释放少量能量的过程。有氧呼吸是高等植物进行呼吸的主要形式,分为3个阶段,主要是糖酵解阶段、三羧酸循环(又叫柠檬酸循环)阶段和电子传递及氧化磷酸化阶段,3个阶段物质变化情况如下:

第一阶段:$C_6H_{12}O_6 \rightarrow 2$ 丙酮酸 $+ 2ATP + 4[H]$(在细胞质中)

第二阶段:丙酮酸 $+ 6H_2O \rightarrow 6CO_2 + 20[H] + 2ATP$(线粒体基质中)

第三阶段:$24[H] + 6O_2 \rightarrow 12H_2O + 34ATP$(线粒体内膜中)

1. 第一阶段——糖酵解

糖酵解途径又称EMP途径,是将葡萄糖降解为丙酮酸并伴随着ATP生成的一系列反应,是一切生物有机体中普遍存在的葡萄糖降解的途径。糖酵解途径在无氧及有氧条件下都能进行,是葡萄糖进行有氧或者无氧分解的共同代谢途径。可分为10个反应,具体如图2-5所示。

(1)葡萄糖的磷酸化　进入细胞内的葡萄糖首先在第6位碳上被磷酸化生成6-磷酸葡萄糖,磷酸根由ATP供给,这一过程不仅活化了葡萄糖,有利于它进一步参与合成与分解代谢,

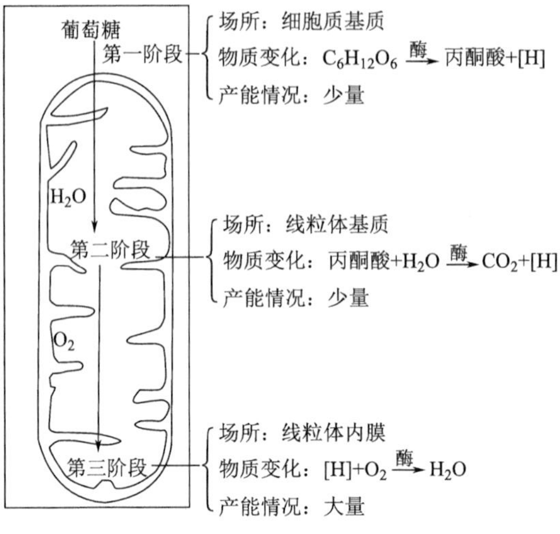

图 2-4　有氧呼吸过程示意图(郑洪元 等,2020)

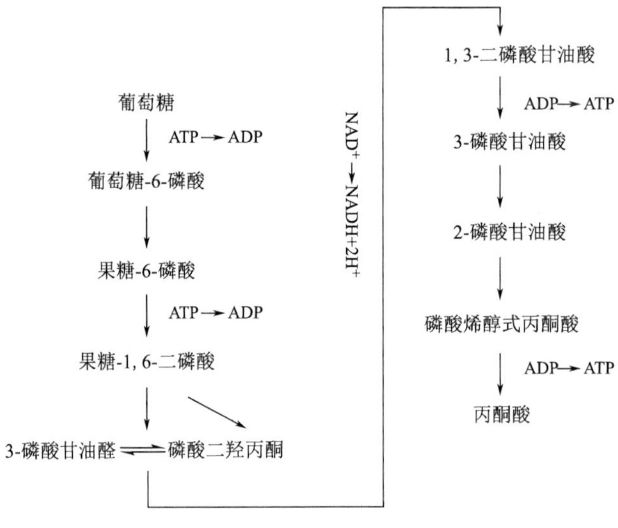

图 2-5　糖酵解途径代谢示意图(郑洪元 等,2020)

同时还能使进入细胞的葡萄糖不再逸出细胞。催化此反应的酶是己糖激酶(hexokinase, HK)。己糖激酶催化的反应不可逆,反应需要消耗能量 ATP,Mg^{2+} 是反应的激活剂,它能催化葡萄糖、甘露糖、氨基葡萄糖、果糖进行不可逆的磷酸化反应,生成相应的 6-磷酸酯,6-磷酸葡萄糖是 HK 的反馈抑制物,此酶是糖氧化反应过程的限速酶(rate limiting enzyme)或称关键酶(key enzyme)。

(2)6-磷酸葡萄糖的异构反应　这是由磷酸己糖异构酶(phosphohexose isomerase)催化 6-磷酸葡萄糖转变为 6-磷酸果糖(fructose-6-phosphate,F-6-P)的过程,此反应是可逆的。

(3)6-磷酸果糖的磷酸化　此反应是 6 磷酸果糖第一位上的 C 进一步磷酸化生成 1,6-二磷酸果糖,磷酸根由 ATP 供给,催化此反应的酶是磷酸果糖激酶 1(phosphofructokinasel, PFK1)。PFK1 催化的反应是不可逆反应,它是糖的有氧氧化过程中最重要的限速酶,它也是变构酶,柠檬酸、ATP 等是变构抑制剂,ADP、AMP、Pi、1,6-二磷酸果糖等是变构激活剂。

(4)1,6-二磷酸果糖裂解反应　醛缩酶(aldolase)催化1,6-二磷酸果糖生成磷酸二羟丙酮和3-磷酸甘油醛,此反应是可逆的。

(5)磷酸二羟丙酮的异构反应　磷酸丙糖异构酶(triose phosphate isomerase)催化磷酸二羟丙酮转变为3-磷酸甘油醛,此反应也是可逆的。

到此,1分子葡萄糖生成2分子3-磷酸甘油醛,通过两次磷酸化作用消耗2分子ATP。

(6)3-磷酸甘油醛氧化反应　此反应由3-磷酸甘油醛脱氢酶(glyceraldehyde 3-phosphate-dehydrogenase)催化3-磷酸甘油醛氧化脱氢并磷酸化生成含有1个高能磷酸键的1,3-二磷酸甘油酸,本反应脱下的氢和电子转给脱氢酶的辅酶NAD^+生成$NADH+H^+$,磷酸根来自无机磷酸,此反应是不可逆反应。

(7)1,3-二磷酸甘油酸的高能磷酸键转移反应　在磷酸甘油酸激酶(PGK)的催化下,1,3-二磷酸甘油酸生成3-磷酸甘油酸,同时其C1位上的高能磷酸根转移给ADP生成ATP,这种底物氧化过程中产生的能量直接将ADP磷酸化生成ATP的过程,称为底物水平磷酸化(substrate level phosphorylation)。此激酶催化的反应是可逆的。

(8)3-磷酸甘油酸的变位反应　在磷酸甘油酸变位酶(phosphoglycerate mutase)的催化下,3-磷酸甘油酸C3位上的磷酸基转变到C2位上生成2-磷酸甘油酸。此反应是可逆的。

(9)2-磷酸甘油酸的脱水反应　由烯醇化酶(enolase)催化,2-磷酸甘油酸脱水的同时,能量重新分配,生成含高能磷酸键的磷酸烯醇式丙酮酸(PEP)。本反应也是可逆的。

(10)磷酸烯醇式丙酮酸的磷酸转移　在丙酮酸激酶(pyruvate kinase,PK)的催化下,磷酸烯醇式丙酮酸上的高能磷酸根转移至ADP生成ATP,这是又一次底物水平上的磷酸化过程。此反应是不可逆的。

2. 第二阶段——三羧酸循环

三羧酸循环也称柠檬酸循环(citric acid cycle),是一个由一系列酶促反应构成的循环反应系统,在该反应过程中,首先由乙酰辅酶A与草酰乙酸缩合生成含有3个羧基的柠檬酸,经过4次脱氢,1次底物水平磷酸化,最终生成2分子CO_2,并且重新生成草酰乙酸的循环反应过程。反应链如图2-6所示。

(1)乙酰-CoA进入三羧酸循环　乙酰CoA具有硫酯键,乙酰基有足够能量与草酰乙酸的羧基进行醛醇型缩合。首先柠檬酸合酶的组氨酸残基作为碱基与乙酰-CoA作用,使乙酰-CoA的甲基上失去一个H^+,生成的碳阴离子对草酰乙酸的羰基碳进行亲核攻击,生成柠檬酰-CoA中间体,然后高能硫酯键水解放出游离的柠檬酸,使反应不可逆地向右进行。该反应由柠檬酸合酶(citratesynthase)催化,是很强的放能反应。由草酰乙酸和乙酰-CoA合成柠檬酸是三羧酸循环的重要调节点,柠檬酸合酶是一个变构酶,ATP是柠檬酸合酶的变构抑制剂,此外,α-酮戊二酸、NADH能变构抑制其活性,长链脂酰-CoA也可抑制它的活性,AMP可对抗ATP的抑制而起激活作用。

(2)异柠檬酸形成　柠檬酸的叔醇基不易氧化,转变成异柠檬酸而使叔醇变成仲醇,就易于氧化,此反应由顺乌头酸酶催化,为可逆反应。

(3)第一次脱氢——异柠檬酸脱氢酶　在异柠檬酸脱氢酶作用下,异柠檬酸的仲醇氧化成羰基,生成草酰琥珀酸(oxalosuccinic acid)的中间产物,后者在同一酶表面,快速脱羧生成α-酮戊二酸(α-ketoglutarate)、NADH和CO_2,此反应为β-氧化脱羧,此酶需要镁离子作为激活剂。此反应是不可逆的,是三羧酸循环中的限速步骤,ADP是异柠檬酸脱氢酶的激活剂,而

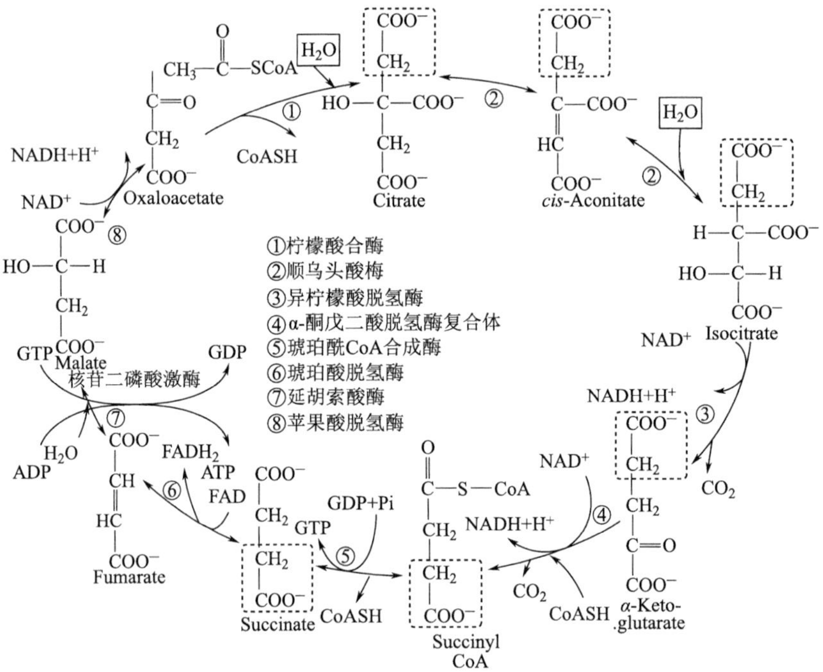

图 2-6　三羧酸循环过程示意图(叶飞 等,2017)

(Citrate:柠檬酸;cis-Aconitate:顺乌头酸;Isocitrate:异柠檬酸;α-Ketoglutarate:α-酮戊二酸;succinyl CoA:琥珀酰 CoA;succinate:琥珀酸;fumarate:延胡索酸;malate:苹果酸;oxaloacetata:草酰乙酸;CoASH:辅酶 A)

ATP、NADH 是此酶的抑制剂。

(4)第二次脱氢——α-酮戊二酸脱氢酶　在 α-酮戊二酸脱氢酶系作用下,α-酮戊二酸氧化脱羧生成琥珀酰-CoA、NADH＋H^+ 和 CO_2,反应过程完全类似于丙酮酸脱氢酶系催化的氧化脱羧,属于 α-氧化脱羧,氧化产生的能量中一部分储存于琥珀酰的高能硫酯键中。此反应也是不可逆的。α-酮戊二酸脱氢酶复合体受 ATP、GTP、NADH 和琥珀酰-CoA 抑制,但其不受磷酸化/去磷酸化的调控。

(5)底物磷酸化生成 ATP　在琥珀酸硫激酶(succinatethiokinase)的作用下,琥珀酰-CoA 的硫酯键水解,释放的自由能用于合成 GTP,此时,琥珀酰-CoA 生成琥珀酸和辅酶 A。

(6)第三次脱氢——琥珀酸脱氢酶　琥珀酸脱氢酶(succinatedehydrogenase)催化琥珀酸氧化成为延胡索酸。该酶结合在线粒体内膜上,而其他三羧酸循环的酶则都是存在线粒体基质中的,这酶含有铁硫中心和共价结合的 FAD,来自琥珀酸的电子通过 FAD 和铁硫中心,然后进入电子传递链到 O_2,丙二酸是琥珀酸的类似物,是琥珀酸脱氢酶强有力的竞争性抑制物,所以可以阻断三羧酸循环。

(7)延胡索酸的水化　延胡索酸酶仅对延胡索酸的反式双键起作用,而对顺丁烯二酸(马来酸)则无催化作用,因而是高度立体特异性的。

(8)第四次脱氢——苹果酸脱氢酶(草酰乙酸再生)　在苹果酸脱氢酶的作用下,苹果酸仲醇基脱氢氧化成羰基,生成草酰乙酸(oxalocetate),NAD^+ 是脱氢酶的辅酶,接受氢成为 NADH＋H^+。

三羧酸循环具有重要的生物学意义。一方面，三羧酸循环是机体将糖或其他物质氧化而获得能量的最有效方式，在糖代谢中，糖经此途径氧化产生的能量最多，每分子葡萄糖经有氧氧化生成 H_2O 和 CO_2 时，可净产生 32 分子 ATP 或 30 分子 ATP；另一方面，三羧酸循环是糖、脂、蛋白质，甚至核酸代谢，联络与转化的枢纽。此循环的中间产物（如草酰乙酸、α-酮戊二酸）是合成糖、氨基酸、脂肪等的原料，某些代谢物质还能参与嘌呤和嘧啶的合成，甚至合成卟啉，参与血红蛋白合成。且三羧酸循环是糖、蛋白质和脂肪彻底氧化分解的共同途径，蛋白质的水解产物（如谷氨酸、天冬氨酸、丙氨酸等脱氨后或转氨后的碳架）要通过三羧酸循环才能被彻底氧化，产生大量能量，脂肪分解后的产物脂肪酸经 β-氧化后生成乙酰-CoA 以及甘油，甘油经过糖酵解途径也生成乙酰-CoA，最终也要经过三羧酸循环而被彻底氧化，糖代谢的所有途径最后生成丙酮酸，脱氢成为乙酰-CoA，参与三羧酸循环。综上所述，三羧酸循环是联系三大物质代谢的枢纽，也是能量代谢的枢纽。

3. 第三阶段——电子传递及氧化磷酸化

呼吸电子传递链（respiratory electron-transport chain）由一系列可作为电子载体的酶复合体和辅助因子构成，可将来自还原型辅酶或底物的电子传递给有氧代谢的最终电子受体 O_2 生成 H_2O。在电子传递链中，各电子传递体的氧化还原反应从高能水平向低能水平顺序传递，在传递过程中释放的能通过磷酸化而被储存到 ATP 中，ATP 的形成发生在线粒体内膜上。电子从一个底物传递给分子氧的氧化与酶催化的由 ADP 和 Pi 生成 ATP 与磷酸化相偶联的过程为氧化磷酸化（oxidative phosphorylation），磷酸化作用与氧化过程的电子传递紧密相关。

葡萄糖氧化分解代谢的另一种重要方式——磷酸戊糖途径（PPP），也是由 6-磷酸葡萄糖开始，因而称为已糖磷酸支路。PPP 可分为两个阶段：第一阶段由 6-磷酸葡萄糖脱氢生成 6-磷酸葡糖酸内酯开始，然后水解生成 6-磷酸葡糖酸，再氧化脱羧生成 5-磷酸核酮糖。$NADP^+$ 是所有上述氧化反应中的电子受体；第二阶段是 5-磷酸核酮糖经过一系列转酮基及转醛基反应，经过磷酸丁糖、磷酸戊糖及磷酸庚糖等中间代谢物最后生成 3-磷酸甘油醛及 6-磷酸果糖，后二者还可重新进入 EMP 途径而进行代谢。PPP 主要特点是葡萄糖直接氧化脱氢和脱羧，不必经过 EMP 和 TCA 循环，电子受体是 $NADP^+$ 而不是 NAD^+，产生的 NADPH 可为脂肪酸、胆固醇等的生物合成提供还原力；产生的 5-磷酸核糖、4-磷酸赤藓糖、景天庚酮糖 7-磷酸等则是核苷酸辅酶、核苷酸、芳香族氨基酸的合成原料；生成的四碳、五碳、七碳化合物及转酮酶、转醛酶等，可以参与光合作用卡尔文循环以及次生代谢物的生物合成；PPP 可以与 EMP、TCA 循环相互补充、相互配合，增强植物体的适应能力。

4. 油葵的 CO_2 补偿点和 CO_2 饱和点

（1）CO_2 补偿点（CO_2 compensation point）　是指在光下植物光合过程所吸收的 CO_2 量与呼吸过程所释放的 CO_2 量达到动态平衡时外界环境中的 CO_2 浓度。当外界 CO_2 浓度处于补偿点时，植物的光合速率与呼吸速率相等，有机物的形成与消耗相等，无干物质积累；当外界 CO_2 浓度低于补偿点时，则光合速率低于呼吸速率，植物不但不能积累光合产物，反而需要动用贮藏物质，只有在外界 CO_2 浓度高于补偿点时，才能有效地积累干物质。

根据 CO_2 补偿点高低可把植物分为 3 类：一是高补偿点植物，CO_2 补偿点较高，一般在 40～70 ul/LCO_2，属于这一类的植物都是 C_3 植物，如小麦、水稻、大豆等绝大多数栽培作物；二是低补偿点植物，CO_2 补偿点较低，通常在 0～5 ul/LCO_2，属于这一类的植物都是 C_4 植物，如油葵、玉米、高粱等；三是不定补偿点植物，属于这一类植物的都是具有景天酸代谢途径的植物，如龙舌兰、仙人掌等，这类植物夜间气孔开放，活跃吸收 CO_2，其补偿点为 0～5 ul/LCO_2，白天气孔关闭，其补偿点或者维持在这一水平上，或者上升甚至高达 200 ul/LCO_2。相比之下，低补偿点植物（C_4 植物）在外界 CO_2 浓度较低的情况下即有较高的光合速率，因而能够有效地积累干物质。

（2）CO_2 饱和点（CO_2 saturation point） 当空气中的 CO_2 浓度较低时，植物的光合速率会随着 CO_2 浓度的增加而提高，但是当空气中的 CO_2 浓度增加到一定程度后，植物的光合速率就不会再随着 CO_2 浓度的增加而提高，这时空气中的 CO_2 浓度就称为 CO_2 饱和点。此时（光照一定）是因为光合作用光反应阶段速度跟不上，[H]（即还原态氢）和 ATP 不够，所以 CO_2 固定的化合物（如三碳化合物）无法被还原导致的。一般 C_3 植物的 CO_2 饱和点比 C_4 植物高，C_4 植物在大气 CO_2 浓度下就能达到饱和，而 C_3 植物 CO_2 饱和点不明显，光合速率在较高 CO_2 浓度下还会随浓度上升而升高。

CO_2 补偿点和饱和点高低可衡量作物在不同 CO_2 浓度下对 CO_2 的利用率，掌握油葵 CO_2 补偿点和饱和点的特性，在生产实践中有重要的指导作用。例如，在油葵栽培实践中，通过改良群体结构，便于通风透光，可达到提高光合作用增加产量的目的。

二、脂肪代谢

油葵，即油用型向日葵的简称，是世界第二大油料作物，是重要的植物油脂来源，具有生长周期短、含油量高、抗旱、耐盐碱等特点，油葵种子中含有大量的不饱和脂肪酸（90%以上）（卢天信 等，2019）。近年来，随着人民生活水平的不断提高，国内对油脂的需求量逐年增加，同时由于工业生产的日益增长，工业用油量也迅速增加，油葵在新能源研究利用方面也受到研究者的广泛关注。研究油葵油脂合成机理、提高油脂总量和质量具有重要意义。

（一）脂肪代谢的酶系统

油葵油脂的合成过程复杂，涉及多种酶的催化作用，酶活性的高低直接影响着葵花籽的含油量。

1. 乙酰-CoA 羧化酶（ACC）

乙酰-CoA 羧化酶是植物代谢活动向油脂合成方向发展涉及的第 1 个关键调节酶，同时也是限速酶，作用是催化形成丙二酸单酰 CoA，为脂肪酸合成提供底物。本反应由两个步骤组成，即利用 ATP 把 CO_2 固定在酶所结合的生物素上和把 CO_2 转移给乙酰 CoA 的反应。植物 ACC 受光和脂酰 CoA 调节，光可通过改变基质 pH、ATP、ADP 和镁离子等参数来调节酶活性，增加脂类形成，从而影响脂肪酸合成。

2. 脂肪酸合成酶（FAS）

脂肪酸合成酶是一种关于脂肪酸再生能力并起重要作用的限速酶，催化丙二酰单酰 CoA 的连续聚合反应。植物脂肪酸合成酶为原核形式的多酶复合体（type II FAS），由酰基载体蛋白、β-酮酯酰-ACP 合成酶、β-酮酯酰-ACP 还原酶、β-羟酯酰-ACP 脱水酶、烯酯酰-ACP 还原酶、酯酰-ACP 硫酯酶等部分构成，FAS 催化合成软脂酸。连续聚合反应每次循环增加 2 个碳，不断增长的酰基碳链又与酰基载体蛋白结合，使其不被降解，最后在酰基-ACP 硫酯酶的作用下终止，形成酰基 ACP。

3. 脂肪酸去饱和酶

脂肪酸去饱和酶是合成不饱和脂肪酸的关键酶。植物体内饱和脂肪酸在脂肪酸去饱和酶的作用下引入双键即形成不饱和脂肪酸。脂肪酸去饱和酶根据所作用底物的载体不同可以分为：酯酰-ACP 去饱和酶、酯酰-CoA 去饱和酶和酰基-脂去饱和酶三大类。植物酯酰-ACP 去饱和酶催化植物不饱和脂肪酸生物合成的第一步去饱和反应，以酯酰-ACP 为底物，形成单不饱和脂肪酸，是植物体内脂肪酸不饱和程度的最直接影响因素。酰基-脂去饱和酶是调节膜脂不饱和程度，从而适应温度变化的最有效的一种脂肪酸去饱和酶。植物内质网、质体膜上有这类脱饱和酶的广泛存在，它催化与甘油酯结合的脂肪酸形成双键。葵花籽的高亚油酸、低油酸的油稳定性不高，深入研究油葵中的脂肪酸去饱和酶，为今后通过基因工程方法调控油葵种子中油酸和亚油酸的比例、改良油葵的品质具有一定的意义（何早柯 等，2017）。

4. 酰基-ACP 硫酯酶（FAT）

在高等植物质体游离脂肪酸的生物合成过程中，酰基-ACP 硫酯酶能催化脂酰-ACP 脱去 ACP，产生游离的脂肪酸。因此，酰基-ACP 硫酯酶对植物种子中贮存态的脂肪酸种类和含量、植株中从质体输出脂肪酸的链长和饱和性都起着关键的作用。

5. 长链脂酰-CoA 合成酶（LACS）

LACS 的功能作用主要有以下两方面：第一是在合成三酰甘油（TAG）的过程中，利用 Kenedy 途径为脂酰 CoA 和甘油三酯的合成提供中间产物，与此同时，还参与 TAG 的整个装配过程；第二是参与脂肪酸的 β-氧化过程。在油料植物中，TAG 是油脂的主要贮存形式，在种子萌发的过程中，通过脂肪酶的作用释放出脂肪酸。而这类游离的脂肪酸一般具有一定的毒性，LACS 可将这类有毒的物质通过活化作用，形成无毒的脂酰 CoA，从而进入 β-氧化途径。由于脂肪酸的活化发生在细胞液中，而线粒体里包含催化脂肪酸氧化的酶系，因此活化后的脂酰-CoA 合成酶首先得进入线粒体之后，才能够被氧化。

6. 二酰甘油酰基转移酶（DGAT）

DGAT 在植物油脂合成中起关键作用，其活性高低与植物含油量显著相关。它是催化植物三酰甘油（TAG）合成过程中的关键酶，其主要作用是将脂肪酸从酰基辅酶 A 转移到二酰基甘油分子的 sn-3 位置，产生 TAG。迄今为止总共发现了 4 类 DGAT 基因：DGAT1、DGAT2、DGAT3 和 WSD/DGAT。研究认为 DGAT 基因影响发育中种子的萌发以及油含量，WSD/DGAT 主要存在于双子叶植物中，除了具有合成 TAG 功能外，还参与蜡质的合成，并且 4 个亚家族的成员有不同的亚细胞定位和底物特异性（成丽颖 等，2020）。

（二）脂肪的生物合成和分解

植物脂类代谢途径非常复杂。首先在种子的发育过程中，蔗糖作为合成脂肪酸的主要碳源，从光合作用的器官（如叶片）转运到种子细胞中，通过植物糖酵解产生大量的三酰甘油合成前体，如磷酸二羟丙酮、丙酮酸。丙酮酸经过氧化脱羧形成乙酰 CoA，它运送到质体中进行脂肪酸的从头合成，合成的脂肪酸再运送到内质网与 3-磷酸甘油组装形成三酰甘油，合成的三酰甘油最后运输到油体中进行储存。

当植物需要能量与碳架的时候，三酰甘油在三酰甘油脂肪酶的作用下分解成游离脂肪酸与甘油，游离脂肪酸通过 β-氧化途径分解，释放能量与碳架。实际上，种子含油量的形成是一种动态平衡，一方面进行着油脂的积累，另一方面同步发生着油脂的消减。如果油脂积累多于消减，种子含油量便升高；反之，种子含油量则逐渐降低。在植物生命世代交替过程中，受精胚的膨大与发育是典型的油脂积累多于分解的过程，而种子吸水萌动、幼苗形态建成是典型的油脂消减多于积累的阶段。

1. 脂肪酸的合成

脂肪酸是油脂的主要组成成分，其合成主要在质体中进行，首先由乙酰 CoA-羧化酶(ACCase)催化乙酰 CoA 形成脂肪酸链二碳单位的直接供体——丙二酸单酰 CoA(Mal-CoA)，再由脂肪酸合酶(FAS)系统，经过缩合、还原、脱水、再还原的过程进行碳链的延伸。FAS 系统是一个多酶复合体，包括酰基载体蛋白(ACP)和 6 种酶，所有的催化反应均在 ACP 上进行。FAS 催化连续循环的聚合反应，每次循环增加 2 个碳的酰基碳链，直至合成含有 ACP 的饱和脂肪酸棕榈酸(16:0-ACP)和硬脂酸(18:0-ACP)，在去饱和酶的作用下形成不饱和脂肪酸，其中包括棕榈油酸和油酸等单不饱和脂肪酸及亚油酸和亚麻酸等长链多聚不饱和脂肪酸。然后，在酰基-ACP 硫酯酶(FAT)的催化下，将脂肪酸从 ACP 上释放出来。依据作用的底物不同，可将 FAT 分为 FATA 和 FATB，它们具有碳链长度特异性，并且其活性影响着脂肪酸的组成(图 2-7)。

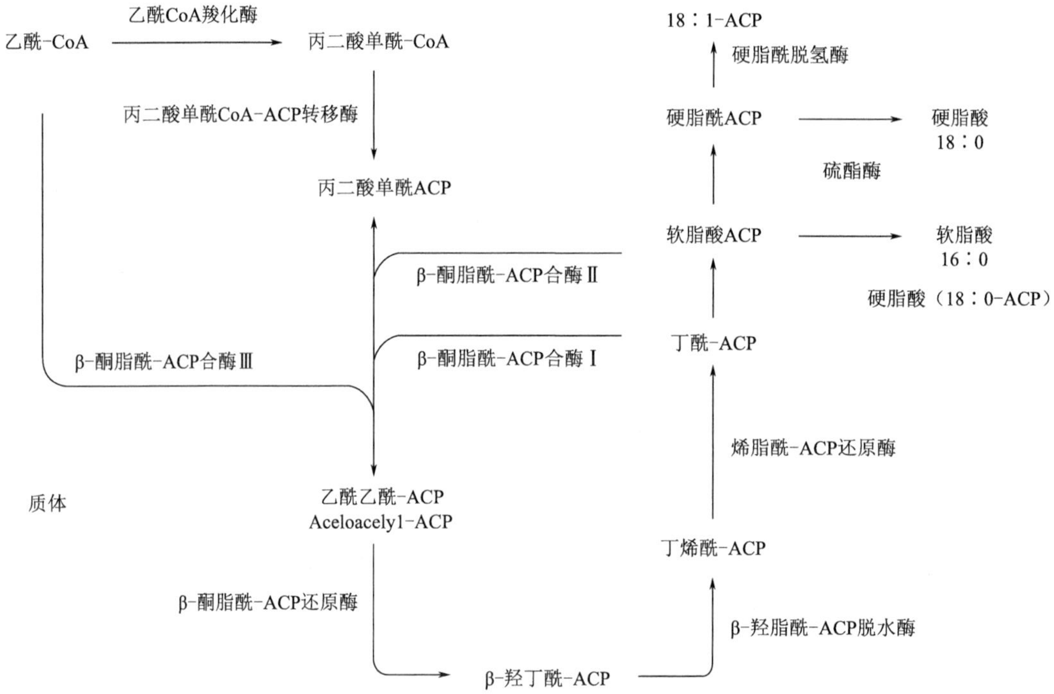

图 2-7 脂肪酸从头合成示意图(郑洪元 等，2020)

2. 三酰甘油的合成

从 ACP 上释放的游离脂肪酸在长链脂酰-CoA 合成酶(LACS)的作用下形成脂酰 CoA，LACS 位于质体外膜，它催化形成的脂酰 CoA 是三酰甘油合成的底物。将三酰甘油的合成前体脂酰 CoA 和 3-磷酸甘油运输到内质网中进行组装。参与脂酰 CoA 从质体运输到内质网的转运蛋白研究得还不是很清楚，目前对其运输的机制有几个推测。其一，通过磷脂酰胆碱(PC)将合成的脂肪酸从质体运输到内质网，其作用机制可能是在质体膜上，由磷脂酰基转移酶(LPCAT)催化将新合成的脂肪酸合成到 PC 上，然后通过 PC 实现从质体到内质网的运输。其二，有报道 ABC(ATPbinding cassette)转运蛋白也可以实现该转运过程。

3. 油脂形成的时期

油葵开花授粉后，进入子房内的营养物质先形成皮壳，开始膨大，开花 2 周之后籽仁内才开始合成油脂，速度较慢，3 周之后最大强度地合成和积累油分，第 5 周起形成油脂的速度显著减慢，营养物质停止进入种子时，油分的积累达到最高值，子房膨大初期含水量极高，随着油分和蛋白质的积累含量逐渐降低，在开花后第 30～35 d 进入生理成熟期，也称油熟期。从成油过程看，开花后 30～40 d 内，要注意水分及营养物质的供应，以创造油脂形成的优良环境。

4. 油脂的分解

油葵种子萌发后，种子利用由三酰甘油转变而来的蔗糖进行各种代谢活动。对于幼苗来说，无法将子叶贮存的油脂转运到其他组织，因此，这些脂类必须先转变为可转运的碳化合物形式，一般是蔗糖，才能转运到根和生长快速的组织中，为幼苗的生长和发育提供碳源和能量。这一过程包括多个步骤，需要油质体、乙醛酸循环体、线粒体等细胞器的共同参与才能完成（图 2-8）。

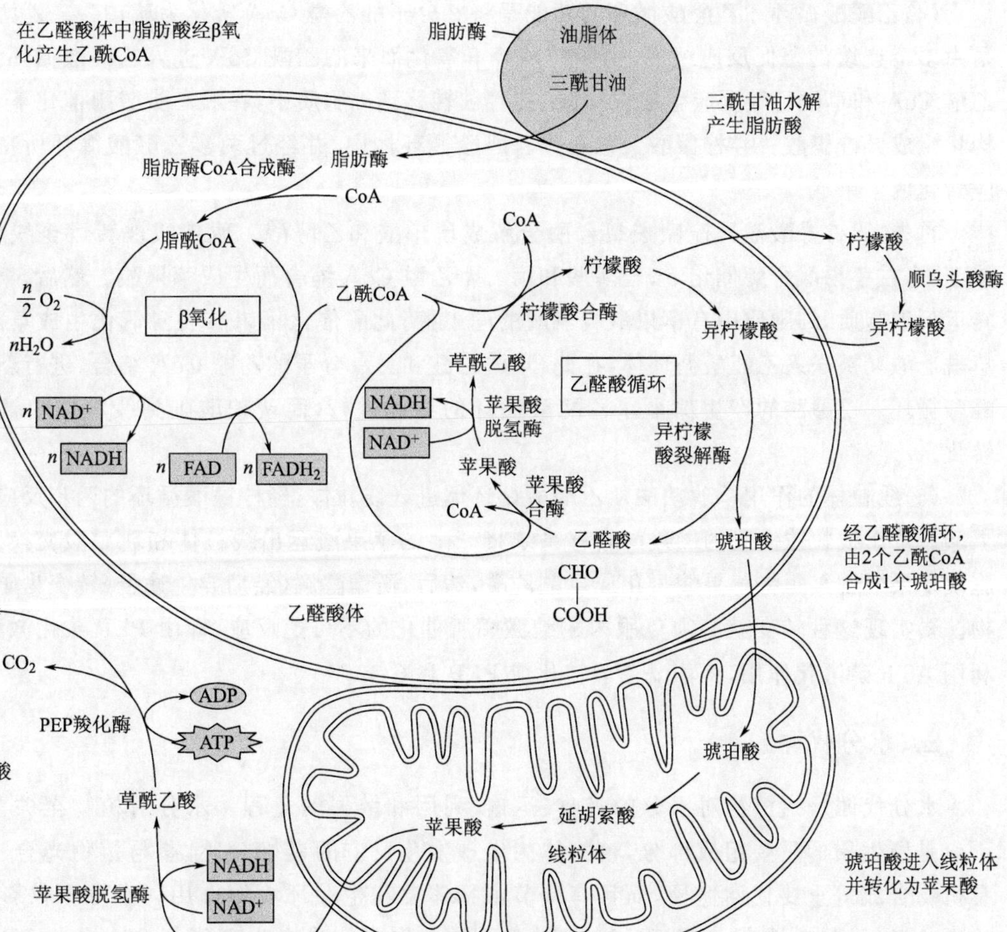

图 2-8　种子萌发过程中脂肪转化为糖类示意图（宋纯鹏 等，2015）

（1）脂类转变为蔗糖的基本过程　随着种子萌发，脂类转化成蔗糖的过程被启动，该过程起始于油质体，三酰甘油先被水解为游离的脂肪酸，随后被氧化降解为乙酰 CoA，脂肪酸的氧化在乙醛酸循环体中进行，乙醛酸循环体是存在于油类种子中、由单一的双层磷脂膜包裹的囊泡，属植物过氧化物酶体的一种。在乙醛酸循环体和细胞质中乙酰 CoA 经进一步代谢形成琥珀酸。而后，琥珀酸进入线粒体先被转化为延胡索酸，进而形成苹果酸，苹果酸进入胞质通过糖异生作用再转化成葡萄糖，最终形成蔗糖。在大多数储油种子中，接近 30％的乙酰 CoA 经呼吸代谢氧化降解为细胞提供能量，其余部分被转化为蔗糖。

(2)脂肪酶介导的水解作用　脂类向碳水化合物转化的第一步是由脂肪酶催化三酰甘油水解为 3 分子脂肪酸和 1 分子甘油。在脂肪降解期间，油体和乙醛酸循环体通常在空间上也十分靠近。

(3)脂肪酸的 β 氧化　进入乙醛酸循环体的脂肪酸由脂酰 CoA 合成酶催化形成脂酰 CoA。脂酰 CoA 是 β 氧化途径的最初底物，含有 n 个碳原子的脂肪酸经 β 氧化产生 n/2 分子的乙酰 CoA，在 β 氧化中，每形成 1 分子乙酰 CoA，同时产生 1 分子 NADH，并把 1/2 O_2 还原为 H_2O。

(4)乙醛酸循环　乙醛酸循环的功能是将 2 分子的乙酰 CoA 转化为琥珀酸。乙醛酸循环是由多个连续的酶促反应组成，由脂肪酸经 β 氧化而来的乙酰 CoA 进入乙醛酸循环。首先，乙酰 CoA 和草酰乙酸反应生成柠檬酸，接着被转移到细胞质中，在顺乌头酸酶催化下，发生异构化生成异柠檬酸。异柠檬酸又被送进乙醛酸循环体中，并经过两步乙醛酸循环所特有的反应转化成苹果酸。

首先，异柠檬酸被异柠檬酸裂合酶分解成琥珀酸和乙醛酸。琥珀酸被转运至线粒体中。接下来，在苹果酸合酶催化下，乙醛酸和第二个乙酰 CoA 缩合而生成苹果酸。然后，苹果酸被转运到细胞质，细胞质中有苹果酸脱氢酶的同工酶，此酶催化苹果酸脱氢氧化生成草酰乙酸。草酰乙酸又被送入乙醛酸循环体，在此，草酰乙酸和另一分子的乙酰 CoA 结合，进行新一轮乙醛酸循环。乙醛酸的产生保证了乙醛酸循环的继续进行，而琥珀酸则到线粒体中被进一步转化。

(5)线粒体的作用　琥珀酸从乙醛酸循环体进入线粒体，经柠檬酸循环的两步反应生成苹果酸。位于线粒体内膜的二羧酸转移系统将产生的苹果酸运出线粒体和琥珀酸交换。然后，胞质苹果酸脱氢酶将苹果酸氧化成草酰乙酸，然后，逆糖酵解(经糖异生途径)转变为碳水化合物。要实现这种转变就必须克服丙酮酸激酶所催化的不可逆反应，即由 PEP 羧化激酶催化，利用 ATP 磷酸化作用，将草酰乙酸转化成 PEP 和 CO_2。

三、水分代谢

水分代谢是指植物对水分的吸收、运输、利用和散失的过程。水分对植物至关重要，它不仅是原生质的重要组成部分，植物体内生理生化反应的良好介质，参与植物光合、呼吸和有机物合成等重要代谢途径，而且有调节植物体温和生存环境的作用。水分不仅影响作物的生长指标，包括株高、叶面积指数等，而且影响作物的光合生理指标和水分生理指标，包括净光合速率、蒸腾速率和叶水势等。叶水势是反映植物体内水分状况的重要参数，代表植物水分运动的能量水平和组织水分亏缺。植物叶水势的高低表明植物从土壤或相邻细胞中吸收水分以确保正常生理活动的能力。水势越低，则吸水能力越强；水势越高，则吸水能力越弱。

(一)水分的生理作用

1. 水是原生质的主要成分

原生质的含水量一般在80%~90%,这些水使原生质呈溶胶状态,从而保证了新陈代谢旺盛地进行,例如根尖、茎尖。如果含水量减少,原生质会由溶胶状态变成凝胶状态,生命活动就大大减弱,例如休眠的种子。如果细胞失水过多,就可能引起原生质破坏而招致细胞死亡。

2. 水是新陈代谢过程的反应物质

水是光合作用的原料,还有许多生物化学过程也需要水分子直接参加。如有机物质的合成与分解反应,呼吸作用中的许多反应等,没有水,这些重要的生化过程不能进行,水成为植物体内代谢反应不可缺少的重要物质之一。

3. 水是植物对物质吸收和运输的溶剂

一般说来,植物不能直接吸收固态的无机物和有机物,这些物质只有溶解在水中才能被植物吸收。同样,各种物质在植物体内的运输也必须溶解于水中才能进行。

4. 水能保持植物体的固有状态

细胞含有大量水分,能够维持细胞的紧张度(即膨胀),使植物体的枝叶挺立,便于充分接受光照和交换气体,同时也使花朵开放,有利于传粉。

5. 水能维持植物体的正常体温

水具有很高的汽化热和比热,又有较高的导热性,因此水在植物体内的不断流动和叶面蒸腾,能够顺利地散发叶片所吸收的热量,保证植物体即使在炎夏强烈的光照下,也不致被阳光灼伤。

(二)油葵的需水量和需水节律

作物需水量(Crop water requirement)从理论上说是指大面积生长的无病虫害作物,土壤水分和肥力适宜时,在给定的生长环境中能取得高产潜力的条件下,为满足植株蒸腾和土壤蒸发,组成植株体所需的水量。但在实际生长发育过程中由于组成植株体的水分只占总需水量中很微小的一部分,而且这一小部分的影响因素较复杂,难以准确计算,故人们均将此部分忽略不计。即认为作物需水量就等于植株蒸腾量(Transpiration)和棵间蒸发量(Evaporation)之和。

目前中国对油葵水分利用效率的试验性研究较多。郭兴章等(1987)在新疆通过试验以及大田调查的方法,总结出油葵需水规律,即苗期灌水对油葵产量及生长发育都不利。现蕾期和开花期需水量多,此期间灌水是油葵干物质量积累、生长发育及丰产的必要条件。花盘形成以后,不需要灌水。灌浆期灌水量适量增加,能够延长灌浆时间,从而使干物质积累量增加,产量增高。

杨建国等(2006)在宁夏石嘴山市惠农区燕子墩乡西永固村二队,以美国G101为材料,就冬灌地油葵灌水次数对灌溉水分生产率及产量的影响进行田间试验研究。试验设置灌水2次、灌水1次和不灌水3个处理。结果表明,灌水1次相比不灌水和灌水2次分别增产570 kg/hm^2 和324 kg/hm^2;用方差分析,冬灌地无论增加灌水量还是灌水次数均对油葵产量无显著影响,在生育期不灌水时,其灌溉水分生产率为3.0789 kg/m^3,灌溉水分生产率随灌水次数的增加而降低。

马文礼等(2004)以迪卡G101为材料,在宁夏大学农学院试验场对宁夏引黄灌区油葵在不同灌溉定额下其耗水特性及产量的影响进行试验研究。设置灌溉定额分别为 0、1050 m^3/hm^2、2100 m^3/hm^2、3150 m^3/hm^2 和 4200 m^3/hm^2 5 个处理。结果表明，现蕾期灌水 1 次，定额为 1050 m^3/hm^2 时，产量达到最高 4186 kg/hm^2，籽粒的水分利用效率在 0.58～1.16 kg/m^3。

葛宇等(2012)在石河子大学节水灌溉试验站现代节水灌溉兵团重点试验基地就复播油葵不同灌溉定额对其耗水及产量的影响进行大田滴灌试验研究。试验设置灌溉定额分别为 180 mm、225 mm、270 mm 和 360 mm 4 个灌水处理。结果表明，复播油葵在不同生育阶段耗水量从高到低依次是开花期＞现蕾期＞苗期＞灌浆期＞成熟期，通过回归分析计算出滴灌油葵适宜的灌溉定额为 285.19～287.67 mm，本试验中灌溉定额为 270 mm 的产量最高，产量为 3674.25 kg/hm^2。

王振华等(2014)以 KF366 为材料，以复播油葵为研究对象，就滴灌条件下油葵在不同生育阶段不同灌溉定额对耗水特征的影响，在石河子大学节水灌溉试验站标准农田进行试验研究。结果表明，复播油葵需水关键期为现蕾期和开花期，占全生育期的 57%以上。

蒋桂英等(2012)对滴灌条件下漫灌免耕和翻耕、滴灌免耕和翻耕 4 种不同耕作方式对油葵产量及土壤水分利用的影响，进行了田间试验研究。研究结果表明，滴灌免耕的产量及土壤水分利用效率均有所提高，产量比漫灌翻耕提高 11.9%，水分利用效率提高了 64.2%。

张彦群等(2013)在宁夏水科院固海试验站进行田间试验，研究干旱地区畦灌条件下不同灌溉制度对油葵土壤水分、生长指标、水分利用效率(WUE)及产量的影响，设置 600 m^3/hm^2、675 m^3/hm^2、750 m^3/hm^2 3 种灌溉制度，以 1200 m^3/hm^2 作为对照。结果表明，降雨量为 247 mm 时，较低灌水定额对油葵生理性状无显著负面影响，油葵产量与对照组无明显差异，不同处理 WUE 范围为 0.90～1.09 kg/m^3，在生育期内灌溉定额为 600 m^3/hm^2 的耗水量最低，对照组的耗水量最大。丰水年，作为宁夏中部干旱带畦灌油葵的优化灌溉定额可制定为 600 m^3/hm^2，保证产量的同时，WUE 提高 20%左右。

农业生产中应根据油葵需水规律、土壤墒情、土壤性状和设施条件，科学合理地确定灌水量、灌水次数、灌溉时间和每次灌水量等。油葵是抗旱能力较强的作物，种子发芽需吸收种子本身重量 56%的水分；从出苗至现蕾需水占全生育期总需水量的 20%左右，该阶段抗旱能力最强，干旱有利于蹲苗壮秆，促进根系发育；现蕾至开花结束是油葵一生需水最多的时期，约占全生育期需水量的 60%以上，若此时水分不足，会导致花盘小，结籽数量少，千粒重低而减产，若水分过量，会导致授粉不良，病害加重；开花结束到成熟需水约占全生育期需水量的 20%，这个时期应该浇水。

(三)根系吸水的动力

植物根系吸水有两种动力：根压和蒸腾拉力。后者较为重要，但无论是哪种力量，吸水是细胞水势和外液水势所造成的水势梯度引起的。

1. 根压(root pressure)

根压是由根部活细胞的代谢作用所引起的吸水动力。植物根系可以利用呼吸作用释放的能量主动吸收土壤溶液中的离子，并将其转运到根的中柱和木质部导管中，使中柱细胞和导管中的溶质增加，溶质势下降。当导管水势低于土壤水势时，土壤中的水分就可以自发地顺着内皮层内外的水势梯度从外部渗透进入中柱和导管，这时内皮层起着选择透性膜的作用。同时导管的上部呈开放状态，不产生压力，于是水柱就向上移动，这样由于根系生理活动而导致导管内外产生水势差，即形成了根压。由于根压的产生与代谢有关，因此由根压所产生的吸水又称主动吸水(initiative absorption of water)。各种植物的根压大小不同,大多数植物的根压为0.05～0.50 MPa,有些木本植物可达0.6～0.7 MPa。

根压对幼小植株、早春树木未吐芽、蒸腾作用很弱时的水分转运起到一定作用。“伤流”和“吐水”现象说明了根压的存在。

伤流是指从受伤或折断的植物组织茎基部伤口溢出液体的现象。流出汁液称伤流液。在切口处连接一压力计可测出一定的压力,即根压。不同植物伤流液量不同,葫芦科植物较多,稻麦较少。同一植物的根压和伤流液因根系生理活动强弱、根系有效吸收面积的大小而有所不同。伤流液成分主要包括水分、无机物、氨基酸、激素等有机物。凡是能影响植物根系生理活动的因素都会影响伤流液的数量和成分,所以,伤流液的数量和成分,可作为根系活动能力强弱的生理指标。

吐水是指未受伤叶片尖端或边缘向外溢出液滴的现象。在大气湿度较高的早晨,可以看到小麦等植物的叶尖和叶缘出现水珠,这就是“吐水”。作物生长健壮,根系活动较强,吐水量也较多,所以在生产上吐水现象可以作为根系生理活动的指标,并能用以判断苗长势的强弱。

2. 蒸腾拉力(transpirational pull)

蒸腾拉力是由于植物的蒸腾作用而产生一系列水势梯度,使导管中的水分上升的一种力量。当气孔张开后,气孔下腔附近的叶肉细胞因蒸腾失水,含水量下降,细胞液浓度升高,所以从相邻细胞夺取水分,失水的细胞又从旁边的另一个细胞取得水分,如此下去,从气孔下腔到叶脉导管,再到叶柄、茎的导管,最后到根系导管之间就形成了一系列的水势梯度,最后引起根系从外界土壤环境中吸收水分。这种力量完全是由于叶片的蒸腾作用而形成的,不需要消耗代谢能,因此认为是一种被动吸水(passive absorption of water)。

蒸腾作用(transpiration)是指植物体内的水分以气态散失到大气中去的过程。蒸腾作用能产生蒸腾拉力,促进矿物质营养的运输和合理分配,降低植物体的温度,有利于CO_2的同化。这是一个受叶片气孔调节的复杂的“蒸发”过程,是植物在长期进化过程中为了最大限度地吸收CO_2,同时又能尽量减少水分散失而形成的一种重要代谢机制。叶片蒸腾失水造成的水势梯度是植物根系吸收和运输水分的主要驱动力,探讨叶片的水分特性与其蒸腾能力之间的相互关系有助于阐明植物的水分代谢机制。研究发现,水分亏缺条件下根系导水阻力增大,引起叶片水势、气孔导度及其蒸腾能力降低,但叶片水分利用率升高,表明植物叶片水分状况的改善与气孔运动对蒸腾作用的有效调控有关。气孔密度降低、蒸腾作用减弱有利于增加植物对盐胁迫的适应性。另外,CO_2浓度升高能够通过降低气孔导度或调节水通道蛋白丰度来改善植株体内的水分状况,进而缓解干旱或盐胁迫对植物的伤害程度。一般来说,植物地上部分全部表面都能进行蒸腾,蒸腾有多种方式,木栓化的茎枝通过皮孔蒸腾、幼嫩的部位和叶片通过角质层和气孔蒸腾。

(1)皮孔蒸腾(lenticular transpiration) 皮孔是树木木栓化茎枝表面一些肉眼可见、不同颜色、不同形状的裂缝状的空隙或突起,是在位于表皮气孔下的木栓形成层形成时不产生木栓细胞而产生的大量排列疏松的薄壁细胞,也称为补充细胞或填充细胞,填充于木栓形成层和表皮组织之间,导致枝干的表面唇状破裂衍生而来。由于在皮孔下面存在一团排列疏散的薄壁细胞,因此,具有一定的通透性。植物体内的水分通过皮孔散失到体外的过程被称为皮孔蒸腾。皮孔蒸腾是地上部分木栓化的表皮进行水分蒸散的一种特殊方式,一般蒸腾量很小,仅占植物总蒸腾量的0.1%左右。

(2)角质蒸腾(cuticular transpiration)　植物地上部表面都覆盖着一层角质膜，是由茎叶等表皮细胞原生质向外的一种分泌物，为蜡样薄膜，透水性极差。它沉积在表皮细胞壁与外界空气的接触面上，具有防止体内营养物质外渗和抵御病原微生物入侵的作用，也能够控制植物体内水分的散失。这是因为角质膜由角质、蜡质和纤维素构成，角质是透水的，而蜡质是不透水的，而且角质小块与蜡质小块之间有缝隙。当植物体内水分充足时表皮细胞膨胀，其表面积较大，角质小块与蜡质小块之间的缝隙较大，通过角质蒸腾散失的水分就多。而当植物体内水分不足时，表皮细胞因膨压减低而收缩，表面积变小，角质小块与蜡质小块之间的缝隙也随之变小，通过角质蒸腾散失的水分减少。通过角质膜缝隙耗散水分的现象，称为角质蒸腾。

(3)气孔蒸腾(stomatal transpiration)　气孔蒸腾是指植物通过叶面气孔散失水分的过程。气孔是位于植物叶表皮组织上的小孔，其大小、数目及分布因植物种类和生长环境而异。气孔一般很小，长度为 7～38 μm，宽为 1～12 μm，每个面积为 10～400 μm^2，其总面积约占叶面积的 1%左右，在每平方毫米的叶面积上数目多达 40～500 个，一般称为气孔频度，即单位叶面积上气孔的数目。气孔频度越高，蒸腾速率越快。气孔开放时，很容易进行气体交换，CO_2 顺着浓度梯度，通过开放的气孔由大气进入到叶肉细胞间隙，供细胞吸收用于光合作用制造有机物。植物气孔蒸腾过程分为两步，一是叶肉细胞中的水分通过气孔气腔周围的细胞壁表面向气腔蒸发，蒸发的快慢与气孔气腔周围细胞的特性有关，如细胞壁表面粗糙、有折皱等使表面积增大，质膜透性好，细胞充水度高等都能够增加气腔的蒸汽压，有利于气孔蒸腾；二是气腔水蒸气通过气孔扩散到大气，这一步主要决定于气腔与大气之间的蒸汽压差。环境湿度小、气孔频度高、开度大、叶面绒毛少等，均有利于这一扩散过程。

植物以气孔蒸腾为主。蒸腾作用的强弱常用蒸腾速率、蒸腾效率和蒸腾系数来表示。蒸腾系数越小，则表示该植物利用水分的效率越高。在植物生产上，采取有效措施适当减少蒸腾消耗：一是减少蒸腾面积，移栽植物时，可去掉一些枝叶；二是降低蒸腾速率，在午后或阴天移栽植物，或栽后搭棚遮阴，或实行设施栽培；三是使用抗蒸腾剂。影响作物蒸腾作用的因素主要有光照、空气湿度、风速、温度等。

(四)油葵的水分循环与平衡

1. 油葵的水分循环

(1)水分在植物体内的运输　根系从土壤中吸收水分，主要通过茎、叶散失到大气中。具体地说，土壤溶液中的水→根毛→根的皮层→根的中柱鞘→根的导管→茎的导管→叶柄的导管→叶脉导管→叶肉细胞→叶肉细胞间隙→气腔→气孔→大气。水分通过以上组织的运输是连续的，构成土壤→植物→大气水分的连续体。水分在植物体内的上升，一是根压，二是蒸腾拉力，使根毛至气孔之间存在水势梯度，根系吸收的水分就发生自下而上的运转。另外水分子间存在分子引力——内聚力，水分子与导管壁间有强大的附着力，会使导管中的水形成连续的水柱，使水分源源不断地由土壤经植物体进入大气。

(2)水分在植物体内的运输途径　水分在植物体内的运输主要有共质体和质外体两条途径。由于细胞间存在胞间连丝，使构成植物体的所有细胞的原生质体联成一个整体，即为共质体，在共质体内，水分、矿物质、光合作用的产物及各种有机物质进行频繁交流。构成植物体的所有细胞的细胞壁、细胞间隙以及木质部的导管、管胞，彼此连在一起，叫质外体。一部分在凯氏带以外，包括表皮、皮层细胞的细胞壁间隙、细胞间隙，另一部分是凯氏带以内的自由空间，主要是中柱的细胞壁间隙、导管、细胞间隙。这两部分的水分必须经过皮层原生质的选择，才能进出中柱。

共质体的短距离运输包括两段：一段是从根毛经皮层、内皮层、中柱鞘、中柱薄壁细胞到根导管，另一段是从叶脉末端到气孔下腔附近的叶肉细胞，其距离甚短，总共不过几毫米。水分进入共质体以后，即可通过胞间连丝，以渗透传导的方式，从一个细胞进入另一个细胞。共质体运输所受的阻力很大，所以距离虽短，运输的速度却十分缓慢，经过质外体的长距离运输，包括根、主茎、分枝和叶片的导管或管胞，而成熟的导管与管胞是中空的无原生质体的长形死细胞，在导管或管胞内，水分移动时所受阻力很小，因此，水分在导管或管胞内的运输速度很快。植物体水分除了向上运行外，还进行侧向运输，如沿着维管射线髓射线运行，侧向运行比向上运行慢。

2. 油葵的水分平衡

在水分供应充足的情况下，植物体的水分处于平衡状态，但当外界条件发生变化时，如遇到干旱、盐渍等时，平衡就会被打破，其中，干旱是油葵生产中常见的自然灾害。干旱胁迫条件下，油葵植株内部会产生一系列生理变化，吸水能力降低，体内水分亏缺，原生质膜破坏，细胞内代谢活动紊乱，渗透能力加强，叶片气孔关闭，酶活性降低，光合作用下降，细胞内呼吸作用增强，消耗大量营养物质，糖类和蛋白质大量水解，各细胞器也遭受很大损伤。干旱缺水对种子萌发、幼苗存活、生长和生产力都有着严重影响，油葵虽然具有较强的耐旱性和耐盐性，但其苗期春旱现象仍时常发生，不仅影响幼苗的生长发育，而且会对后期的营养生长和生殖生长带来严重影响，导致产量和含油量显著降低，给生产带来巨大损失。中国东北三省、内蒙古、新疆、山西和河北是油葵主产区，其中种植面积和总产量最高的是内蒙古，而内蒙古自治区的耕地均属于旱田，因此，研究油葵的抗旱性具有现实意义。研究发现，在油葵整个生育期内，当降低土壤水势时，葵花籽数量及产油量会显著降低，Sezen 等(2011)指出，随着灌溉水量的减少，油葵含油率降低，水分胁迫对饱和脂肪酸与不饱和脂肪酸含量影响显著，水分胁迫导致油酸含量增加而亚油酸含量降低，棕榈酸含量和硬脂酸含量降低。王振华等(2014)以北疆复播油葵为研究对象，在石河子大学节水灌溉试验站标准农田进行大田试验，研究了不同滴灌灌溉定额对油葵耗水、生长发育及产量的影响效应，定量分析了灌溉定额、蒸发蒸腾量与产量之间的关系，并探讨了滴灌油葵的节水灌溉制度。结果表明，复播油葵现蕾期和开花期两个生育期的耗水量占全生育期耗水量比例超过 57%，是油葵生长过程中的两个需水关键期，不同灌水定额对油葵株数、株高、叶面积指数和产量均产生显著性影响，而采用中等灌溉量可以满足节水和增产的双重目标。辛华东(2011)认为，杂交油葵制种花期，受干旱和干热风的影响，恢复系的花粉量大幅减少，甚至采集不到花粉，影响授粉质量，造成制种产量降低。

参考文献

陈卫英，陈真勇，杨军，2012. 航天诱变向日葵突变株系盛花期的光合特性[J]. 西北农业学报，21(8)：139-145.

成丽颖，唐栋，卢天信，等，2020. 油葵 HaDGAT2 基因的功能及表达特性分析[J]. 分子植物育种，18(4)：30-36.

池也，苗义，姜付波，等，2014. 向日葵的生育阶段养分积累以及与环境因素的关系[J]. 农业与技术(10)：13-13.

崔超，王靖，王海伟，等，2016. 不同列当寄生严重度对向日葵产量形成及生理特性的影响[J]. 中国油料作物学报，38(04)：518-523.

崔彦芹，郭元章，关中波，等，2019. 3 种栽培模式对不同油葵品种生理生化指标及产量的影响[J]. 河北农业科学,23(06):36-39+43.

戴凌燕,王玉书,2008.不同处理对向日葵芽菜萌发及营养物质含量的影响[J].安徽农业科学(21):9015-9017+9033.

杜红,刘延涛,殷波,等,2012.气象条件对油葵生长发育及产量关系的研究[J].新疆农业科学,49(5):820-825.

杜社妮,耿桂俊,张蕊,等,2014.向日葵光合作用能力最强叶片探讨及其光合作用日变化研究[J].北方园艺(1):11-15.

段维生,历洪儒,万志臣,1983.向日葵短光照处理后的生态反应[J].中国油料(1):71-72.

段学艳,杨海峰,卫玲,等,2020.不同密度水平下3个油葵杂交种产量及其相关性状分析[J].山西农业科学,48(12):1945-1949.

冯学民,蔡德利,2004.土壤温度与气温及纬度和海拔关系的研究[J].土壤学报,41(3):489-491.

葛春芳,张鉴,刘秋,1996.气候条件对向日葵脂肪酸组成的影响[J].辽宁农业科学(4):10-12.

葛宇,何新林,王振华,等,2012.滴灌灌水量对复播油葵耗水特性和产量的影响[J].灌溉排水学报,31(3):111-113.

郭兴章,廖志鸿,1987.油葵需水的规律[J].新疆农业科技(3):11-15.

何旱柯,周茜萍,王梦瑶,等,2017.油葵脂肪酸去饱和酶基因 HaFAD2-1 的克隆与功能鉴定[J].江苏农业学报,33(2):273-279.

胡杨,白苇,杨素梅,等,2020.河北省油葵品种多点比较试验分析[J].农学学报,10(10):24-29.

姜涛,李玮,2008.地下水位不同深度对油葵生长的影响[J].安徽农学通报,14(15):107-108.

蒋桂英,魏建军,刘建国,等,2012.滴灌条件下免耕对复播油葵土壤水分利用及产量的影响[J].水土保持学报,26(6):301-304.

孔东,史海滨,李延林,等,2005.不同盐分条件下油葵光合日变化特征研究[J].干旱地区农业研究,23(1):111-115.

寇伟锋,刘兆普,陈铭达,等,2006.不同浓度海水对油葵幼苗光合作用和叶绿素荧光特性的影响[J].西北植物学报,26(1):0073-0077.

李澳然,马淼,苏莜田,等,2020.意大利苍耳的化感作用对油葵种子萌发的影响[J].种子(4):35-40.

李谷鑫,2016.2015年油葵生产试验总结报告[J].北京农业(04):48-49.

李思慧,赵慧颖,侯琼,等,2015.向日葵生长发育气候条件的定量评价研究——以河套灌区为例[J].中国农学通报,31(36):237-242.

李永山,黄增强,范巧兰,2000.麦后夏播油葵生育特性研究[J].中国油料作物学报,22(4):33-36.

刘建国,蒋桂英,徐福军,1999.复播油葵瘦果籽粒灌浆规律研究初报[J].石河子大学学报(自然科学版)(S1):40-42.

刘建国,蒋桂英,赖先齐,2000.北疆地区复播油葵不同播期生育规律研究[J].新疆农业科学(01):7-9.

刘乃森,刘福霞,2010.催芽温度对油葵芽苗菜生长的影响[J].北方园艺,4(20):62-63.

卢天信,成丽颖,刘文豪,等,2019.油葵 HaGPAT1 基因的克隆及表达分析[J].西北植物学报,39(3):64-69.

吕晶洁,2018.气候因素对向日葵发育和产量的影响[J].种子科技,36(10):21+26.

吕明山,丁林,胡想全,2019.垄膜沟灌油葵的产量及水分生产效益分析[J].甘肃农业科技(2):46-49.

马文礼,许强,康建宏,等,2004.宁夏引黄灌区不同灌溉定额下油葵耗水特征及其对产量的影响[J].农业科学研究,26(2):5.

卯旭辉,李玉萍,2002.油葵覆膜栽培试验研究初报[J].甘肃农业科技(11):17-18.

卯旭辉,陈炳东,葛玉彬,2008.播期对油葵产量与主要经济性状的影响[J].陕西农业科学(3):6-7+25.

彭秉玉,毛小锋,2008.优质油葵新品种美葵562引进、筛选与试验研究[J].种子(07):99-100.

权丽双,郑旭荣,王振华,等,2016.水氮耦合对滴灌复播油葵光合特性和土壤水分利用的影响[J].核农学报,

30(5):1021-1029.
任利民,2018.河套地区农业气象条件对向日葵生长发育的影响——以临河地区为例[J].科技经济导刊,631(05):87.
沈姣姣,王靖,李建科,等,2013.农牧交错带地区油葵适时播种气象条件分析[J].干旱地区农业研究,31(3):237-243.
宋纯鹏,王学路,周云,等,2015.植物生理学[M].北京:科学出版社.
宋殿秀,依兵,崔良基,等,2017.开花期干旱胁迫对向日葵叶片光合特性的影响[J].辽宁农业科学(4):1-6.
孙向伟,高飞翔,2017.内蒙古河套灌区油用型向日葵高温胁迫的关键温度[J].中国农学通报,33(25):110-115.
谈建鑫,景峰,刘建国,2015.水氮处理对复播油葵产量和水氮利用效率的影响[J].农业资源与环境学报,32(005):456-462.
唐建昭,王靖,潘学标,等,2014.农牧交错带油葵光合作用日变化及午休现象的研究[J].中国农业大学学报,19(6):81-87.
仝炳伟,鲍子云,张彦群,等,2014.宁夏干旱区油葵耗水规律及灌溉制度优化研究[J].节水灌溉(10):11-14.
王栋,2013.不同耕作方式对向日葵叶片光合作用及产量的影响[J].农村科技(10):12-14.
王凯辉,赵存鹏,李丹,等,2020.油用型向日葵品种冀葵1号在河北省不同生态区适应性分析[J].河北农业科学,24(06):49-56.
王怀博,唐瑞,鲍子云,等,2016.膜下滴灌油葵光合作用及补充灌溉制度研究[J].黑龙江水利,2(10):1-5.
王冀川,徐雅丽,段黄金,2002.温度对油葵种子发芽和出苗的影响[J].种子,4(3):33-34+36.
王冀川,万素梅,张爱华,2004.地膜油葵的生长规律与密度效应的研究[J].西北农业学报(2):149-152+157.
王亚竹,丁林,王文娟,等,2021.喷灌定额对垄作沟播油葵生长特征与产量的影响[J].水土保持研究,28(4):6.
王振华,郑旭荣,宋常吉,2014.滴灌对北疆复播油葵耗水和生长的影响效应[J].核农学报,28(5):919-928.
王智明,张峰举,许兴,等,2014.3种油葵光合光响应曲线模型拟合及其光合参数与产量的关系[J].江苏农业学报(3):491-496.
吴振振,张旭龙,马淼,2016.不同品种油葵水浸提液对3种药用甘草化感效应的研究[J].种子,35(2):10-15.
向理军,雷中华,贾东海,等,2020.新疆特色油料作物栽培[M].北京:中国农业科学技术出版社.
辛华东,2011.不同处理方式对油葵恢复系花粉产量影响的研究[J].农业科技通讯(8):80-81.
邢泽南,张丹,李薇,等,2012.光质对油葵芽苗菜生长和品质的影响[J].南京农业大学学报,35(3):47-51.
徐衡,2005.向日葵对反枝苋的化感作用研究[D].南京:南京农业大学.
徐惠风,金研铭,徐克章,2001.向日葵不同节位叶片光合特性及其与产量关系的研究[J].吉林农业大学学报,23(1):6-9.
徐惠风,徐克章,刘兴土,2004.向日葵光合特性及其对不同生态条件的影响[J].农村生态环境,20(11):20-23.
杨建国,田军仓,王天宁,等,2006.银北灌区油葵节水灌溉制度研究[J].甘肃农业科技(3):11-13.
杨相昆,张占琴,田海燕,等,2016.光热资源对油葵瘦果籽粒灌浆的影响[J].绿洲农业科学与工程,2(2):11-17.
杨泽龙,李长生,杨晶,2010.内蒙古武川县主要作物种植对气候变化的响应分析[J].中国农学通报,26(3):306-310.
叶飞,邢力,2017.生物化学[M].长春:吉林大学出版社.
禹庆奎,陈连江,1982.谈谈我省向日葵种植的合理布局[J].黑龙江农业科学(6):36-38.
云文丽,侯琼,王海梅,等,2014.不同土壤水分对向日葵光合光响应的影响[J].应用气象学报,25(4):476-482.

油葵

张凤华,秦莉,闫洁,等,2000.高产油葵群体光合特性的初步研究[J].耕作与栽培(1):30-31.

张凤华,朱志新,丁天云,等,2002.不同生态型复播油葵生育规律的研究[J].中国油料作物学报(3):37-40.

张欢,章丽丽,李薇,等,2012.不同光周期红光对油葵芽苗菜生长和品质的影响[J].园艺学报(2):297-304.

张会梅,田军仓,马波,等,2016a.不同灌水方式对油葵生长及水分利用效率的影响[J].节水灌溉(4):15-17.

张会梅,田军仓,马波,等 2016b.膜下滴灌灌溉定额对油葵光合特性和水分生产效率的影响[J].灌溉排水学报,35(3):56-60.

张彦群,鲍子云,仝炳伟,等,2013.宁夏中部干旱区油葵畦灌优化灌溉制度研究[J].灌溉排水学报,32(3):93-96.

张翼飞,于崧,李彩凤,等,2013.甜菜幼苗生长及叶片光化学活性对氮素的响应特征[J].核农学报,27(9):1391-1400.

赵小霞,何文寿,张峰举,等,2016.施肥对碱化土油用型向日葵光合特性及产量的影响[J].浙江农业学报,28(10):1755-1763.

郑洪元,刘怀华,贾海滨,等,2020.中国北方向日葵种植[M].北京:中国农业科学技术出版社.

郑艳艳,薛忠,孙兆军,2007.盐碱地膜草覆盖、覆膜、裸地油葵对比试验研究[J].山西农业大学学报(自然科学版)(3):254-257.

邹璐,范秀华,孙兆军,等,2012.盐碱地施用脱硫石膏对土壤养分及油葵光合特性的影响[J].应用与环境生物学报,18(4):575-581.

Schneiter D, Bernard B, Defila C, et al, 2002. Effect of climatic changes on the phenology of plants and the presence of pollen in the air in Switzerland[J]. Allergie Et Immunologie, 34(4):113.

Sezen S, Yazar A, Kapur B, et al., 2011. Comparison of drip and sprinkler irrigation strategies on sunflower seed and oil yield and quality under Mediterranean climatic conditions[J]. Agricultural Water Management, 98:1153-116.

第三章 油葵栽培

第一节　常规栽培

一、选地、选茬和整地

油葵抗旱耐瘠薄，对气候、土壤等条件要求不太严格。在各类土壤、各种地貌都可以正常生长，具有很强的抗逆性，且抗瘠薄、抗盐碱、抗干旱。对土壤的适应范围也较广，一般在偏酸性和碱性的土壤皆可种植。但也以背风向阳、地势平坦的地块为好。可以多种作物为前茬，因地制宜进行整地。

(一)选地

油葵对环境的适应能力强，对土质的选择不严格，一般土地均能种植。但最适宜在中性偏碱、肥力水平中等以上的沙壤土或壤土上生长。油葵不耐涝、不耐渍，因此，应选择灌、排水良好的田(地)块种植。

(二)选茬

油葵连作田容易出现病害严重、植株矮小、花盘小、且易早衰、空秕粒多等现象，所以在选地时尽量避免连作、重茬，注意轮作倒茬。选择排水良好的地块种植，前茬最好是玉米、水稻、大豆、马铃薯、西瓜等作物。

(三)整地

为将农田里残留的害虫、细菌、杂草清除干净，减轻后期田间管理力度，要深翻整地，施足基肥，适时耙耱保墒。深翻土壤 20～25 cm，尽可能伏耕或早秋翻，整地达到“齐、平、松、碎、净、墒”六字标准。根据地力情况，结合整地每亩施入复合肥(氮、磷、钾为 15：10：17)20～25 kg 作基肥，或每亩施优质农家肥 2000～3000 kg，也可每亩施尿素 10 kg、磷酸二铵 7.5 kg、硫酸钾 7.5 kg 作基肥。

王海芳等(2009)介绍，油葵适应性强，对土壤无严格要求，耐瘠薄，抗盐碱，耐旱不耐涝，忌在低洼、易涝地块种植。但在土层深厚、土壤团粒结构良好的壤土上种植丰产潜力大。在冀中平原一年两熟栽培体系中，前茬以小麦、玉米等禾谷类作物为佳。忌重茬、迎茬，轮作周期应在 4 年以上。精细整地，施足底肥。为保证下茬作物及时播种，整地、施肥、浇底墒水宜在冬前进行。秸秆还田，增施有机肥料，培肥地力。冬前深耕(25～27 cm)晒垡，增加有效养分，蓄水保墒。结合深耕，施足底肥。如墒情差，应在 11 月下旬浇底墒水，翌年 3 月浅耙，增温保墒。

王东兴(2018)介绍，为确保早春顶凌播种，要秋后整地。要在冬前施足农肥，耙平、整细、墒足、无杂草、无坷垃。3 月下旬开始作畦，每亩施优质农家肥 3000 kg，3 月末开始播种。

燕宏玲(2019)结合辽宁省凌源市实际，介绍了麦茬油葵整地。春小麦复种油葵应选择地势平坦且具有充足灌溉条件、选择土壤有机质丰富、肥力水平高的地块种植。为了给春小麦和油葵创造良好的生长环境，提高土壤肥力基础，要及时深耕，熟化土壤，蓄墒。前茬作物收获后及时深耕晒垡，熟化土壤，充分接纳雨水蓄墒。

麦麦提·木沙等(2019)介绍新疆冬油菜收获后复播油葵栽培技术时提到，6 月 20 日左右冬油菜收获完毕，如地块湿度较大、墒情足，可立即每亩撒施农家肥 2～3m^3，或磷酸二铵 15～25 kg、硫酸钾 8～10 kg。肥料撒施后深翻 20～25 cm，并旋耕、耙耱整地，做到土碎田平、上虚下实。如果土壤干旱，须抓紧时间在油菜茬上用大水跑 1 次，3 d 后即可犁地播种。

二、选用优良品种

(一)良种标准

为提高油葵的产量和出油率，精选良种，应选用丰产性好、抗病性强、种皮薄、籽粒饱满、杂种优势强的品种。

以下是一些推广效益比较好的油葵优良品种。

(二)常用良种简介

1. 康地 5 号

选育单位：新疆康地农业科技发展有限责任公司。

审定时间：2002 年、2003 年分别在山西、内蒙古通过审定，审定编号分别为晋审葵 2002001 号和蒙认葵 2003003。

熟期类型：早熟。

特征特性：该品种生育期短，夏播生育期 85～89 d。株高 150～160 cm。叶片数 21～25 片，叶色深绿。舌状花冠黄色，花粉量大，果盘呈微凸状，果盘直径 18～21 cm，果盘倾斜度 4.0～4.5 级。瘦果果皮黑色，边缘暗灰色。

产量和品质：单盘粒重 56 g，千粒重 69 g，籽仁率 77.8%，含油率 48.6%。一般亩产 165～225 kg，产油 80～110 kg。

抗性表现：植株茎秆粗壮，早发性好，抗病性强，抗倒伏，耐高密，抗旱，耐肥水，耐向日葵霜霉病和锈病。

适宜种植地区和季节：西北、华北、东北油葵产区夏播或复播，在东北三省和内蒙古是救灾油葵品种。

2. 矮大头 567DW

选育单位：美国胜利公司和中国种子集团有限公司。

审定时间：2004 年通过了新疆维吾尔自治区农作物品种评审委员会审定(新审葵 2004 年第 038 号)。

熟期类型：中晚熟。

特征特性：该品种叶片大、肥厚，叶色浓绿，呈盾形，叶柄短。茎秆粗壮，节间短，植株紧凑，株高 110～130 cm。花盘为黄色(花期)，且花粉量大，花盘直径 20～22 cm，籽粒辐射状紧密排列。籽粒黑色并有淡黑色条纹，中等偏小，自交结实率高，千粒重 72 g 左右。

产量和品质：2009年区域试验平均亩产241.78 kg，较对照康地5号增产2.72%；2010年区域试验平均亩产226.13 kg，较对照美G101减产7.11%；两年平均亩产233.96 kg，较对照康地5号减产2.2%。2010年生产试验亩产232.44 kg，较对照美G101增产2.75%。籽粒含油率高达50%，出仁率76%，容重高。

抗性表现：该品种抗倒伏能力强，抗旱性强，耐菌核病，高抗锈病、霜霉病。

适宜种植地区和季节：适宜在新疆、内蒙古、山西、甘肃等地种植，既能春播，又能夏播种植。

3. 新葵22号

选育单位：新疆农垦科学院。

审定时间：2011年通过新疆维吾尔自治区品种审定委员会审定命名。

熟期类型：中早熟。

特征特性：该品种春播株高132.9 cm，叶片数22.4片，茎粗2.18 cm；复播株高144.2 cm，叶片数27.8片，茎粗2.10 cm。幼茎绿色，叶片深绿色。植株生长整齐，正常无分枝。舌状花黄色，管状花花粉量大。葵盘平展，倾斜度3级。春播盘径16.7 cm，结实率90.68%，单株产量66.17 g；复播盘径16.7 cm，结实率85.15%，单株产量66.23 g。

产量和品质：2013—2014年，在兵团第十师一八一团、一八五团、一八六团示范种植0.38万hm^2，平均单产241.1 kg/亩，比第十师油葵平均单产增幅14.8%。在新疆油葵复播区域化试验中，平均单产213.98 kg/亩，籽实含油率46.5%，居各品种之首，产油99.5 kg/亩，比对照第十师油葵增产0.81%。

抗性表现：抗倒伏，抗霜霉病、锈病，中抗褐斑病，较耐菌核病。

适宜种植地区和季节：适宜在北疆冷凉油葵区种植，也适宜北疆沿天山一带及伊犁地区复种，在南疆焉耆垦区可作套种品种使用。适宜播种期一般为4月下旬至5月中旬，也适宜各油葵产区春种、夏种。

4. 湘葵油1号

选育单位：湖南省作物研究所。

登记时间：2018年12月通过农业农村部非主要农作物品种登记，登记编号为GDP向日葵(2018)431144。

熟期类型：中晚熟。

特征特性：该品种生长势强，叶片上冲，呈塔型分布，成熟整齐一致。株高170～175 cm，茎秆粗壮，主茎无分枝，叶形椭圆形，叶色绿色，开花时舌状花中等黄色，管状花橙黄色，花粉量大，成熟时盘径22～24 cm，花盘倾斜度4～5级，籽粒颜色黑色，无条纹，籽粒形状阔卵形。

产量和品质：2013—2014年在湖南省作物研究所试验田进行品种比较试验，2013年产量3813 kg/hm^2，比对照品种S606增产10.3%；2014年产量3579 kg/hm^2，比对照品种S606增产7.5%。2016—2017年在湖南省江华县、南县、武冈市、零陵区和华容县进行多点示范，综合两年各试点试验结果，湘葵油1号的平均产量为3538.5 kg/hm^2，比对照品种S606增产4.6%。且两年各点植株均无倒伏，田间综合表现较好。千粒重65～67 g，籽实蛋白质含量为20.3%，含油率达50.7%。

抗性表现：该品种耐旱，耐瘠薄，抗倒伏，抗黑斑病和褐斑病，耐菌核病和黄萎病。

适宜种植地区和季节：适宜在湖南省地表温度≥12 ℃且年有效积温在2100 ℃·d以上的

地区春、夏两季种植。春播在 3 月下旬至 4 月下旬即可播种，夏播最佳播种时间在 6 月中旬至 7 月中旬。

5. 晋葵 6 号

选育单位：山西农业大学棉花研究所。

审定时间：2000 年 3 月经山西省农作物品种审定委员会审定，审定编号为“S-330”。

熟期类型：早熟。

特征特性：该品种一般株高 180 cm，幼茎花青苷色弱。叶片数中等，有 29 片多，叶片颜色深绿，叶花青苷色素无，叶型为心形，叶锯齿不规则、大，无叶翼卓生，叶侧脉角度 90°左右，呈直角或近直角，叶横断面平。茎上部刚毛多。舌状花数很多约 55.8 瓣，舌状花形长，花粉色，管状花色均为黄色，苞叶数很多约 82.2 片，成熟时花盘呈微凹形状，花盘向下倾斜。主茎中上部弯曲较大，无分枝。花盘大小小于 20 cm，籽粒排列紧密，籽粒黑色有灰色条纹，呈长卵型。

产量和品质：于 1998—1999 年参加省油葵直接生产试验，两年 15 个点，平均单产 2649.3 kg/hm^2，比对照 G101 增产 19.4%；此外，各地的示范都取得良好效果，2000 年，在新疆农三师四十五团基地示范 2.67 hm^2 与 G101 对照，平均单产 4248.0 kg/hm^2，比 G101 增产 13.28%。单盘粒数 1500～1800 粒，百粒重 7 g 左右，出仁率 77.7%。晋葵 6 号有较高的籽实含油率，经吉林向日葵研究所连年测定，在冬麦茬复播条件下，历年在 45.49%～51.69%，经农业部谷物品质监督检验测试中心鉴定，晋葵 6 号 2001 年的籽实含油率为 47.07%，比 G101 增加 1.51%。

抗性表现：表现抗旱、抗逆、抗病等特点。

适宜种植地区和季节：山西省的冬麦生产区及陕西、河南、河北等省，适宜全国各产区春播和冬麦茬夏播。

6. 辽葵杂 19 号

选育单位：辽宁省农业科学院。

登记时间：2018 年通过农业农村部非主要农作物品种登记。

熟期类型：中早熟。

特征特性：该品种根系发达，植株相对较矮，茎秆坚韧，群体整齐一致，孕性稳定，单头无分枝。平均株高 133 cm，茎粗 2.5 cm，叶片数 33 片，盘径 19.0 cm，舌状花为黄色，成熟期果盘倾斜度 5 级，果盘微凸，籽实种皮黑色带暗灰色条纹，籽实果形为中锥型。

产量和品质：2014 年区域试验单产 218.5 kg/亩，比对照 F51（191.9 kg/亩）增产 13.83%；2015 年区域试验单产 196.9 kg/亩，比对照 F51（185.6 $kg/667m^2$）增产 6.12%。该杂交种籽实粗，脂肪含量 41.59%，单盘粒重 75.08 g，百粒重 5.81 g，籽仁率 71.83%，单盘粒数 1404～1431 粒，结实率 88.49%。

抗性表现：耐旱、耐瘠薄，抗病性较强，具有较强的综合抗逆性。

适宜种植地区和季节：适于在辽宁省干旱半干旱地区种植，可春播和夏播。

7. F60

选育单位：辽宁省农业科学院。

审定时间：2009 年通过辽宁省农作物品种审定委员会审定。

熟期类型：极早熟。

特征特性：在沈阳地区春播生育期 93 d（比对照品种 F51 早熟 9 d），夏播生育期 84 d，属于极早熟品种。幼苗胚轴紫色。成株的株高110～135 cm,茎粗2.3 cm,成株叶片数28片,叶柄较短。舌状花橙黄色,花盘直径18～23 cm,花盘倾斜度5级。

产量和品质:连续多年多项多点试验结果表明,其高产性和稳定性较好,增产潜力较大,表现出较强的杂种优势。2006—2007年参加夏播油用型向日葵产量比较试验,两年平均亩产籽实216.9 kg,比对照品种F51增产6.6%。2008年参加区域试验,平均亩产籽实172.8 kg,比对照品种F51增产13.5%。每盘粒数1110～1450粒,百粒重6.1 g,籽粒黑色带有暗灰色条纹。籽仁率78.3%,籽实含油率高达44.95%,成为油脂加工企业榨取葵花籽油的优质原料。

抗性表现:抗霜霉病、黑斑病、褐斑病,耐菌核病,耐干旱,耐瘠薄。

适宜种植地区和季节:适宜全国各地向日葵产区种植,特别是"三北"地区和西部地区开发栽培更为适宜。在一季作地区应于5月下旬至6月中下旬播种。

8. 白葵杂17号

选育单位:吉林省白城市农业科学院。

审定时间:2015年通过吉林省农作物品种审定委员会审定,被确认登记为吉林省科技成果。

熟期类型:早熟。

特征特性:该品种从出苗至成熟92 d,株高172.2 cm左右,生育整齐度好。叶片数28.82片。茎粗2.27 cm,花盘直径17.42 cm,花盘平展,结实率86.57%,单头籽实重66.35 g。百粒重5.39 g,籽仁率72.4%。籽实含油率为38.26%。

产量和品质:2013—2014年参加吉林省向日葵区域试验产量结果显示,两年9个点次试验全部增产。其中,2013年区域试验产量2725.57 kg/hm^2,较对照白葵杂6号增产14.26%;2014年区域试验产量2674.38 kg/hm^2,较对照白葵杂6号增产18.77%。两年区试平均产量2699.98 kg/hm^2,较对照白葵杂6号增产14.12%。经农业部谷物及制品质量监督检验测试中心(哈尔滨)品质分析测定,白葵杂17号籽实含油率38.26%,较对照高1.27个百分点。

抗性表现:该品种综合抗性好,抗旱、耐瘠薄、较耐盐碱,抗黄萎病,高抗黑斑病、褐斑病,高抗(耐)菌核病,中抗锈病。

适宜种植地区和季节:在吉林省以及周边向日葵种植区种植,在保证成熟的前提下尽量晚播,一般在6月中下旬播种。

9. S40

选育单位:新疆华西种业有限公司。

审定时间:2006年2月通过新疆维吾尔自治区品种审定委员会审定。

熟期类型:晚熟。

特征特性:该品种茎秆直立,无分枝。株高210 cm左右,花盘倾斜度4级,成熟期一致。果盘平,直径18 cm左右,籽粒黑色。

产量和品质:经2004—2005年两年多点区域试验,平均亩产283.51 kg。千粒重53.66 g,单盘籽粒重69 g。出仁率73.14%。籽实含油率45%。

抗性表现:抗霜霉病、褐斑病、菌核病,高抗向日葵锈病。

适宜种植地区和季节:冷凉地区不宜种植,适宜在≥10 ℃积温2600 ℃·d以上地区种植。一般4月中上旬或5月中下旬(使开花期避开高温多雨天气)播种,提倡适期早播。

10. KWS203

选育单位:北京天葵立德种子科技有限公司。

审定时间:该品种 1999 年 3 月经内蒙古自治区品种审定委员会审定通过,命名为"KWS203"。并于 2003 年经山西省品种审定委员会审定通过。

熟期类型:中早熟。

特征特性:该品种平均植株高度 160 cm,茎粗粗壮,抗倒伏,耐密植。叶片上冲,叶柄短壮,平均 24 片叶,无分枝。幼茎及叶脉均为绿色。黄色花盘,舌状花鲜黄色,褐色花药,开花期花盘平展,直生,盘径 20 cm,花粉量大,自交结实率 99%以上,恢复率 100%。籽粒辐射状紧密排列,瘦果果实为黑灰色条纹。

产量和品质:该品种 2002 年在饶河农场推广种植 550 hm^2,平均产量 2614.5 kg/hm^2,比当地主栽品种美葵和甘葵分别增产 41.6%和 22.3%。经多年多点生产示范,正常年份籽实亩产可达 200～360 kg。容重较一般品种高 10%以上,籽仁率平均 73.5%。籽实含油率达 48%,属高油杂交种。

抗性表现:该品种适应性广,抗鸟害,既耐高温又耐低温,具有抗旱、耐盐碱、耐瘠薄、高抗菌核病等特性。

适宜种植地区和季节:该品种适应性较广,在≥5 ℃积温 1850 ℃・d 以上地区均可种植。该品种在低积温带以 4 月下旬播种为宜,在高积温带从 5 月下旬至 6 月中、下旬均可播种。

11. 巴葵 29

选育单位:巴彦淖尔市农牧业科学研究院。

审定时间:2012 年通过了内蒙古自治区品种审定委员会审定。

熟期类型:中熟。

特征特性:该品种幼苗花青苷色素中等,幼茎绿色,成株株型叶片直立上冲。叶心形,叶缘规则中等锯齿,叶柄长 27.5 cm,主脉黄白色,叶色绿,对生叶数 3～4 对,总叶片数 31 片。舌状花黄色,花数中等,柱头花青苷色素中等,花粉橘黄色,管状花黄色。株高 196 cm,茎粗 2.8 cm,生长整齐,无分枝,植株整齐度好,葵盘形状平,盘径 19 cm,结实率 84.6%,葵盘倾斜度 3 级,籽粒长卵形,排列紧,粒长 1.0 cm,粒宽 0.4 cm,粒色黑底灰边。

产量和品质:2011 年参加内蒙古油用型向日葵中熟组区域试验,平均籽实产量 3526.5 kg/hm^2,比对照 S31 增产 9.5%,居试验第三位,4 点全增。籽仁率 74.3%,百粒重 6.5g。经吉林省白城向日葵研究所测定:籽粒粗脂肪含量 46.49%。

抗性表现:2011 年在吉林省农业科学院进行人工病害鉴定,盘腐型菌核病 0 级(0.00),茎、根腐型菌核病 0.00%,黄萎病 2 级(40.28),黑斑病 3 级(52.08),褐斑病 1 级(20.14)。

适宜种植地区和季节:适宜在出苗至成熟需要≥5 ℃有效积温 2200 ℃・d 以上的地区种植,适宜在内蒙古巴彦淖尔市、鄂尔多斯市、赤峰等地种植,在低积温地区需要覆膜种植。播种时间要使向日葵花期避开本年度高温期,内蒙古河套地区适宜播期在 4 月 25 日至 5 月 30 日,一般地区 5 月中下旬即可播种。

12. 宁葵杂 5 号

选育单位:宁夏农林科学院。

审定时间:2012 年 9 月通过宁夏回族自治区农作物品种审定委员会审定,审定编号为"宁审油 2012002"。

熟期类型:中熟。

特征特性:苗期生长势强,幼茎花青苷色素强。株高 186 cm,茎粗 2.58 cm,茎上部的刚毛较多。叶片数 29 片,叶片圆形,叶缘锯齿不规则,叶片绿色,叶柄长 22 cm,叶侧脉成锐角,叶尖高度中等,叶柄下部与茎间角度大,叶片大小中等,叶横截面成平形。花盘平形且水平向下,盘径 18.17 cm,盘粒重 77.07 g,盘结实粒数 895 粒。

产量和品质:2008—2011 年 4 年品种比较试验中,平均产量 4188.0 kg/hm^2,较对照 G101 平均增产 15.9%,较对照 S31 增产 10.2%。2010—2011 年区域试验中,两年 4 点区域试验中,平均产量 4188.0 kg/hm^2,较对照 S31 平均增产 15.9%,列各参试品种第一。2011 年生产试验中,4 点平均单产 3813.9 kg/hm^2,较对照 S31 平均增产 14.37%,列各参试品种第一。2012 年经农业部油料及制品质量监督检验测试中心取样测定,籽实含油率 48.52%,较对照 G101 增加 8.18 个百分点;籽仁含油率 64.86%,较对照 G101 增加 7.72 个百分点。

抗性表现:2010—2011 年区域试验田间抗性鉴定结果显示,该杂交种没有发生霜霉病、菌核病,轻感黄萎病、褐斑病和锈病,没有发生其他检疫对象。

适宜种植地区和季节:适宜宁夏向日葵产区春播种植。

13. 冀葵 1 号

选育单位:河北省农林科学院。

登记时间:2018 年 6 月通过农业农村部非主要农作物品种登记,登记编号:GDP 向日葵(2018)130704。

熟期类型:早熟。

特征特性:该品种株高 130 cm 左右,叶片深绿色,苗期长势强,植株健壮,整齐度好,平均茎粗 2.60 cm,茎秆粗壮,抗倒伏。平均花盘直径 19.7 cm,花盘倾斜度 5 级。籽实黑色,窄卵形。

产量和品质:2015—2017 年曲周、南宫、行唐等地多点试验,平均亩产 279.9 kg。平均单盘粒重 74.35 g,百粒重 6.84 g,籽仁率 78.8%,容重 467.7 g/L。籽实品质经过品质检测,蛋白质含量 18.86%,含油率 47.35%。

抗性表现:抗病、抗旱、耐盐碱、适应性广、稳产高产。

适宜种植地区和季节:河北省春播、夏播种植。

14. 龙葵杂 11

选育单位:黑龙江省农业科学院。

登记时间:2018 年 7 月经农业农村部非主要农作物品种登记,登记编号为 GDP 向日葵(2018)230919。

熟期类型:中早熟。

特征特性:该品种株高 147.3 cm,茎粗 2.65 cm,叶片数 28 片,单秆类型。舌状花为黄色。平盘,花盘倾斜度水平向下,花盘直径为 21.6 cm,结实率 86.7%,籽粒为黑色,近圆形。

产量和品质:2014—2015 年区域试验,籽实平均单产为 3028.9 kg/hm^2,较对照品种龙葵杂 3 号增产 13.92%。2016 年生产试验,籽实平均单产 3406.35 kg/hm^2,较对照品种龙葵杂 3 号增产 12.23%。百粒重 7.20 g,籽仁率 68.75%。2017 年 3 月,经农业部谷物及制品质量监督检验测试中心(哈尔滨)检测,籽实含油率为 50.9%。

抗性表现:综合抗性好,该品种对干旱、盐碱等非生物胁迫均具有一定的耐性。

适宜种植地区和季节:适宜在黑龙江第一、二、三积温带以及吉林、辽宁、内蒙古和新疆的相同生态区春季种植。

15. ND90

选育单位:包头市南德种业有限公司。

登记时间:2018年通过农业农村部非主要农作物品种登记,登记编号为GDP向日葵(2018)150185。

熟期类型:中熟。

特征特性:该品种生长势强,株型紧凑,株高90 cm,节间短,茎秆粗壮,茎粗3 cm。抗倒伏。叶柄较短,叶片数20片。花盘直径25 cm,花盘倾斜度3级。花盘平盘。舌状花花冠橙黄色,管状花黄色,瘦果黑色,条纹灰色,粒形阔卵性。百粒重5.5 g。

产量和品质:2011年试验结果,全生育期110 d,比对照S31晚2 d。平均亩产243.5 kg,比对照S31增产9.5%;2012年试验结果,全生育期108 d,比对照S31晚1 d。平均亩产248.2 kg,比对照S31增产10.2%。含油率41.25%,结实率89.2%,单株粒重70 g,出仁率77%。

抗性表现:该品种中抗盘腐型菌核病、根腐型菌核病、黄萎病、黑斑病,中感褐斑病。

适宜种植地区和季节:适宜内蒙古包头市、巴彦淖尔市、呼和浩特市、鄂尔多斯市春播区域春季种植。

16. 陇葵杂6号

选育单位:甘肃省农业科学院。

登记时间:2019年6月通过农业农村部非主要农作物品种登记,并定名为陇葵杂6号。

熟期类型:中熟。

特征特性:该品种平均株高182.1 cm,茎粗2.8 cm,叶片数30片。盘径20.8 cm,盘形平,倾斜度3级。舌状化深黄色。籽粒黑灰色。

产量和品质:2012—2013年的品比试验中,最高产量4146.0 kg/hm^2,较对照品种S606增产8.6%。2014年区域试验中,最高产量为4891.5 kg/hm^2,最低产量为4000.5 kg/hm^2,平均产量4407.0 kg/hm^2,较对照品种S606(41820.0 kg/hm^2)增产5.4%。结实率81.5%。单盘粒重104.5 g,百粒重7.4 g,出仁率76.4%,籽实含油率4.79 g/kg。2014—2015年对陇葵杂6号脂肪含量进行测定分析,平均粗脂肪含量为4.79 g/kg,较对照品种S606(4.34 g/kg)提高了3.7%。

抗性表现:具有抗倒伏、抗锈病、耐菌核病等特点。

适宜种植地区和季节:适宜在甘肃省酒泉、武威、景泰、天水、白银等及同类地区推广种植,一般以4月中下旬至5月上旬播种为宜,可根据当地播种区天气及环境的综合因素适当调整播种时期,适当晚播可避免冻害。

17. 酒葵杂1号

选育单位:甘肃省酒泉市农业科学研究院。

认定时间:2014年1月经甘肃省农作物品种审定委员会第29次会议认定通过(认定号:甘认葵2014005)。

熟期类型:中晚熟。

特征特性:株高153.7～177.2 cm,茎粗2.48 cm,茎秆粗壮,抗倒伏,幼茎及叶脉均为绿色。叶片数28～33片,生长整齐、健壮。花盘黄色,舌状花鲜黄色,管状花的花粉量大,自交结实率 99%以上，恢复率 100%。籽粒辐射状紧密排列；盘径 20.4～22.5 cm，开花期花盘平展，倾斜度 4 级，籽实黑色，边缘呈暗灰色，单盘粒数 1455 粒，单盘粒重 92.44 g。

产量和品质：2012—2013 年参加甘肃省油葵区域试验，综合两年区域试验结果，平均亩产 276.7 kg，比对照陇葵杂 2 号增产 19.1%，综合表现突出。2013 年该品种参加甘肃省油葵组生产试验，平均折合亩产量为 235.7 kg，较对照陇葵杂 2 号增产 6.12%。百粒重 7.02 g，出仁率 74.29%，籽实含油率达 46.92%。经甘肃省农业科学院农业测试中心测定，酒葵杂 1 号(原代号 JX01)粗脂肪含量平均为 469.2 g/kg。脂肪酸组分为：棕榈酸 5.470%，硬脂酸 5.618%，油酸 18.786%，亚油酸 68.440%，亚麻酸 0.456%。

抗性表现：该品种耐寒、耐旱、耐瘠薄、耐盐碱强，抗倒伏，耐霜霉病和菌核病，适应性广。经甘肃省农业科学院植物保护研究所鉴定，酒葵杂 1 号(原代号 JX01)成株期对自然诱发的霜霉病，病叶率和病情指数分别为 86.27%和 38.24，低于对照陇葵杂 2 号病情；该品种成株期对自然诱发的菌核病，病株率和病情指数分别为 66.67%和 16.67，低于对照陇葵杂 2 号病情。

适宜种植地区和季节：适宜在甘肃省沿黄河灌溉区、河西、陇东以及中部和新疆等地区推广种植，4 月中、下旬至 6 月上旬均可播种。

18. 内葵杂 4 号

选育单位：内蒙古农牧业科学院。

审定时间：2011 年通过内蒙古自治区新品种审定。

熟期类型：早熟。

特征特性：该品种生育期 94 d。株高 170～190 cm。盘径 20 cm，百粒重 5.6～6.5 g，籽粒率 75.7%，籽粒长卵形，黑色，排列较紧。群体生长整齐，无不育株，无分枝株。

产量和品质：2009 年参加内蒙古自治区区域试验，5 点平均产量 220.4 kg/亩，5 点 4 增 1 减；2010 年参加内蒙古自治区区域试验，5 点平均产量 234.1 kg/亩，比对照 MGS 增产 8.8%。籽实粗脂肪含量为 46.73%。

抗性表现：2010 年参加内蒙古自治区区域试验和生产试验，平均倒伏率 0、平均倒折率 2.2%。病害在各试点发生均在 2 级以下或未发生。

适宜种植地区和季节：适宜在≥10 ℃积温 2100 ℃ · d 以上地区推广种植，5 月 10 日至 6 月 10 日播种为宜。

19. 伊葵杂 6 号

选育单位：新疆康地农业科技发展有限责任公司。

审定时间：2007 年 12 月通过新疆维吾尔自治区伊犁州农作物品种审定委员会审定。

熟期类型：中晚熟。

特征特性：生育期 115 d 左右。植株茎秆粗壮，幼苗长势强，植株生长整齐。株高 195～215 cm，叶片数 31～33 片，叶色深绿。舌状花冠黄色，花粉量大，果盘呈微凸状，果盘直径 19～20 cm，果盘倾斜度 4 级，瘦果果皮黑色，边缘暗灰色，花盘籽粒辐射状紧密排列，结实率高。

产量和品质：2005 年区域试验中，平均产量 199.8 kg/亩，居第三位，较对照 G101 (186.12 kg/亩)增产 7.35%；2006 年区域试验中，平均产量 186.1 kg/亩，居第三位，较对照 G101(177.3 kg/亩)增产 5.0%。两年平均较对照 G101 增产 6.2%。2007 年生产试验中，籽实产量 234.6 kg/亩，比 G101(202.9 kg/亩)增加 31.7 kg/亩，增产 15.6%。单盘粒重 68 g，千粒重 59 g，籽仁率 79.3%，含油率 50.6%。产油量 118.7 kg/亩，比 G101(97.4 kg/亩)增产 21.9%。

抗性表现：抗旱、耐肥水，抗锈病，耐褐斑病，高抗霜霉病，抗逆性好。

适宜种植地区和季节：适宜北疆地区，种植最佳时间为 4 月下旬到 5 月上旬。

20. F53

选育单位：辽宁省农业科学院。

鉴定时间：2005 年经国家向日葵品种鉴定委员会鉴定通过。

熟期类型：中熟。

特征特性：根系发达，茎秆坚韧，群体整齐，孕性稳定，无分枝。

幼苗下胚轴淡紫色。株高 182.9 cm，叶片数为 32.1 片，叶柄较短，叶片大而色深绿。茎粗 2.04 cm。舌状花橙黄色，花盘微凸，花盘倾斜度为 4～5 级，盘径 18.0 cm，果盘大小整齐一致，结实率高。单头粒数 1284.88 粒，籽粒果皮为黑色带暗灰条，籽粒果形短圆锥形。

产量和品质：2001 年和 2002 年两年的院内油葵产量比较中，单产分别达到 3432.9 kg/hm^2 和 3523 kg/hm^2，比对照 F51 分别高出 19.80%和 6.00%。2003 年全国区域试验中，单产达 2939.10 kg/hm^2，平均产油量 1054.8 kg/hm^2，比对照 G101 增产 1.29%；2004 年全国区域试验中，单产达 3325.80 kg/hm^2，比对照 G101 增产 10.71%，平均产油量 1366.95 kg/hm^2，比对照 G101 增产 8.49%；两年平均单产达 3112.65 kg/hm^2。在全国油用型向日葵杂交种生产示范试验中，平均产量为 2712.88 kg/hm^2，比对照 G101 增产 12.72%，居试验第三位；籽仁率达 73.45%。百粒重为 5.90 g，籽实含油率 41.10%，平均产油量为 1114.99 kg/hm^2，比对照 G101 增产 19.47%，居试验第三位。

抗性表现：抗旱、抗倒、抗病性强。

适宜种植地区和季节：适宜辽宁省沈阳市、朝阳市、锦州市、阜新市等一季作地区，大连市、辽阳市等二季作物，也可在陕西、山西、新疆、河北、河南、内蒙古、宁夏、吉林、黑龙江等省区均可种植。无霜期短的地区应早播，无霜期长的地区可作一茬播种，也可在上茬作物收获后马上播种，在沈阳地区于 6 月 25 日至 7 月 10 日播种为宜，辽南及辽西地区夏播时期可以适当延后。

三、播种

(一)种子的播前处理

播种油葵首先掌握好温度，注意天气变化。一般情况下，土壤温度能保持在 5 ℃以上就可以进行油葵播种了。如果温度过低，会影响到出苗率，且幼苗容易受到霜害。同时要注意播种深度，一般维持在 3～4 cm 为宜。另外要进行合理密植，提高油葵产量。播前要做好晒种、精选等处理。

1. 晒种

选择晴天的上午进行晒种，应在土地面上或席子上晒，防止暴晒，以 2～3 d 为宜，以提高种子发芽势。

2. 选种

选用纯度>98%、净度>98%、发芽率>90%、含水量≤15%的标准质量种子。播前对种子精选，选种宜选用颗粒大、饱满的种子，清除瘪粒、病粒及杂粒。

3. 浸种

为保证油葵的出油率，播种之前应进行浸种。播种前用冷水浸种 4～12 h或用 25～30 ℃温水浸泡 3～4 h，可提早出苗 1～2 d。

4. 拌种

浸种后应拌种，以防治苗期病害。播种当天用 70%甲基硫菌灵，按 1∶50 对水浸种，10 min左右拿出，稍微晾干后用 3%辛硫磷拌种（1∶50）进行拌种，沥干后再播。

5. 活力指标的测定

挑选大小一致的油葵种子，用 70%的酒精清洗 30 s，用蒸馏水冲洗 3～5 次，再用 2%次氯酸钠溶液对种子消毒 7～8 s，蒸馏水冲洗 3～5 次。将种子放在盛有湿润滤纸的培养皿中培养，8 h黑暗/16 h光照，每两天换一张滤纸。每个培养皿中 100 粒种子，3 次重复。所有培养皿置于培养箱中，种子胚轴长出即记作已发芽，每天记录发芽数，共观察记录 10 d。发芽实验结束后计算以下指标：

（1）发芽势　发芽势（%）＝3 d内发芽的种子数/供试种子数×100。

（2）发芽率　发芽率（%）＝7 d内发芽的种子数/供试种子数×100。

（3）发芽指数（GI）　GI＝$\sum$（相应天数的发芽数/相应天数）。

（4）活力指数（VI）　VI＝GI×S（幼苗鲜重）。

6. 催芽

催芽是将浸种后的种子捞出摊开，在 15～20 ℃条件下堆放 24 h，每隔 8～10 h翻动 1 次，保持均匀的温度，当大部分种子种皮开口露芽时，即可播种。

（二）适期播种

全国油葵主产区在中国北方，一般进行春播，二熟制地区也可夏播（一般以越冬作物为前茬），个别地区和特定条件下，播种时期应遵循春早播、夏晚播原则。也有春、夏连播的，低纬度多熟区一般进行秋播。所以应当适时播种，油葵播种适用期较长，通过调控油葵播种期可调节油葵开花期，使开花后 10d 躲过高温或多雨季节，达到避病并提高结实率的目的。

1. 不同播季油葵的适宜播种日期范围

油葵是一种喜温作物，春季油葵种植主要根据当地气温条件。幼苗抗寒性强，生育期短，在保证能出苗的情况下尽量早播。播种首先要掌握好温度，在土壤温度保持在 5 ℃以上时就可以进行播种了。为了避免早春温度过低对幼苗的伤害，要注意播种深度一般保持在 3～4 cm。一般全生育期约需要≥10 ℃有效积温 1700～1850 ℃·d。春早播，夏晚播。春播一般在 3 月下旬至 4 月中旬，夏播的最佳播期为 6 月中旬到 7 月底，应避免花期遇上高温、高湿天气。土壤温度稳定高于 15 ℃时就可以进行栽培。采用地膜保温栽培一般可以比正常栽培提前 15 d左右的时间。油葵生长期短，适应性广，耐旱、耐瘠薄，易管理，出油率高。

张凤华等（2000）曾对比了新疆北疆地区春播与复播油葵灌浆期的籽粒形成与灌浆速率，油分积累的变化规律，群体光合强度及同化物的运转。表明适当改善灌浆的环境条件，增强籽粒的灌浆活性及成油率，复播油葵比春播油葵有丰产、高油的潜力。

张雷等（2018）介绍，河北省涿州市历年平均无霜期为 182 d，由于油葵生长期短，春播油葵生育期一般在 100 d左右，秋播油葵生育期一般在 90 d左右，合理利用气候资源，可以实现一年两季种植。春季油葵种植的适宜播种期是 3—4 月，地膜覆盖可提前至 3 月上中旬，露地播种可在 5 cm 地温稳定在 8～10 ℃时播种(一般为 3 月下旬至 4 月上旬)。不建议在 5 月以后播种，否则花期会遭遇高温多雨以致产量下降。秋季油葵种植的适宜播种期是 6 月下旬至 7 月，不建议 8 月以后播种，因为日照不再充足，气温逐渐下降，油葵会遭遇霜冻而死亡，或者会因积温不足而不能成熟。

中国中南部油葵种植因地理纬度和气候条件等与北方传统主产区不同，在播种时间和种植制度上有一定差别，在收获期也因气候原因或接茬安排而要求更高。北方内蒙古等主产区一般在 5 月播种，秋季 9 月气候干燥凉爽时收获，有利于籽粒的晾晒。而中南部地区油葵种植春播则在 4 月播种，7 月底 8 月初收获时易遇上高湿多雨，为防止种子发霉变差，根据天气状况和成熟情况灵活安排采收。如果等油菜或小麦收获后，油葵在 5 月中下旬或 6 月初夏播，则在选择油葵品种和收获时间上需要考虑秋冬季接茬作物的播种时间。

综上所述，春季油葵种植的适宜播种期：3—4 月均可播种，地膜覆盖可提前至 3 月上中旬，露地播种建议 5 cm 地温稳定在 8～10 ℃时播种(一般 3 月下旬至 4 月上旬)。夏季油葵种植的适宜播种期：6 月下旬至 7 月均可播种，不建议 8 月以后播种，因为日照不再充足，气温逐渐下降，油葵会遭遇霜冻而死亡，或者会因积温不足而不能成熟。

2. 播期对油葵生育进程的影响

在春播中，一般是随着播期的推迟生育期逐渐缩短，并且主要是营养生长阶段的缩短。通过分期播种试验，可以确定适宜播种日期范围。早播可使植株生育期适当延长，使产量和品质及避病性均明显提高。而晚播则恰恰相反，易导致向日葵过分徒长，产量、品质降低，发病较重，综合农艺性状差。

刘志坤(2017)通过对早、中、晚熟品种采用分期播种方式研究表明，早春覆膜油葵，播种时间对生育期有较大影响，在早春播种情况下，生育期延长天数较多。从油葵生长发育情况看，同一品种播种越早，成熟越早，早熟品种较晚熟品种表现明显。不同品种相同播期，生育期差异较明显，早熟品种 110 d、中熟品种 115 d、晚熟品种 120 d 左右成熟。随着播期的推迟，萌发和出苗速度加快，生育期缩短，播期与生育期呈负相关。

李军虎(2002)研究不同播期处理油葵物候期及葵盘性状结果可见，4 月 15 日后播种的，油葵 6 月 25—30 日开花，此时气温偏高不利于油葵开花授粉，导致空秕粒增多，千粒重降低，从而影响产量。

综上认为：春播油葵应 3 月 25 日至 4 月 5 日播种最为宜，适播期内播种越早越好。

全春香(2021)研究随着油葵播期的推迟，全生育期所需的天数是随着播期的推迟而减少的，随着油葵播期的推迟，播种—出苗所需天数呈缩短的趋势，同样在出苗—现蕾(苗期)期随着油葵播期的推迟，所需天数呈缩短的趋势。现蕾—开花(蕾期)所经历的天数 21～22 d 基本相同。开花—灌浆—成熟期随着播期的推迟所需的天数呈现先增加后减少的趋势。油葵 4 个生育阶段的日数与全生育期日数相关系数一次分别为 0.952、0.917、0.3682、0.872，油葵全生育期的长短主要是与播种—出苗、出苗—现蕾、灌浆—成熟相关，而与蕾期、花期(始花期到终花期 10 d 左右)相关性小。

综上所述，随着油葵播期的推迟，全生育期所需的天数是随着播期的推迟而减少的。不同播期的同一发育期处于不同的气温条件下，油葵的生长发育速度不同，播种—出苗、苗期随平均气温的升高而生长发育速度越快。

3. 播期对产量的影响

从播期对各主要农艺性状表现的影响看，早播可使油葵生育期适当延长，增加光合作用生产有机物质的时间，使植株高度适当降低，从而促进有机物质向籽实中的转化，提高粒重和单株生产力，最终使单位面积籽实产量、抗菌核病能力、籽实含油率和籽仁率均得到显著的提高。晚播性状表现最明显的特征是，小区产量、籽实含油率显著降低，菌核病发病率大大提高。另外晚播还使油葵的重要产量性状百粒重、单株粒重、籽仁率和盘径降低，使植株高度增加，出苗至开花日数和出苗至成熟日数缩短，开花至成熟日数也有缩短的趋势。

卯旭辉等(2008)曾通过以陇葵杂1号为试验材料，研究了6个不同播期对油葵产量和主要经济性状的影响。结果表明，产量与播期呈负相关($r=-0.8217$)，4月下旬为甘肃中川地区适宜播期，产量、含油率较高，皮壳率低，籽粒饱满。出苗齐，病、虫、鼠害少，能获得优质高产。

沈姣姣等(2013)曾于2010年。为了研究农牧交错带不同播种期对油葵生长发育和产量形成以及水分利用效率的影响，为农牧交错带地区油葵适期播种和高产栽培提供科学依据，采用随机区组排列设计，试验分析了武川地区超早播(4月28日)、早播(5月8日)、中播(5月18日)、晚播(5月28日)和超晚播(6月8日)5个不同播期下油葵生育期、形态指标、产量形成及水分利用效率的变化情况。结果表明，播种期对油葵生育期、株高和叶面积指数影响显著。随播期推迟，油葵生育期缩短，播期每推迟10 d，生育期平均缩短9 d，生殖生长期在总生长期中的比例增加，超晚播因积温不足无法正常成熟。晚播和超晚播叶面积指数显著高于其余播期，超晚播最大叶面积指数在5个播期中最高。中播地上部干物重和花盘干重显著高于其余播期，不同播期间花盘干重占地上部干物重的比例变化较大，中播最高为59%，超晚播最低为7%。超早播、早播和中播处理间产量和千粒重差异不显著，但显著高于超晚播。水分利用效率随播期推迟减小，早播水分利用效率最高，超晚播水分利用效率最低，苗期适当干旱有利于油葵水分利用效率提高。建议农牧交错带油葵适宜播种期安排在5月中旬前后。

张春芝等(2016)曾以早熟品种与晚熟品种为材料，研究了4个不同播期对油葵农艺及产量性状的影响。结果表明，播期越晚，植株长得越高，茎秆越细；从葵盘大小变化上可看出，6月中旬之前播种越晚葵盘越大，6月下旬播种则变小。产量也表现出与葵盘相似的变化规律。因此，冀东滨海盐碱地区适宜的播期应为6月上中旬。

王德兴(2010)研究夏播情况下，不同熟期油葵杂交种的产量潜力各不相同，各地在选择适宜品种时应充分考虑所选杂交种的生育期与当地的有效生长期相一致，在热量充足时，选种生育期较长的杂交种更易获得高产，否则选择生育期较短的杂交种则较为稳妥。

综上可知，对于油葵籽实产量、品质和其他各主要农艺性状的表现，不同品种表现出一定的差异，但农艺措施特别是播期起着更为重要的作用。要达到预期的产量、品质和其他性状指标，必须采用良种与良法相结合，即在生产实践中选用优良的油葵品种，并辅之配套的栽培技术措施，特别是播种期。适时播种有利于油葵各生育期经历更为适宜的温度条件进而提高产量。因此，不论是从提高产量、增进品质还是从改良综合农艺性状的角度，都应当适时早播而不是晚播。

(三)合理密植

油葵在不同栽培密度的情况下，百粒重、单位面积产量、生物产量均表现出明显的差异。不同行距对产量有一定影响。适宜株行距为作物群体提供一个合理的几何结构，能改善植株间的环境条件，最大限度地发挥增产优势。在一定密度范围内经济性状对群体影响不大。每公顷的株数则成了影响产量的关键因素。肥力高的地区宜稀，干旱地区和薄地种植密度宜大。

王德兴等(2010)在2008年的实验中，通过对夏播4个不同熟期的油葵杂交种在5种不同种植密度条件下小区籽粒产量的分析，结果表明，不同熟期的油葵杂交种的产量潜力不同，在播期一致的情况下，参试杂交种籽粒产量平均效应的优劣顺序为F53＞F51＞F57＞840，生育期较长的杂交种F53的籽粒产量要明显高于生育期较短的F57，同时也高于生育期比其长的840，略高于生育期较短的F51；种植密度是影响夏播油葵杂交种籽粒产量的重要因素之一，且不同熟期的油葵杂交种获得最高产量的最佳种植密度不同，早熟杂交种的最佳密度较大，晚熟杂交种的最佳种植密度较低。

石必显等(2011)曾介绍，通过研究不同密度下新葵18号的干物质积累、叶面积及叶面积指数、产量和含油率，分析种植密度对新葵18号生长发育及产量和品质的影响。调查不同种植密度下新葵18号的生长数据，计算不同处理的干物质积累、叶面积、叶面积指数和产量，并测定含油率。结果是种植密度对新葵18号的生长发育有着显著影响，低密度处理(4000株/亩)的单株叶面积较高，高密度处理(5500株/亩)的叶面积指数较高，产量、含油率和单位面积干物质积累方面以处理5000株/亩的值最高。产量随密度的增大而增加，但密度超过5000株/亩后，产量则表现出减少的趋势。试验结论是适宜的种植密度可以调节新葵18号个体发育，最大限度地发挥群体效应，在新疆5000株/亩是新葵l8号的适宜种植密度，可以取得较高的产量和较好的品质。

鲍瑞等(2012)介绍了他们在2008—2009两个年度的试验。在沙田条件下研究不同种植密度对油葵生长发育规律、光合特性及产量的影响。结果表明，在500株/亩、1500株/亩时油葵株高最高；在1500株/亩时叶面积指数达到最大，净光合速率也高于其他密度，但蒸腾速率显著低于其他密度；从产量的表现上看，1500株/亩、2000株/亩时产量较高，显著高于500株/亩、750株/亩、1000株/亩，并且1500株/亩的水分利用率最高，说明作物产量与水分利用率有显著的正相关性。回归分析表明，沙田油葵产量最高的种植密度是1631株/亩。因此，初步认为在宁夏中部干旱带沙田种植油葵适宜的密度以1500～1631株/亩为宜。

柳延涛等(2016)曾设置5个种植密度，探讨不同种植密度对新葵9号植株性状及产量构成因素的影响。试验结果表明，新葵9号适宜的种植密度为67500～75000株/hm^2，生产中可适当调节种植密度提高新葵9号产量。

综上所述，密度是影响油葵籽粒产量的重要因素之一，只有适宜的密度，即合理密植才能获得最高的经济产量。同时，不同熟期的油葵杂交种都有适合自己的最佳种植密度，密度太小则不能发挥杂交种的最大群体产量潜力，密度过大又不能获得高产，从生育期的角度而言，不同熟期油葵杂交种的产量潜力各不相同，早熟品种的最佳密度应大些，晚熟品种的最佳密度应小些。最合适定植密度建议早熟品种每亩定植4466株左右，中早熟品种每亩定植3706株左右，中熟品种每亩定植密度3173株左右，晚熟品种每亩定植密度为2780株左右。在此密度范围，各地种植油葵要想获得最高的籽粒产量和最大的经济效益，应综合考虑品种、密度、土壤肥力状况、气候等多因素结合，才能使植株个体生长发育比较充分、生长健壮，褐斑病、锈病、菌核病比较轻，籽粒比较大、灌浆饱满、产量高，经济效益比较好。

四、田间管理

(一)定苗和中耕

1. 定苗

向日葵出苗时间与播种时期相关,一般春播向日葵 10～12 d 出苗、夏播向日葵 6～7 d 出苗。出苗后若发现有缺苗断垄现象要及时查田补苗。随着耕作技术和向日葵种子质量的提高,正常情况下缺苗断垄现象较少,但在特殊地区如盐碱地、干旱地、鸟虫鼠害严重地区或者特殊气候如干旱、多雨季节,要及早预判可能出现的缺苗现象。若可能会出现缺苗现象,尽早育苗,最好是播种同时预先在行间地头播好预备补栽用苗。向日葵苗期根系发育较快,移栽后成活率较高,如带土、坐水,一般成活率可达 90%以上。补栽一般在 1 对真叶时进行,此时幼苗只有 1 条主根,便于移栽,否则苗大了容易伤根,耽误生长。

向日葵苗期生长快,发育早,如果间苗不及时,幼苗间互相争夺养分、阳光、水分,会影响小花分化,造成减产。试验表明间苗越晚,产量越低。若以 1 对真叶期间苗的产量为 100,5 对真叶期间苗的产量则降为 57。因此,应在 1 对真叶期间苗,把拥挤的苗疏开,每穴留 2 苗,2～3 对真叶期定苗,每穴留 1 株。但目前的机械化播种,采用出苗率高的优质杂交种,一般出苗整齐且以气吸式播种机播种,每穴 1～2 粒的点播则间苗定苗比较简单。对于虫害严重、盐碱地较重的地块,为防止死苗缺苗,定苗时间可适当晚些,但不要超过 3～4 对真叶。

2. 中耕

中耕主要包括除草、松土和培土,中耕次数视田间状况一般进行 2～3 次,结合间苗、定苗、施肥等同时进行。第一次中耕在向日葵长出 1～2 对真叶时结合间苗、定苗进行,本次中耕要浅、要细。第二次中耕在定苗后 7～8 d 进行,起到保墒防旱、促苗壮苗的作用。第三次中耕在封垄前进行,本次中耕要深,可以结合追肥进行,能使植株抗倒性增强,并起到晒根和促进气生根发育的作用。中耕锄草是向日葵田间管理的重要一环,在向日葵生长期间适时进行中耕除草,可以调节土壤水、气、热的状况,破除地表板结,改善土壤状况,消灭杂草,蓄水保墒。盐碱地中耕还可打破土层,使幼苗少受盐碱害,为向日葵生长发育创造良好的条件。

(二)科学施肥

1. 常规施肥

向日葵生长需要的营养元素很多,主要分为大量营养元素、中量营养元素和微量营养元素。大量营养元素如 C、H、O、N、P、K;中量营养元素如 Ca、Mg、S;微量营养元素如 Fe、B、Mn、Cu、Zn、Mo、Cl,但需要量最大的是 N、P、K。向日葵是一种需肥较多的作物,苗期生长量小需肥量也少,现蕾、开花期后生长加快需肥量也开始增大,现蕾至开花期是向日葵的需肥高峰期,所需营养约占整个生育期的 3/4。科学施肥、经济用肥,是增加向日葵产量、降低生产成本的重要措施之一。施肥必须根据向日葵营养吸收特性、土壤肥力水平、当地气象因子以及栽培条件综合考虑。根据具体情况制订相应的肥料种类、施肥时机、施肥方法和施肥数量等施肥计划,才能充分发挥肥料的效果。

对不同地区油葵的需肥量学者们进行了大量的研究。费政军等(2016)曾对新疆温泉县低肥力油葵种植区油葵的需肥量进行了研究。结果表明,在氮、磷、钾肥的施用量分别达到纯 N9.24 kg/亩、P_2O_5 4.55 kg/亩、K_2O 1.32 kg/亩时,产量达到 220.44 kg/亩,经济效益最好。

王蓉等(2014)在宁夏中部干旱地区进行了油葵肥料试验。结果表明,氮、磷、钾养分积累均呈"S"形曲线,符合 Logistic 方程。成熟期时,氮、磷、钾总积累量均分别达到 47.99 g/株、35.45 g/株、152.30 g/株。施氮量在 6～18 kg/亩时,均促进油葵对氮、磷、钾的吸收。其中,100 kg 籽粒所需 N、P_2O_5、K_2O 范围分别是 5.68～6.19 kg、4.32～4.62 kg、14.82～21.20 kg,三要素(N ∶ P_2O_5 ∶ K_2O)平均比例为 1.00 ∶ 0.76 ∶ 2.93。当施氮量为 10.53 kg/亩时,产量达最高值 221.02 kg/亩,但最佳经济效应施氮量为 9.54 kg/亩,其产量可达 220.48 kg/亩。徐苗等(2017)也研究了宁夏干旱区不同施氮量对油葵产量的影响。结果表明,与不施肥处理比较,增施氮肥促进油葵地上部的养分吸收,且随着施氮量的增加,地上部吸氮量先增后减,随着施氮量的增加,氮肥利用率呈降低趋势。综合考虑作物产量、氮肥利用率及经济效益等因素,在宁夏中部干旱区种植油葵的适宜施纯氮量为 270 kg/hm^2。刘润萍(2012)等研究了在盐碱地油葵的需肥规律。结果表明,油葵从土壤中吸收氮、磷、钾的比例为 4 ∶ 1 ∶ 9,生产 100 kg 籽粒,需 N 7.4 kg、P_2O_5 1.8 kg、K_2O 17.6 kg。

(1)合理施用基肥　基肥的作用在于使向日葵出苗后,就能从土壤中吸收较为充足的养料,同时在各个生育阶段也能随时供给一定养分。因此,底肥需施足。由于磷、钾肥在土壤中移动较小,不容易流失和挥发损失,应以底肥为主,而氮肥由于容易流失和挥发,采用分次追肥最好,可以提高氮肥利用率和增产效果。基肥的施用方法有撒播、条播、穴播等,不同地区有不同的耕作习惯。在肥料充足的地区,耕作习惯以撒播为主。条件较差、肥料缺乏地区或者复播时采取条播或穴播,这样肥料集中在根部周围,便于生长过程中吸收利用,但起不到培肥地力的作用。

不少研究发现合理施用基肥能提高油葵的产量和品质。徐苗等(2017)研究了不同培肥方式对油葵产量和品质的影响。结果表明,化肥配施有机肥可提高油葵籽粒油酸、硬脂酸含量,降低亚油酸、棕榈酸含量。化肥与有机肥配施有利于油葵产量的提高和品质的改善,其中化肥配施生物炭 3000 kg/hm^2 效果最好,其次为化肥配施羊粪 37500 kg/hm^2。闫丽华(2016)曾对油葵进行了控释肥田间扩展试验。研究发现,播前一次性撒施控释肥比常规施肥增产 5.8%,产投比高出 21%。段玉等(2018a)比较了氯化钾和硫酸钾施用时期对向日葵产量和品质的影响。研究发现,钾肥一次基施的效果与基施加一次追施或两次追施的效果没有差异,河套地区向日葵种植可选用氯化钾全部基施。靳存旺等(2015)研究发现,采用缓释尿素一次施用可以代替普通尿素基施加追施,而且缓释尿素一次施用的肥料利用率显著提高。缓释尿素一次施用向日葵的茎粗、盘径、单盘结实数、结实率、千粒重和籽仁率都有所增加。

(2)适时追肥　出苗后到成熟期间施用的肥料为追肥。追肥一般以氮肥为主,配合使用一定量的钾肥。向日葵虽然是一种抗干旱耐瘠薄的作物,在瘠薄的土地上也能正常生长和成熟,但水肥充足有利于提高向日葵产品的产量和质量。向日葵植株高大,要保证和发挥向日葵良种的特点达到高产和稳产,恰当的追肥是必不可少的。越是土壤肥力状况不好的地块施肥得当增产效果越明显,但若施肥不当,可能造成茎叶徒长、贪青晚熟或品质较差。追肥的数量和种类需要根据不同时期生长所需营养和土壤供肥、气象条件以及基肥施用情况来定。郑洪元等(2020)认为,向日葵现蕾至开花期是生长旺盛时期,施足基肥的在 7～8 对叶时追肥效果较好,施用量为磷酸二铵、硫酸钾各 10～15 kg/亩。孙晓波(2013)指出,穴施可在距葵花根茎 10～15 cm 处开 8 cm 深穴,一般每公顷追施尿素 105～150 kg、氯化钾 150 kg。李为萍(2013)研究发现,追施氮肥需灌入适量的水才有利于油葵蛋白质和有益脂肪酸的合成;当灌水超出肥料在土壤中的溶解、水解、吸收、运转等需求时，多余的水分对蛋白质在典型期与成熟期的合成都是不利的；当灌水所构成的水土环境不能够满足施入尿素有效化的需求，则多出的肥料相当于加重土壤的含盐程度，对蛋白质、不饱和脂肪酸、亚油酸的合成也是不利的。王靖(2014)研究了不同施肥措施对向日葵产量的影响。结果表明，穴施优于撒施，两次追施氮肥向日葵产量最高，达到 7431 kg/hm^2，比当地习惯施肥(底肥为40%氮，追肥为60%氮)增产 9.58%。

(3)钾肥的施用　近年来，在中国许多地区存在氮肥和磷肥部分施用过多的现象，却忽略了钾肥的施用，造成钾素供应不足。因此，合理补充钾肥对农业的可持续发展具有十分重要的意义。不少学者对钾肥种类、施用时期、施用量等因素对向日葵产量和品质的影响进行了研究。

曾骏等(2019)分析了钾肥种类和施钾时期对油葵产量及品质的影响。结果表明，KCl 和 K_2SO_4 这两个钾肥品种对盘径千粒重、粗脂肪含量、产油量和亚麻酸含量间没有明显的差异。与施用 K_2SO_4 相比，施用 KCl 的产量在 2014 年显著增加。施钾时期对油葵的盘径和亚麻酸含量没有显著影响，但对油葵的千粒重、出仁率产量、蛋白质含量、粗脂肪含量、产油量、油酸、亚油酸影响显著。钾肥的最佳施用时期为基施。油葵产量与盘径千粒重、出仁率有显著的正相关关系，与油酸、亚油酸之间存在负相关关系。

段玉等(2018b)也进行了钾肥品种和施用时期对向日葵产量及品质影响的田间定位试验。3 年的试验结果表明，河套灌区向日葵种植中施用钾肥可以显著增加籽实产量，提高籽实蛋白质含量和油分含量。氯化钾和硫酸钾效果相当，全部钾肥一次基施的效果与基施加一次追施或两次追施的效果没有差异。综合考虑钾肥价格和劳动力投入，河套地区向日葵种植推荐选用氯化钾全部基施。

贾莹(2017)研究了河北省邢台市潮土亚类区钾肥不同施用量对春播油葵产量的影响。结果表明，增施钾肥能显著提高油葵的产量，增产量在 13.4～20.1 kg/亩，增产率达 5.8%～8.6%。通过对钾肥用量及产量进行线性回归分析，其线性相关性显著，亩施 8.86 kg 的 K_2O 为邢台市潮土亚类区域油葵钾肥的经济施用量。为了提高油葵的产量，增加经济效益，必须重视并合理施用钾肥。

郭鑫年等(2018)也研究了钾肥用量对油葵产量、钾肥利用效率及经济效益的影响。结果表明，增施钾肥可显著提高籽粒千粒重，降低籽粒空秕率，平均增产率为 8.0%。综合考虑产量、钾肥利用效率、经济效益及地力培肥，宁夏引黄灌区油葵的适宜钾肥施用量以 78.5～135.0 kg/hm^2 为宜。

党柯柯等(2017)研究表明，氮、磷、钾配施处理油葵产量可达 303.92 kg/亩，比对照增产 23.19%，钾肥可促进粗蛋白、硬脂酸、亚油酸在籽实中积累，降低粗脂肪、棕榈酸、油酸在籽实中的含量。

通过上述研究结果可以看出，合理施用钾肥可以提高油葵的产量，并能增加油葵中蛋白质和亚油酸的含量，综合考虑产量和经济效益，种植油葵可选用氯化钾全部基施。

(4)控释肥的施用　控释肥是以颗粒肥料(单质或复合肥)为核心，表面涂覆一层高分子聚合物包膜，可定量控制肥料中养分释放数量和释放期，使养分供应与作物生长发育的需肥规律协调一致的包膜尿素和包膜复合肥。控释肥料中养分的释放速度不受土壤水分含量、环境 pH 值及微生物活性等因素的影响，只受包膜的厚度和环境温度控制，其中环境温度影响最大。水分虽不影响控释肥养分的释放速率，但水分是养分释放后运输的必要条件，控释肥料养分通过养分浓度差异从膜内向膜外扩散，依靠土壤中充足的水分通过质流或扩散运输到根系，供作物吸收。不少研究发现，与常规施肥相比，施用控释肥具有使油葵增产的作用。闫丽华（2016）对油葵进行了控释肥（N：P_2O_5：K_2O=30：6：12）田间扩展试验。结果表明，当施肥量均为 600 kg/hm^2 时，控释肥处理比常规施肥增产 5.8%，产投比高出 21%，控释肥对油葵增产增收效果明显。闫素珍等（2018）研究发现，在临河区盐碱地种植向日葵，使用土壤改良剂和释肥后，不仅土壤 pH 值和电导率下降，并且向日葵的出苗率增加 30.1%，产量增加 132.2%。高谊（2014）等研究表明，油葵施用控释肥后，盘粒数、盘粒重和千粒重与常规施肥相比，均有不同程度提高，比常规施肥增产 522 kg/hm^2。

（5）微生物肥料的施用　微生物肥料是由一种或数种有益微生物经工业化培养发酵而成的生物性肥料，其最本质、最显著的特征在于它是一种活的、有生命的肥料。通常把微生物肥料分为两类：一类是通过其中所含微生物的生命活动，增加植物营养元素供应量的微生物肥料，其代表品种是菌肥；另一类是广义的微生物肥料，它包括微生物活动产生的次生代谢物质。

微生物肥料的作用：一是增加土壤肥力，这是微生物肥料的主要功效之一。如各种自生、联合、共生的固氮微生物肥料，可以增加土壤中的氮素来源；多种解磷、解钾微生物的应用，可以将土壤中难溶的磷、钾分解出来，从而能为作物吸收利用。二是产生植物激素类物质刺激作物生长。许多用作微生物肥料的微生物还可产生植物激素类物质，能刺激和调节作物生长，使植物生长健壮，营养状况得到改善。三是对有害微生物起到生物防治作用。由于微生物在作物根部大量生长繁殖，形成作物根际的优势菌，限制了其他病原微生物的繁殖机会，使作物病虫害的发生率降低。

随着市场上对绿色环保生物肥料的需求，近年来，微生物肥料得到了迅猛发展。目前，微生物肥料可用于拌种、浸种、蘸根，还可作为底肥和追肥。但微生物肥料的施用方法比化肥、有机肥更严格，因此，要注意以下 3 点：一是避免长期放置，开袋后尽量一次用完；二是避免在高温干旱条件下施用（高温和干旱会影响微生物菌群的生存和繁殖，不能使肥料发挥其良好的作用）；三是避免与未腐熟的农家肥或过酸碱的肥料混合施用。目前，黑龙江省科学院微生物研究所研制的福太尔微生物菌剂在向日葵等经济作物中有一定的应用。福太尔微生物菌剂是以枯草芽孢杆菌为主的高活性微生物菌肥，可用作向日葵浸种或在向日葵苗期进行喷洒，可有效防治植株根部传真菌病的侵染，促进向日葵生长，提高产量。

2. 盐碱地施肥

盐渍土是土壤经过盐化、碱化后形成的，含有的盐碱成分使土壤物理性质、化学性质发生改变，导致土壤易板结，有效营养成分缺乏，不利于植物的生长。目前，土地盐碱化问题在世界 100 多个国家存在，面积高达 9.55×10^6 km^2，是备受关注的世界性问题。

向日葵是中国四大油料作物之一，具有种植方式简单，耐盐碱、耐干旱等特点，在干旱少雨及盐碱地区广泛种植。油葵虽然不是盐生植物，却具有很好的耐盐性，这可能是由于向日葵有宽大的叶片能够遮挡阳光直射到地面，使得土壤水分的蒸发减慢，有效地抑制了盐分的积累，而且向日葵有发达的根系，可在干旱或盐碱胁迫逆境中吸收水分和营养，能够满足自身对水分和养分的需要。盐碱胁迫是影响作物出苗及生长的主要因素，油葵在种子萌发和出苗阶段表现出很强的耐盐性，100～300 mmol/L 的氯化钠胁迫对油葵的出苗率及出苗影响不大。有研究表明，油葵等耐盐植物能够改善土壤物理性质（使土壤容重减小、土壤孔隙度增加），还能增加土壤有机质含量，并能够改善土壤微生物环境。

针对盐碱土地上如何合理施肥来提高油葵的产量和品质，不少研究可供参考。代晓华等(2010)采用裂区设计，研究宁夏西大滩地区不同碱化度梯度土壤施用脱硫废弃物对油葵生长发育及产量的影响。结果表明，在一定农艺措施下，施用脱硫废弃物后可以提高油葵的出苗率，其株高、盘径大小、千粒重增加，秕粒率降低，产量增加。王长军等(2015)探讨了淡灰钙土条件下不同配比施肥对油葵及土壤养分的影响。结果表明，不施无机氮肥的处理株高相对偏低，且与对照相比增产不显著，在当地淡灰钙土条件下，必须施无机氮肥。党柯柯等(2017)探讨了盐化土壤氮、磷、钾肥对油葵产量和籽粒品质的影响。结果表明，氮、磷、钾肥的施用可以改善油葵籽粒的品质。氮肥促进粗蛋白、粗脂肪、棕榈酸、油酸在籽粒中的积累，降低硬脂酸、亚油酸在籽实中的含量；磷肥促进油酸在籽实中的积累，降低粗蛋白、棕榈酸、硬脂酸、亚油酸在籽实中的积累；钾肥促进粗蛋白、硬脂酸、亚油酸在籽实中的积累，降低粗脂肪、棕榈酸、油酸在籽实中的含量。

3. 施肥的生态效应

肥料的应用是作物产量得到迅速提高的重要原因之一，但大量施肥可能会破坏生态环境。近年来，施肥对生态环境的影响已成为广大科学工作者关注的焦点。总体来说，过量施肥会造成温室气体的大量排放和水体的富营养化。温室气体变多会使地球表面变热，引发冰川融化、气候带北移等生态问题。甲烷(CH_4)是仅次于二氧化碳的温室气体之一，长期秸秆还田或施用有机肥会降低土壤的氧化还原电位(Eh 值)，刺激土壤中产甲烷微生物的活性，从而增加空气中甲烷气体的排放量，威胁人类赖以生存的生态环境。而长期施用氮肥，农田渗漏水中的硝态氮和亚硝态氮则会污染地下水，并导致水体富营养化。据研究，河流、湖泊等水体中硝态氮含量的增加和水体富营养化 50%以上是由于长期不合理施用氮肥造成的。此外，氮肥的施用还会增加农田生态系统中 NO、NO_2、N_2O(氧化亚氮)等温室气体的排放量。N_2O 是一种增温潜势大、大气滞留时间长、破坏臭氧能力强的温室气体，它主要来源于土壤微生物反硝化过程，受土壤氮素限制，自然条件下反硝化过程释放的 N_2O 有限，然而粮食生产过程中氮肥的大量使用正在不断加剧土壤反硝化作用。已有研究证实，无机氮肥添加与 N_2O 排放存在显著的线性正相关关系，氮肥的大量使用是造成农田土壤 N_2O 排放增加的直接原因。陈哲等(2015)基于宁夏河套地区典型冬小麦—油葵复种农田生态系统，通过测定后茬作物(油葵)种植期内土壤 N_2O 通量变化，研究长期有机肥与无机肥配施对后茬作物土壤 N_2O 排放的影响。结果表明，前茬施肥对后茬油葵土壤 N_2O 排放具有显著的刺激效应，施肥处理下油葵生长季内 N_2O 总累积排放量高达 1242.5～796.7 g/hm^2，是对照组的 4.67～2.99 倍。受干旱影响，土壤水分是控制油葵田土壤 N_2O 排放的主要环境因素。从上述研究结果看，氮肥的大量使用对生态环境的影响最大，人们需综合考虑作物产量和生态环境的平衡关系，结合土壤环境合理施加氮肥。

(三)合理灌溉

在油葵生长发育的关键需水期若无天然降水或降水不足，需要进行补充灌溉；在绿洲农业区，则必须进行灌溉，没有灌溉就没有农业。

1. 灌溉方式

灌溉指用水浇地。有多种灌溉方式，常用的有畦灌、喷灌等，从节水灌溉考虑，一般提倡滴灌。

张会梅等(2016)采用单因子随机区组试验方法，在内蒙古阿拉善左旗巴彦浩特镇希泥套海嘎查村进行了干旱地区不同灌水方式对油葵生长及水分利用效率的影响试验。结果表明，膜下滴灌出苗比露地滴灌早 3 d，全生育期内膜下滴灌的株高、叶面积指数和干物质积累量均高于覆膜微喷、管灌、覆膜沟灌和露地滴灌，且产量分别提高了 42.53%、7.03%和 27.01%。膜下滴灌群体水分利用效率比露地滴灌、覆膜微喷和管灌＋覆膜沟灌分别增加 47.48%、11.18%和 31.26%。

王建阳(2019)研究了内蒙古河套灌区不同灌溉方式对向日葵保苗率、株高及产量的影响。结果表明，黄灌＋无膜处理和滴灌＋无膜处理对向日葵保苗率比黄灌＋窄膜对照分别降低 10.33%和 11.34%；滴灌＋宽膜处理对向日葵株高影响最大，比黄灌＋窄膜对照增加 28.04%；滴灌＋窄膜处理对向日葵产量影响最大，比黄灌＋窄膜对照增加 8.76%。

张永宏等(2017a)通过研究油葵不同灌水方式对土壤水分、盐分含量的变化和经济效益比较，找出了最佳的灌溉模式。结果表明，灌水 2 次(开花期、灌浆期各 1 次)在降低 0～20 cm 土层土壤盐分含量、pH 方面效果最好；灌水 2 次处理与对照相比，油葵产量提高了 91%，经济效益提高了 117%，是油葵最佳的灌溉模式。

张永宏等(2017b)研究了不同灌水覆膜方式对盐碱土壤水分、盐分迁移过程及其对油葵产量的影响。结果表明，采用滴灌＋覆膜种植油葵能降低土壤蒸发量，有效控制地表返盐，抑制盐分表聚，能为油葵根系生长提供低盐环境，滴灌＋覆膜处理产量比漫灌＋不覆膜增产 8.8%。

2. 畦灌和沟灌

畦灌是指在田间筑起田埂，将田块分割成许多狭长地块——畦田，水从输水沟或直接从毛渠放入畦中，畦中水流以薄层水流向前移动，边流边渗，润湿土层。畦灌区对土地地势要求较为严格，在复杂地形中会导致灌溉水量不均匀，地势较高的作物无法满足需水要求，且畦灌属于大面积灌溉方式，大部分水量会下渗和蒸发。张彦群等(2013)分析了水平畦灌条件下不同灌溉制度对土壤水分、油葵生长生理指标、产量及水分利用效率的影响。结果表明，油葵生育期内灌溉计划湿润层为 0～40 cm 时，可满足其水分需求；丰水年宁夏中部干旱带油葵畦灌的优化灌溉制度为灌水 4 次，每次灌水定额 600 m^3/hm^2，在保证产量的基础上，作物耗水量可降低 20%以上，水分利用效率提高约 20%。

垄作沟灌是通过改变地表微地形，协调水、肥、气、热关系，促进作物生长，降低耕作对农田环境影响的一种与灌溉相结合的实用技术。垄作沟灌可减少灌水定额，提高降水和灌溉水利用率。吕明山等(2019)为研究油葵在垄膜沟灌条件下的产量及水分生产效益，通过设定不同灌水定额，分析了不同灌水处理对油葵干物质积累、产量、水分利用效率、耗水特性的影响。结果表明，总灌溉定额 2550 m^3/hm^2、全生育期灌水 5 次时，油葵产量较常规覆膜畦灌平均增加 2.86%，节水 23.62%，灌溉定额降低 195.0 mm，生育期耗水降低 117.1 mm，水分生产效率为 2.68 kg/m^3。斯庆高娃(2019)试验设置 3 个梯度的灌溉定额：6600 m^3/hm^2(T1)、7200 m^3/hm^2(T2)、7800 m^3/hm^2(T3)，通过田间定位试验研究不同灌溉定额对盐渍土含水率、含盐量及盐分离子的影响。试验结果表明，起垄沟灌有利于油葵生长，T3 处理下油葵的产量最高(2.51 t/hm^2)；0～60 cm 土层垄沟内土壤含水率比垄顶平均高 19.6%、土壤含盐量比垄顶平均低 21.8%。但试验区地处中国西北干旱区，农业水资源有限，灌水量过多不利于提高水分生产率，还会增加发生次生盐渍化的风险。因此，沟灌灌溉定额为 7200 m^3/hm^2 适宜于改良该地区盐渍土。

3. 滴灌和膜下滴灌

滴灌是将水一滴一滴地、均匀而又缓慢地滴入植物根系附近土壤中的灌溉形式，滴水流量小，水滴缓慢入土，可以最大限度地减少蒸发损失。滴灌条件下除紧靠滴头下面的土壤水分处于饱和状态外，其他部位的土壤水分均处于非饱和状态，土壤水分主要借助毛管张力作用入渗和扩散。但如果滴灌时间太长，根系下面可能发生浸透现象。滴灌水压低、节水，可以对每棵植物分别灌溉，但对坡地需要有压力补偿，用计算机可以依靠调节不同地段的阀门来控制，关键是控制调节压力和从水中去除颗粒物，以防堵塞滴灌孔。水的输送一般用塑料管，应该是黑色的，或覆盖在地膜下面，防止生长藻类，也防止管道由于紫外线的照射老化。滴灌也可以用埋在地下的多孔陶瓷管完成，但费用较高。

膜下滴灌是一种有机结合覆膜种植技术和滴灌节水技术高效节水节肥灌溉技术。研究表明，通过膜下滴灌技术能够促进油葵水肥一体化，提高水肥利用效率，节水可达到50%以上，节肥可达到20%以上。覆膜种植技术能抑制土壤水分蒸发，使土壤水分循环在膜下进行，有利于热量传递，与无膜灌溉相比，具有增温保墒保水、防止土壤板结、减少杂草、防止虫害等诸多优点。滴灌技术可将水溶性肥料与水充分混合进行有效过滤后，通过控制灌水管道系统进行均匀、适时适量、定点滴入作物根区土壤环境中，促进根区吸收，与大水漫灌方式相比，具有施肥方便、减少深层渗漏、防止土壤盐渍化，有效提高灌溉水利用率的作用。

近年来，不同研究发现滴灌对油葵的生长发育和产量有显著的影响。张斌等(2018)研究表明，采用膜下滴灌技术，可使油葵籽粒产量达3750 kg/hm^2，较常规种植增产750～1500 kg/hm^2。王振华等(2016)研究表明，不同灌水定额对油葵株数、株高、叶面积指数和产量均产生显著性影响，采用中等灌溉量可以满足节水和增产的双重目标。灌水量和油葵产量只是在一定范围内呈现正相关。在水分亏缺条件下的增产幅度比充分灌溉条件下的增产幅度大，这说明滴灌覆膜在水分亏缺条件下增产效应更显著。齐瑾辉(2016a)研究表明，油葵主要根系分布区域深30 cm左右，灌溉水分下渗到50 cm以下后只有少量被油葵根系吸收利用，适时适量地灌溉对提高油葵抗性和长期生长能力有利。滴灌灌水对土壤有一定的增温作用，在灌水结束后数小时内使10～70 cm土层土壤温度稳定在20～25 ℃，有利于主要根系的生长和吸收；而灌水结束后3～5 d内，表层土壤温度显著降低，对油葵主要根系有一定的"冲击作用"。合理安排滴灌灌水周期，适当结合覆盖技术，可以达到提高冷凉地区油葵灌水质量的目的。杨宏羽等(2015)研究发现，膜下滴灌保墒效果较好，土壤水分地温变化平稳，有利于油葵生长；适宜的灌溉定额条件下(灌溉定额288 mm，灌溉8次)，油葵单盘籽粒质量，百粒质量均较高，产量较对照平均增加6.03%，节水32.7%，生育期耗水降低158.9 mm，水分利用效率提高56.8%，水分生产率达8.0元/m^3，净收入增加8.9%。与传统覆膜畦灌相比，膜下滴灌处理整个生育期耗水强度较对照均降低1.0 mm/d以上，能有效降低棵间无效蒸发，减少生育期耗水，改善土壤水热状况，提高作物产量、水分利用效率和经济效益，是一种经济可行、易于推广的节水方法。

4. 灌溉水质

向日葵生长所需用水主要是天然降水和灌溉水。灌溉水源分为地面水和地下水。地面水以河川径流、湖泊和汇流过程中拦蓄起来的地面径流为主；地下水主要是指浅层地下水。然而淡水资源匮乏是世界性问题，对农业生产和生态环境均构成了严重威胁。中国微咸水资源分布广泛，合理开发利用微咸水资源已成为微咸水分布地区解决水资源短缺的一条有效途径。

国内外大量研究和实践证明，只要采取适当措施，以可持续利用为指导准则，完全可以利用咸水和微咸水灌溉作物，达到作物抗旱增产的目的。李强等(2016)曾以油葵品种美国超级矮大盘为试验材料，以淡水灌溉为对照，研究了不同矿化度咸水灌溉下油葵生长和叶片生理生化特性的变化。结果表明，微咸水灌溉处理的油葵生长指标(株高、叶数和花盘直径)和叶绿素含量均小于对照，且指标值均随灌溉水矿化度的增加而逐渐降低。当用矿化度小于 6 g/L 微咸水进行灌溉时，油葵叶片质膜相对透性、丙二醛含量和脯氨酸含量均大于对照，其中，油葵叶片质膜相对透性增大和脯氨酸等渗透调节物质含量升高有利于提高油葵植株的抗逆性。因此，可以在地下水矿化度低于 6 g/L 的区域种植油葵，或使用矿化度低于 6 g/L 的微咸水灌溉油葵。毕远杰(2014)研究表明，当花期灌溉水矿化度大于 3 g/L 时，油葵不同程度地减产，花期水矿化度越大，其减产程度越大，但花期缺水的减产量均大于各微咸水处理。陈鸿等(2010)等曾在固海扬水灌区进行 4 种作物 6 种水质处理的灌溉实验。结果表明，4 种作物均可采用黄河淡水与地表咸水掺混灌溉，且混合水矿化度在小于 3 g/L 时 4 种作物均能安全生长，其中，油葵安全丰产的灌溉水矿化度在 2.5 g/L 以下。土壤盐分会因灌溉水的矿化度增高而升高，但冬灌利用黄河淡水轮灌洗盐，土壤积盐与脱盐水平相当，且第二年春季基本不存在返盐现象。

5. 水肥耦合

为了提高油葵产量以增加经济收入，农民在油葵生长期往往会进行补充灌溉。大量研究表明，最佳的灌溉量和灌溉时期与当地的降水情况密切相关，同时灌溉和施肥也存在明显的协同效应。在水分充足的条件下，施肥会提高作物蒸腾效率和水分利用率，促进作物生长，形成高产。然而，在降水偏少的年份，施肥对产量和水分利用效率的作用不明显，甚至会出现负效应。施肥和灌溉是对油葵进行田间管理的中心环节。水肥耦合是施肥和灌溉的有机结合，是综合性措施。

从世界范围来看，水肥耦合技术已成为广泛应用并向各个国家和地区不断推广的措施。阿根廷、美国和法国等国家在向日葵种植方面用到水肥耦合技术、有关于施肥模式和灌水模式的原则。美国按区域洲际划分，规定了 5～10 级施肥原则。法国和阿根廷针对农作物等规定了 5 级施肥标准，且说明了向日葵水肥耦合技术。国内对滴灌施肥对养分和水分的吸收运移规律及增产机理也有大量研究，但对油葵水肥耦合技术的研究并不多。何玲(2016)利用油葵产量数据建立的水肥回归数学模型表明，油葵产量对氮磷水单因素都表现为正效应，增产程度排序为：水＞氮＞磷，交互作用表现为氮水＞氮磷＞磷水，其中磷水交互为负效应。最优的水肥量为：N 投入量为 248.03 kg/hm^2，P_2O_5 投入量为 104.06 kg/hm^2，K_2O 投入量为 60 kg/hm^2，灌水量 888.05 m^3/hm^2，产量达 4918.15 kg/hm^2。权丽双等(2016)为了解水氮耦合对新疆北部石河子地区滴灌复播油葵生长和产量的影响，以大田试验为基础，结合室内试验，以当地油葵主栽早熟品种“新葵杂 5 号”为供试材料，在滴灌条件下进行水氮两因素三水平完全处理小区试验。结果表明，在灌水 3000 m^3/hm^2、纯施氮 232 kg/hm^2 水氮组合下，滴灌复播油葵的叶面积最大，株高在营养生长阶段最高，盘径、茎粗及干物质量均最大；结实率水平、单盘粒重、千粒重和产量均最高，分别为 96.97%、112.96 g、73.89 g 和 3597 kg/hm^2。以滴灌复播油葵产量为追求目标，综合考虑水氮耦合对其生长的影响，试验所在地区复播油葵建议的适宜灌溉定额和氮肥追施量分别为 3000 m^3/hm^2 和 232 kg/hm^2。张会梅等(2016)采用小区对比试验方法，对油葵水肥耦合效应进行试验研究。结果表明，在生育期降水量为 179 mm、底肥为

20 kg/亩二胺和 16 kg/亩的硫酸钾复合肥、灌水量为 350 m^3/亩、追肥量为 18 kg/亩时，其值达到 428.3 kg/亩，油葵产量达到最大，即高水低肥处理可作为最佳水肥耦合组合。

(四)防病、治虫、除草和应对环境胁迫

引起向日葵受害的因素包括生物胁迫和非生物胁迫。生物胁迫包括虫害、细菌、真菌、病毒、杂草等多种生物；非生物胁迫包括土壤、气候、栽培条件等。在病虫草害防治过程中，应坚持“预防为主，综合防治”的方针，创新病虫草防控方式，大力推广农业防治、生物防治和物理防治，推广绿色防控和统防统治，推广航空植保和精准施药技术，推广使用高效、低毒、低残留农药。

1. 病害及防治

向日葵病害种类主要分为真菌性病害、细菌性病害、病毒性病害三大类。其中真菌性病害主要包括向日葵霜霉病、向日葵锈病、向日葵黄萎病、向日葵菌核病、向日葵黑斑病、向日葵茎溃疡病、向日葵褐斑病、向日葵枯萎病、向日葵黑茎病、向日葵白粉病。细菌性病害主要包括向日葵细菌性叶斑病和向日葵细菌性软腐病。而关于向日葵病毒病的相关研究还处在起步阶段。

对于向日葵病害的防治措施主要有 3 种：一是选用抗病品种；二是加强栽培管理，包括不与毒源作物连作、及时清除杂草、加强水肥管理等；三是防治蚜虫、蓟马等传毒介体。

2. 虫害及防治

向日葵虫害主要包括地下害虫和地上害虫。其中地下害虫包括地老虎类、蛴螬类、金针虫类、蝼蛄类。地老虎属鳞翅目夜蛾科，对农作物适成危害的有 20 多种，不同地区优势种不同，危害向日葵的主要有小地老虎、黄地老虎和大地老虎。蛴螬是金龟总科的幼虫，危害向日葵的金龟子主要有黑绒金龟子、大黑鳃金龟子、暗黑鳃金龟子和铜绿金龟子。金针虫是叩甲科的幼虫，种类较多，分布广泛的常见种类有沟金针虫、细胸金针虫、褐纹金针虫等。蝼蛄属直翅目，常见的种类有东方蝼蛄和单刺蝼蛄两种。地上害虫包括向日葵螟、草地螟、桃蛀螟、潜叶蝇、烟粉虱、向日葵花蚤、双斑萤叶甲、甜菜夜蛾、棉铃虫、网目沙潜。由于向日葵虫害种类较多，需根据具体虫害类型进行防治。

3. 杂草及防除

杂草是长期适应当地作物、栽培、耕作、土壤、气候等生态环境及社会条件生存下来的植物类群，具有同作物不断竞争的能力，比作物更能忍受复杂多变的不良环境，不仅抢占作物生存空间，还会掠夺作物需要的水分、养分，影响作物正常生长，降低作物的产量和品质。

通过对向日葵田各种杂草发生的频率、均度、密度、田间危害性的调查结果表明，危害向日葵的主要杂草种类有藜、向日葵列当、菟丝子、田旋花、刺儿菜、苍耳、苣荬菜、小花鬼针草、马齿苋、狗尾草、旱稗等。

杂草防除主要包括杂草预防、农业防除、生物防除、化学防除四大类。杂草预防包括建立健全杂草检疫制度、清除农田杂草、高温堆肥。农业防除包括轮作倒茬、选用良种、耕作除草、人工除草、及时防治病虫害。生物防除是通过利用生物与生物之间存在的自然生态关系，通过一种或一类生物来抑制另一种或另一类生物，这是降低有害生物种群密度的一种有效并且环保的方法。化学防除首先应准确选择品种，严格掌握用量，选择最佳的施药时间。施药时注意环境温度和土壤湿度，在土壤湿度大的情况下，杂草生长旺盛，有利于除草剂的吸收和运转，除草效果好。

4. 应对环境胁迫

在向日葵的生长发育过程中主要是水分胁迫、温度胁迫、盐分胁迫和重金属胁迫等因素对其生长发育影响显著。

(1)水分胁迫　向日葵拥有发达的根系,能够深入土层,吸收利用深层土壤中的水分,茎秆内是充满海绵状的髓,能贮存较多的水分。此外,茎上密生刚毛,叶面有蜡质层,能减少水分的蒸腾,具有较强的抗旱性能。但由于向日葵植株高大,叶多而密,是耗水较多的作物,其吸水量是玉米的 1.74 倍。土壤水是农作物生长发育过程中重要的物质来源,缺水将引起向日葵体内水分平衡失调,各组织和器官的水分被重新分配,出现幼叶向老叶夺水的现象,促使下部老叶衰老、萎蔫,若干旱程度较重,即使外界补充水分后体内水分亏缺仍无法恢复常态,长时间萎蔫必将导致植株死亡。水分胁迫可通过播种浸种、合理耕作、适时灌溉施肥、采用覆膜、施用保水剂等措施防治。

(2)温度胁迫　向日葵是喜温作物,又是耐寒作物,它对不同气候条件都有很好的适应性。油葵出苗—现蕾最低需积温 640 ℃・d,现蕾—开花积温为 340 ℃・d,开花—成熟积温为 760 ℃・d。向日葵种子在地温 2 ℃以上即能开始萌动,4～5 ℃能发芽;一般地温 8～10 ℃即可满足其发芽、出苗的需要,但地温高出苗快。温度胁迫对向日葵的影响主要分为低温胁迫和高温胁迫。低温胁迫会造成向日葵产量下降,同时还能够诱导大面积病虫害,有时甚至造成部分绝产,严重影响产量和经济效益。应对低温胁迫的措施主要包括选择适宜的品种、适时夏种、多铲多趟、加强水肥管理等防御作物冷害。作物在花期受精期遭遇高温会导致配子畸形发育,影响受精过程,对开花授粉及产量影响更为严重。通过研究发现,39～40 ℃是向日葵叶片及花可溶性蛋白、可溶性糖及过氧化物酶活性进行自身调节的转折温度,因此 39 ℃是开展油用型向日葵高温热害气象服务的关键温度。而应对向日葵高温胁迫的措施主要有灌水降温、人工辅助授粉、根外追肥、加强田间管理等。

(3)盐分胁迫　盐害是农业生产最主要的非生物逆境之一,也是当今世界灌溉农业中的一个严重问题。随着工农业的发展,灌溉用水质量不断下降,土壤盐渍化不断加剧。向日葵对土壤要求较低,在各类土壤上均能生长,从肥沃土壤到旱地、瘠薄地、盐碱地均可种植,有较强的耐盐碱能力。土壤含盐量在 0.4%能全出苗;现蕾期,0～5 cm 和 5～10 cm 土层含盐量分别为 0.42%和 0.445%时,向日葵仍能生长正常。向日葵不仅具有较强的耐盐碱能力,而且还兼有吸盐性能。据研究,向日葵茎秆含氯化钠高达 0.5%左右。但土壤中盐碱度过高仍会对向日葵生长发育产生重要影响。盐分胁迫主要会对向日葵的品质特性、生理生化特性、产量产生较大影响。盐分胁迫对向日葵的含油率有抑制作用,大量研究结果表明,向日葵含油率受盐分胁迫随盐分浓度增加而降低;盐分胁迫会显著影响向日葵种子萌发率和抑制根系生长。作物群体叶面积、叶片水势和产量随土壤含盐量的增加而呈下降趋势,轻度盐土结合 55%～65%的水分处理较为适宜,含水量在 65%～75%时,含盐量在 0.3%～0.5%对油葵的生长及最终产量的形成影响不大,而含盐量超过 0.5%时,高水分处理也对油葵的生长及最终产量的形成产生严重影响,其产量是轻盐土的 57.39%,低水分处理减产率达 62.32%。不同生育阶段盐分水平对向日葵生长和产量的反应也不相同,苗期对盐分较为敏感,作物各生育指标对盐分的响应很大;现蕾期土壤中适量含盐,对苗期受盐分的影响有补偿作用。全生育期土壤盐分含量高于 5 mg/g 时,严重影响作物生长,最高减产率可达 45.52%。应对盐胁迫的措施主要包括整地与农田排水系统建设、秋浇春灌、储墒洗盐、施用盐碱土壤调理剂、选择耐盐碱性好的品种。

(4)重金属胁迫　随着中国工农业的高速发展，含重金属的污水大量排放，给人类的生存家园带来了严重的破坏。重金属难以降解是土壤重金属污染修复最大的问题。向日葵生长速度快，在重金属污染的土壤中具有较强的耐受性和吸收净化能力，成为植物修复研究的热点植物之一。重金属对向日葵生理的影响主要包括四方面：重金属对膜透性的破坏，重金属对光合作用的影响，重金属对呼吸作用的影响，重金属对向日葵生长发育的影响。

重金属在土壤中具有性质稳定、易于积累和不易除去的特点，通过食物链对人畜产生慢性中毒。土壤重金属污染防治应坚持预防为主、综合防治的原则，严格控制矿山粉尘、工业企业中含重金属废水和固体废弃物的排放。目前大多数治理方法尚在试验阶段，包括物理防治、化学防治、农业治理措施、生物防治等方式。物理防治即去表土换新土的方式；化学防治是利用改良抑制剂将游离态重金属变为固态重金属。如果土壤中的重金属污染无法得到有效治理，可改善耕作方式、规划农业种植区使重金属不直接进入到农作物中。利用生物来改善土壤，是备受污染区农民青睐的一种方式。其中生物是指植物，超富集植物是重金属的克星，该种植物在种植一段时间后，相关人员需要对周围土壤中重金属的含量进行监测，看其是否达到安全标准，如果达到，则可以将该种植物连根拔起，并将其投入到重金属回收作业中。

(五)花期和成熟期管理

1. 油葵产量构成因素

油葵是一种高产、高含油量的油料作物，其产量受多种基因控制，且易受环境因素影响，因此，明确各农艺性状对油葵产量的影响至关重要。近年来，研究者们对油葵各主要农艺性状的相关性进行了研究，由于试验材料和试验环境的不同，研究结果也有所不同。

张宝英等(2019)分析了油葵12个农艺性状与产量的相关性，结果表明，各性状与产量均呈正相关，依次为：单盘重＞粒宽＞百粒重＞株高＞粒长＞生育期＞盘粒数＞盘径＞籽仁率＞茎粗＞叶片数，其中单盘重、粒宽、百粒重、株高与产量呈极显著相关，粒长、生育期、盘粒数与产量呈显著相关。各性状对产量的直接作用从大到小排列为：粒宽＞盘粒数＞单盘重＞盘径＞百粒重＞叶片数＞籽仁率＞粒长＞茎粗＞生育期。其中粒宽、盘粒数、百粒重、茎粗和生育期对产量的直接作用表现为正效应，说明这5个性状如果在没有其他性状的相互作用下对油葵的产量起到了主要正效应。而单盘重、盘径、叶片数、籽仁率和粒长如果在没有其他性状的相互作用下对产量的影响为负效应。其中，粒宽、盘粒数、单盘重3个性状对产量的直接作用相对较高，生育期对产量的直接作用最低，但与产量呈显著正相关，主要是通过粒宽具有较高的间接作用，说明生育期对油葵产量的影响主要通过粒宽来实现。

柳延涛等(2016)研究表明，种植密度会影响油葵产量，新葵8号的最佳种植密度为5000株/亩，密度过大容易发生倒伏和折茎现象，且会严重影响千粒重和籽仁率，但种植密度也不能过小，否则无法发挥油葵的高产潜力。

杜红等(2012)指出，油葵的籽实产量构成因素是由种植密度、单盘粒数、空壳率、千粒重4个因素组成。在种植密度保持不变的情况下，单盘粒数随不同播种时期差异不大，变异系数较小，对产量影响不大。油葵的空壳率和千粒重是影响油葵产量高低的最主要因素，生产上通过调节最佳单盘粒数和千粒重比例，减少空壳率，提高油葵产量。

王冀川等(2004)研究表明，油葵成产因素对产量的作用大小依次为密度＞盘粒数＞千粒重＞秕粒率，各成产因子间存在一定的相互制约和促进作用。增产途径是适当增加密度，兼顾盘粒数和粒重，协调实粒和秕粒比例，改善群体质量，争取群体产量达到最高。

综上所述:油葵的各农艺性状均对油葵产量有一定的影响,其中种植密度、单盘重、盘粒数、千粒重、空壳率等因素对产量影响较大。油葵各性状间的相互作用是复杂的,产量与之既相辅相成,也相互制约。在油葵育种过程中,应注意植株、籽粒和产量的协调,不能单纯追求某一性状的提高。而油葵产量性状属于数量性状,在不同的环境下,基因的表达存在着表达类型和程度上的差异性。温度、光照等环境因素均会影响油葵的产量和品质特性。在一定范围内,温度对油葵株高、茎粗和叶片数都呈直线型增长,但开花前日平均气温过高对油葵的生长发育不利,会造成灌浆期干物质积累比例下降,导致籽粒结实率降低,影响油葵产量。因此,在一定温度范围内,气温降低则结实率增高,所以在生产中应适当调整播期以使油葵的花期避开高温阶段,更有利于稳产或高产。而灌浆期间的光照条件会直接影响到光合作用和光合产物的形成,最终影响油葵最终的产量。

2. 加强肥、水管理

(1)加强油葵生长过程中的水分管理　油葵是节水作物,苗期亏水对株高几乎无影响,但对油葵地上干物质积累有一定影响,引发油葵产量降低,但减产不显著;现蕾期亏水将会明显影响油葵植株的生长,对油葵茎粗产生一定影响,且严重影响花盘的分化生长,同时抑制油葵地上干物质的积累;开花期亏水对油葵生长影响不显著,且开花期亏水能够提高油葵的坐果率,增产幅度为7.5%,且能提高油葵水分利用效率约15%,节水增产效果显著;灌浆期是油葵需水关键期,该阶段亏水显著降低油葵单株粒重和千粒重,产量也随之降低15.9%,且灌浆期亏水会导致油葵水分利用效率降幅达22.2%。

常规油葵栽培过程中,苗期适当控水蹲苗,可促进根系下扎,同时要做到旱浇涝排,防止烂根死苗;现蕾至开花阶段灌水对油葵籽仁粗脂肪及其脂肪酸组分构成具有调控作用,灌水量的增加有利于油葵籽仁粗脂肪、亚油酸及不饱和脂肪酸的形成,但不利于硬脂酸及饱和脂肪酸的形成;开花期是需水的临界期,应根据天气情况合理掌握,当叶片中午萎蔫而晚上仍不能恢复正常时,应根据旱情及时浇水,雨水充沛时及时排除涝灾,油葵从现蕾到开花基本结束期间,不仅植株生长迅速,而且是花盘发育、小花形成的关键时期,此期植株需水量占一生需水量的60%以上,灌水质量的高低往往决定了作物产量及其构成因素。灌浆期,叶子里的养分向种子输送是靠水分的作用来完成的,在此期间,干旱将导致籽粒瘦小,空秕粒增加,需要及时灌水。

(2)加强油葵施肥管理　基肥可为油葵整个生长过程提供养分,每亩油葵可施加高效硼砂2 kg、三元复合肥(15∶15∶15)20～25 kg,有条件可加施500 kg农家肥。在施足基肥的情况下,一般油葵苗期不需要追肥,在底肥不足的情况下,可在苗期每亩追施尿素7 kg。现蕾初期每亩施用尿素15 kg,结合中耕培土进行追施,追肥时离植株不宜太近(一般10 cm),以免造成烧苗,且油葵对缺硼的反应比较敏感,对缺硼症状突出的田块,现蕾期可用速乐硼、磷酸二氢钾各50 g/亩进行叶面喷施。现蕾期至开花期每亩追施尿素和磷酸二铵各15 kg、硫酸钾10 kg,并喷施0.2%～0.4%的磷酸二氢钾溶液2次,以提高油葵的千粒质量和结实率。

据相关试验研究,每生产50 kg油葵籽粒,需纯氮4.3～6.5 kg、纯磷1.5～2.5 kg、纯钾8～14 kg。此外,还需要一定数量的硼、锌等微肥。肥料供应不足会影响籽粒灌浆,缺硼会导致"花而不实",并会导致形成秕子。同样管理水平的旱肥地比旱薄地结实率高12%左右,盘粒重增加28%以上。油葵在14～18叶期是花盘雏形分化期,这是生殖器官形成的开端,18～24叶期是管状小花分化期,花盘上管状花的数目是在这个时期决定的。苗期环境条件优越时,分化管状花的功能期较长,分化的小花数目多,后期才能花多、枝多、产量高。油葵是需肥较多的作物，需钾较多，氮次之，磷最少。施足钾肥能够提高油葵的抗旱、耐寒、耐涝、抗早衰和抗病虫害的能力，促进油葵对氮磷营养的吸收，提高油葵化肥的利用率。在开花初期至成熟前期满足油葵对钾的需要能延长灌浆时间和增加千粒重，促进花盘的饱满性及籽实产量的增加。适宜的钾肥投入能有效增加油葵株高、盘直径、千粒重，降低籽粒空秕率。合理的钾肥施用能有效提高油葵籽粒产量和钾肥利用效率，从而提高钾肥施用经济效益。

3. 加强辅助授粉

油葵属于典型的虫媒异花授粉作物，且花粉较重，其自花授粉率在高温季节仅1%左右。昆虫是传粉的主要媒介。由于大量施用化学农药杀灭昆虫媒介，使自然界的虫媒减少，导致油葵授粉不良，因传粉媒介不够充足时，要对油葵进行人工辅助授粉。在花期放蜂既可提高油葵的结实率，又能增加油葵的千粒重。一般情况下，蜜蜂传粉可使产量提高14%～26%。在油葵集中产区可以人工放蜂，一般每箱蜂可承担5亩的传粉任务。在零星种植区域，或蜂源不足的情况下，必须进行人工授粉。为了提高结实率，为达到高产的目的可以放置蜂箱辅助授粉或人工辅助授粉。

(1)人工辅助授粉　一是采用粉扑法。用直径10～15 cm的三合板(或硬纸板)，垫上一层1～2 cm厚的轻质海绵，在其上再蒙一层棉纱布或毛巾，在背面绑一手柄，做成一圆形授粉扑。授粉时，一手捏住花盘背面的脖颈处，另一手持授粉扑。先用授粉扑在几个花盘的开花部位轻轻按一下，使授粉扑上蘸满大量的混合花粉，之后开始逐一授粉，使蘸满混合花粉的授粉扑正面与花盘开花部位轻轻接触，如此进行下去，一般可授粉2～3次。这时花粉粒多，生活力旺盛，授粉效果好。没有受精的枝头能保持1周到10 d内不凋萎，其中开花后2～3 d为最好，直至授粉完毕。

二是采用花盘接触法。在油葵开花盛期，将相邻两行植株的花盘逐对面面相对，相互轻搓几下即可。授粉时切勿扭伤、折断花盘或损伤植株，造成人为的秕粒。此法仅两个花盘间相互授粉，柱头选择花粉的机会较少，效果较差。人工授粉要在早晨露水干后至上午11时进行或在下午3时以后再进行。此时花粉生命力强，容易受精。过早露水未干，湿度大，花粉易黏结成团，影响授粉效果；过晚，中午天气炎热，气温高，花粉生活力弱，也不宜进行人工授粉。授粉时，一人负责两行，顺行逐棵进行，避免漏行、漏株。

(2)蜜蜂辅助授粉　油葵是典型的异株异花授粉作物，需要昆虫或人工辅助授粉才能结实。蜜蜂是传送花粉的能手，是“带翅膀的红娘”，在油葵授粉过程中起着非常重要的作用。加强蜂群饲养管理，确保养蜂生产与农作物授粉的相互促进，对充分发挥蜂业对农业生产的促进作用具有重要的现实意义。在向日葵开花期在田间地头放置蜂箱以增加授粉概率，提高结实率，一般每公顷放置3箱蜜蜂即可。加强喂水与通风，油葵种植区秋季花期气温偏高，空气干燥，要做好授粉蜂群的防暑降温，开大巢门，及时清除巢门周围的杂草，保持进出蜂路通畅。要打开箱盖及箱体周围通风孔，避免蜂箱内温度过高，保持蜜蜂较强的采集力。蜂场附近没有清洁水源的，要加饲水器，保证蜜蜂正常饮水。每天早晨要及时清扫放蜂区域，并喷洒凉水，尽量为蜂群生产创造一个比较凉爽的生活环境。合理调整箱内巢脾，适当减少蜂箱内巢脾数量，以加宽蜂路。通常用继箱，在盛花期蜂群巢箱内只放6～7张脾，继箱区只放8～11张脾。巢内蜂蜜成熟后，及时摇出。如果生产原生态巢蜜，要及时增加空巢蜜盒继箱，防止自然分蜂。

关于蜜蜂授粉在向日葵生产中的应用与重要性的研究各地都有。酒泉职业技术学院的崔兴林、李海波等(2008)认为，发展养蜂产业，利用蜜蜂授粉，是提高向日葵结实率经济而有效的措施。新疆石河子农学院的夏平开等(1994)开展了利用蜜蜂授粉繁殖油葵不育系的研究，结果表明，蜜蜂授粉比人工授粉平均增产 21.7%，籽仁含油率提高 3.8%，比对照(自然授粉)平均增产 934%。蜜蜂授粉使油葵花盘直径、单盘籽粒重、单盘实粒数、百粒重等都有明显增加，而空秕率则明显下降。宁夏固原市养蜂试验站褚忠桥等(2014)在中卫市海原县开展了向日葵蜜蜂授粉增产试验研究工作，试验结果看，美葵引进蜜蜂授粉比无蜂隔离区空壳率降低 71.9%，产量提高 14 倍，按 2012 年当地收购价计算，每亩增收 1006.18 元。油葵引进蜜蜂授粉比无蜂隔离区空壳率降低 61.32%，产量提高 1.65 倍，每亩增收 846.76 元。由此说明，油葵是依赖昆虫授粉很强的农作物，利用蜜蜂授粉可显著降低向日葵空壳率，提高结实率和产量。如缺少蜜蜂授粉，不仅造成油葵减产，甚至将出现绝产绝收现象，所以引进蜜蜂授粉是油葵必不可少的关键性增产措施。山西省农业科学院园艺研究所张云毅等(2009)试验结果表明，蜜蜂采集强度与饱籽率呈现正相关；采集蜂数量从 209 只上升到 326 只时，油葵的饱籽率也从 42.17%提高到 78.77%；油葵的饱籽率与距离蜂场的远近也有明显的相关性；花盘直径大小与蜜蜂授粉次数的大小有关；在距蜂场 1300m 时，其饱籽率可达 64.87%以上，距离加大时饱籽率则下降。为了保证向日葵的产量和质量，在向日葵种植面积占耕地面积 10%左右的情况下，对向日葵进行蜜蜂授粉时，蜂场之间距离不宜超过 2600 m。

五、适时收获

(一)成熟标准

当油葵茎秆变黄、大部分叶片枯黄、花盘背面黄褐色、舌状花干枯脱落、籽粒变硬(含水量大约 30%)时就是最佳收获期。

(二)具体做法

向日葵成熟后要及时收获，收获过晚种子太干燥容易脱落，也容易受鸟害的影响，遇上雨天则更易腐烂霉变影响品质；但收获太早则籽粒皮壳率高、籽仁品质不好、千粒重小，籽粒品质和产量都会受到影响。收获后要及时摊开晾晒，也可以进行插盘晾晒。新疆、内蒙古、宁夏一些秋季干旱少雨的地区适合插盘晾晒。山西、河北等秋季多雨的地区不适合插盘晾晒，需要脱粒后在晒场上晾晒，晾晒时要注意晒场的干燥和及时翻动等。

1. 人工收获

在插盘晾晒时采取“三刀一插”的方法：第一刀割下花盘；第二刀将花盘背面削平；第三刀从茎秆 50～60 cm 处斜削，将花盘正面朝上插到削好的茎秆上，晾晒时间视天气好坏而定，当籽粒含水量降到 15%以下时进行收盘脱粒。

2. 机械收获

(1)分段收获　分段收获又称半机械化收获，把割晒与捡拾脱粒、清选分成两个阶段完成，主要工序通过向日葵割晒机和向日葵捡拾脱粒机完成，收获过程延长。主要分为两种：一种是需要人工把油葵花盘割下，将花盘向上插在秸秆上，晾晒一段时间后，再由人工将花盘收获送至场地，利用脱粒机进行脱粒。此种方法虽然仍需要一定人工，但是油葵籽粒含水少，不易变质，葵花籽粒质量高；另一种是将晾晒一定时间后的花盘利用特殊的收割机收获，需要较少的人工，但是葵花籽粒存在一定程度的破损。油葵割晒机是油葵分段收获的主要装备之一，目前国内还没有专用的油葵割晒机，主要运用油菜割晒机来实现作业，代表机型有湖南农业大学和南京农业机械化研究所分别研制的4SY-2.2型油菜割晒机和4SY-2.0型油菜割晒机。这些机型主要由于油菜的割晒,同时也能实现油葵、大豆等作物的割晒。作业时,往复式切割器将油葵切倒,在拨禾轮的作用下推向割台,在单带式输送器作用下,铺放在地上。油葵捡拾脱粒机是分段收获的另一个主要装备,国内油葵捡拾脱粒机主要在现有的联合收割机上进行改装,增加针对油葵的捡拾器,目前油葵捡拾器主要是在油菜捡拾器的基础上针对油葵的物理特性改装而来,安装在油葵联合收获机割台的前面。油葵分段收获,整个收获过程中需要配合相当多的人力完成打捆、运输、脱粒和清选等环节,存在人力损耗多、成本大、作业周期长等缺点。

分段收获对作物的成熟度及其一致性、株型等不敏感,因此,适应性强、适收期长,有利于提高单机收获作业量,增加作业收入。分段收获在割晒环节也存在损失,但这些损失可以被其潜在的产量弥补,从而实现高产低损,尤其是可以缓解阴雨天气对收获影响的问题。

(2)油葵联合收获　油葵联合收获主要用于矮秆油葵的收获,即当籽粒处于完全成熟期时,下部大部分叶片发黑,上部分极少数叶片发黄,秸秆发黑,花盘变成褐色,用手掰较脆,在田间利用机器能一次性完成花盘的收割、输送、脱粒、籽粒分离清选等作业工序的收获方式。机械联合收获具有高效、省工、省时的优点,在天气条件不好的情况下,有利于进行抢收。缺点是需要在合适时间收获,不能过早或过迟,过早收获会存在籽粒的外皮破损严重、籽粒含水多、品质差、出油率低等问题,需要晾晒,不易储藏;而过晚收获会有大量籽粒破壳,果仁会随其他杂质被清选出,造成较大损失。目前,中国市场上的油葵收获机多数是在现有的谷物联合收割机的基础上,配合油葵特定的割台进行作业。近年来,国内引进国外先进联合收割机,与之相匹配的油葵割台为大型割台,性能好,可靠性强,但对地块要求较大,不适用中国的种植模式,而且价格非常昂贵。因此,研制符合中国国情的多用途、中小型、低损失向日葵联合收获机至关重要。另外,收获时油葵的成熟度对机收效果影响较大,过早收获油葵水分太多,不易保管,过晚收获籽粒容易失落,造成丰产不丰收的局面。还有,机械收获后应及时进行秸秆还田,粉碎油葵秸秆,增加有机质,为来年种植打下良好的基础。

六、油葵栽培的全程机械化

随着农业种植结构的调整,中国油葵种植规模不断扩大,油葵种植过程机械化不能满足生产的矛盾也日益突出,因此,开展油葵全程机械化生产技术研究显得尤为重要。

(一)中国油葵生产机械化现状

中国油葵种植面积较大,然而油葵机械化技术水平却相对较低,相应配套机械不完善,造成在有限的作业期内农民劳动强度增大,工作效率低,使得种植效益难以提高。但从2008年起呈上升趋势,耕、种、收综合机械化水平大幅提升,主要表现在机耕水平和机收水平增长较快。然而油葵机播水平增长一般,这是因为使用精量、半精量点播机播种后,由于油葵顶土能力差,使其出苗很弱,人工覆土厚度难以掌握,易造成出苗不全。中国油葵整体的机械化水平与德国、法国等国相比差距较大,发达国家于20世纪70年代基本实现了油葵生产全程机械化,近年来已逐渐开始利用遥感(RS)、地理信息系统(GIS)、全球导航卫星系统(GNSS)等技术实现对油葵、土壤从宏观实时监测与精准作业管理,机械化、信息化技术普及率高,生产效率高,生产成本低。

当前中国油葵种植过程中,在耕整地、播种、中耕、植保、收获环节基本能够实现机械化,但油葵生产机械化总体水平仍然不高。首先油葵的机播水平有待提高,近年来覆膜种植技术已被广泛应用到油葵的种植过程中，但现有机具并不适用油葵等大根茬类作物的残膜和根茬回收，造成了大量的残膜混入了土壤之中，影响了农作物对水分、养分的吸收，同时也造成烂种烂芽，影响种子的发芽和出苗。其次是油葵机械收获过程中的脱粒问题，目前，农业机械中脱粒方式多种多样，但从脱粒装置的形式特点来看，可分为切流式脱粒滚筒和轴流式脱粒滚筒。其工作原理均是采用凹板筛与脱粒滚筒之间相对运动对农作物产生外力进行搓擦、碾压、撞击，从而达到脱粒的目的。虽然这种方式可以达到脱粒的效果，但同时也成为油葵籽粒发生破碎、破损的主要因素；而损伤的油葵籽粒会滋生霉菌、黄曲霉菌，影响收获油葵产量及葵花油的品质，甚至影响了下一年油葵的播种。

（二）中国油葵生产机械化的发展趋势

随着国家对农业、农机方面的政策和投入的加强，油葵种植面积显著回升，各个科研院所对油葵的研究也逐渐变多，中国油葵机械化技术水平稳步提高，油葵生产由劳动密集型转变为机械化发展。未来，油葵机械化生产将逐步走向集成化、轻简化、标准化的发展道路。

1. 油葵生产技术集成化和轻简化

油葵生产将从种、管、收各环节实现全程机械化。通过加快水膜覆沙播种机具的研制，解决现阶段油葵机播尤其是无法在盐碱地上采用机械播种油葵的问题及机具在湿地条件下行走、行走速度与排种器传动比匹配、覆沙装置与排种速度协调、鸭子嘴入出土沾泥等问题，以取代传统人工点播模式。通过改进大根茬类作物田根茬残膜回收机，集中解决大根茬作物不能有效起膜、膜沙膜茬分离困难等问题。机收一直是油葵种植的瓶颈问题，通过研究开发高效、低功耗的专用向日葵茎秆切割器，解决向日葵秸秆粗壮、韧性大等特点；通过优化油葵收获机性能，调整葵盘拉茎辊间隙和摘盘，从源头上控制杂质的喂入量，同时优化风选、脱粒、筛选系统的作业协调性，将籽粒含杂率控制在10%以下，以满足农艺要求；通过研发与油葵生长特性相适配的特定割台和脱粒清选系统，降低籽粒破碎率，减少损失。同时，加大农艺研究与农机研究的合作，培育出适合农机作业的新品种，使农机与农艺相互结合，降低收获难度。

2. 油葵机械化生产标准化

紧跟国外发达国家现代农业的步伐，加大农艺研究和农机研究的合作，培育出抗倒伏、矮秆等适合农机作业的新品种。制定完善严格的农业机械鉴定标准，促使企业更加注重质量，不追求短期利益，使农业机械从粗放式生产向高质量、高品质、高智能标准化模式发展。同时加大产学研相结合力度，组织农机、科研院所与企业、推广部门的结合，优势互补、协调发展。

第二节　其他方式栽培

一、覆盖、免耕、垄作栽培

（一）覆盖栽培

地膜覆盖栽培具有增温、保水、保肥、改善土壤理化性质，提高土壤肥力，抑制杂草生长，减轻病害的作用。在连续降雨的情况下还有降低湿度的功能，从而促进植株生长发育，提早开花结果，增加产量、减少劳动力成本等作用。秦爱红等（2007）曾介绍，对晚熟向日葵品种地膜覆盖栽培试验研究结果表明，地膜覆盖增温、保温，保持土壤水分的作用明显；向日葵干物质积累增加，生育进程加快，成熟提早，增产显著，经济效益增加明显，与露地栽培相比，增产 35.42%，每亩增收 160.02 元，多盈利 90.24 元，成本盈利率提高 4.45 个百分点。

1. 技术要点

地膜种植向日葵，西部绿洲旱地适宜推广覆膜＋施肥＋精量播种技术，120 cm 为一种植带；亦可 120 cm 划行，按行开沟，起垄（15 cm）覆膜（80 cm 幅宽），两边压土 15 cm，采用大小行种植，大行行距 80 cm，小行行距 40 cm，株距 20～30 cm，起垄覆膜膜侧种植最好（较膜上点种倒伏轻），在机械化好的地区可以按照与此类似的配置实现机械铺膜播种一次完成。播种以穴播为好。推广深种浅覆土抗旱播种技术，以利于旱地捉苗；缺墒不要急于播种，因向日葵对播期要求不严，理想的播种时间是在下透雨之后播种。铺膜质量要达到地膜与地面结合紧密，有破损的地方用土盖严，且每隔 5～10 m 横向打一条土带，防止刮风揭膜。其他管理措施与传统种植方法相同。

2. 适宜地区

适宜北方春季干旱，不易出苗、保苗的地区。

3. 注意事项

及时捡拾残膜，减少土壤污染；对于早衰问题，应该通过补充灌溉和增加有机肥、磷肥、钾肥解决。

4. 主产区的覆盖栽培模式

（1）巴彦淖尔市盐碱地向日葵水膜盖沙保苗栽培技术　轻中度盐碱化地先施基肥、覆膜，然后灌水压盐。在播种前 15～20 d 施用基肥、覆盖地膜，灌足底水，地能进人时采用点播器播种，播种后用沙土覆盖播种孔，可以很好地防盐碱、防止覆盖土壤的板结、达到保全苗。采取 70 cm 幅宽的地膜，大小垄种植，膜上播种向日葵留小行，行距 40 cm，膜与膜之间留大行，行距 80 cm。食用型向日葵株距 50～70 cm，亩留苗 1500～2500 株，油用型向日葵株距 30～35 cm，亩留苗 3500～4500 株。重施底肥，深施种肥方式施用氮、磷、钾等肥料，提倡结合深耕每亩施有机肥 2500～300 kg，播种时开沟深施磷酸二铵 1020 kg、钾肥 5～10 kg 或 20 kg 氮磷钾三元复合肥。向日葵现蕾期结合浇头水亩施尿素 1525 kg。该项技术目前是河套灌区向日葵播种保苗的主推技术。

（2）旱地向日葵全覆膜沟植垄盖聚水增温种植技术　是在种植向日葵田块土地整好后开始播种，播种时采用起大小垄、全部覆膜、垄沟种植向日葵、垄背覆膜聚水增温的种植技术。结合翻耕整地，每亩施优质腐熟农家肥 2～3 t，结合整地全田施入或在起垄时集中在窄行垄带内亩施尿素 10～15 kg、二铵 15～25 kg、氯化钾 1015 kg。食葵每亩保苗 1500～2500 株，油葵每亩留苗 3500～4500 株。追肥时间：现蕾期，采用等雨追施或将肥料化成水溶液进行浇灌，施肥方法穴施或用点播器从两株中间打孔，用壶浇灌，用土封口。盛花期喷施 2.0%～4.0%磷酸二氢钾溶液 1～2 次。

（3）向日葵膜下滴灌水肥一体化栽培技术　开沟施肥、地膜覆盖、铺设滴灌带、播种同时进行，机械作业一次完成。播种前每亩施农家肥 2 t、二铵 15～20 kg、硫酸锌 30 kg 作底肥。采用 70 cm 地膜，一膜两带，膜间距为 80 cm，膜上小行行距 40 cm，膜外大行行距 80 cm，株距为 60 cm 宽窄行的播种方式。亩保苗 1800 株。一般在现蕾到开花期进行第 1～2 次滴灌，结合滴灌每亩随水施尿素 15 kg、氯化钾 10 kg，开花初期至盛花期结合滴灌 2～3 次，结合灌溉亩随水追施尿素 10 kg、氯化钾 5 kg。

(4)宁夏旱地向日葵坐水沟播垄面覆膜集雨种植技术 旱地采用起垄覆膜种植，在上年秋季结合耕翻收耱，一次性施足底肥。每亩施农家肥 1500～2000 g，耕翻深度为 15 cm 以上，同时每亩再隔离施碳酸氢氨 30～50 kg。开沟播种，在沟底一侧每亩深施磷酸二铵 4～5 kg、尿素 10 kg，深度 5～6 cm。现蕾期追肥一次，用追肥枪在距离根部 15 cm 以外，每亩追施磷酸二氨和尿素各 5 kg，雨前追施效果最佳。

(5)巴彦淖尔市向日葵地膜覆盖栽培技术 选择土地平整、灌排条件好的中轻度盐碱地或肥力中等的旱地，采用覆膜播种机进行耕翻、覆膜一次作业技术，一般选择生育期长的品种。施肥应结合秋翻每亩翻压腐熟有机肥 2500～3000 g，配合每亩施用 15 kg 三元复合肥。向日葵现蕾期结合浇头水，每亩施尿素 15 kg。

(二)免耕栽培(前茬覆膜田地膜再利用免耕种植技术)

前茬覆膜田地膜再利用免耕种植向日葵技术，是指在前茬(或上年)经地膜覆盖种植的地块，不进行耕、翻、耙、磨等作业，留板茬地秋浇，后茬(或下年)再次在前茬保存较好的残膜上免耕种植向日葵的技术。该技术具有节水保墒、节肥省膜、省工省时、根茬还田、增地温促生长、增产增效、降低地膜污染、保护生态环境的特点。

谷金莲(2012)曾介绍麦田自压软管灌免耕复播油葵技术。在小麦收获后利用当地充足的热量、水肥条件和废弃软管，复播一茬油葵。可充分利用土地资源和废弃的软管，而且经济效益高。麦田自压软管灌免耕复播油葵每亩可收油葵 220 kg。

卢雨霞(2018)介绍，新疆石河子垦区热量丰富，光照资源充足，冬小麦收获后，可利用充足的光热资源复播油葵，实现“一年两熟、一年两收”，增产增效显著。从种植条件、播前准备、田间管理、产量性状 4 个方面介绍了该地区滴灌冬小麦免耕复播油葵高产栽培技术。复播油葵的产量视土质条件、田间管理、气温等确定，一般沟灌地块亩产量在 150～200 kg，滴灌地块亩产量在 260 kg 左右，最高可达 300 kg。

1. 技术要点

选择前茬为覆膜玉米、瓜菜等非菊科作物田块，残膜保存较好，土壤基础肥力中等以上，灌溉便利，播种期土壤墒情好的地块种植。不得清除根茬，尽可能保护好前茬膜，防止车轮碾压和牲畜践踏，深灌、浇足秋水确保秋浇质量。若土壤基础墒情较差，可在 5 月上中旬浅灌一水。播前清理前茬地膜上残留的秸秆，播种前 5 d 喷施一遍草甘膦等灭生性除草剂，封杀杂草。播种采用在前茬作物两株之间，利用人工点播器破膜点播，播深 2.5～3.0 cm，随打孔随播种，每穴播 1 粒种子，种子最好平放穴内，播后细土封孔。若为灌水后的田块播种，最好用细沙封孔。其他管理措施与传统种植方法相同。

2. 适宜地区

前茬覆膜田地膜再利用免耕种植向日葵技术适宜于北方旱作玉米和向日葵混作区。该项技术有效地减少了地膜、农机具在田间的作业量。显著提高了向日葵种植的经济效益。

(三)垄作栽培

垄作栽培是指在高于地面的土上栽种作物的耕作方式。垄作在中国始见于西周，战国时已盛行于北方，气候冷凉、春季易旱、夏季易涝地区采用较普遍。向日葵垄作在东北、河北和内蒙古等种植区较为普遍。

刘毅等(2017)在滨海盐碱旱地大田条件下，研究了起垄种植方式对油葵生长发育及产量的影响。设置平播(CK)和起垄播种 2 个处理，探讨了不同种植方式对油葵生长和产量的影响。结果表明，起垄播种对油葵的生长进程、生育期和植株含水量没有影响，但可显著提高油葵的产量、株高、盘径、单株盘鲜干重、单株盘粒鲜干重、单株茎秆鲜干重、单株鲜重和单株干重。综上，滨海盐碱旱地起垄种植油葵可提高利用天然降水的潜力，促进节水生产。

刘志强等(2017)介绍了河北省沧州市油葵起垄覆膜高效栽培技术。包括施足基肥；精细整地(11 月中下旬土壤封冻前旋耕土地 25～30 cm，早春及时旋耙保墒，镇压提墒)；选择品种，禁止使用杂交种后代做种子；一般在 4 月上中旬有少量降雨后抢墒播种；起垄覆膜播种(起垄时垄底宽 80 cm，垄高 20～25 cm，垄距 40 cm，垄上覆宽 100～130 cm、0.005 mm 厚的薄膜。地膜两侧沟内点播播种。穴距 25～28 cm，每穴播种 2～3 粒，每亩播种量 0.3～0.5 kg。起垄后覆膜前每亩用 50%的乙草胺乳油 75～100 mL 加水 30～50 kg 喷雾处理后覆膜)；间苗定苗。油葵 4 叶期后进行间定苗，采用单株留苗，留壮苗去弱苗，亩留苗 4000～4500 株；适时追肥。现蕾期至开花期每亩追施尿素 15～20 kg；防病治虫；当植株茎秆变黄、中上部叶片变淡黄色、花盘背面黄褐色、舌状花干枯时即可收获。

高宇等(2019)针对旱作区气候条件恶劣、抗旱减灾能力差和粮食低产不稳等突出问题，在内蒙古阴山北麓典型旗县武川县以播种面积逐年扩大的向日葵为研究材料，通过 3 年试验监测对全覆膜双垄沟种植方式(FPM)的降水蓄积效应及增产作用进行了研究，并与垄作半覆膜(HPM)和平作不覆膜(NPM)两种种植方式比较，总结分析了垄膜种植技术的水分蓄积效应和增产作用机理。结果表明，FPM 在株间、行间的年均土壤含水率分别较 HPM 和 NPM 提高了 1.69 个、3.06 个百分点和 1.70 个、2.89 个百分点；在不同强度的降雨条件下，FPM 的土壤贮水量始终高于 HPM 和 NPM，且在小雨条件下，蓄水保水能力效果最佳；在小雨、中雨和大雨时 FPM 与 HPM、NPM 比较分别能增加 0.1～2.3 倍、0.21～1.21 倍的产流效果；FPM、HPM 和 NPM 年均产量分别为 3862.2 kg/hm^2、3326.9 kg/hm^2 和 2976.1 kg/hm^2，FPM 较 HPM 和 NPM 分别增产 16.09%和 29.77%，不同处理水分利用效率均呈现 FPM＞HPM＞NPM 的规律，而耗水量与水分利用效率趋势相反，呈现 NPM＞HPM＞FPM 的规律。说明全覆膜双垄沟种植能明显增加向日葵产量，提高水分利用效率，减少耗水量。

1. 技术要点

该项技术的核心是利用机械化沟种精量播种机前部的可调式开沟犁，根据土壤墒情拨去土壤表层过厚的干土层，从而形成两条深浅和宽度适宜的播种沟，再利用后部的气吸式精量播种机把种子播在沟内湿土层中，保证了种子出苗所需水分和科学合理的播种深度，解决了由于干土层过厚难以出苗和出苗弱的问题。该技术的原理是深播种浅覆土。

2. 操作程序

在播前用旋耕机旋耕一次(底墒不足时补充灌溉后进行)，破除板结和破碎土坷垃，在地表形成约 10 cm 的疏松土层，具有提高地温、保持地墒和抑制杂草种子发芽的效果，减少田间出苗前和幼苗期杂草的生长。开沟播种：此项作业由牵引式向日葵精量沟播机在地平面上开一条深 10～12 cm 的播种沟，同时在播种沟内实施播种、施肥、覆土、镇压、收糖等项作业，一次性完成。向日葵出苗后包括整个幼苗期都生长在这个播种沟内。向日葵精量沟播机牵引动力为 18～20 型小四轮拖拉机，一次两行，行距 75～80 cm。播种沟为倒梯形，上口宽 20～25 cm，底宽为 8～10 cm，开沟深 12～15 cm，播种深度 3～4 cm。旱作农业区可在播种机上加一个贮水罐进行坐水播种，每亩用水大约 200 kg。采用吸气式精量播种机精量播种，种子在播种沟内呈穴形分布，每穴 1～2 粒，每亩用种量仅为 0.5 kg 左右。起垄追肥：在幼苗长到 30 cm 左右时，用垄植机进行中耕、追肥和垄植，由小四轮拖拉机牵引，一次一行，先由垄植机的施肥装置将肥料均匀地撒在播种沟内，同时垄植机的起垄装置将播种沟两侧的土回填到沟内，并且在播种沟的位置上形成一条高约 15 cm 的土垄。此时形成沟垄转换，有利于提高作物生长后期的抗倒伏能力。结合培土进行追肥，以氮磷为主，适当提高氮肥用量。其他管理措施与传统种植方法相同。

机械化沟种垄植精量播种技术优点：提高了工作效率，提高了播种质量，提高了苗期抗旱能力，提高了抗倒伏能力，提高了肥料利用率。减轻了杂草危害、盐碱危害、风沙危害、土壤板结程度。节约了灌溉用水和种子用量。机械化沟种垄植技术与覆膜种植技术相比，减少了覆膜压膜工序，降低了地膜成本，保护了生态环境，实现了农民增收。

3. 适宜地区

适宜气候冷凉、春季易旱、夏季易涝地区，在东北、河北和内蒙古等向日葵种植区种植较为普遍。

二、多作种植

多作种植一般有间作、套作、混作、带状种植、轮作等。

（一）间套作

间作（Intercropping）是在同一块田地上，于同一生长期内，分行或分带，相间种植两种或两种以上作物的种植方式。间作的作物播种期相同或不同，作物之间共同生长的时间超过主体作物全生育期的一半以上。间作可用符号“‖”表示。

套作（Relaycropping）是在同一块田地上，当前季作物达生殖生长阶段以后或收获前播种或移栽后季作物的种植方式。作物之间的共同生长时间少于主体作物的一半。套作可用符号“/”表示。

在油葵生产中，油葵与其他作物间作和套种的种植方式被各地普遍应用，试验研究也不乏报道。

1. 间作

（1）常规间作　间作的特点是群体结构复杂，个体之间既有种内关系，又有种间关系，种、管、收也不方便。

张聪书等（2006）介绍油葵与大豆间作。可采用行行田的形式，两行油葵、两行大豆进行间作。一般油葵行距 40 cm，株距 30 cm，大豆行距 30～40 cm，株距 20～30 cm，具体可根据品种特性确定。在丘陵坡地，还可以采用简便的播种方法混合撒播，间苗时再确定密度，油葵不宜过密，坡地种植密度应在 45000 株/hm^2 以下。

李金凤（2015）介绍了油葵间作棉花栽培技术。覆盖间作的配比形式为 4∶2，带宽 2.5 m。棉花 4 行，行距 50 cm，株距 30 cm；油葵 2 行，行距 40 cm，株距 25 cm；棉葵间行距 30 cm，棉花每亩 3500 株，油葵每亩 2000 株。常规田间管理。

孟维伟等（2019）阐述，油葵适应盐碱地环境且自然生长是其他作物无法比拟的，随着花生耐盐碱品种选育与栽培技术的配套，关于盐碱地油葵、花生间作研究已经成为业界研究热点；同时油葵和花生都是重要的油料作物，具有特殊的适应能力。他们首先分析了盐碱地油葵花生宽幅间作耐盐丰产的研究意义，然后分析了其栽培的技术要点。此盐碱地油葵、花生宽幅间作耐盐丰产栽培技术包括盐碱地油葵、花生宽幅间作高效生产环境、品种选择、播前准备、适时播种、田间管理、收获及晾晒等技术措施要求。本技术主要适用于山东省滨海盐碱地区。

宋聚红等(2019)依河北省实际，通过试验，介绍了油葵与黄秋葵间作的栽培技术。为了克服黄秋葵播期较晚、单季种植对土地和光热资源造成一定程度的浪费与黄秋葵嫩果营养价值高、保健功能突出、市场需求日趋旺盛的矛盾，在生产上试验了多种间、套作栽培模式。其中油葵‖黄秋葵间作栽培技术优势明显，既能有效利用土地资源，提高复种指数和经济效益，又利于种植业结构调整、促进农村优势产业的发展壮大。在该项技术体系中，6 月下旬至 7 月上旬，油葵叶片、茎秆和花盘发黄，籽壳变黑、变硬时应及时收获。此时黄秋葵已进入采收期，植株生长旺盛，如不及时收获会影响黄秋葵产量及采摘作业。油葵收获时注意不要伤到黄秋葵植株，以免影响黄秋葵生长；把油葵秸秆全部清理出园，有效预防黄秋葵病虫害的发生。油葵收获后应及时晒干，遇上阴雨天气不能晾晒时，要及时摊开，不要堆放，以防止内部温度升高造成霉烂。

技术要点：① 选择适宜的作物和品种　首先，要求它们对大范围环境条件的适应性在共处期间要大体相同。如向日葵、田菁与茶、烟等对土壤酸碱度的要求不同，它们之间就不能实行间套作。其次，要求作物形态特征和生育特征要相互适应，以利于在利用环境方面互补。例如，植株高度要高低搭配，株型要紧凑与松散对应，叶子要大小尖圆互补，根系要深浅疏密结合，生育期要长短前后交错，喜光与耐阴结合。最后，要求作物搭配形成的组合必须高于单作的经济效益。

② 建立合理的田间配置　合理的田间配置有利于解决作物之间及种内的各种矛盾。田间配置主要包括密度、行比、幅宽间距、行向等。

密度是田间配置的核心问题。

选择适宜的带宽。带宽是间、套作的各种作物顺序种植一遍所占地面的宽度，它包括各个作物的幅宽和间距。带宽是间、套作的基本单元，一方面各种作物的行数、行距、幅宽和间距决定带宽，另一方面作物数目、行数、行距和间距又都是在带宽以内进行调整，彼此互相制约。

安排好行比和幅宽，发挥边行优势，减少边行劣势。

间距是相邻作物边行之间的距离，各种组合的间距。在充分利用土地的前提下，主要应照顾矮位作物，以不过分影响其生长发育为原则。具体确定间距时，一般可根据两种作物行距一半之和进行调整，在肥水和光照条件好时，可适当窄些，反之则适当宽些。

③ 作物生长发育调控技术

适时播种，保证全苗，促苗早发。

加强肥水管理，在共生期间要早间苗，早补苗，早追肥，早除草，早治虫。

施用生长调节剂，控制高层作物生长，促进底层作物生长，协调各作物正常生长发育。

④ 及时综合防治病虫害。

⑤ 及时收获。

(2)向日葵与马铃薯间作　中国向日葵与马铃薯间作已较普遍，这种葵薯间作的形式不仅可以提高向日葵的产量，还能起到用地与养边相结合的作用。在中国北方的半干旱、轻盐碱地区(新疆的一些冷凉地区)，向日葵栽培面积日益扩大，迫切需要不断提高单位面积产量和土壤肥力，葵薯间作是一项比较成功的经验。

据吉林省白城地区农业科学研究所的试验，马铃薯和向日葵 4∶2 间作(4 垄向日葵，2 垄马铃薯)，向日葵纯面积亩产 278.2 kg，清种向日葵亩产 202.1 kg，间作比清种增产 37.65%。

如果把马铃薯和向日葵 4∶2 间作中 2 垄马铃薯面积算为向日葵占地面积(混面积)，这样向日葵间作的亩产为 186.0 kg，比清种的产量减少 8.2%。而占地 1/3 的马铃薯，合计亩产 1159.8 kg。可见，间作是更加合理的使用土地。

试验中还进一步证明了向日葵具有明显的边际效应。在 4∶2 的间作中，两个边行向日葵平均亩产 313.1 kg，两个中间行向日葵平均亩产 243.1 kg，边行比中间行增产 28.68%，可见，边行增产效应是较大的。所以，向日葵采用间作形式栽培，是能有利于个体的发育和增加群体产量的。间作的边行向日葵比清种增产数量更大，为 54.92%。

新疆博尔塔拉蒙古自治州温泉县塔秀乡苏木浩特浩尔村，2008 年种 105 亩向日葵与马铃薯 4∶4 间作，60 cm 行距，亩保苗 1852 株，向日葵纯面积平均亩产 109 kg，混面积亩产 54.5 kg，清种向日葵亩产 40 kg，间作比清种增产 172.5%。

葵薯间作效益分析：葵薯间作平均亩产马铃薯 1500 kg，每千克马铃薯平均售价 0.35 元，亩产值为 525 元；亩产葵花籽 100 kg，每千克葵花籽平均售价 3 元，亩产值 300 元；两种作物合计，亩产值 825 元。此外，葵花“籽盘”还是良好的饲料，可以再利用，每亩可产 100～200 kg 饲料。

种子成本：马铃薯亩用种量 100 kg 左右，每千克种薯价格约 1 元，亩成本约 100 元；葵花籽亩用种量约 0.5 kg，所需成本 2 元。两者亩种子成本约 100 元。肥料成本：亩施优质农家肥 2 t，每吨价格约 10 元；亩施碳酸氢铵 50 kg，需 25 元；亩施硝酸铵 30 kg，需 11～17 元。每亩肥料成本大约为 60 元。农药、机耕、水电等费用，每亩大约需要 15 元。

葵薯间作亩净效益：每亩地总成本大约为 175 元，亩净收入为 650 元。

(3)向日葵与其他粮食作物间作　向日葵与其他低秆作物间作有多种形式。有的与小麦间作，种植 3 行或 6 行小麦，间作 2 行向日葵；有的与大豆间作，向日葵宽窄垄种植，宽垄间种 1～2 行大豆。小麦套葵花是新疆温泉县、奇台县的主要立体种植形式，近年当地对这一种植形式又进行了“五项”技术改进。一是改向日葵常规种为杂交种，提高了向日葵产量；二是改向日葵早播为晚播，缩短了两作的共生期，小麦千粒重提高，产量增加；三是改窄带套种为宽带套种，改善了田间通风透光条件；四是改低密度为高密度，改过去一带两行(3 行)向日葵为 4 行向日葵，增加了葵花密度；五是改套种向日葵不施种肥、不覆膜为施种肥、盖地膜，为向日葵苗全、苗壮打下了基础。

向日葵和矮秆作物，如菜豆、大豆、南瓜等间作种植或进行条状、带状种植，既能增强通透性，降低发病率，又有利于进行人工或机械喷药，增产防病。

向日葵和菜豆、大豆等间作比例可以是 6∶6 或 8∶6 或 8∶8 或 6∶8 均可。

向日葵和南瓜间作比较灵活，根据试验结果和农民总结的经验 2∶2∶、4∶2、6∶4 均可获得较好的间作效果，比单种增加效益 20%～30%。

条状、带状种植即向日葵两侧为矮秆作物，向日葵的垄数不超过 10 垄为好，超过 16 垄影响通透性。

(4)向日葵与经济作物间作　向日葵与棉花间作：新疆是全国棉花主产区，向日葵也是新疆重要的经济作物。向日葵与棉花间作有多种形式。如种植 15 行或 20 行棉花，间作 2 行向日葵。例如新疆兵团农八师143团14连棉葵间作种植380亩，棉花收获产值2761.2元，葵花收获产值750元，除去成本2030元，亩净收入为1481.2元。

吉林省通榆县是向日葵和打瓜种植大县，每年向日葵种植面积在5.67万 hm^2 左右，打瓜种植面积267万 hm^2 左右。为了提高向日葵、打瓜产量，增加农民收入，农业科技人员经过几年实践，总结出了一套向日葵、打瓜间作栽培技术，应用此项技术，可增加收3000元。

(5)向日葵与绿肥间作　4∶2或2∶2种植，基本保持单种向日葵的株数，扩大行距缩小株数，增加了边行。向日葵虽然减产8%左右，绿肥则培养了地力，使后茬作物大幅度增产。向日葵封垄后将草木樨籽撒在行间垄沟和垄帮上，轻施浅覆土。有向日葵叶片遮阴，可使草木樨出苗齐全。向日葵收获后草木樨再生长20 d左右即翻压肥田。若使之越冬，第2年即成了绿肥田，可缩短1年种草时间。

(6)林下间作　林下间作油葵属于林下经济范畴，在一些省、区并不鲜见。平原地区林地面积较为零碎、分散，分布在沟渠路边、房前屋后、村头荒坡，不利于集中耕种管理。利用幼龄林、疏林地、沟渠路旁的林带林缘、村内四旁林下发展油葵能提高林地利用率，增加农民收入，提高农民造林、护林的积极性。

油葵适应性强，在各类土壤、各种地貌都可以正常生长，具有很强的抗逆性、抗干旱、抗瘠薄、抗盐碱，不争好田而能获取较好的效益。油葵生长期短，3—7月都可播种，一年可以栽植两季，幼龄林、疏林地、沟渠路旁林缘、村头房前屋后可见缝插针栽植。油葵植株矮，平均高度75 cm左右，对林木生长影响较小，对油葵施肥管理的同时也促进了对林木的管理。

韦广锋等(2010)介绍了广西象州县在桑园中种植油葵的高产栽培技术。冬季桑园种植油葵的好处是杂交油葵具有生长周期短、种植成本低、经济效益好的优良特性。通过实践，总结出了一套行之有效的桑园种植杂交油葵技术。通过合理安排播种时间，翻耕并施足基肥，早播种就可以在翌年4月初桑叶开始采收时陆续收获油葵。每亩投资约95元，油葵亩产量约105 kg，产值800元，仅此一项每亩桑园就可提高产值700多元。

陈松等(2017)介绍，鲁西南平原的成武，全县林业用地面积11384.47 hm^2，其中有林地面积9443.38 hm^2，占林业用地的82.9%，其中按林龄划分幼龄林6210.65 hm^2，占林地面积的65.8%。按林种划分防护林4636.73 hm^2，占有林地面积的49.1%。这些林地中，郁闭度低于0.4的林地适合林下间作套种。如何有效地选择林下种植作物，既不影响林木的正常生长，又能提高林下土地利用率、单位林地的产出率，对增加中、幼龄林，疏林地单位面积的产值，有效地促进林农保护林地的积极性有着重要的意义。2014年开始，项目组开始林下油葵种植推广试验，取得了一定的工作成效，结果表明，春播葵盘直径19 cm，每株平均产粒1720粒，千粒重47.3 g，平均每株产量81.3 g，油葵种植密度60 cm×30 cm，每公顷55556株，春季公顷产量4516.7 kg，当年油葵价格每千克4.4元，每公顷林地增加收入19873元；秋季平均葵盘直径15.5 cm，每株平均产粒1462粒，千粒重43.9 g，平均每株产量64.2 g，每公顷产量3566.6 kg，秋葵每千克4元，每公顷收入14266元，全年每公顷增加收入34139元。相当于每亩增加收入2276元。扣除用种费、人工费800元，每亩纯收入增加1476元。

油葵林下间作注意事项：

① 土地选择　杂交油葵适应性强，对土壤无严格要求，各类土壤、各种地貌均可种植。杂交油葵耐瘠薄、抗盐碱、耐干旱，但不耐涝，所以不宜在低洼、易涝地块种植，但这些地块可以避开雨季进行春播。另外，还要注意轮作倒茬。菊科作物不宜连作，油葵连作，病害严重，植株生

长矮小，易早衰，花盘小，空秕粒多，甚至减产可接近30%，生产上应选择禾本科作物、小麦、马铃薯作为前茬作物，以利于提高产量。播种前要深翻土地，翻耕深度掌握在20～23 cm，并精细整平。杂交油葵根系庞大，扎地深而广，通过深翻改善了耕层土壤结构，可增强孔隙度，创造更好的蓄水、保肥、通气和增温的环境条件。

② 播种时间　一般春播在3月下旬到4月中旬，夏播在为7月上旬至7月中旬。春播以4月中旬产量较高，可能是由于倒春寒或春旱等原因，早播表现不好，具体原因仍需进一步调查研究，但产量差异可以看出，故为了合理安排复种，春播可以早播。夏播以7月上旬产量较高。为避免授粉期遇到高温高湿，影响授粉，夏播宜晚，考虑到雨季(7月下旬至8月上旬)来临前杂草防治，在雨季油葵应与杂草占据竞争优势，因此油葵应在雨季来临之前，提前10～20 d播种，故菏泽宜在7月上中旬播种为宜。

种子处理。播种前10 d在右，选择晴朗天气，将种子摊晒在普通泥土地面上1～2 d，应避免在水泥地面上直接暴晒，并经常翻动。晒种可明显提高发芽势和发芽率。播种前浸种催芽，用25～30 ℃温水浸泡3～4 h，摊放在潮湿的草席上，上面覆盖湿布，放在15～20 ℃的暖室里催芽，当大部分种子开口露白时即可播种。

③ 播种方法　由于林下种植油葵比较分散，单块面积小而且零星，不适合机播，一般采用人工点播，大面积幼龄林地林下种植可采用人工点播机和机播等方法。人工点播每穴两粒。沙地、沙壤地播种深度7～8 cm，黏性土壤、盐碱地，墒情较好时，可适当浅播，播种深度3 cm。林下油葵种植密度一般每亩3500～4000株左右，一般为行距50～60 cm、株距25～30 cm，肥水条件较好的林地宜稀，肥力较差、缺乏水浇条件的村头荒地、瘠薄地宜密。

根据株行距要求进行点播，种子为2粒/穴，出苗后及时间苗，对缺苗地块选择晴天的傍晚或阴雨天气进行带土移栽。为了增加田间通风透光度，减少病害，方便田间管理，为便于覆膜和机械操作等，可宽窄行种植，大行距1 m，小行距0.4 m，株距0.25 m。

④ 中耕培土、除草补苗　出苗后及时查苗补苗，缺苗地段进行带土移栽或催芽补种。油葵幼苗出现1对真叶时间苗，两对真叶时定苗，单株留苗，保留那些子叶完整、粗壮的幼苗。中耕及除草可打破土壤的毛细管，增加土壤的透气性，减少水分的蒸发，增加地温，这样不仅促进油葵根系发育，而且可以消灭杂草，减少杂草与林木和油葵争水争肥的矛盾，促进养分转化，促进油葵生长。一般林下种植第1次中耕在间苗后进行，深度要浅，划破土壤表皮即可，第2次中耕在现蕾前后进行，深度可适当加深，结合中耕，追施尿素225～300 kg/hm^2或中耕前撒施缓控释复合肥200～280 kg/hm^2，中耕深度8～10 cm。盐碱地更应注意中耕，尤其是在小雨后要及时进行中耕。为防止倒伏，现蕾前结合中耕进行基部培土，培土高度应在10～15 cm。现蕾至开花初期应及时打杈，保证花盘养分供应。花盘成熟前去掉茎秆下部老叶、黄叶及病叶，改善通风透光条件，减少病害发生。

⑤ 施肥灌溉　油葵生长期需肥较多，需钾较多，需氮次之，需磷最少。施肥上要注重3个关键期，基肥、种肥、追肥。基肥一般每亩施优质农家肥2000～2500 kg、过磷酸钙30～50 kg、尿素10～15 kg。种肥一般施磷、钾肥各5 kg。现蕾至开花期追施尿素和磷酸二氨各15 kg和硫酸钾10 kg，花盘授粉后籽粒膨大期可叶面喷施0.2%～0.4%的磷酸二氢钾溶液，提高油葵千粒重和减少空秕粒。夏播油葵一般不施底肥，适时追肥对提高油葵产量更为重要。

油葵极抗旱，生育期降雨量250 mm，且分布均匀时，基本上不需灌溉。苗期需水较少，抗旱能力强，宜进行蹲苗，以促进根系生长，要少浇水，防止徒长。花盘形成期、开花期、灌浆期是油葵需水关键期，如天气干旱时应注意灌水，保证水分供应。具体掌握应该是：叶片中午萎蔫而晚上仍不能恢复正常时，应及时浇水。考虑到油葵不耐涝及鲁西南雨季集中于7月中旬至8月上旬，在雨季来临之前不积水的四旁幼林下，适宜春播。

⑥ 病虫防治　选择矮大头优良抗病油葵杂交品种。如果购买的种子没经过拌种，可采用适宜的药剂进行拌种，可起到杀虫、防病、增产的效果，每份药剂兑适量的水，拌种15～20 kg，让溶液充分搅匀地粘在种子上。生长期注意防治向日葵菌核、锈病、霜霉病、褐斑病，收获后及时清除病株残体烧掉，并深翻土地，发病初期用70%代森锰锌可湿性粉剂600倍液喷雾，或用25%多菌灵可湿性粉剂或20%粉锈宁400～600倍液喷雾。苗期注意防治地老虎、蟋蟀。夏播现蕾后及时防向日葵螟，向日葵螟是以幼虫蛀食油葵种子和葵盘，严重影响向日葵的产量和品质，在幼虫为害初期，可用20%杀灭菊酯或2.5%溴氰菊酯1000倍液或BT乳剂300倍进行喷雾，隔5～7 d再喷1次效果较好。春播葵盘成熟时，正值鸟雀食物匮乏之时，应注意防治鸟害，可在种植油葵的林下拉防鸟反光条，有条件的可用纱网进行保护(季成本每亩30～45元，可连用一至两年)。

⑦ 收获与贮藏　油葵收获一般应在植株的叶片变为淡黄色、花盘背面变为黄色、茎秆变黄、舌状花干枯或脱落、花盘的边缘为褐色、籽粒变硬、颜色变为该品种种子的固有颜色时进行，此时千粒重最高，籽粒含水率在25%左右。向日葵收获的方法是割下花盘，晒干到葵盘失水变软后，人工或机械脱粒，目前多采用敲打花盘振落的方式进行脱粒。脱下来的籽粒含水量高，不宜堆放，拣出杂质，应及时摊开晾晒。含水率低于10%以下时及时加工处理，或者装仓贮存。在仓库贮存期间，不能堆放过高，并且仓库经常保持通风干燥，以利延长存放的时间及保持籽粒质量。

2. 套种

由于中国向日葵产区各地的自然条件和栽培习惯不同，各地区总结出很多套种模式。比如蔓生作物有西瓜、籽瓜、甜瓜等。后作根据当地无霜期长短，可选择生育期较短的油用型向日葵和生育期较长的食用型向日葵。生产上应用最多的是西瓜套种向日葵。西瓜一般行距140 cm，株距100 cm。6月下旬在西瓜行间套种两行向日葵。两种作物共生期20～30 d，向日葵尚在苗期，西瓜蔓很矮，互相影响轻微。可使向日葵播种期比麦茬复种的提早10 d左右，能获得高产。如新疆兵团农六师103团油葵、西甜瓜套种使得田间呈现一高一矮、一早一晚，是充分提高光能利用率和土地产出率的有效增产技术措施。具体做法：选择2 m带型，2 m作畦；1.6 m幅地膜，机械覆膜于带之间，4月下旬至5月上旬在膜上栽西瓜两行，行距1 m、株距0.9 m，密度740棵/亩；6月上旬在地膜中间种植油葵两行(点种)，行距40 cm、株距30 cm，密度2200株/亩。可产油葵200～250 kg/亩，西瓜产量3000 kg/亩，效益相当可观。

于永春等(2013)介绍了新疆贝母套种油葵高产高效栽培技术。贝母套种油葵的优点：贝母每年1月鳞茎进入休眠期，处于休眠期的鳞茎不耐高温干旱。在贝母宽的畦埂上种植油葵，因油葵的叶片大遮阴效果较好，具有即收获贝母又收获油葵的双重效益。各种方式繁殖的贝母都适合套种油葵。由于油葵的畦面宽，行间距大，通风透光好，且病害少，葵盘大，易获得高产。

也有在甘肃省酒泉进行中度盐碱地种植饲用甜菜套作油葵两种作物不同行比的4种模式的对比试验。认为采用带幅220 cm种3带幅，即每带幅种4行饲用甜菜、3行油葵。饲用甜菜行株距40 cm×45 cm，种植密度2700株/亩，油葵行株距30 cm×30 cm，种植密度3000株/

亩。油葵与饲用甜菜之间行距 20 cm 的种植模式在河西灌区中重度盐碱地上效果最好，应当推广应用。从生态、社会效益分析，饲用甜菜和油葵均属于耐盐碱性、积盐作物，种植饲用甜菜和油葵对改良中重度新垦盐碱地有很大作用。

另外，还有朝天椒套种油葵的成功实例。朝天椒在河南省豫西丘陵地区试种成功，对于传统种植业的调整和农民增收具有重要的作用。但是由于豫西丘陵地区常年干旱少雨，使干椒产量的提高受到一定的限制，并且高温可造成病毒病和日灼病等病害发生严重，导致单位土地面积效益提高比较困难。油葵作为一种耐旱耐瘠薄的高秆油料作物，适宜在丘陵旱地种植。如果将二者结合起来，既可利用油葵为朝天椒遮阴防病，提高产量，改善品质，同时又能增收油葵，提高土地利用率。最佳套种方式为朝天椒定植后 20 d 左右，将油葵以 2.0 m 的行距和 0.4 m 的株距直播于行间。还应注意油葵品种应选择生育期短的中早熟品种，与朝天椒共生期短，在朝天椒转色前已基本采收结束，有利于朝天椒正常着色，提高产品质量，增加经济收入。油葵套种行距较大，不利于相互间授粉。油葵进行人工辅助授粉才能保证较高的结实率。

棉花套种油葵也是一种普遍的油葵套种模式，缩节胺化控可降低油葵株高，而产量与对照比较却均表现增产，同时棉花株高也相应降低。油葵诱集棉铃虫成虫效果显著，而其表面密被的刚毛，极不利于其产卵繁衍，从而降低了棉田卵、幼虫的基数，达到不化防棉铃虫或减少用药的效果。同时油葵也诱发象甲及金龟甲等昆虫，有利于授粉，但亦有危害作用，后者损坏油葵花柱、花蕊或危害葵盘上幼嫩籽粒，发生严重时应适当防治。棉葵套作关键要选好套作模式，从几年试验研究及生产情况看，2-2、2-1 式较为科学，既有较高效益，又适合当前生产种植制度，棉农易于接受。另外还应注意油葵必须适时播种，一般掌握在 4 月 8—10 日，不得晚于 4 月 18 日，保证 6 月底或 7 月初收获。播种过早过晚影响棉葵产量，且成熟期延迟到 7 月上旬以后，天气进入雨季，易造成葵籽霉烂。

在陕西省彬县也有小麦套种油葵成功的实例。生产实践表明，彬县塬区于 6 月上旬在地膜小麦田套种杂交油葵，符合当地生产条件和气候规律，能充分利用光热水资源，是实现一膜两用、一年两熟、粮油(经)双丰收的有效途径。套种油葵播期为 5 月 20 日至 6 月 20 日，应力争早播，生产上应在适期内灵活掌握，抢墒播种，力争全苗。套种油葵品种宜选在本区生育期 100 d 左右的品种，这样既可充分利用光热资源，又可保证正常成熟，较易成功获高产。套种油葵具有抗逆性强、适应性广、生育期短、种植简便、高产稳产质优效益高等优势，所产油葵籽除直接食用和上市销售外，还可用来榨油，一般出油率在 40%以上，且油质好，是极具营养的食用保健油品。在正常年份，套种油葵产量一般为 2250～3000 kg/hm^2，最高可达 3750 kg/hm^2，一般收入在 4500 元/hm^2 以上，经济效益比较可观。

(二)轮作

轮作(Croprotation)是在同一块田地上按一定年限，有顺序地轮换种植不同作物的种植方式。用符号“→”表示。轮作周期因地因作物长短不等，有一年一熟条件下的多年轮作，也有由不同复种方式组成的多年复种轮作，又可因采用方式的不同分为定区轮作与非定区轮作。

在油葵的多作种植中，也不乏轮作的应用。例如，李桂贤(2015)介绍了油葵与夏谷轮作栽培。油葵收获时间在 7 月上中旬，当植株上部 4～5 片叶和茎秆上部及花盘背面变黄、籽粒变硬时即可收获。收获后立即在晒场上摊开晒干，防止霉变。油葵收获后及时清除秸秆、杂草，为夏谷播种腾茬。后茬夏谷栽培要选用适宜品种，趁墒或造墒及时播种，每亩播种量 0.4～0.5 kg。油葵腾茬后贴茬播种谷子，行距 40 cm。播后镇压，提高出苗率。播后至出苗前及时喷谷田除草剂谷草灵。精心管理。

徐雪凤等(2017)曾试验,为了探究轮作油葵对连作马铃薯生长发育及抗性生理的影响,选取马铃薯连作 4 年、连作 4 年后轮作油葵 1 年、连作 6 年、连作 6 年后轮作油葵 1 年的同一块试验田,以该试验田前两年分别种植藜麦、玉米的地块为对照,测定土壤理化性质、土壤酶活性及土壤微生物数量变化,测评土壤环境。再在该试验田种植马铃薯,对其幼苗光合作用、抗氧化酶活性以及马铃薯生长发育指标进行测定。结果表明,随连作年限增加,马铃薯根际土壤 pH 总体升高,偏碱性,有机质和有效磷含量逐渐减少,碱解氮含量上升;土壤酶活性与连作年限呈负相关;随连作年限增加,土壤中细菌数量、放线菌数量和细菌与真菌比(B/F)呈下降趋势,真菌数量呈增加趋势;土壤环境的恶化导致马铃薯植株生长量减少,叶绿素相对含量降低,叶片光合速率下降,超氧化物酶(SOD)活性下降,O_2^- 产生速率加快,丙二醛(MDA)含量上升。轮作油葵明显降低了土壤 pH,提高了土壤有机质、有效磷和碱解氮含量,增加了土壤酶活性、细菌数量和 B/F 值,降低了真菌数量,改善了根际土壤微环境,对植株生长发育起到促进作用;增加了马铃薯叶片相对叶绿素含量、光合速率,SOD 活性增强,而 O_2^- 水平和 MDA 含量下降。可见轮作油葵减轻了马铃薯叶片膜脂过氧化作用和自由基伤害,促进了马铃薯生长发育,且整体效果以连作 4 年后轮作油葵较好。

杨春安等(2018)曾对湖南省澧县油葵主产区近几年实施的“早稻→油葵”水旱轮作农业模式推广应用情况进行了调查和研究。结果表明,“早稻→油葵”模式充分利用湖南气候和早稻、油葵的生长特点,合理安排茬口,达到节本、增产、增收目的,且技术简便、易于推广,具有较高的社会、经济和生态效益。油葵产量可达 2490 kg/hm^2 左右,产值(按当地油销售价计)达到 26145 元/hm^2,扣除成本 6450 元/hm^2,纯收益 19695 元/hm^2 左右;产稻谷 6450 kg/hm^2,产值(按当地售价计)15615 元/hm^2,扣除成本 6570 元/hm^2,纯收益 9045 元/hm^2 以上,两季综合纯收益合计 28740 元/hm^2 以上。较早稻—晚稻种植模式或单纯种植油葵增收 15000 元/hm^2 以上,经济效益十分显著。同时,生态效益良好。由于油葵本身具有特殊气味和功能,种植油葵用药少、施肥少,减少了肥料、农药产生的环境污染,因此,与双季稻生产相比节减晚稻农药使用成本 750 元/hm^2,农业生态环境得到保障。另一方面,油葵叶片大,光合作用强,可以清新环境;花期长,9 月中下旬至 10 月上旬,油葵花开遍地香,景色宜人,成为当地一道独特的风景。种植油葵既可以美化环境,又收获油葵油,生态效益良好。

1. 轮作的必要性

一个地区或一个生产单位,除了在特殊情况下,比如在水田稻作区因条件的限制,只种水稻之外,一般都是种植几种作物,而且在同一田块上,总是按一定的顺序轮换种植不同的作物,这种种植方式便是轮作,俗称倒茬(变换茬口)。轮作的好处是多方面的,通过轮作可以协调利用土壤的养分,改善土壤的理化性状。向日葵是需钾非常多的作物,如果同一地块连续几年种植向日葵,或者与同样消耗钾较多的烟草、薯类轮作,土壤中钾素消耗过多,必然造成养分失调,而当它与需氮较多的粮食作物(小麦、玉米等),或者与需磷、钙较多的豆类作物轮换种植时,就可以均衡地利用土壤中的各种养分。再者向日葵根系发达,在土壤中分布的深度和广度与其他作物有所不同,对改善耕层土壤的理化状况有一定的作用,对浅根性的后作也会产生良好的影响。

不同作物感染病害的种类是不同的。向日葵锈病、斑病、菌核病、霜霉病、黄萎病等,大部分侵染源是土壤病原。例如,向日葵褐斑病的发病率因连作而加重。据有关资料,3 年以上轮作的发病率为10%～14%，迎茬（隔年种）为55%～60%，重茬2～3年则达到69%～90%（侯来宝 等，2011）。另据辽宁省农业科学院的试验结果，向日葵连作的叶斑病病情指数最高，而与玉米或大豆轮作，病情指数较低。

田间种植的各种作物都有与之相伴而生的杂草，通常称为“伴生杂草”。随着连作年限的增加，伴生杂草的数量也逐年大幅度增加，最后可能酿成无法收拾的后果。最为典型的是向日葵恶性寄生杂草——列当（*Orobanche cumana* Wallr）。列当俗名叫兔子拐棒，它寄生在向日葵的根部，其根状茎肥厚，叶鳞片状，无叶绿素，不能自行营养，只能靠从向日葵体内吸收养分生活。列当繁殖力和传染能力极强，每株约有花数千朵，种子极小（长度0.2～0.5 mm），终年可以萌发。这种杂草几乎遍及中国所有向日葵产区，它除了寄生向日葵之外，也寄生于烟草、番茄、红花等作物。防除向日葵列当最简便且有效的方法是实行轮作，比如，与玉米、小麦、谷子、大豆等作物实行3年以上的轮作。

2. 轮作方式

王德身（1992）曾报道，旱农地区采用的轮作有如下几种。

4年轮作：

玉米→高粱→谷子→大豆

玉米→高粱→向日葵→大豆

玉米→向日葵→谷子→大豆

5年轮作：

玉米→高粱→向日葵→谷子→大豆

玉米→高粱→玉米→向日葵→大豆

玉米→玉米→高粱→向日葵→大豆

6年轮作：

玉米→高粱→谷子→大豆→玉米→草木樨

玉米→高粱→大豆→玉米→向日葵→草木樨

玉米→高粱→玉米→向日葵→谷子→大豆

据侯来宝（2005）介绍，目前生产上采用的轮作方式有如下几种。

盐碱瘠薄地：向日葵→禾本科牧草→玉米→小麦→高粱

新开垦荒地：禾本科牧草→向日葵→玉米→籽瓜→高粱

粮油糖草轮作：

向日葵→牧草→甜菜→玉米

向日葵→玉米→甜菜→豆类→牧草

（三）复种

复种（Sequentialcropping）也称连续种植。是在同一田地上一年之内接连种植两季或两季以上作物的种植方式，用符号“—”表示。后继作物是在前一作物收获后种植，如一年二熟、一年三熟等。也包括同一作物的年内连作（Continuouscpopping）。耕地复种程度的高低通常用复种指数表示。复种指数是全年总播种面积占耕地面积的百分比，公式为：

$$复种指数=\frac{全年作物播种总面积}{耕地面积}\times 100\%$$

式中的“全年作物播种总面积”也包括绿肥、青饲料作物的播种面积。复种指数的高低实际上是耕地利用程度的高低，含义与国际上的种植指数相近。一年一熟的复种指数为100%，一年二熟的复种指数为200%，一年三熟的复种指数为300%，两年三熟的复种指数为150%。

1. 复种的条件

向日葵移栽能否正常成熟与产量高低是决定该种植模式能否大面积推广的关键。一个地区能否复种或复种程度的高低是有条件的，超越条件的复种既不能增产又不能增收。影响复种的自然条件主要是热量和水分，生产条件如水利、肥料、人畜机具等对复种也产生影响。

(1)热量　热量是决定一个地区能否复种的首要条件，只有满足各茬作物对热量的需求，才能实行复种。复种程度常常需按以下条件加以确定，一是年均气温：一般8 ℃以下为一年一熟区，8～12 ℃为两年三熟或套作二熟区，12～16 ℃可以一年两熟，16～18 ℃以上可以一年三熟；二是积温：≥10 ℃积温低于3600 ℃·d为一年一熟，3600～5000 ℃·d可以一年两熟，5000 ℃·d以上可以一年三熟；三是无霜期：150 d以下只能一年一熟，150～250 d可以一年两熟，250 d以上可以一年三熟。

(2)水分　一个地区具备了复种的热量条件，能否复种就要看水分条件了。水分包括灌溉水、地下水和降水。中国降水量与复种的关系是：小于600 mm为一熟区，600～800 mm为一熟至两熟区，800～1000 mm为两熟区，大于1000 mm可以实现多种作物的一年两熟甚至三熟。若有灌溉条件，则不受此限制。

(3)地力和肥料　土壤肥力高有利于复种。复种指数提高后，还要多施肥料，才能保证土壤养分平衡和高产多收。

(4)劳畜力和机械化　复种种植次数增多，用工量增大，前作收获后作播种，时间紧迫，农活集中，对劳力、畜力和机械化条件要求高。在当前农村劳动力向城市转移的条件下，劳动力不足成为限制复种的一个因素。

(5)技术保证和经济效益　包括品种、耕作栽培技术、复种间套技术等必须满足复种的要求，此外，复种还必须考虑经济效益。

需要指出的是，上述5个条件必须综合考虑和运筹，其中任何一个条件得不到满足，都可能招致复种失败。

2. 复种的技术

复种是一种时间、空间、投入、技术高度集约经营型农业，只有因地制宜地运用栽培技术，才能达到复种高效的目的。从技术角度应注意如下。

(1)作物组合　适宜的作物组合，有利于充分利用当地光热资源。利用休闲季节增种一季作物。

(2)品种搭配　生长季节富裕地区应选用生育期较长的品种，如长江流域两熟区，各季可选生育期较长的品种，达到全年高产；生长季节紧张的地方，则应选用早熟高产品种。除调剂作物品种的熟期外，还应注意避灾保收。

(3)充分利用生长季节　改直播为育苗移栽，缩短本田期；促进快发早熟技术、作物晚播技术；运用地膜覆盖等设施农业技术。

3. 复种的实例

(1)麦后复种油葵　是中国主要春麦产区和部分冬麦产区一种成熟的复种方式。这种种植结构，不但可以提高自然资源的利用率，而且能够变一年一熟为二熟，从而提高单位面积年产量，增加农民收入。

新疆北疆是油葵的重要产区。当地光照充足，热量资源丰富，加之采用滴灌技术，对发展油葵生产十分有利。北疆属于“一熟有余，两熟不足”地区，近年来科技工作者开展了麦后复种油葵的研究工作，对麦后两熟进行了探索。据赖先齐等(1998)报道，北疆沿天山一带采用早熟冬小麦奎冬 5 号在 6 月下旬成熟，7 月上旬将新葵杂等早熟油葵品种播下，10 月上旬早霜到来之前可正常成熟。石河子大学作物高产研究中心张风华等(2002)在该校农学院试验场，以新葵杂 5 号、新葵杂 6 号和新葵杂 8 号为材料，于小麦收获后(7 月 7 日)复种油葵，种植密度为 75000 株/hm^2。新葵杂 5 号为早熟品种，全生育期 95d，所需积温为 2080.5 ℃·d；新葵杂 6 号属中熟型，全生育期 105 d，所需积温为 2220 ℃·d；新葵杂 8 号是晚熟品种，全生育期 113 d，所需积温为 2259.2 ℃·d。

全生育期(出苗至成熟)，若以开花为界划分为花前和花后两个生育阶段，上述早熟品种前后二阶段所经历的天数分别为 53 d 和 42 d，中熟品种为 57 d 和 48 d，晚熟品种为 59d 和 54 d。

北疆历年的气温在 10 月下旬已降至 5 ℃以下，此时早熟油葵可正常成熟，中熟品种尚处于灌浆期，晚熟品种则刚刚开始灌浆，故不能成熟。

测定统计结果表明，在石河子条件下，7 月上旬复播的早、中、晚熟油葵品种自播种至出苗需 6 d，积温 159.9 ℃·d。熟期不同的油葵品种生育进程如表 3-1。

表 3-1　复播油葵不同类型品种的生育进程

品种熟期	出苗—现蕾		现蕾—开花		开花—成熟		出苗—成熟	
	天数(d)	积温(℃·d)	天数(d)	积温(℃·d)	天数(d)	积温(℃·d)	天数(d)	积温(℃·d)
早熟型	28	719.3	20	477.5	41	723.8	89	1920.6
中熟型	29	743.8	22	548.1	48	768.2	99	2060.1
晚熟型	30	770.0	23	545.4	54	783.9	107	2099.3

注：表中积温以≥5 ℃的温度计。

从上表可知，复播油葵自出苗至成熟所需积温在 2000 ℃·d 左右，以此推知，为了保证小麦收获后复播的油葵正常成熟，≥5 ℃的积温必须在 2300 ℃·d 以上(其中包括麦茬整地以及播种至出苗所占时间)。在品种选择上，则应采用高产、稳产的早、中熟者为好，晚熟品种的风险较大，不宜选用。

张凤华等(2000)的另一项试验表明，向日葵春播和夏播的产量构成是有差异的(表 3-2)。

表 3-2　春播与复播油葵产量构成因素

	产量(kg/hm^2)	含油率(%)	籽仁率(%)	百粒重(g)	盘粒数(个)	不实直径(cm)
春播	5200	50.4	75.4	5.6	1488	0.3
复播	4560	48.8	71.4	5.0	1511	1.4

从表 3-2 中可以看出，与春播向日葵相比，复播的产量相当于春播的 87.7%(5200 kg/hm^2：4560 kg/hm^2)，籽实含油率下降 1.6 个百分点(50.4%：48.8%)，籽仁率下降 4.0%(75.4%：71.4%)，百粒重较少 0.6 g(5.6 g：5.0 g)，不实直径增加 1.1 cm(1.4 cm：0.3 cm)；但盘粒数却稍增加，春播为 1488 粒，而复播为 1511 粒。

尽管在许多指标上向日葵复播不如春播，但是毕竟复播有效地利用了夏秋季节，多收一茬，从有效利用当地生长期和土地、增产并增收上评价，这种复种方式仍是值得推广的。

据新疆的经验，麦葵复种成功的关键是选择适宜的油用型向日葵品种。以1999年的气温为例，10月上旬气温尚在14～15℃，下旬便下降为5℃以下，此时，早熟油葵品种已基本成熟，中熟品种正值籽实灌浆期，而晚熟品种尚未进入灌浆期，只能作青贮饲料了。

麦后复种成功的必要条件是：

复种的麦类要选择生育期短（75 d以内）、适应性强、产量高的品种。在内蒙古河套地区前茬小麦、大麦或黑麦在7月5日前必须成熟，而在辽宁西部地区于7月15日前必须收获。复种的油葵则要选择生育期短（80～90 d）、抗寒性强、产量高的品种。

复种的前、后作都要提早抢种。复播的油葵播种越早，产量越高。为了缩短油葵播种至出苗时间，播前可以浸种催芽。

复种油葵要加大密度，密度应在60000～75000株/hm^2，靠加大群体提高产量。

（2）油菜复种油葵　冬油菜或春油菜（白菜型小油菜）比小麦早熟10余天，更有利于复种油葵。山西省冬油菜5月下旬或6月上旬收获，可复种芝麻、玉米、油葵。辽宁省中部、南部春油菜6月中旬收获，能复种油葵。

（3）草木樨复种油葵　二年生绿肥草木樨，于6月上中旬翻压后，随即整地复种油葵。一年生黄花草木樨生长快，当年也可翻压复种。压青复种的地力肥，产量高。在土地资源丰富的地方，这是一种用地养地培肥地力的耕作方式。

（4）其他作物复种油葵　例如：王海芳等（2009）通过在河北省蠡县种植实际，总结了冀中平原杂交油葵一年两熟栽培技术。推广了油葵—普通玉米、糯玉米，油葵—大豆，油葵—胡萝卜、萝卜、大白菜，小麦—油葵，葱头—油葵，西瓜—油葵等一年两熟高效种植模式。

杨广军（2015）介绍小麦—朝天椒—油葵高产栽培模式。亩产小麦450 kg左右、朝天椒300 kg左右、油葵约150 kg。

李运梅等（2016）介绍了太行山区冬油菜复种油葵栽培技术，实现春、夏两季见花，并获得良好收成，为美丽乡村建设和休闲农业发展提供了有力支撑。

姚晓霞等（2016）针对邢台黑龙港流域地下水超采严重的现实，转变种植理念，调整种植结构，探索油葵—夏玉米复播节水高效栽培模式，创建资源节约型高产技术体系。根据黑龙港地区的生产及气候特点，在复播条件下研究了不同油葵品种的播期和密度。结果表明，油葵、夏玉米复播模式下油葵品种＄998于3月中下旬覆膜播种时经济效益最高，为最适宜品种和播期。

王伟（2017）介绍了河北省馆陶县油葵—谷子连作高效种植技术。油葵作为新兴种植产业，由于其油可食用，耐旱、耐瘠薄、易管理等特点，面积连年持续扩大，目前种植1万余亩，下茬以种植谷子、玉米为主，其大致比例为0.6∶0.3∶1.0，更形成了一些油葵种植专业村，效益可观。油葵亩产200～250 kg，每千克5元，收益达到1000～1250元；谷子亩产300～350 kg，每千克1元，收益达到1200～1400元，两季加起来共收益2200～2650元，是种植小麦、玉米的2倍。

王东兴（2018）针对东北地区两季不足、一季有余的气候特点，于近几年推广了春小麦下茬复种油葵栽培模式。粮油复种获得了双丰收，取得了显著的经济效益。春小麦下茬复种油葵不仅充分利用了土地及光热资源，提高了复种指数，还增加了单位面积种植业经济效益，取得了很好的效果。

王莉等(2018)针对河北省邢台地区属水资源严重缺乏区域的现实,亟须通过改变依靠超采地下水支撑的小麦—玉米传统种植模式,以缓解对生态环境和农业可持续发展造成的严重威胁。研究旨在通过对油葵—夏玉米种植模式的试验,探索适应本区域条件的节水高效种植模式。研究表明,覆膜油葵与夏玉米连作是一种粮经复种高效种植模式,具有节水和收益较高的特点;本模式对油葵和下茬玉米品种的要求主要是生育期短、丰产性和抗逆性好;其技术关键是油葵播种时间,覆膜油葵播种期以3月9—14日较适宜。目前油葵品种以757DW表现最好,下茬配套玉米品种应选用生育期在90 d左右或以下的早熟品种,目前以科试616最为适宜。

吴燕(2019)曾在甘肃省陇西县总结了一套“一膜多茬玉米—冬油菜—油葵”栽培技术。以全膜双垄沟播技术为基础,一茬种植玉米,采用免耕措施,在保存较为完好的地膜上种植二茬冬油菜,三茬种植油葵。这是一种提高土地利用率、节本增效的措施。

丁海峰等(2013)介绍了新疆八十四团免耕复种油葵高产栽培技术。以冬小麦为前茬,7月10日前免耕抢时播种油葵。可减少施肥、耕地、平地、耙地等工序,节本增效效果明显。

其他省份有地膜西瓜后茬免耕直播向日葵(杨艳艳,2016)、马铃薯与向日葵复种高效栽培(唐国琨 等,2017)等报道,可资参考。

参考文献

鲍瑞,康建宏,吴宏亮,等,2012.沙田油葵适宜密度研究[J].农业科学研究,33(3):8-12.

毕远杰,王全九,雪静,2009.灌溉水矿化度对油葵根系生长及产量的影响[J].干旱地区农业研究,27(6):73-77,82.

毕远杰,王全九,雪静,2010.覆盖及水质对土壤水盐状况及油葵产量的影响[J].农业工程学报,26(S1):83-89.

毕远杰,2014.花期灌溉水质对油葵生长及土壤水盐状况影响分析[J].山西水利(12):4-5.

陈苍,王皓学,2014.油葵新品种酒葵杂1号的选育及栽培技术[J].农业科技通讯(9):239-240.

陈鸿,姬文涛,李金娟,2010.作物地表咸水与黄河淡水掺混灌技术研究[C]//.中国水利学会2010学术年会论文集(下册):558-565.

陈松,王迎春,王丽,等,2017.林下种植油葵试验报告[J].山东林业科技,48(2):93-98,102.

陈增荣,2000.耐盐碱,高耐菌核病的油葵新品种——KWS203[J].现代农业(1)1:9-9.

陈哲,陈媛媛,高霁,等,2015.不同施肥措施对黄河上游灌区油葵田土壤N_2O排放的影响[J].应用生态学报,26(001):129-139.

褚忠桥,王彪,罗应国,2014.宁夏向日葵蜜蜂授粉增产试验研究[J].中国蜂业,65(01):29-31.

代晓华,李昊,李军,2010.不同碱化度土壤施用脱硫废弃物对油葵生长及产量的影响[J].农业科学研究,31(04):15-18.

党柯柯,张骞,何文寿,等,2017.施肥对盐化土壤油葵养分吸收及产量和品质的影响[J].江苏农业科学,45(10):70-76.

丁海峰,李少强,2013.八十四团免耕复种油葵高产栽培措施[J].新疆农垦科技,36(04):4-5.

董美丽,2018.油用型向日葵新品种ND90的选育及栽培管理技术[J].农业科技通讯,562(10):249-250.

董学,邢占民,许利平,等,2015.油用型向日葵NH2202栽培密度研究[J].农业科技通讯(7):113-114+174.

杜红,柳延涛,殷波,等,2012.气象条件对油葵生长发育及产量关系的研究[J].新疆农业科学(5):820-825.

段维,张秀华,杨勇刚,2008.油葵—伊葵杂6号[J].新疆农垦科技,031(006):58-59.

段玉,张君,安昊,等,2018a.河套灌区食用型向日葵氮磷钾养分吸收、积累和分配规律的研究[J].北方农业学报,46(01):46-57.

段玉,张君,安昊,等,2018b.基施钾肥有效提高内蒙古河套灌区向日葵产量和油分品质[J].植物营养与肥料学报,24(5):1349-1356.

樊丽琴,李磊,吴霞,2019.不同油葵种植方式对银北灌区盐碱地土壤温度、含水量和电导率的影响[J].作物杂志(6):127-133.

费政军,邱文飞,2013.测土配方施肥基础上油葵最佳施肥量研究[J].现代农业科技(4):33-34.

冯绍卫,李林红,姜吉娟,2019.陇川县秋油葵栽培技术[J].农业科技通讯(9):303-304.

高谊,那木苏,海来提,2014.油葵施用控释肥效果试验[J].现代农业科技(3):26.

高宇,任永峰,张剑,等,2019.旱作向日葵垄膜种植降水蓄积效应及增产作用[J].中国农学通报,35(06):11-19.

谷金莲,2012.麦田自压软管灌免耕复播油葵栽培技术[J].农村科技(4):19-19.

郭鑫年,薛彩霞,李文勤,等,2018.钾肥施用量对宁夏引黄灌区油葵产量、钾肥利用效率的影响[J].宁夏农林科技,59(12):40-43.

韩林,2019.冬油菜田复播油葵套种打瓜栽培技术[J].乡村科技(22):97-98.

郝登桂,2019.河套地区盐碱地油葵种植综合改良技术模式应用效果研究[J].现代农业科技(15):10,12.

何玲,2016.宁夏中部干旱带油用型向日葵水肥耦合效应研究[D].银川:宁夏大学.

何云中,史秀丽,马建军,2016.新疆油葵授粉蜂群管理应把握的几个问题[J].中国蜂业,67(2):25-26.

侯来宝,2005.世界四大油料作物——向日葵[M].呼和浩特:内蒙古人民出版社.

侯来宝,韩风霞,王同亮,等,2011.内蒙古巴彦淖尔市向日葵产业存在的问题与对策[J].中国种业,2011(S1):11-14.

黄炳科,冯梅,冯文,2003.德国KWS203油葵高产栽培技术要点[J].种子世界(7):46-46.

黄伟,张俊花,李文红,等,2011.冀西北坝上半干旱区南瓜油葵间作的水分效应[J].生态学报,31(14):4072-4081.

贾秀苹,何正奎,卯旭辉,等,2019.油用型向日葵杂交种陇葵杂6号[J].甘肃农业科技,527(11):95-97.

贾莹,2017.邢台市潮土亚类区钾肥不同施用量对春播油葵产量的影响研究[J].河北农业(4):38-39.

靳存旺,段玉,李彬瑞,等,2015.向日葵施用缓释尿素的效果及氮磷钾施肥效应研究[J].内蒙古农业科技,43(6):45-48.

亢江飞,李林,常丽丹,等,2019.向日葵机械化收获研究现状及发展对策[J].农家科技:中旬刊(011):146-146.

李桂贤,2015.油葵与夏谷轮作栽培技术[J].农村百事通(4):36-37.

李海波,闫明,2008.酒泉新葵8号油葵杂交制种技术[J].农业科技与信息(17):3-4.

李慧英,刘壮,孙敏,等,2015.油用型向日葵杂交种“白葵杂17号”选育及栽培技术[J].宁夏农林科技(7):13-14.

李积铭,李和平,李爱国,等,2018.膜下滴灌和膜下渗灌对油葵生长发育影响比较[J].分子生物育种,16(12):4119-4123.

李积铭,李爱国,贾英全,等,2019.机械化栽培条件下株距对油葵生长发育及产量的影响[J].作物杂志(6):71-75.

李金凤,2015.油葵间作棉花栽培技术[J].现代农村科技(7):17-17.

李军,温埃清,柴玉鑫,等,2012.油用型向日葵杂交种巴葵29的选育[J].北方农业学报(5):109-110.

李军虎,秦建国,陈钢,等,2002.油葵杂交种春播产比试验及适宜播期的确定[J].种子(4):13-14,18.

李强,王秀萍,刘雅辉,等,2016.微咸水灌溉对油葵生长和生理生化特性的影响[J].河北农业科学,20(1):30-33.

李晓东,李晓林,高林,2004.油葵的理想换代品种——矮大头567DW[J].现代种业(5):56-56.

李运梅，张伟亮，杨三保，等，2016. 太行山区冬油菜复种油葵栽培技术[J]. 现代农业科技(9)：16-17.
梁春波，黄绪堂，王文军，等，2019. 油用型向日葵杂交种龙葵杂 11 的选育及配套栽培技术[J]. 黑龙江农业科学(2)：159-160.
刘继霞，山军建，马员春，等，2015. 油用型向日葵新品种“宁葵杂 5 号”选育及栽培技术[J]. 宁夏农林科技，56(10)：11-12.
刘胜利，陈寅初，李万云，等，2015. 复播油葵密植栽培的生理基础与栽培技术[J]. 宁夏农林科技(7)：24-25，62.
刘毅，李辉，2017. 滨海盐碱旱地起垄种植对油葵生长发育及产量的影响[J]. 现代农村科技(9)：67-68.
刘志坤，宋利玲，董若征，等，2017. 油葵标准化种植技术模式研究[J]. 基层农技推广(10)：20-22.
刘志强，刘毅，2017. 油葵起垄覆膜高效栽培技术[J]. 现代农村科技(8)：14-14.
柳延涛，刘胜利，李万云，等，2016. 种植密度对新葵 9 号产量的影响[J]. 安徽农业科学，44(1)：55-56.
卢雨霞，2018. 冬麦田免耕复播滴灌油葵高产栽培技术[J]. 农村科技(5)：25-26.
吕明山，丁林，胡想全，2019. 垄膜沟灌油葵的产量及水分生产效益分析[J]. 甘肃农业科技(2)：46-49.
麦麦提·木沙，张燕红，司红，等，2019. 冬油菜收获后复播油葵栽培技术[J]. 农村科技(9)：12-13.
卯旭辉，陈炳东，葛玉彬，2008. 播期对油葵产量与主要经济性状的影响[J]. 陕西农业科学，54(3)：6-7，25.
孟维伟，南镇武，王旭清，等，2019. 盐碱地油葵花生宽幅间作耐盐丰产栽培技术[J]. 耕作与栽培，39(2)：1-3，6.
内蒙古农牧学院铺膜播种机课题组，1997. 机械化铺膜播种问题的分析[J]. 农村牧区机械化(1)：7-8.
庞玉娥，刘胜利，穆龙，2015. 新葵 22 号特征特性及高产栽培技术[J]. 新疆农垦科技，38(2)：11-12.
齐瑾辉，2016a. 冷凉地区滴灌油葵土壤水分运移规律及温度效应研究[J]. 水资源开发与管理(2)：66-69.
齐瑾辉，2016b. 滴灌水分亏缺对冬小麦麦后复播油葵生长和产量的影响[J]. 吉林水利，405(2)：10-13.
秦爱红，买自珍，蔺永平，等，2007. 地膜覆盖条件下向日葵田间生态环境及对产量影响的研究[J]. 宁夏宁林科技(4)：23-23，34.
权丽双，王振华，郑旭荣，等，2016. 水氮耦合对滴灌复播油葵生长及产量的影响[J]. 干旱地区农业研究，34(1)：61-65.
沈姣姣，王靖，李建科，等，2013. 农牧交错带地区油葵适时播种气象条件分析[J]. 干旱地区农业研究，31(3)：237-243.
石必显，雷中华，王琴，等，2011. 种植密度对新葵 18 号生长发育及产量品质的影响[J]. 新疆农业科学(4)：629-633.
斯庆高娃，2019. 沟灌不同灌溉定额对盐渍土水盐分布及油葵和产量的影响[J]. 节水灌溉，2019(10)：26-30.
宋殿秀，董宁，崔良基，等，2013. 氮、磷、钾配施对油葵杂交种群体生理参数的影响[J]. 辽宁农业科学(3)：1-6.
宋惠安，2015. 富硒油葵栽培方法[J]. 湖南农业(2)：16-16.
宋聚红，王海山，刘玉芹，等，2019. 油葵—黄秋葵间作栽培技术[J]. 蔬菜(3)：42-44.
孙恩玉，王德兴，张晓飞，等，2007. 油用型向日葵新品种 F53 的选育[J]. 杂粮作物，27(3)：191-191.
孙月美，宁国辉，刘树庆，等，2015. 耐受性植物油葵和棉花对镉的富集特征研究[J]. 水土保持学报，29(6)：281-286.
唐国琨，解仁平，张伟伟，等，2017. 薯葵复种高效栽培技术[J]. 农民致富之友(02)：147.
吐尔逊别克·热合买提汗，2017. 定植密度对不同生育期油葵产量的影响[J]. 农业工程技术，37(2)：23.
王长军，王世荣，王肇밬，2015. 淡灰钙土条件下不同配比施肥对油葵及土壤养分效应研究[J]. 中国农学通报，31(36)：125-130.
王德身，1992. 几种旱田作物在轮作中地位研究—科学轮作体系组建研究[J]. 辽宁农业科学(05)：21-22.
王德生，2011. 油用型向日葵杂交种 F60 及其高产栽培技术要点[J]. 中国种业(S1)：72-73.
王德兴，崔良基，孙恩玉，等，2010. 密度对不同生育期油葵杂交种产量的影响[J]. 黑龙江农业科学(9)：28-31.

王东兴,2018.春小麦复种油葵高产栽培技术[J].现代农业,508(10):47.

王海芳,王岳生,刘锦辉,等,2009.冀中平原杂交油葵一年两熟栽培技术[J].农业科技通讯(4):166-167.

王冀川,万素梅,黄剑斌,2004.南疆油葵产量构成因素的统计分析及高产栽培途径探讨[J].新疆农业科学,41(1):13-16.

王建成,杨思存,车宗贤,2014.兴电灌区带田油葵适宜种植密度试验[J].甘肃农业科技(6):31-32.

王建阳,2019.河套灌区不同灌溉与覆膜方式下土壤水盐离子动态变化研究[D].呼和浩特:内蒙古农业大学.

王莉,陈风云,姚晓霞,等,2018.邢台地区油葵夏玉米连作栽培模式研究[J].农业科技通讯(3):105-106,111.

王蓉,何文寿,马玉波,等,2014.氮素用量对油葵氮磷钾养分吸收积累及产量的影响[J].中国油料作物学报,36(4):494-501.

王伟,2017.油葵—谷子连作高产种植技术[J].河北农业(1):8-10.

王晓军,何文寿,2015.宁夏中部干旱区氮磷钾肥对油葵干物质积累及养分吸收的影响[J].农业科学研究(4):41-46.

王振华,权丽双,郑旭荣,等,2016.水氮耦合对滴灌复播油葵氮素吸收与土壤硝态氮的影响[J].农业机械学报,47(10):91-100.

韦广锋,龙福全,2010.桑园套种油葵高产技术初探[J].广西蚕业,47(1):41-42.

吴燕,2019.一膜多茬用玉米—冬油菜—油葵栽培技术[J].农业科技与信息(19):45-46.

夏焕焕,丁艳萍,谢芳芳,等,2017.钛在土壤中的形态分布及其对油葵生长的影响[J].浙江农业学报,29(3):477-482.

夏平开,陈福隆,1994.利用蜜蜂授粉繁殖油葵不育系的初步研究[J].新疆农垦科技(3):28-29.

徐苗,何文寿,侯贤清,2017.宁夏中部干旱带不同施氮量对油用型向日葵氮肥利用率与经济效益的影响[J].宁夏大学学报(自然科学版),38(04):383-387.

徐雪凤,李朝周,张俊莲,2017.轮作油葵对马铃薯生长发育及抗旱生理指标的影响[J].土壤,49(1):83-89.

闫丽华,2016.油葵控释肥施用量试验研究[J].宁夏农林科技,57(10):44-45.

闫素珍,米志恒,孙祥春,等,2018.临河区向日葵田盐碱地改良效果研究[J].北方农业学报,46(6):54-57.

燕宏玲,2019.凌源市春小麦复种油葵高产栽培技术[J].农业科技通讯(5):229-231.

杨春安,李庠,朱春生,等,2018.湖南早稻—油葵水旱轮作模式应用前景分析[J].耕作与栽培(5):50-51.

杨广军,2015.小麦—朝天椒—油菜高产栽培技术[J].农村新技术(11):7-8.

杨宏羽,王蒂,王丽,等,2015.不同磷水平对向日葵幼苗根系生长及保护酶活性的影响[J].甘肃农业大学学报(4):63-68.

杨宏羽,李欣,王波,等,2016.膜下滴灌油葵土壤水热高效利用及高产效应[J].农业工程学报,32(8):91-97.

杨相昆,魏建军,张力,等,2014.春播与复播油葵产量形成及群体生理参数比较研究[J].中国油料作物学报,36(1):59-65.

杨相昆,张占琴,田海燕,2016.光热资源对油葵瘦果籽粒灌浆的影响[J].绿洲农业科学与工程(2):11-17.

姚荣江,杨劲松,赵秀芳,等,2013.水盐调控措施对苏北海涂油葵生长及土壤盐分分布的影响[J].灌溉排水学报,32(1):5-9.

姚晓霞,陈凤云,王莉,等,2016.油葵—夏玉米复播模式中油葵适宜品种筛选研究[J].农业科技通讯(4):118-120.

姚志娟,李金花,寇春会,2017.冀北山区油葵种植技术[J].现代农村科技(1):10-10.

依兵,王德兴,刘金刚,等,2019.油用型向日葵辽葵杂 19 号选育[J].辽宁农业科学(4):83-84.

殷小龙,杨新冬,段维,2006.康地 5 号油葵高产栽培技术[J].种子科技(1):62-63.

于海峰,安玉麟,李素萍,等,2012.优质油用型向日葵新品种内葵杂 4 号的选育[J].北方农业学报(5):108-108.

于永春,杨莉,2013.贝母套种油葵高产高效栽培技术[J].农业开发与装备(8):107-107.

余娟娟，谈建鑫，王江丽，等，2014. 种植密度与行距配置对复播油葵同化物运转和产量的影响[J]. 新疆农业科学，51(12)：2162-2167.

曾骏，郭天文，张平良，等，2019. 钾肥种类和施钾时期对油葵产量及品质的影响[J]. 干旱地区农业研究，37(05)：187-192.

张宝英，白苇，胡杨，等，2019. 油葵产量构成因素分析[J]. 辽宁农业科学(3)：18-21.

张斌，王平，陈佩珍，等，2018. 向日葵膜下滴灌栽培技术[J]. 农村新技术(6)：10.

张春芝，鲁雪林，王秀萍，等，2016. 盐碱地油葵适宜播期试验研究[J]. 现代农村科技，526(6)：57-58.

张聪书，李丽文，2006. 油葵与大豆的间作套种[J]. 安徽农学通报(6)：155-155.

张凤华，方向坤，赖先齐，等，2000. 春播与复播油葵籽粒形成期生理特性的研究[J]. 耕作与栽培(5)：24-25.

张凤华，朱志新，丁天云，等，2002. 不同生态型复播油葵生育规律的研究[J]. 中国油料作物学报，24(3)：37-40.

张红，郑洪元，王文浩，等，2017. 不同种植密度对向日葵农艺性状及产量的影响[J]. 现代农业科技(22)：17-19.

张会梅，田军仓，马波，等，2016. 不同灌水方式对油葵生长及水分利用效率的影响[J]. 节水灌溉(4)：15-17，230.

张雷，李晴，全春香，2018. 涿州市油葵一年两季种植适宜播种期试验研究[J]. 现代农村科技(4)：69.

张旭龙，马淼，吴振振，等，2017. 不同油葵品种对盐碱地根际土壤酶活性及微生物群落功能多样性的影响[J]. 生态学报，37(5)：1659-1666.

张彦群，鲍子云，仝炳伟，等，2013. 宁夏中部干旱区油葵畦灌优化灌溉制度研究[J]. 灌溉排水学报，32(3)：93-96.

张永宏，田生昌，杨建国，等，2017a. 灌溉方式对土壤水盐运移及油葵产量的影响[J]. 中国农学通报，33(18)：71-75.

张永宏，田生昌，杨建国，等，2017b. 油葵不同灌溉模式对土壤水盐含量的影响及经济效益分析[J]. 节水灌溉(3)：45-47，56.

张咏红，2019. 冷凉地区制种油葵栽培技术[J]. 农村科技(4)：12-13.

张云毅，祁海萍，郭媛，等，2009. 蜜蜂授粉对向日葵结籽率的影响[J]. 山西农业科学，36(01)：48-49.

赵存鹏，王凯辉，王兆晓，等，2018. 油用型向日葵新品种冀葵 1 号特征特性及栽培技术要点[J]. 现代农村科技(12)：107.

郑洪元，刘怀华，贾海滨，等，2020. 中国北方向日葵种植[M]. 北京：中国农业科学技术出版社.

钟丽，张宗急，李云娟，等，2019. 广西秋播油葵高效栽培技术[J]. 种子科技(15)：50，52.

周建方，王伟峰，杨晶，等，2011. 提高油葵结实率的技术措施[J]. 中国农技推广，27(10)：32-33.

祝青凤，李红梅，李智强，等，2014. 复合微生物肥料在油葵上的肥效试验[J]. 农村科技(4)：25-26.

第四章 环境胁迫及其应对

第一节 生物胁迫及其应对

一、病害及其防治

(一)病害种类

1. 病毒性病害

文朝慧等(2012)据国内外研究报道,能自然侵染向日葵的病毒有30多种,包括黄瓜花叶病毒、向日葵花叶病毒(*Sunflower mosaic virus* SuMV)、向日葵褪绿斑驳病毒(*Sunflower chlorotic mottle virus*,SuCMoV)、向日葵黄化斑点病毒(*Sunflower chlorotic spot virus*,SuCSV)、向日葵卷叶病毒(*Sunflower vrinkle virus*,SuCV)、烟草环斑病毒、马铃薯Y病毒、蚕豆黄化花叶病毒(Bean yellow mosaic virus,BYMV)、西瓜花叶病毒、烟草蚀纹病毒、烟草线条病毒、烟草花叶病毒和番茄斑萎病毒等。植物受病毒感染后症状表现类型多样,单靠田间症状很难判断病原。

文朝慧等(2012)为诊断一例表现花叶、明脉和皱缩症状的向日葵病毒病病例,通过血清学及分子生物学方法对病样进行了检测。ELISA和RT-PCR的结果表明,病样受到TMV、WMV和LMV复合侵染。该结果为TMV、WMV和LMV在甘肃向日葵上发生侵染的首次报道。

陈卫民等(2010)介绍向日葵花叶病毒病(Sunflower mosaic virus)主要发生在伊犁河谷特克斯县、新源县、伊宁县等地。该病对向日葵生长发育和产量影响较大,发病严重的地块发病率达20%以上。大部分症状为系统花叶、褪绿环斑、叶柄及茎上的褐色坏死条斑。重病株顶部枯死,花盘变形,顶部小叶扭曲,种子瘪缩。

2. 细菌性病害

(1)向日葵细菌性叶斑病

① 为害症状　发病初期病斑很小,呈水渍状,后逐渐扩展到2～3 mm,暗褐色,四周出现较宽的褪绿晕圈,数个病斑融合成一个大斑,有时可见到一个叶片上有数十个小病斑,严重时叶片干枯脱落。

② 病原及分类地位　向日葵细菌性叶斑病病原菌为丁香假单胞菌向日葵致病变种,学名*Pseudomonas syringae* pv. *helianthi*。菌体短杆状,大小(1.6～2.4)μm×(1.0～1.4)μm,单生或链生,革兰氏染色阴性。好气性。肉汁胨琼脂平面上菌落白色,圆形,表面光滑,有光泽,

边缘整齐。细菌生长最适温度为10～30 ℃，最高35 ℃，最低12 ℃，致死温度52 ℃。

③ 侵染与传播途径　病菌可在种子及病残体上越冬，借风雨、灌溉水传播蔓延。

④ 发病因素　雨后易见此病发生蔓延。

(2)细菌性软腐病　也称细菌性茎腐病，主要引起向日葵茎秆和葵盘湿腐，为常见病害，大多出现在植株生长后期。

① 为害症状　茎秆多从叶腋处或伤口处开始发病，形成深绿色水浸状斑块，不规则形，很快向周围及内部扩展蔓延，病茎变深褐色至黑色，髓部软腐，组织解离，有菌脓，散发恶臭，后萎缩中空。后期病茎凹陷或条状开裂，易折断或倒伏。病原细菌侵染葵盘常形成不规则形病斑，初水浸状，后边黑色，湿腐，黏滑，有恶臭，葵盘萎垂，严重时全盘腐烂殆尽。

② 病原及分类地位　病原菌为胡萝卜果胶杆菌，学名：*Pectobacterium carotovorum* subsp. *carotovorum*(Jones) Hauben et al.。该菌为薄壁菌门，肠杆菌科，果胶杆菌属成员，原属于欧文氏菌属。菌体短杆状，大小(0.5～1.0)μm×(1～3)μm，周生鞭毛，无芽孢，革兰氏染色阴性。

③ 侵染与传播途径　病菌主要随病残体越冬，成为下一季的初侵染源。病原菌可随气流、雨水、灌溉水、昆虫等传播，从鸟类、冰雹或昆虫造成的植物伤口或植物自然裂口、自然孔口等侵入。

④ 发病因素　幼株比老株抗病性强，因而生育期后期发病较重。在虫害严重、雨水多、湿度高的条件下发病加重。

3. 真菌性病害

真菌性病害是油葵生长过程中的主要病害。常见有褐斑病、黑斑病、菌核病、霜霉病、黄萎病、锈病、黑茎病、白粉病、叶枯病、茎溃疡病等。

孙东显等(2014)对内蒙古呼伦贝尔地区的向日葵病害进行了调查，发现该地区共有17种向日葵病害，其中真菌性病害11种(菌核病、黄萎病、锈病、黑斑病、黑茎病、霜霉病、灰霉病、褐斑病、白粉病、立枯病、根腐病)，细菌性病害2种(细菌性叶斑病和细菌性茎腐病)，病毒性病害1种，寄生性种子植物病害3种(向日葵列当、中华菟丝子和日本菟丝子)。陈卫民等(2010)调查新疆伊犁河谷向日葵病害共有11种，主要包括向日葵白锈病、褐色茎腐病、黑茎病、霜霉病、菌核病、褐斑病、黄萎病、锈病、细菌性茎腐病和花叶病毒病等；云南省向日葵病害主要有菌核病、灰霉病、黑斑病、霜霉病、锈病、叶枯病、褐斑病、根茎腐病等；内蒙古地区危害较严重的向日葵病害有菌核病、黄萎病、枯萎病、黑斑病和向日葵列当；董强等(2017)报道向日葵黄萎病和菌核病在内蒙古的河套地区每年都有不同程度的发生，对向日葵的产量和品质都造成了很大的影响。

张园园(2019)介绍了全世界已报道的由真菌、细菌和病毒引起的向日葵病害至少有30种，主要包括：果胶杆菌变种(*Pectobacterium carotovorum*, subsp. *carotovorum*)和果胶杆菌变种(*P. atrosepticum*)引起的向日葵细菌性腐烂(Bacterial rot)；黑根霉 *Rhizopus stolonifer*、*R. oryzae*(syn. *R. arrhizus*)和 *R. microsporus* 引起的向日葵黑根霉盘腐(Rhizopus head rot)；核盘菌(*Sclerotinia sclerotiorum*)和小核盘菌(*Sclerotinia minor* Jagger)引起的向日葵菌核病(Sclerotinia rot)；菜豆壳球孢菌(*Macrophomina phaseolina*)引起的向日葵巧克力炭腐病(Charcoal rot)；向日葵单轴霉(*Plasmopara halstedii*)引起的向日葵霜霉病(Downy mildew)；镰刀菌(*Fusarium sp.*)引起的向日葵枯萎病(*Fusarium wilt*)；茎点霉属小球腔菌(*Phoma macdonaldii*)引起的向日葵黑茎病(Phoma black stem)；拟茎点霉属(*Diaporthe he-*

lianthi)和 *D. gulyae* 引起的向日葵拟茎点溃疡病(Phomopsis stem canker);大丽轮枝孢菌(*Verticllium dahliae*)引起的向日葵黄萎病(Verticillium wilt);白锈菌属(Albugo tragopogonis(Pers.))引起的向日葵白锈病(Albugo/White rust);链格孢菌(*Alternaria* sp.)引起的向日葵黑斑病(Sunflower black spot);丁香假单胞菌(*Pseudomonas syringae* pv. *Tagetis*)引起的向日葵黄化病(Apical chlorosis);丁香假单胞杆菌(*Pseudomonas syringae* pv. *helianthi*)引起的向日葵叶斑病(Bacterial leaf spot);菊科白粉菌(*Erysiphecichoracearum*)引起的向日葵白粉病(Powdery mildew);向日葵锈菌(*Puccinia helianthi*)引起的向日葵锈病(Rust);壳针孢菌(*Septoria helianthi*)引起的向日葵褐斑病(Septoria leaf blight);病毒 NMRV(Nebraska mottle/ringspot virus)和 SMV(Sunflower mosaic virus)引起的向日葵病毒病(Virus diseases)。

(二)油葵常见病害

1. 油葵菌核病

刘双平等(2006)介绍,向日葵菌核病(*Sclerotinia sclerotiorum*)对向日葵生产危害最重,已成为限制向日葵产量和品质提高的主要因素之一。常因病害猖獗为害造成大面积向日葵枯死,不仅产量大幅度下降,而且油葵含油率和油的品质也明显降低。

云雷(2014)介绍,向日葵菌核病是由核盘菌侵染而引起的一种向日葵主要病害。根茎腐、茎腐和盘腐是按照侵染部位及其症状划分的。关于菌核病的研究近些年主要集中在核盘菌的遗传多样性和寄主对核盘菌的抗性机制方面。据国内外报道,该性状是数量性状,受多基因控制,具水平抗性特点,其抗性可遗传给子代。

发病症状:在油葵整个生长期均可发生,且可侵染植株的任何部位,因发病时期和感染部位不同,在田间常表现立枯、根腐及根茎腐、茎腐和盘腐 4 种类型。

立枯苗期感染后,可使幼根、子叶和茎基部腐烂,并在病部出现白色绒毛状的霉层,扩展后病斑围绕全茎,使植株很快萎蔫枯死。

根及根茎腐烂一般在植株 6～8 片叶至成熟期发生,病菌可侵染主根、侧根和根茎部,逐步蔓延到茎基部,使侵染部逐渐变褐腐烂,造成植株枯死。拔出病株,常见土中或近地面的根茎部有一些黑褐色、大小不等、形状各异的菌核。

茎腐成株期感染茎部,多从茎基部开始,在茎基部出现褐色水渍状大斑以后出现白色绒毛状霉层,不断向上扩展,使茎部易破碎或折断。潮湿时,菌丝可在茎表面扩展,干燥时可见茎的髓部生有大量白色菌丝和黑色菌核。

盘腐开花后期,病菌感染花盘,病初在花盘背面出现一些褐色水渍状斑,湿度大时出现绒毛状霉层,继续扩展后则使感染的花盘局部或全部变褐腐烂,种子具有霉味和苦味,病盘上空籽和秕粒可达健株的 15～20 倍。

2. 油葵黑斑病

冉俊祥(1991)研究发现,向日葵黑斑病(*Alternaria helianthi*)1943 年由 Hansfordl 首次发现于乌干达,之后迅速遍及世界各向日葵产区。1966 年在中国吉林省发生,目前在黑龙江、吉林、辽宁、内蒙古、河北以及其他省区均有发生。侵染叶片、茎秆、花盘等部位,导致落叶、茎秆倒伏或植株衰弱,籽实重量和含油量剧降,轻者减产 10%～20%,重者 50%以上,特别严重的地块绝收。

于莉等(1996,1998)对此病的病原鉴定和毒素产生的条件、分离、提纯、生物测定、理化特性及毒素对向日葵不同抗性品种超微结构影响、超氧化物歧化酶(SOD)、过氧化物酶(PO)及苯丙氨酸解氨酶(PAL)的影响做了比较系统的研究,确定向日葵黑斑毒素的主成分为脱氧根葡柄菌素。但内蒙古对黑斑病的研究还无人涉入。

发病症状:该病可危害油葵叶片、叶柄、茎和花盘,田间一般在开花后发生。病初在叶片上产生直径为 1～3 cm 的褐色小点,扩大后呈圆形、椭圆形或不规则形的褐色大斑,中央色淡,呈灰白色,有或无同心轮纹,有时数个病斑融合,产生大块枯斑,使叶片局部焦枯、破裂或形成穿孔。遇持续高湿,则在病斑两面产生黑色霉层。叶柄感染后,叶柄和叶片一起枯死。茎部感染后,则在茎上产生纺锤形或不规则形的褐色斑点,长度可达 1～5 cm。花盘感染后,则产生许多小型褐色斑点,开始多从花盘背面边缘出现,若环境有利,则引起花盘局部或全部腐烂,造成严重减产。在潮湿的气候条件下,在病部出现深褐色细绒状或橄榄色霉层是该病的重要特征。

3. 油葵霜霉病

刘双平(2006)介绍向日葵霜霉病(*Plasmopara halstedii*)是世界性检疫病害,1882 年最早报道于美国东北部,后迅速蔓延开来,现已传遍欧、亚、非和美洲的 30 多个国家及地区,成为欧、美及其他向日葵产区的主要病害,威胁向日葵生产的发展。中国分布于黑龙江、吉林、辽宁、河北、北京、山西、内蒙古、甘肃、宁夏、新疆、贵州等省(区、市),多点片发生。内蒙古呼和浩特市、包头市、巴彦淖尔市、鄂尔多斯市、赤峰、兴安盟等各产区都有发生。2003 年全区向日葵霜霉病发生 1.3 万 hm^2,仅包头市土默特右旗就发生 0.8 万 hm^2,发病率达到 20%。由于该病是通过种子带菌进行扩展蔓延,因此,种子处理是防治该病的关键。呼和浩特市植保站研究用 25%甲霜灵可湿性粉剂按种子重量的 0.3%～0.4%拌种,防病效果达 98%以上。

云雷(2014)介绍,霜霉病是重要的检疫性病害,由鞭毛菌亚门真菌引起,主要危害叶片,国内主要分布在东北、西北、华北和西南局部地区。种子带菌和土壤传播是霜霉病在向日葵主产区发生的主要途径。向日葵霜霉病的研究集中在遗传多样性、病原菌生理小种鉴定等方面。

发病症状:整个生育期均可发生,根据发生时期和症状特点可将症状分为 4 种类型。

(1)矮化型　植株严重矮化,节间缩短,根系发育不良,叶褪绿或在叶片上出现沿主脉或侧脉褪绿的花叶型病斑,若遇降雨或高湿,在病叶背面则出现浓密的白色霉层,病株往往不能形成花盘,即使形成花盘,花盘也很小,结实率极低。

(2)叶斑型　植株生长发育良好,但在叶正面或沿主脉附近出现大型多角形的褪绿斑,而在叶片病部的背面则出现白色致密的霉层。

(3)花果被害型　主要发生在油葵生长发育后期,病株花干枯,籽粒不实,种子秕瘦,花盘常不弯垂,也无向阳性。

(4)潜隐型　外部症状不明显,病原物局限在植株地下部分,有时也侵染到地面以上 25～30 cm 处,使茎呈淡绿色,髓部周围细胞呈淡褐色。此症状是植株对病原产生抗性的表现。

4. 油葵褐斑病

穆龙(2014)介绍,褐斑病又称斑枯病,危害主要在叶片,也会危害叶柄。在油葵苗期、成株期均有发病的可能,子叶和幼苗染病,叶片上生出近褐色圆形病斑且外围有黄色晕圈,病斑背面灰白色。成株发病初期叶背出现褐色小点,后扩展为 0.5～3.0 cm 的褐色大斑,边缘不整齐。病斑呈现多边形,褐色,也有黄色晕圈,后期病斑上生出小黑点。病斑容易脱落和穿孔,病重的病斑融合后整个叶片枯死,对开花有影响。茎和叶柄染病,病斑同叶片染病一样同为褐色,病斑呈狭长条状。褐斑病的症状表现变化很大,往往因品种类型、当地环境和管理水平、气象条件及病原菌的株系等不同而不同。不一定都表现为典型症状。由于褐斑病田间症状的复杂性，在确诊病害时，最好结合病原物检查。

丁旭军等(2017)介绍褐斑病病原及发病规律。油葵褐斑病病原为向日葵壳针孢，属半知菌亚门真菌，病源以分生孢子器或菌丝在病残体上越冬，第二年春温湿度条件适宜，分生孢子从分生孢子器中逸出，借风雨传播，大多从叶片的气孔侵入，通过伤口或直接侵入进行初侵染和再侵染，扩大危害。褐斑病是一种流行性很强的病害，初期只要有几张叶片或几株受害，待到条件适合时，褐斑病就会很快蔓延，病害就会大片发生。潮湿是越冬病菌产生孢子的必要条件，多雨是此病流行的主要原因。影响病害潜育期的是温度，在高温度下，潜育期短，病害扩展也比较迅速。潜育期长短随气温的升高而缩短。发病一般 6 月中下旬，以高温高湿的多雨炎热夏季病害最重，7—8 月为发病盛期，8 月发病较普遍。地区不同、品种不同发病时间也有差异。21～32 ℃为发病适温，气温升至约 30 ℃、空气湿度高、且夜间温度高于 20 ℃时，病害严重。潮湿低洼、排水不良、空气流通使得田间郁闭、气温升高、氮肥偏多、组织柔嫩、灌水不当等因素都会使病害流行。一般从下部叶片开始发病，逐渐向上部蔓延。

刘双平等(2006)介绍，向日葵褐斑病(*Septoria helianthi*)在内蒙古发生较普遍，干旱的年份和地区发生较轻，雨水多的年份和地区发病较重，造成叶片干枯死亡。有资料报道，1975 年和 1978 年辽宁省因该病向日葵产量损失达 50%以上。目前在内蒙古还没人对此病进行研究。

5. 油葵黄萎病

张园园(2019)介绍，向日葵被大丽轮枝孢菌侵染后通常在花期出现典型的褪绿、黄化的症状。Sackston 等人首次将向日葵黄萎病的症状描述为叶脉间组织褪绿、黄化，而叶脉仍保持为绿色，整个叶片呈现黄、绿相间的斑驳症状特点。向日葵黄萎病发生后的最初症状表现为底层叶片中心或边缘组织出现褪绿斑。这些褪绿斑随后逐渐扩大并连接在一起，最终导致组织坏死。病原菌能够借助植物的蒸腾作用向上蔓延，导致向日葵的上层叶片开始褪绿变色，最终导致植物整株的萎蔫和枯死。发病严重的植株茎基部会出现黑色条斑，切开病茎后可见维管束组织变褐的现象。

云雷(2014)介绍向日葵黄萎病于 1957 年在美国报道，随后，加拿大的 Manitoba 和意大利的 Tosi 也报道有此病害的发生。2002 年美国向日葵联合会(NSA)的调查数据表明，此病害在田间的发病率达到 19%，2003 年发病率达到 13%。向日葵黄萎病的研究主要集中在大丽轮枝菌的研究方面。大丽轮枝菌(*Verticillium dahliae*)是世界性分布、寄主范围较广的病原真菌，已知能引起 38 科 660 种植物的黄萎病。国内外对大丽轮枝菌的研究主要集中在寄主对大丽轮枝菌的抗性机制、大丽轮枝菌的遗传多样性和病原菌鉴定等方面。我国向日葵黄萎病的病原菌均为大丽轮枝菌。

6. 油葵锈病

景岚等(2009)研究发现，锈病是向日葵的重要病害之一，在世界各地普遍发生，严重影响向日葵的产量和含油量。随着中国向日葵种植面积的不断扩大，向日葵锈病的发生逐年加重给向日葵生产带来的危害日趋严重。

刘双平等(2006)介绍，向日葵锈病(*Puccinia helianthi*)是一种流行性较强的气传病害。该病在内蒙古西部区有的年份发生较重，如 2003 年、2004 年在巴彦淖尔市、包头市、鄂尔多斯市发病较重，病叶率 100%，花盘也受害，减产 50%左右。2005 年，由于严重干旱，锈病发生很轻。生产上种植中熟品种及食用葵易发病。

李鑫淳(2019)报道,向日葵锈菌是严格的活体营养病原菌,属于担子菌门(Basidiomycota)冬孢子纲(Teliomycetes)锈菌目(Uredinales)柄锈菌属(*Puccinia*),是一种具有性孢子、锈孢子、夏孢子、冬孢子、担孢子5种不同孢子的真菌。向日葵锈菌主要是通过夏孢子萌发产生芽管,芽管继续伸长形成附着胞从气孔侵入植株内部,形成侵染菌丝,侵染菌丝穿透寄主植物细胞,在细胞内产生吸器,当环境温度降低时,夏孢子堆转变为冬孢子堆,在病叶或花盘残体上过冬。第二年早春,萌发产生担孢子,侵染向日葵幼苗。锈菌侵染向日葵后,由于在叶片上形成大量孢子堆,阻碍向日葵叶片光合作用,加快蒸腾效率,导致向日葵营养及水分缺失过多过早枯死。

7. 黑茎病

陈卫民等(2010)介绍,黑茎病[*Phoma macdonaldii Boerma*,*Lepto-sphaerialindquistii* Frezzi(有性态)]主要分布在新疆伊犁河谷新源县、特克斯县、尼勒克县、巩留县、伊宁县、昭苏县、伊宁市等的23个乡镇场。据2007年特克斯调查,2667 hm^2 向日葵田发生黑茎病占该县向日葵种植面积的66%,平均田间发病率为47%,其中重病田667 hm^2 左右,田间发病率100%,绝收面积267 hm^2,造成了惨重的经济损失。其中齐勒乌泽克乡种植的133 hm^2 JN-2519品种,发病严重,发病率达100%,死亡率48.9%。

此病多在7月中下旬开始发病,在向日葵开花初期表现症状,病斑最初发生于叶柄基部,褐色至黑色,迅速向茎秆扩展,形成黑色椭圆形病斑,引起叶片萎蔫干枯。茎上常形成大型病斑,病斑黑色,有光泽。茎秆病部表面生黑色小粒点,严重时,茎秆倒伏。在花盘背面,盘颈基部可形成大小不等的黑褐色病斑。向日葵花期在多雨低温的条件下,可造成病害的大面积发生,导致严重减产,甚至绝收。

8. 叶枯病

郭凤英(2012)介绍,叶枯病(*Helminthosporium helianthi* Hausf.)主要危害叶片、叶柄、茎和花。叶片上病斑圆形、近圆形,中央灰白色,边缘褐色,上边生有黑色霉层,条件合适时病斑可扩大到5~20 mm,有的具有同心轮纹。茎与叶柄上病斑呈褐色梭或线条状,中间凹陷。花瓣上病斑呈褐色梭形。花托上病斑呈褐色近圆形,有时中心凹陷。

可选用抗病品种。发病地块轮作换茬,轮作要求6年以上;感病地块用70%甲基托布津、50%多菌灵可湿性粉剂1000倍液喷洒,复方硫菌灵600~800倍液防治,间隔7d喷施1次,连续喷3次。

9. 白锈病

陈卫民等(2010)介绍,白锈病[*Albugo tragopogonu*(Pers.)S. F. Gray]于2001年首次在新疆伊犁新源县发现,属国内新病害,该病已列入《中华人民共和国进境植物检疫性有害生物名录》(2007年5月新修订),是中国重要的对外检疫性有害生物。目前分布在新疆伊犁河谷地区(尼勒克县、特克斯县、巩留县、新源县、昭苏县、霍城县、察布查尔县、伊宁市、伊宁县)、博乐州温泉县和乌鲁木齐市。自苗期至成熟期均可发病,尤其以现蕾期受害最为严重,发病后期叶片干枯,对向日葵产量影响较大,可造成10%~30%的减产。

该病主要危害叶片、茎秆、叶柄及花萼。其叶片症状有淡黄色疱斑型、散点型和沿叶脉斑点型;茎秆症状有黑色水肿型和茎秆破裂型;叶柄:被害后,前期受害部位呈黑色水浸状,后期产生白色疱状物,即病菌孢子囊和孢子梗。花萼:前期受害部位表现为暗黑色水浸状,后期多产生扭曲、畸形病状,花萼尖干枯并产生白色疱状物。

10. 褐色茎腐病

陈卫民等(2010)介绍,褐色茎腐病(*Phomopsis helianthi* M. Muntanola Cvetkovic)主要分布在新疆伊犁河谷特克斯县的8个乡镇及军马场和78团、新源县、尼勒克县、巩留县。该病害7月中旬,即向日葵现蕾初期表现症状,在开花期就可以造成叶片萎蔫枯死,茎秆干枯并大量倒伏,同时造成向日葵茎部溃疡和严重的髓部解离,严重时全田毁灭殆尽,病株花盘和果实瘦小,病株籽粒产量不及健株之半,对产量影响很大,造成重大经济损失。2008—2009年在特克斯县田间调查:发病率9%～100%,8月平均发病率36%,9月平均发病率达100%;向日葵产量损失达50%以上。

向日葵褐色茎腐病在向日葵生育期内可侵染所有地上部器官。其中,叶片:最先发病,叶片叶缘形成凸凹不平的坏死斑块,病斑块棕色或黑色,边缘明显,有时病斑扩展可达叶片一半以上,有时1叶可多处受侵染而成多块斑,整叶亦随之萎蔫,干枯变黑;茎秆:在靠茎秆叶柄着生周围形成灰色水浸状斑或斑点,并上下连成片形成坏死斑,坏死斑为淡(褐)棕色、深红(褐)色或色泽较淡,有日烧状边缘,茎秆上也可产生长条形灰白色溃疡斑;叶柄和茎秆的髓部腐烂坏死,引起严重的髓部解离,用手指触压,茎秆变形,得病茎秆大量倒伏;花盘:花盘上产生很多大小不等的红褐色或灰黑色凹陷坏死斑及斑点,花萼干枯。

11. 白粉病

向日葵白粉病(*Sphaerotheca fuliginea* .)是北方向日葵常见病害,在生长过程中环境相对湿度过高时易发病,同时栽植过密、氮肥偏施过多时发病较重。此外,土壤黏重、偏酸、耕作粗放、种子带菌、肥料未充分腐熟、地势低洼积水等也易导致病发。

(1)为害症状　向日葵白粉病主要危害向日葵叶片,感病植株叶片正面会形成近圆形的白色粉状病斑,直径可达10～15 mm。发病后期病部长出许多黑色小粒点,即病原菌的闭囊壳。病叶变黄褐色干枯。通常植株下部叶片比上部叶片发病重,植株矮小,籽粒不结实。

(2)病原及分类地位　北方主要是 *Sphaerotheca fuliginea*(Schlecht.)Poll,称苍耳单丝壳,国外普遍发生病原菌为 *Erysiphe cichoracearum* Dc.,称菊科白粉菌,均属子囊菌亚门真菌。菌丝体表生,分生孢子单生或串生,念珠状,白色。闭囊壳球形或扁球形,暗褐色,埋在菌丝体中,附着丝菌丝状,柔软,不分枝,淡褐色或无色。子囊多个,卵圆形至椭圆形,壁单层,有短柄,束生。子囊孢子2～8个,椭圆形或卵圆形,单胞,无色至淡黄色。

(3)侵染与传播途径　向日葵白粉病菌以闭囊壳在病残体上越冬,待到翌年春季放射出子囊孢子,在气流作用下进行传播蔓延,发生初侵染。落在植株叶片上的孢子在温湿度等环境适宜的条件下从表皮侵入,吸取皮内营养,同时菌丝也不断发展扩张,再产生分生孢子进行重复侵染。分生孢子可以在10～30 ℃的温度范围萌发,20～25 ℃是其最适宜的萌发温度。

(4)发病因素

① 种植密度大、通风透光不好,发病重,氮肥施用太多、生长过嫩、抗性降低易发病。

② 土壤黏重、偏酸;多年重茬,田间病残体多;氮肥施用太多,生长过嫩;肥力不足、耕作粗放、杂草丛生的田块,植株抗性降低,发病重。

③ 种子带菌、肥料未充分腐熟、有机肥带菌或肥料中混有禾本科作物病残体的易发病。

④ 地势低洼积水、排水不良、土壤潮湿易发病,温暖、高湿、多雨、日照不足易发病。

(三)防治措施

举例如下:

1. 菌核病防治

刘双平等(2006)对向日葵菌核病的病原种类、病原菌的生物学特性、病害的发生发展规律及防治方法进行了一系列的研究。提出选用无病种子,坚持拔除病株,防止和减少菌核在土壤中的积累,与非寄主作物轮作3年以上是目前防治菌核病的根本措施。在生物防治方面也进行了一些探索,从病地土壤中分离得到50个细菌和放线菌分离物。经平板抑菌实验,筛选出12个对 *Selerotinia sclerotiorum* 菌丝有明显拮抗作用的菌株。同时应用盾壳霉(*Coniothyrium minitans*)进行田间防病试验,但效果不佳。

郭凤英(2012)认为,发生病害要进行轮作换茬,轮作对象为禾本科作物,一般需轮作3～5年;在播种时选择抗性品种,同时要进行药剂拌种,用种子重0.5%～0.6%的菌核净、甲基托布津、苯菌灵等农药拌种,可有效防治立枯型和茎腐性菌核病;发病后用菌核净1000倍液在盛花期喷施,对防治烂盘型有一定效果。

古力巴合提·努尔哈孜等(2018)对新疆阿勒泰地区油葵菌核病的防治措施中介绍了轮作倒茬。建议种植油葵的地块与禾本科作物如玉米、小麦等轮作倒茬。轮作倒茬周期以3～6年为宜,重灾区地块轮作周期可适当延长至10年。种植过油葵的地块,地中的病源残留体要深埋处理,以预防病菌传播蔓延;土壤要深耕,菌核在10 cm以下土层中不易萌芽,土壤深耕可以将菌核埋在10 cm以下土层中,促进菌核失去生活力。因此,建议种植过油葵的地块在作物收获后进行深耕,耕深以25 cm为宜;对于病残体处理可在油葵菌核病发病初始阶段,将受害植株连带其根部泥土一起挖出并深埋,尽量减少病株和健康植株的接触。秋季作物收获后,及时处理田内病残体,可将病残体烧毁或深埋;对种子处理可选择优质种子,培育健壮幼苗。种子最好选用包衣种子,未包衣的种子可能携带菌源。土壤处理可在播种时用速克灵可湿性粉剂,按照每亩1000克用量,并加入适量沙土,随播种撒入播种沟内。

2. 黑斑病防治

郭凤英(2012)介绍,播种前用种子量0.3%的福美双、代森锰锌、克菌丹、苯菌灵等杀菌剂拌种,以防种子带菌。另外用药剂拌种时,加入硼、锰、锌等微量元素,有较好的防治效果;发病后可用多菌灵、代森锰锌、百菌清500倍液叶面喷雾,均有较好效果,也可用福美双和敌菌丹叶面喷雾。

丁逸等(2009)介绍了油葵黑斑病的防治技术:①实行油葵与春小麦、玉米等禾本科作物3年以上的轮作倒茬,杜绝在已发生油葵茎黑斑病的地块上连茬;②选用适合当地种植的抗病品种;③适当延迟播种期,使油葵花期错开夏季阴雨连绵的天气,从而达到避病的目的;④保持合理的株行距,施用氮肥的同时适当施用磷钾肥;⑤在油葵茎黑斑病发病初期进行统防统治;发病初期将病株带土挖出于田外深埋;收获后及时清除田间残根落叶及杂草,焚烧和销毁。

3. 霜霉病防治

郭凤英(2012)介绍,首先要选用抗病品种;播种时用0.3%的甲霜灵粉剂和25%的瑞毒铜可湿性粉剂或25%的瑞毒霉进行拌种,可起到明显的防治效果;在发病初期可用25%的瑞毒霉2000倍液喷洒,7 d后再喷1次。

哈尼亚·黑拉西汗(2015)结合新疆实际,提出对油葵霜霉病的农业防治措施:培育和种植抗病品种,一般野生种的抗性都较强;因为卵孢子可在土壤中保持6年以上,连作会使向日葵霜霉病日益严重,故轮作是防治霜霉病的重要措施。以禾本科作物或豆科作物为前作,可减轻发病。一般轮作8年以上可彻底清除霜霉病的危害。轮作4年病情也会明显减轻；选用健康种子播种，严禁从病区引种或病田留种。留种田必须在2～5片真叶期、开花前和收获前拔除病株；病株和病盘均带出田外深埋，消灭自生病苗，以减少初次侵染源；加强栽培管理，如深翻土地，减少初次侵染来源。增施磷肥，合理施用氮肥。适期播种，不要播种过深，尽量缩短幼苗出土期都可减轻发病。种子处理可用58%甲霜灵可湿性粉剂按种子量0.2%等拌种。

4. 褐斑病防治

对于油葵褐斑病的防治，需要提高其抗病能力。对土、肥、水加强管理，多施有机肥、磷肥、钾肥，增强生长势抵御病源，同时还要合理密植，提高植株通风和透光性，及时排除积水，降低湿度；还应分期分批地清除病叶，减少病菌来源。

丁旭军等(2017)介绍宁夏同心县对油葵褐斑病的防治中的农艺措施。油葵收获后应及时对田间落叶进行清除，并集中烧毁或翻耕深埋，避免菌源的残留；加强栽培管理，及时中耕，多施有机肥，增施磷肥、钾肥，不偏施氮肥；合理密植，改善田间通风透光条件；注意排水防止串灌，特别避免傍晚灌水的发生；对褐斑病的防治要狠抓一个“早”字，做好前期的预防和后期的治疗。

(1)药剂拌种　按种子量的0.2%～0.4%的药剂量拌种，可用45%代森锰锌100 g拌50 kg种子，或用甲基立枯灵、五氯硝基苯等药剂拌种。

(2)喷药保护　根据测报和常年发病情况，从发病始期前15 d开始喷药保护。首次用药时期在7月上中旬，如果雨量较多，首次喷药时间应相应提前，如果雨晚而少，则可适当推迟。不同地区的首次用药时间可能会有较大差异。一般是第1次喷药后，每隔15 d左右喷药1次，共喷2～3次。常用药剂有75%百菌清可湿性粉剂1000倍液、70%安泰生可湿性粉剂1500倍液、70%代森锰锌800～1000倍液、50%多菌灵500～800倍液，为增加药液展着性，可在药剂中加入有机硅助剂。

(3)喷药防治　发病初期，摘除病叶，喷洒12.5%烯唑醇可湿性粉剂1000倍液、75%百菌清可湿性粉剂800～1000倍液、10%苯醚甲环唑可湿性粉剂1000倍液、70%代森锰锌800～1000倍液、25%嘧菌酯悬浮剂2000倍液。一般在发病初期喷雾浓度可略低些，发病中后期要提高浓度。

(4)灌根　严重发病地块或发病中心，选择上述药剂高浓度、大剂量灌根，可有效控制病害扩张。

无论是喷雾还是灌根都必须要达到足够的药液量，灌根还要多些，否则难以保证防效。施药间隔时间：发病初期间隔时间可长些，视病情而定，中后期间隔短7～10 d，发病期，可使用优秀的内吸治疗杀菌剂如10%苯醚甲环唑、25%嘧菌酯悬浮剂1000～2000倍液等与保护性杀菌剂如75%百菌清可湿性粉剂1000倍液、70%代森锰锌可湿性粉剂800～1000倍液、50%扑海因可湿性粉剂1000倍液交替使用。

郭凤英(2012)介绍的防治方法是：发病地块轮作换茬，轮作3～4年；发现病株及时清除并烧毁病株残叶，消除病源；播种时用种子重量0.3%的福美双拌种。

5. 向日葵黄萎病防治

近年来，由于国外向日葵育种材料和杂交种的大量引入，使得中国向日葵黄萎病呈现逐年加重的趋势。由于大丽轮枝孢菌的寄主范围非常广泛，能够侵染棉花、向日葵、茄子和番茄等600多种寄主植物，并且大丽轮枝孢菌的休眠结构(微菌核和厚垣孢子)能够在土壤中生存多年，从而导致植物黄萎病的防治变得极其困难。此外，病原菌一旦到达寄主的维管组织后，利用杀菌剂控制病情的发展似乎是无效的。因此，通过一些防治措施来减少土壤中的初侵染来源被大家认为是一个可行的防治策略。化学熏蒸剂可以减少土壤中的黄萎病菌数量，但由于化学药剂严重破坏了自然环境，从而要限制其施用。

生物防治具有低毒、残留少、安全、有效等特点，因此越来越受到人们的重视。已有大量研究证明，链霉菌属的不同种能够有效地防治黄萎病的发生，Yuan 等(2014)人利用生防菌剂萎菌净结合二比空栽培技术防治向日葵黄萎病，发现萎菌净的防效最为明显，并且发现利用生防菌对向日葵种子和土壤同时进行处理后的防治效果最好，较对照增产 12%以上。

筛选和种植抗病品种是防治各种黄萎病最经济有效的策略。

6. 白粉病防治

农业防治：实行轮作制度，减少侵染源；清除田间杂草，烧毁深翻，消灭虫源；选择抗病品种，并进行种子拌种灭菌；采用测土配方施肥，增施磷肥、钾肥，促进苗壮，增强抗病性；及时防病，发现病株及时清除。

药剂防治：可用 75%百菌清可湿性粉剂 1000 倍液浸种催芽播种，或用种子重量 0.5%的 25%甲霜灵可湿性粉剂拌种。在发病初期用 40%氟硅唑乳油 4000 倍液，或 25%乙嘧酚悬浮剂 1500 倍，或 10%苯醚甲环唑水分散粒剂 1500 倍液，或 29%吡萘・醚菌酯悬浮剂 1500 倍液，或 42.8%氟菌・肟菌酯悬浮剂 3000 倍液，或 42.4%唑醚・氟酰胺悬浮剂 4 500 倍液，或 40%苯甲・醚菌酯可湿性粉剂 2000 倍液，或 80%乙嘧・腈菌唑可湿性粉剂 2500 倍，或 24%双胍・吡唑酯可湿性粉剂 1500 倍喷雾防治。发病初期，间隔 5～7 d 喷施 1 次，连续喷雾防治 2 次。为促进病株生长和恢复，达到减药、增效的目的，可加入芸苔素内酯类植物生长调节剂和叶面肥。

7. 细菌性叶斑病防治

农业防治：筛选抗病品种；田间实行轮作；在秋收后清除病株，并深耕深翻；加强田间管理，结合中耕增施磷肥。

药剂防治：在发病初期喷 30%碱式硫酸铜悬浮剂 400 倍液，或 30%琥胶肥酸铜可湿性粉剂 300 倍液，或 14%络氨铜水剂 350 倍液，或 20%噻菌铜悬浮剂 500 倍液，或 50%氯溴异氰尿酸可溶粉剂 2000 倍液，或 40%噻唑锌悬浮剂 600 倍液，3%中生菌素可湿性粉剂 800 倍液，或 2%春雷霉素可湿性粉剂 400 倍液，或 0.3%四霉素水剂 500 倍液均匀喷雾，每隔 7～10 d 喷 1 次，连喷 2～3 次。

8. 细菌性软腐病防治

农业防治：淘汰高感品种，鉴选和种植抗病、耐病品种；注意田间卫生，及时清除病残体，深翻土地；不与严重感染软腐病的作物，例如马铃薯、蔬菜等接茬种植或间作套种；加强田间管理，科学施肥，合理施用氮、磷、钾肥，提高植株抗病性；高垄栽培，合理灌溉，雨后及时排水，防止积水，降低田间湿度。

药剂防治：播种前用 50%多菌灵 1000 倍液浸种；病穴中可用 5%石灰乳淋穴，防止病害蔓延。在发病初期喷药剂同细菌性叶斑病。

二、虫害及其防治

(一)地下害虫及防治

1. 地下害虫种类

常见有地老虎类(小地老虎、黄地老虎等)、蛴螬类、金针虫类，蝼蛄类等。

(1)地老虎类

① 分类地位　属夜蛾科。世界约2万种,中国约1600种。成虫口器发达,多食性作物害虫。种类很多,农业作物造成危害的有10余种。其中小地老虎、黄地老虎、大地老虎、白边地老虎和警纹地老虎等尤为重要。均以幼虫为害。

② 形态特征　成虫体长17～23 mm、翅展40～54 mm。头、胸部背面暗褐色,足褐色,前足胫、跗节外缘灰褐色,中后足各节末端有灰褐色环纹。前翅褐色,前缘区黑褐色,外缘以内多暗褐色;基线浅褐色,黑色波浪形内横线双线,黑色环纹内一圆灰斑,肾状纹黑色具黑边,其外中部一楔形黑纹伸至外横线,中横线暗褐色波浪形,双线波浪形外横线褐色,不规则锯齿形亚外缘线灰色,其内缘在中脉间有3个尖齿,亚外缘线与外横线间在各脉上有小黑点,外缘线黑色,外横线与亚外缘线间淡褐色,亚外缘线以外黑褐色。后翅灰白色,纵脉及缘线褐色,腹部背面灰色。

③ 生活习性　成虫的趋光性和趋化性因虫种而不同。小地老虎、黄地老虎、白边地老虎对黑光灯均有趋性;对糖酒醋液的趋性以小地老虎最强;黄地老虎则喜在大葱花蕊上取食作为补充营养。卵多产在土表、植物幼嫩茎叶上和枯草根际处,散产或堆产。3龄前的幼虫多在土表或植株上活动,昼夜取食叶片、心叶、嫩头、幼芽等部位,食量较小。3龄后分散入土,白天潜伏土中,夜间活动为害,常将作物幼苗齐地面处咬断,造成缺苗断垄。有自残现象。

地老虎的越冬习性较复杂。黄地老虎和警纹地老虎均以老熟幼虫在土下筑土室越冬。白边地老虎则以胚胎发育晚期而滞育的卵越冬。大地老虎以3～6龄幼虫在表土或草丛中越夏和越冬。小地老虎越冬受温度因子限制。1月份0 ℃(北纬33°附近)等温线以北不能越冬;以南地区可有少量幼虫和蛹在当地越冬;而在四川则成虫、幼虫和蛹都可越冬。关于小地老虎的迁飞性,已引起普遍重视。1979—1980年中国有关科研机构用标记回收方法,首次取得了越冬代成虫由低海拔向高海拔迁飞直线距离22～240 km和由南向北迁飞490～1818 km的记录;并查明1月份10 ℃等温线以南的华南为害区及其以南是国内主要虫源基地,江淮蛰伏区也有部分虫源,成虫从虫源地区交错向北迁飞为害。

刘德高等(2006)介绍,由于油葵种子脂肪含量高,气味芳香,极易遭到山蚂蚁、地老虎的危害。因此,需用敌百虫粉或劈蛄蛸等拌种。

(2)蛴螬类　蛴螬分布很广,从黑龙江起至长江以南地区以及内蒙古、西藏自治区、陕西等地均有发生。蛴螬始终在地下活动,与土壤温湿度关系密切,一般当10 cm土温达5 ℃时开始移动至表土层,13～18 ℃时活动最盛,23 ℃以上则往深土中移动。土壤湿润则活动性强,尤其小雨连绵天气危害加重。蛴螬食性很杂,取食多种植物的种子、须根、营养根以及地下茎的皮层,可深达髓部,还能咬断幼苗的根、茎,断面整齐平截,易于识别。蛴螬危害多造成缺苗、死苗,严重时毁种。部分种类(黑绒金龟子等)的成虫还取食叶片、嫩茎,将叶片咬食成缺刻或孔洞,严重的仅残留叶脉基部。

防治方法以农业防治为主。冬前耕翻土地,可将部分成、幼虫翻至地表,使其风干、冻死或被天敌捕食、机械杀伤,防效明显。合理施肥:施用充分腐熟的有机肥,防止招引成虫飞入田块产卵,减少将幼虫和卵带入菜田。

生物防治:可在蛴螬卵期或幼虫期,每公顷用蛴螬专用型白僵菌杀虫剂22.5～30.0 kg,与225～375 kg细土拌匀,在作物根部土表开沟施药并盖土。或者顺垄条施,施药后随即浅锄,能浇水更好。此法高效、无毒、无污染,以活菌体施入土壤,效果可延续到下一年。

物理防治：可用黑光灯或汞灯诱杀成虫。

也可人工捕杀。施有机肥前应筛出其中的蛴螬。发现菜苗被害可挖出根际附近的幼虫。利用成虫的假死性，在其停落的作物上捕捉或震落捕杀。

药剂防治：①土壤处理。在播种或菜苗移栽前进土壤处理，每公顷用10%二嗪磷颗粒剂7.5 kg与225～450 kg细土混匀后撒于床土上、播种沟或移栽穴内，待播种和幼苗移栽后覆土，或用2.5%敌百虫粉剂30.0～37.5 kg，或50%辛硫磷乳油2.25 kg拌适量细土施用。②灌根。蛴螬发生较重田块，用50%辛硫磷乳油1000倍液，或80%敌百虫可湿性粉剂800倍液灌根，每株灌150～250 mL药液，可杀死根际附近的幼虫。③撒毒土。6月中旬至7月中下旬，每公顷用50%辛硫磷乳剂3.75 kg兑300～375 kg干细土混匀撒施，并浅锄入土，可有效毒杀成虫，减少田间卵量。④药剂拌种。每50 kg种子用45%辛硫磷乳油0.10～0.15 kg，兑水3.5～5.0 kg稀释，喷在种子上，边喷边搅拌，堆闷5～10 h，等种子阴干后播种。⑤在成虫为害初期，可用45%马拉硫磷乳油2000倍液，或40%乐果乳油800倍液喷雾，或用2.5%敌百虫粉喷粉处理，间隔7～10 d喷施1次。

陆阔宗(2016)介绍油葵苗期主要是地老虎、金针虫、蛴螬、蝼蛄等地下害虫为害，害虫取食种子、蛟断根茎造成缺苗断垄，可选用包衣种子或用50%辛硫磷乳油1000倍液，或90%晶体敌百虫1000～1500倍液，或2.5%溴氰菊酯，或10%氯氰菊酯，或20%速灭杀丁乳油1500～3000倍液进行地表喷淋。还可每亩用50%辛硫磷乳油500 mL兑水1～2 kg，掺入40～50 kg细沙土拌匀。每亩用毒土或毒砂20～25 kg，于傍晚顺垄撒在幼苗根附近。

(3)金针虫类　金针虫食性较杂，其成虫叩头虫在地上部分活动的时间不长，只能吃一些禾谷类和豆类等作物的绿叶，并无严重的危害。幼虫长期生活于土壤中，主要危害的牧草有禾本科的猫尾草、看麦娘、无芒雀麦、狐茅草、鸡脚草以及豆科的苜蓿、三叶草、红豆草等。

① 形态特征　体长16～17 mm，宽4～5 mm，浓栗色，全体密被金黄色细毛。头部扁形，前方有三角形尘凹，密布明显刻点。前胸背面呈半球形隆起，宽大于长，密布刻点，中央有微细纵沟，后缘角稍向后突起。雌虫体狭长略扁，触角短，雄虫体较长，触角长，与体长相近。卵椭圆形，长径0.7 mm，乳白色。幼虫(即沟金针虫)：老熟幼虫体长20～30 mm，最宽处约4 mm，每节宽大于长。体黄色或黄褐色，体表有同色细毛，由胸背至第十腹节，每节背面正中有一细纵沟；尾节背面有近圆形的凹陷，密布较粗黑点，两侧边缘隆起，并各具有3个齿状突起，尾端分为2叉，各叉末端稍向上弯曲，内侧各有一小齿。蛹体细长纺锤形，尾端有刺状突起；初化蛹淡绿色，渐变浓褐色。

② 分布与危害　金针虫类是鞘翅目叩头虫科幼虫的总称，是一类重要的地下害虫，中国从南至北分布很广，为害较大者主要有：沟金针虫(*pleonomus canliculatus*)、细胸金针虫(*Agriotes fuscicollis*)、宽背金针虫(*Selatosomus latus*)、褐纹金针虫(*Melanotus caudex*)。沟金针虫的主要为害区南达长江流域沿岸，北至东北地区南部和内蒙古自治区，西至甘肃、陕西、青海。又以旱地有机质较缺乏而土质较疏松的沙壤土地带发生较重。细胸金针虫的为害区，南达淮河流域，北至东北和西北地区，但以水浇地、低洼过水地、淤地及有机质较多的黏土地带为害较重。宽背金针虫西达新疆，北至内蒙古、黑龙江以及宁夏、甘肃等省区都有分布及为害，以沿河流开放草原、退化淋溶黑钙土、栗钙土地带发生严重。褐纹金针虫在华北地区常与细胸金针虫混合发生，其分布特性相似，以水浇地发生较多。

③ 生活习性与生活史　幼虫能咬食刚播下的种子，食害胚乳而不能发芽，如已出苗则危

害须根、主根或茎的地下部分，使幼苗枯死，能蛀入块根和块茎，并有利于病原菌的侵入而引起腐烂。金针虫的生活史很长，常需 3～5 年才能完成一代，以各龄幼虫或成虫在地下越冬，越冬深度因地区和虫态不同，约在 20～85 cm。在整个生活史中，以幼虫期最长。沟金针虫约需 3 年完成一代，细胸金针虫也需要 3 年，而宽背金针虫则需 4～5 年才能完成一代。

④ 防治方法　防治地下害虫常用农药的拌种量：40％的乐果乳油 0.5 kg 兑水 20～30 kg 用于 200～300 kg 种子，或 50％辛硫磷乳油 0.5 kg 兑水 25～50 kg 用于 250～500 g 种子，或 40％甲基异硫磷乳油 0.5 kg 兑水 40 kg 用于 400～500 kg 种子。

2. 地下害虫的防治概述

(1)改变地下害虫的适生环境　结合农田基本建设，适时翻耕，改造低洼易涝地，改变地下害虫的发生环境，这是防治的根本措施。

(2)除草灭虫　消除杂草可消灭地下害虫、成虫的产卵场所，减少幼虫的早期食物来源。

(3)灌水灭虫　在地下害虫发生时间，及时浇灌可有效防治。

(4)合理施肥　增施腐熟肥，能改良土壤，促进作物根系发育、壮苗，从而增强其抗虫能力。

张金富(2018)介绍，在油葵幼苗生长期危害较为严重的主要是地老虎、蛴螬和金针虫等地下害虫，可采用毒饵诱杀，将敌百虫与麦麸拌和之后制成毒饵，于傍晚前后撒到田间，能够起到较好的防治效果。螟虫主要在油葵生长中后期为害，近年已经上升为油葵栽培中的重要害虫之一。葵螟虫又叫螟虫，鳞翅目，螟蛾科，主要危害花盘及果实，葵螟虫幼虫期、成虫期均可危害油葵。

(5)生物防治　在田间安放赤眼蜂卵，把准备好的赤眼蜂卵剪成 5 cm×5 cm 左右的方块，每亩安放 3～4 张，防治效果较好。

(6)物理防治　利用性引诱剂吸引葵螟虫成虫，于 8 月下旬在种植油葵的田块中安放 2～3 个盆，用支架支好，在盆的上方将性引诱剂用铁丝固定，在盆中倒入适量的水和洗衣粉，当螟成虫被性引诱剂吸引、掉入水盆时，就可将其捕获。

(7)化学防治　可用 5％氟虫灵乳油喷雾防治，或用功夫、溴氰菊酯、氰氟菊酯等拟除虫菊酯类高效低毒农药进行防治，或亩用氨基甲酸酯类高效低毒农药 25％腚虫脒水剂 200 mL 兑水 60 kg 喷雾防治。

(二)地上害虫及防治

常见有向日葵螟、草地螟、桃蛀螟、金龟子(白星花金龟甲、大黑鳃金龟、黑绒金龟子……)、潜叶蝇、烟粉虱、向日葵花蚤、双斑萤叶甲、甜菜叶蛾、棉铃虫、网目沙潜、象鼻虫、蒙古灰象甲等。

1. 向日葵螟

向日葵螟(*Homoeosoma nebulellum* Denis et Schiffermüller)，鳞翅目，螟蛾科。主要危害向日葵和野生菊科植物的花盘和种子。张总泽等(2010)介绍，在内蒙古、吉林、黑龙江和新疆等向日葵主产区均有发生为害并造成过重大的产量损失。

(1)形态特征　成虫，灰褐色，体长 8～12 mm，翅展 20～27 mm，前翅狭长，近中央处有 4 个黑斑，灰褐色，后翅浅灰褐色，具有暗色脉纹和边缘，成虫静止时，前后翅紧贴体两侧，与向日葵种子很相似；卵，乳白色，椭圆形，长 0.8 mm，宽 0.4 mm 左右，卵壳有光泽，具有不规则的浅网纹，有的卵粒在一端尚有一圈立起的褐色胶膜圈。幼虫体长约 18 mm，淡黄灰色，腹面浅黄绿色，背面有 3 条暗色或淡棕色纵带，头部淡褐色，前胸盾板淡黄色，气门黑色，腹足趾钩为双序整环，易与桃蛀螟和玉米螟相区别。蛹长 10～12 mm，黄褐色，羽化前呈暗褐色，腹部背面 1～10 节都有圆刻点，以第 2～7 节最多，在腹面仅第 5～10 节有圆刻点，腹端有刺钩 8 根。茧，梭形，丝质，长 12～17 mm，可分为越冬茧和化蛹茧两种：越冬茧椭圆形，中部宽，一头尖，另一头钝圆，茧皮分两层，外层灰色，比较粗糙并黏附土粒，内层鲜黄色，丝质膜状，茧内藏越冬虫 1 头；化蛹茧是越冬后幼虫从越冬茧钻出后再吐丝做成的，为一层比较粗糙的浅灰色丝质茧皮，幼虫在其中化蛹。

(2)生活习性　向日葵螟一年发生 1～2 代，危害向日葵的主要是第一代。以老熟幼虫做茧在土中越冬，越冬后于 7 月上旬开始咬破越冬茧皮，在 1～2 cm 的表土层做新茧(化蛹茧)，随即转入前蛹期，幼虫吐丝做茧经 2～3 d 后化蛹，蛹期 6～7 d。成虫在 7 月中、下旬陆续出现，羽化盛期为 7 月末至 8 月初(向日葵盛花期)，成虫昼伏夜出在花盘上取食花蜜，交配产卵。卵多散产在向日葵花盘上的开花区内，在花药圈内壁最多，其次是花柱和花冠上。产卵盛期在 8 月上旬，卵期 3～5 d。幼虫有 4 个龄期，1～2 龄幼虫啃食筒状花，3 龄后沿着葵花籽实的排列缝隙蛀食种子，将种仁局部或全部吃掉，形成空壳或深蛀花盅，把花盘咬成很多隧道。幼虫为害时，在花盘籽实上吐丝结网粘连虫粪及碎屑，状如丝毡，据此可识别葵螟为害。被害花盘遇雨后多腐烂发霉，严重降低产量和品质。第 1 代幼虫经 19～22 d 老熟，从 8 月下旬开始大部分幼虫吐丝脱盘潜土做茧越冬，少数幼虫在 8 月末 9 月初化蛹，羽化为成虫，在晚开的葵花盘和分枝花上可见到第二代卵和幼虫，但不能越冬，相继死亡。

(3)防治方法

① 选用抗虫品种　硬壳层形成块的品种受害轻或不受害，油用种(小粒)较食用种(大粒)受害轻。

② 秋翻冬灌　可将大批越冬茧翻压入土，减少越冬虫量。

③ 化学防治　在危害不大的地区可在幼虫期(8 月上旬左右)喷 90%敌百虫 500～1000 倍液于花盘上即可。危害较重地区应以防治成虫为主，结合防治幼虫。在 7 月末 8 月初成虫盛发期，施放敌敌畏烟剂或用敌敌畏高粱秆熏蒸(80%敌敌畏乳油浸高粱秆后插入田间)，隔 3～5 d(根据虫量)再施放 1 次。幼虫盛期(8 月上、中旬)喷 90%敌百虫 500～1000 倍液 1 次。

哈金华等(2012)介绍，向日葵螟的防治时，选用良种和种植抗螟品种。选择品种时应选籽粒壳有碳素层的杂交品种，这类品种大多为抗螟品种；选择中熟杂交品种，确保开花期整齐统一。还要适时早播，保证向日葵的开花期在向日葵螟羽化高峰期前结束，可有效防治该虫的危害。

陆阔宗(2016)在综合农艺措施上，从栽培管理的角度(从种到收)介绍了向日葵螟、象鼻虫的防控。向日葵螟是对油葵危害较重的一种花期害虫，以幼虫钻入花盘取食籽仁，部分或全部吃掉造成空壳，遇雨后花盘和种仁发霉腐烂，严重影响了向日葵产量和品质的提高。向日葵的花盘被害率一般在 20%～50%，重者达 100%；籽实的被害率，轻者一般在 10%以下，重者可达 80%以上，造成严重减产，甚至绝收。防治最佳时间是幼虫 1～2 龄(10 d)期间，用触杀剂即可杀死。幼虫 3 龄钻入籽粒中取食籽仁，这时防治必须用内吸杀虫剂。可用除虫脲在害虫低龄或卵期防治，对螟虫防治效果好。在选择农药上必须特别注意，选择对蜜蜂等传粉昆虫无害的农药。如果在杀葵螟的同时把传粉的昆虫蜜蜂也杀死了，葵花会因授粉不好造成大量空壳，造成减产。在幼虫发生期，约 8 月上旬，可喷洒 90%敌百虫 500 倍液，喷洒 2～3 次，防治效果很好。

葛玉彬等(2015)报道,为揭示甘肃省向日葵害虫及其优势天敌的发生规律,为害虫防控提供依据,2010—2013 年,在中部典型干旱区向日葵田采用扫网法顺序抽样,研究害虫及其天敌种群动态,估算时间生态位指数。结果表明,向日葵螟和草地螟在甘肃地区年发生 2 代,6—7 月是越冬代成虫高发期,第 1 代幼虫严重为害;小地老虎年发生 3 代,黄地老虎年发生 3～4 代,发蛾高峰期分别在 4 月下旬和 7 月中旬。上述各虫种群均有世代重叠现象。年际间时间生态位宽度差异大,向日葵螟 2011 年最大(为 0.5397)、2012 年与 2013 年较小(为 0.1092 和 0.2011),与天敌螟黄赤眼蜂的时间生态位重叠高于其他天敌,跟随效应显著。小地老虎与天敌中华虎甲、伏虎茧蜂的重叠均较大,2 种优势天敌发育时段基本一致,种间竞争效应显著。草地螟与天敌伞裙追寄蝇和双斑截尾寄蝇的时间生态位分离,季节活动性有一定差异。各年时间生态位重叠值表现出时序上的同步性和跟随性,说明向日葵田昆虫种间竞争激烈,属不稳定的生物群落。

2. 草地螟

草地螟(*Loxostege sticticalis* Linne)是螟蛾科害虫。昆虫纲、鳞翅目(Lepidoptera)、螟蛾科(*Pyralidae*)。别名黄绿条螟、甜菜网螟、网锥额蚜螟,又名黄绿条螟、甜菜、网螟。草地螟为多食性大害虫,可取食 35 科、200 余种植物。主要危害甜菜、大豆、向日葵、马铃薯、麻类、蔬菜、药材等多种作物。大发生时禾谷类作物、林木等均受其害。但它最喜取食的植物是灰菜、甜菜和大豆等。草地螟在中国主要分布于东北、西北、华北一带。新中国成立以来,草地螟在东北曾于 1956 年、1979 年、1980 年和 1982 年严重发生。

(1)形态特征　杂食性害虫。成虫体长 8～12 mm,翅展 20～26 mm,触角丝状,前翅灰褐色,具暗褐色斑点,沿外缘有淡黄色点状条纹,翅中央稍近前缘有一淡黄色斑,后翅淡灰褐色,沿外缘有 2 条波状纹。卵长约 1 mm,椭圆形,乳白色。幼虫体长 19～21 mm,淡灰绿或黄绿色。蛹长 14 mm 左右,淡黄色。

(2)生活习性　成虫白天在草丛或作物地里潜伏,在天气晴朗的傍晚,成群随气流远距离迁飞,成虫飞翔力弱,喜食花蜜。卵多产于野生寄主植物的叶茎上,常 3～4 粒在一起,以距地面 2～8 cm 的茎叶上最多。初孵幼虫多集中在枝梢上结网躲藏,取食叶肉。幼虫有吐丝结网习性。3 龄前多群栖网内,3 龄后分散栖息,幼虫共 5 龄。在虫口密度大时,常大批从草滩向农田爬迁移为害。一般春季低温多雨不适发生,如在越冬代成虫羽化盛期气温较常年高,则有利于发生。孕卵期间如遇环境湿度干燥,又不能吸食到适当水分,产卵量减少或不产卵。天敌有寄生蜂等 70 余种。分布于我国北方地区,年发生 2～4 代,以老熟幼虫在土内吐丝作茧越冬。翌年 5 月化蛹及羽化。

(3)危害特点　主要危害甜菜、苜蓿、大豆、马铃薯、亚麻、向日葵、胡萝卜、葱、玉米、高粱、蓖麻,以及藜、苋、菊等植物。初龄幼虫取食叶肉组织,残留表皮或叶脉。3 龄后可食尽叶片。是间歇性大发生的重要害虫。大发生时能使作物绝产。每年发生 1～4 代,以老熟幼虫在土中作茧越冬。在东北、华北、内蒙古主要危害区一般每年发生 2 代,以第 1 代危害最为严重。越冬代成虫始见于 5 月中、下旬,6 月为盛发期。6 月下旬至 7 月上旬是严重危害期。第 2 代幼虫发生于 8 月上中旬,一般危害不大。

(4)防治方法　鉴于草地螟幼虫的严重危害性,一要严密监测虫情,加大调查力度,增加调查范围、面积和作物种类,发现低龄幼虫达到防治指标田,要立即组织开展防治。二要认真抓好幼虫越冬前的跟踪调查和普查。

此虫食性杂，应及时清除田间杂草，可消灭部分虫源，秋耕或冬耕还可消灭部分在土壤中越冬的老熟幼虫。

在幼虫危害期喷洒50%辛硫磷乳油1500倍液或2.5%保得乳油2000倍液。

郭淑云(2016)介绍草地螟的危害特点。初龄幼虫先在杂草上取食，以后转移到作物上为害，喜食柔软叶片汁，吐丝拉网，取食叶肉。3龄幼虫出网为害，食叶穿孔留下叶脉和叶柄。幼虫活泼，受惊扭动后退，吐丝下垂逃遁。大发生时成群迁移数千米。白天取食，夜间和雨天不活动。4～5龄幼虫为暴食期，取食量占总量的60%～90%。

大部分幼虫在3龄为防治最佳时期。每公顷可用2.5%的敌杀死150～300 mL、2.5%的功夫150～300 mL、10%的氯氰菊酯150～300 mL等进行防治。晴天08时之前、18时之后施药，夜间施药最好，大风天气应禁止施药。

3. 桃蛀螟

鳞翅目，螟蛾科。分布北起黑龙江、内蒙古，南至台湾、海南、广东、广西、云南南缘，东接俄罗斯东境、朝鲜北境，西面自山西、陕西西斜至宁夏、甘肃后，折入四川、云南、西藏。寄主包括高粱、玉米、粟、向日葵、蓖麻、姜、棉花、桃、柿、核桃、板栗、无花果、松树等。

(1)形态特征　成虫，体长12 mm，翅展22～25 mm，黄色至橙黄色。体、翅表面具许多黑斑点似豹纹，胸背有7个；腹背第1和3～6节各有3个横列，第7节有时只有1个，前翅25～28个，后翅15～16个。第2节、第8节无黑点，雄性第9节末端黑色，雌性不明显。卵椭圆形，长0.6 mm，宽0.4 mm，表面粗糙布细微圆点，初乳白渐变橘黄、红褐色。幼虫，体长22 mm，体色多变，有淡褐、浅灰、浅灰蓝、暗红等色，腹面多为淡绿色。头暗褐，前胸盾片褐色，臀板灰褐，各体节毛片明显，灰褐至黑褐色，背面的毛片较大，第1～8腹节气门以上各具6个，成2横列，前4后2。气门椭圆形，围气门片黑褐色突起。腹足趾钩不规则的3序环。蛹，长13 mm，初淡黄绿后变褐色，臀棘细长，末端有曲刺6根。茧，长椭圆形，灰白色。

(2)生长繁殖　成虫羽化后白天潜伏在高粱田经补充营养才产卵，把卵产在吐穗扬花的高粱上。卵单产，每雌可产卵169粒。初孵幼虫蛀入幼嫩籽粒中，堵住蛀孔在粒中蛀害，蛀空后再转1粒，3龄后则吐丝结网缀合小穗，在隧道中穿行为害，严重的把整穗籽粒蛀空。幼虫在穗中或叶腋、叶鞘、枯叶处及高粱、玉米、向日葵秸秆中越冬。雨多年份发生重。天敌有黄眶离缘姬蜂、广大腿小蜂。

在辽宁年生1～2代，河北、山东、陕西3代，河南4代，长江流域4～5代，均以老熟幼虫在玉米、向日葵、蓖麻等残株内结茧越冬。

(3)危害特点　桃蛀螟为杂食性害虫，主要寄主为果树和向日葵等，寄主植物多，发生世代复杂。

姜海平(1998)介绍，桃蛀螟严重危害杂交油葵，桃蛀螟成虫羽化后取食油葵花蜜补充营养后，产卵于筒状花的蜜腺盘上和花萼尖端，其次产在花丝及花冠内壁上，多散产。幼虫孵化后蛀食花托及种子。初孵幼虫钻入籽粒中为害，3龄后拉网缀籽，在内穿行蛀食籽粒，严重时将花盘籽粒蛀食一空。老熟幼虫在油葵花盘内越冬，少量在油葵茎秆里越冬。

(4)防治方法　清除越冬幼虫。在每年4月中旬，越冬幼虫化蛹前，清除玉米、向日葵等寄主植物的残体，并刮除苹果、梨、桃等果树翘皮，集中烧毁。减少虫源：点黑光灯或用糖、醋液诱杀成虫。

孙卫华(2012)介绍桃蛀螟的防治：在成虫产卵期喷洒50%杀螟硫磷或50%辛硫磷乳油

1000～1500 倍液，防治成虫和初孵幼虫。

姜海平(1998)介绍防治方法：清除越冬寄主，将脱粒后的花盘粉碎后做猪饲料，减少虫源；成虫有趋光性，利用黑光灯诱杀；成虫产卵高峰期用 2.5％溴氰菊酯乳油 3000 倍液、敌百虫 1000 倍液，或在幼虫孵化盛期用 2.5％功夫乳油 2000 倍液、75％辛硫磷 2000 倍液喷雾。

4. 金龟子

昆虫纲鞘翅目的一种杂食性害虫。常见的有铜绿金龟子、朝鲜黑金龟子、茶色金龟子、暗黑金龟子等。金龟子是金龟子科昆虫的总称，全世界超过 26000 种。可以在除了南极洲以外的大陆发现。不同的种类生活于不同的环境，如沙漠、农地、森林和草地等。

金龟子科是鞘翅目中的 1 个大科。常见的有红脚绿金龟子、黑玛绒金龟、东北大黑鳃角、铜绿丽金龟、铜绿金龟子、朝鲜黑金龟子、茶色金龟子、暗黑金龟子、松树金龟子和喜欢在白天活动的铜锣花金龟子等。

金龟子成虫俗称栗子虫、黄虫、瞎眼闯子(鲁南)，幼虫统称蛴螬，俗称土蚕、地蚕、地狗子。长 3～4 cm，色白，头黄棕色，口坚硬，身体常弯曲成马蹄状。生活史较长，除成虫有部分时间出土外，其他虫态均在地下生活，在我国完成一代的时间一般为 1～2 年到 3～6 年，以幼虫和成虫越冬。金龟子有夜出型和日出型两种，夜出型夜晚取食为害，多有不同程度的趋光性，而日出型则白天活动取食。

(1)形态特征

① 铜绿金龟子　成虫体长 18～21 mm，宽 8～10 mm。背面铜绿色，有光泽，前胸背板两侧为黄色。鞘翅有栗金色反光，并有 3 条纵纹突起。雄虫腹面为深棕褐色，雌虫腹面为淡黄褐色。卵为圆形，乳白色。幼虫称蛴螬，乳白色，体肥，并向腹面弯成“C”形，有胸足 3 对，头部为褐色。

② 朝鲜黑金龟子　成虫体长 20～25 mm，宽 8～11 mm。黑褐色，有光泽，鞘翅黑褐色，两鞘翅会合处呈纵线隆起，每一鞘翅上有 3 条纵隆起线。雄虫末节腹面中部凹陷，前方有一较深的横沟；雌虫则中部隆起，横沟不明显。

③ 暗黑金龟子　成虫体长 18～22 mm，宽 8～9 mm，暗黑褐色无光泽。鞘翅上有 3 条纵隆起线。翅上及腹部有短小蓝灰绒毛，鞘翅上有 4 条不明显的纵线。

④ 茶色金龟子　成虫体长 10 mm 左右，宽 4～5 mm。茶褐色，密生黄褐色短毛。鞘翅上有 4 条不明显的纵线。

(2)防治　孙卫华(2012)介绍了白星花金龟子的防治：每亩用 50％辛硫磷乳油或 25％兑硫磷胶囊缓释剂或 40％甲基异柳磷 100 mL 兑水 0.5 kg 混入过筛细土 20 kg 拌匀毒土施用。物理防治是用悬挂的酒醋瓶诱杀白星花金龟子成虫，用黑光灯、高压明光灯诱杀桃蛀螟成虫。生物防治可用白僵菌、绿僵菌、乳状菌防治白星花金龟子幼虫(蛴螬)。

5. 潜叶蝇

潜叶蝇(*Agromyzid leafminers*)属于双翅目蝇类，是主要危害草坪的潜叶蝇类害虫。中国常见的有潜叶蝇科的豌豆潜叶蝇、紫云英潜叶蝇，水蝇科的稻小潜叶蝇，花蝇科的甜菜潜叶蝇等。具有舐吸式口器类型，以幼虫危害植物叶片，幼虫往往钻入叶片组织中，潜食叶肉组织，造成叶片呈现不规则白色条斑，使叶片逐渐枯黄，造成叶片内叶绿素分解，叶片中糖分降低，危害严重时被害植株叶黄脱落，甚至死苗。

(1)形态特征　体长 4～6 mm，灰褐色。雄蝇前缘下面有毛，腿、胫节呈灰黄色，跗节呈黑色，后足胫节后鬃 3 根。卵呈白色，椭圆形，大小为 0.9 mm×0.3 mm，成熟幼虫长约 7.5 mm，有皱纹，呈乌黄色。蛹长约 5 mm，呈椭圆形，开始为浅黄褐色，后变为红褐色，羽化前变为暗褐色。

(2)种群危害　豌豆潜叶蝇寄主复杂，以幼虫潜入寄主叶片表皮下，曲折穿行，取食绿色组织，造成不规则的灰白色线状隧道。危害严重时，叶片组织几乎全部受害，叶片上布满蛀道，尤以植株基部叶片受害为最重，甚至枯萎死亡。幼虫也可潜食嫩荚及花梗。成虫还可吸食植物汁液使被吸处成小白点。稻小潜叶蝇广泛分布于内蒙古、黑龙江、吉林、辽宁、河北、山西、陕西、宁夏、上海、浙江、江西、福建、湖北、湖南、四川等地。以幼虫潜入叶体内部，潜食叶肉留下 2 层表皮，使叶片呈现白条斑。

(3)危害地区　除西藏、新疆、青海、甘肃尚无报道外，其他各地均有发生。

(4)防治　适时灌溉，清除杂草，消灭越冬、越夏虫源，降低虫口基数。掌握成虫盛发期，及时喷药防治成虫，防止成虫产卵。成虫主要在叶背面产卵，应喷药于叶背面。或在刚出现危害时喷药防治幼虫。防治幼虫要连续喷 2～3 次，农药可用 40%乐果乳油 1000 倍液、40%氧化乐果乳油 1000～2000 倍液、50%敌敌畏乳油 800 倍液、50%二溴磷乳油 1500 倍液、40%二嗪农乳 1000～1500 倍液。

6. 烟粉虱

烟粉虱(*Bemisia tabaci* Gennadius)是一种世界性的害虫。烟粉虱属渐变态昆虫，其个体发育分卵、若虫、成虫 3 个阶段。若虫 3 龄，通常将第 3 龄若虫蜕皮后形成的蛹称伪蛹或拟蛹。

(1)形态特征　成虫主要寄生于叶背面，体淡黄白色，翅 2 对，白色，被蜡粉无斑点，体长 0.85～0.91 mm，比温室白粉虱小，前翅脉 1 条不分叉，静止时左右翅合拢呈屋脊状，脊背有一条明显的缝。

(2)生活习性　刚孵化的烟粉虱若虫在叶背爬行，寻找合适的取食场所，数小时后即固定刺吸取食，直到成虫羽化。成虫喜欢群集于植株上部嫩叶背面吸食汁液，随着新叶长出，成虫不断向上部新叶转移。故出现由下向上扩散危害的垂直分布。最下部是蛹和刚羽化的成虫，中下部为若虫，中上部为即将孵化的黑色卵，上部嫩叶是成虫及其刚产下的卵。成虫喜群集，不善飞翔，对黄色有强烈的趋性。

7. 向日葵花蚤

向日葵花蚤(*Mordellistena paevulffclrmis*)属鞘翅目，花蚤科。国外俄罗斯及东欧地区普遍发生，在向日葵种植区有不同程度的危害，其中北高加索和乌克兰两处危害严重。20 世纪 80 年代开始在中国华北、西北、东北各地均有报道发生，其中冀西北、内蒙古巴彦淖尔、吉林白城、新疆等地发生较重，已成为一种全国性蛀茎害虫。20 世纪 80 年代末，河北省的怀安和万全等地发生面积较大，虫口密度高，一般单株向日葵秆有虫 13.6～87.6 头，个别地区单秆有虫数超过百头。2010 年内蒙古自治区通辽市科左中旗图布信地区 160 hm^2 向日葵田大量发生向日葵花蚤危害，秋季剖秸秆调查有虫 30～40 头/秆，给当地向日葵生产带来严重危害。

(1)向日葵花蚤的生物学特性　向日葵花蚤在内蒙古地区 1 年发生 1 代，以幼虫在寄主茎秆内开始越冬，越冬成活率达 89.7%。翌年 3 月下旬苏醒，苏醒后的幼虫继续取食茎内的髓部，幼虫经叶柄向茎内蛀食，直达髓部。从 5 月初开始，老熟幼虫逐渐化蛹，化蛹盛期在 6 月 8—23 日。羽化始期为 6 月 13 日，羽化高峰期为 6 月 23 日到 7 月 8 日，羽化后从寄主茎秆内钻出，在寄主植物上进行活动、取食、交配和产卵。成虫有喜欢在向日葵叶柄上方产卵的习性。到7月底不能羽化为成虫，绝大多数由于高温死于茎秆内部。卵孵化后幼虫即钻入茎秆内为害。由于寄生时间和越冬寄主所处小气候差异较大，幼虫化蛹和成虫羽化进度非常不整齐，因而造成田间虫龄差异也较大。

向日葵花蚤成虫在晴天高温条件下活动范围广、活动量大，低温阴雨天活动量小，夜晚不活动，伏在叶面上不动。成虫交尾多选择在风小、高温、晴天时进行，交尾方式为后背式。成虫产卵时对位置有一定的选择性，卵多产在叶背面靠近叶脉的一侧或靠近一根刚毛的地方。成虫个体间寿命长短差异较大，短的只存活 10 d，长的可达 80 d 以上，平均寿命 30～40 d。

向日葵花蚤幼虫孵化后直接进入植物的表皮，很快在向日葵茎秆表面形成水浸状条斑，条斑长可达 10～15 mm，宽约 1 mm，然后进入表皮与韧皮部之间取食，并完成其低龄阶段。低龄幼虫体长 0.5～2.2 mm，活动区间小；老龄幼虫体长可达 0.7 cm，活动范围大。在隧道内能进能退，还可蛀入向日葵的花盘和髓部为害。越冬幼虫在化蛹前将隧道蛀到皮层，蛀食到只剩下一层膜即可钻出茎秆。幼虫在靠近皮层化蛹，蛹羽化后即咬破表皮膜钻出。幼虫期可达 240～300 d。

(2)向日葵花蚤的危害特点　受危害的向日葵植株茎秆上产生黑斑，直径可达 8～10 cm，大多集中在叶柄基部的茎秆上。危害严重时会形成大病斑，致使整个茎秆变黑，田间表现为从下至上逐渐发生，植株早衰，而且在茎基部的受害部位变黑褐、湿腐。花蚤幼虫长期生活在向日葵秆内，大量蛀食，造成许多空洞，使茎秆易折，养分输送受阻，造成结实率下降，千粒重降低，一般地块减产 15%左右，严重地块减产 20%～25%。

(3)防治　用 40%乙酰甲胺磷乳油 800～1000 倍液田间施药，每 7 d 喷 1 次，共用 3～4 次，可杀死大量成虫和卵。田间施药起到了一定的防治作用，但由于向日葵花蚤虫龄差异大，加上后期向日葵植株高大，用喷雾法进行防治不能完全解决向日葵花蚤的危害，应结合处理越冬寄主的方法达到理想的防治效果。根据该虫越冬全部集中在寄主茎秆内的特点，在秋后和早春成虫羽化前，将受害向日葵茎秆作为燃料烧毁，并把其他寄主苍耳和大麻全部清理焚烧，可使虫口密度减少 80%左右。另外，利用品种间抗虫性的差异性，选用抗虫或耐虫向日葵品种，降低向日葵花蚤的危害。同时加强田间栽培管理，尽量避开土壤碱性强，透气性差，土壤板结严重的地块进行向日葵种植，另外要合理安排种植密度，增加施肥量以提高植株的抗虫性。

8. 双斑萤叶甲

双斑萤叶甲(*Monolepta hieroglyphica*)又称玉米双斑长足跗萤叶甲，属于鞘翅目，叶甲科。主要分布在东北、华北、华中地区及广东、广西、宁夏、甘肃、陕西、四川、云南、贵州等省(区)。双斑萤叶甲是一种新型农作物害虫，近年来在辽宁省各乡镇均有发生，而且有逐年加重的趋势。危害作物主要有玉米、高粱、谷子、豆类、马铃薯、向日葵等大田作物及十字花科蔬菜、茄果类蔬菜和苹果、杏等果树。

(1)危害症状　该虫主要以成虫为害，啃食玉米等作物叶肉，留下表皮，抽雄后取食玉米花柱，影响玉米授粉。成虫也危害嫩粒，将籽粒吃掉或造成籽粒破碎；危害十字花科等蔬菜，将作物的叶片、花、果吃成孔洞，严重时只残留网状叶脉或表皮。不利于作物进行光合作用，对农作物的品质和产量有很大的影响。

(2)形态特征　成虫体长 3.6～4.8 mm，宽 2.0～2.5 mm，长卵型，棕黄色，前胸背板宽大于长，表面隆起，每个鞘翅基半部有一圆形淡色斑，四周黑色，鞘翅端半部黄色。胸部腹面黑色,腹部腹面黄褐色,体毛灰白色。幼虫体长 6～8 mm,白色至黄白色,11 节,头和臀板褐色,前胸和背板浅褐色,有 3 对胸足,体表有成对排列的不明显的毛瘤。成虫能飞善跳,有远距迁飞性、有群集性、弱趋光性和趋嫩性的为害习性,在 1 株上自上而下地取食,日光强烈时常隐蔽在下部叶片背面或花穗中。

(3)发生规律 双斑萤叶甲在东北地区 1 年发生 1 代,以卵在土壤中越冬,翌年 5 月开始孵化,幼虫共 3 龄,幼虫期 30 d 左右,在 3～8 cm 土壤中活动,取食作物根部及杂草,7 月初始见成虫,一直延续到 10 月,成虫期 3 个多月;初羽化的成虫喜欢在地边、沟旁、路边的苍耳、刺菜、红蓼上活动,大约经过 15 d,转移到豆类、玉米、高粱、谷子、杏树、苹果树上为害。成虫羽化后经 20 d 开始交尾,把卵产在田间或菜园附近草丛中的表土下或杏、苹果树等叶片上,散产或数粒粘在一起,卵耐干旱。幼虫生活在杂草丛下表土中,老熟幼虫在土中筑土室化蛹,蛹期 7～10 d。7—8 月进入危害盛期,主要危害玉米等大田作物,进入 8 月下旬陆续向十字花科蔬菜转移为害。在蔬菜上危害盛期为 9 月份。

(4)发生环境 春季湿润、秋季干燥的年份发生重;种植密度大、田间郁闭的地块发生重;管理粗放、多杂草的地块发生重;水浇地、免耕田发生重。该虫的发生期早晚与温度有关,5 月份平均温度的高低决定着它的发生期的早晚,温度高则发生期早;温度低则发生期晚。一般干旱年份发生重。高温干旱对双斑萤叶甲的发生极为有利,降水量少则发生重;降水量多则发生轻,暴雨对其发生极为不利。在黏土地上发生早、危害重,在壤土地、沙土地发生明显较轻。田间、地头杂草多的地块重。

(5)防治方法

① 农业防治 清除田边地头杂草,秋季深翻灭卵,可减轻危害。特别是稗草,减少双斑萤叶甲的越冬寄主植物,降低越冬基数;合理施肥,提高植株的抗逆性;该虫刚发生时呈点片为害,盛发期向周边地块扩散,对点片发生的地块于早晚人工捕捉,降低基数;对双斑萤叶甲危害重及防治后的农田及时补水、补肥,促进农作物的营养生长及生殖生长。

② 生物防治 种植诱集作物,统一捕杀,合理使用农药,保护利用天敌。双斑萤叶甲的天敌主要有瓢虫、蜘蛛等。

③ 化学防治 该虫对光、温度的强弱较敏感,中午光线强温度高时,该虫在农田活动旺盛,飞翔能力强,取食叶片量大,早晨至晚间光线弱温度低时飞翔能力差,活动能力差,常躲在叶片背面栖息,因此化学防治时要注意施药时间,一般选在弱光期用药。双斑萤叶甲成虫具有远距迁飞的习性,防治时只有部分地块防治,其他地块很快会点片发生,因此要进行统防统治,把虫口压到最低,减少其进一步为害。使用 20%氯虫苯甲酰胺悬浮剂 2000～4000 倍液,或用 1.8%阿维菌素乳油 2000 倍液,或用 5%啶虫脒可湿性粉剂 2000～2500 倍液,或用 2.5%高效氯氟氰菊酯乳油 2000 倍液,或用 50%辛硫磷乳油 1500 倍液,或用 20%速灭杀丁乳油 2000 倍液。

根据成虫有群集性和弱趋光性,喷药时要在 9—10 时和 16—19 时进行,注意交替用药。

9. 网目沙潜

张洪喜(1985)介绍,沙潜(*Opatrum Subaratum* Fald)在河北省唐山地区以成虫危害豆类、瓜类、花生、向日葵、玉米、蔬菜等幼苗,森林、果树幼苗偶亦被害。

张洪喜(1985)介绍沙潜的生活史:沙潜寿命很长,有 8 头成虫已存活 1385 d 之久,有 4 头雌虫连续3年都产卵。沙潜羽化由6月中旬开始至8月中旬止，羽化后雌的成虫当年不交尾不产卵，翌年3月中旬开始交尾，交尾后1～2 d即产卵，产卵末期到7月上旬，卵由5月上旬开始孵化为幼虫，7月下旬为末期。6月上旬开始化蛹，7月上旬为化蛹末期。成虫产卵为散产，多集中在1～4 cm深处。由于卵表面有黏液故表面附着很多细土，每一雌成虫每天可产卵1～8粒，每天产1粒的占55.43%，产2粒的占17%，产3粒、4粒的各占10.86%。成虫产卵有间隔，间隔1～3 d产卵的占75.52%，最长间隔达40 d之久。

10. 蒙古灰象甲

(1)危害症状　秦爱红等(2008)结合宁夏固原市介绍蒙古灰象甲发生规律及危害特点。该虫在当地2年发生1代，以成虫和幼虫在土层中越冬。越冬成虫于第2年4月平均气温10 ℃以上时开始出土活动，4月下旬至5月中旬为危害盛期。该虫为杂食性害虫，成虫体长4～6 mm，土灰色，活动隐蔽，常群聚，数头或数十头集中于一起取食为害。有假死性。低温时潜伏于向日葵幼苗周围的土缝中，高温、干燥、无风晴天活动最盛。在向日葵苗眼处取食未出土或刚出土的幼苗子叶、真叶、嫩茎及生长点，不易被发觉。成虫每日取食无间歇现象，直到幼苗食尽才转移，严重时造成大面积缺苗断垄。

陆阔宗(2016)介绍，蒙古灰象甲也称象鼻虫，全国各地均有发生。以成虫取食向日葵幼苗子叶、真叶、嫩茎生长点，被害幼苗的子叶和真叶整个被食掉或咬成半圆形的缺口。尚未出土的幼苗常被咬断幼茎，造成缺苗断垄，严重时成片为害。地块面积越小，被害越重。防治时可用药剂拌种，用50%辛硫磷乳油100 mL兑水5 kg，拌种50～60 kg。幼苗期(子叶至2片真叶期)刚出土时，用2.5%溴氰菊酯乳油2000倍液喷雾，或用0.5%印楝素乳油500倍液喷施。

(2)防治措施

① 合理轮作倒茬　实行3年以上轮作，消灭虫源。

② 精细整地，适当灌溉　蒙古灰象甲适宜温暖干燥的土壤环境，采取秋深耕，春耙耱等精细耕作措施，改变其原来越冬的位置，使其暴露于地表，能明显降低虫口密度，减轻危害。又由于土壤湿度过大不利于成虫爬行活动，所以结合适当灌水，增加土壤湿度，可以限制其进行取食等有害活动，提高其死亡率。

③ 做好测报工作　向日葵幼苗出土前后应加强虫情检查，密切注视田间苗期害虫发生动态，调查虫口密度，掌握成虫发生盛期，及时防治成虫。

④ 毒饵诱杀　在成虫发生期，采摘鲜嫩的菜叶用90%晶体敌百虫500倍液或80%敌敌畏乳油1000倍液浸泡1～2h，取出放置于向日葵苗眼及幼苗周围，成虫出土后取食菜叶，中毒死亡。

⑤ 药剂防治　在该虫危害高峰期，一是用40%乐果乳油1000倍液，或60%甲拌磷乳油500倍液，或50%辛硫磷乳油1000倍液，或2.5%溴氰菊酯乳油2000倍液，或10%氯氰菊酯乳油1500倍液等在无风的早晨或傍晚进行喷雾防治。二是用6%林丹可湿性杀虫粉每亩2500 g兑细潮土5 kg制成毒土，混合均匀撒在向日葵苗眼及幼苗周围的地面上进行防治。

⑥ 人工捕杀　利用该虫假死习性，人工捕捉，集中烧毁。

三、杂草及其防除

(一)中国杂草区系

于树华等(2008)在《中国杂草志》(李扬汉，1998)记载的基础上，分析了中国种子植物杂草科和属的区系特征。结果表明，中国种子植物杂草有 90 科 571 属 1412 种。其中裸子植物 1 种，被子植物 1411 种，隶属于 89 科 570 属。科的分布区类型分属 6 个类型 4 个交型。以热带分布为主，温带成分占有一定的比例。属的分布区类型隶属于 15 个类型 17 个交型，热带成分和温带成分比例大致相等，体现了本区从热带亚热带向温带过渡的性质。世界分布的科属占有较大的比例，这些科属构成了中国种子植物杂草的主体。

（二）杂草的生物学特性

1. 农田杂草结实量大

于焕成（2011）在《北方地区农田杂草的发生特点与危害》中提到的杂草具有多实性、连续结实性甚至更多。1 株看麦娘、马唐、牛筋草，可以产生 10～20 个分蘖，每个蘖穗可结 30～500 粒种子，即每株可结数万粒种子，其繁殖系数大得难以置信。杂草所以能短期内占据空间，覆盖地面，就是因为有较大的单位株结实量。由于杂草成千上万地产生种子，即便除草措施十分有效，但如果每年农田当年留下几千株杂草，便能产生几千万以至上亿粒种子，到来年仍能发生草害。

2. 繁殖能力强

一些多年生杂草，不但可以产生种子，而且可用无性器官进行繁殖，例如根芽、根茎、匍匐茎、块茎、鳞茎、芽等都可进行无性繁殖。杂草的地下根茎系统繁殖快，难以防除，锄去地上部分，不需几天地下部分便可长出新枝。很多多年生杂草的根茎根芽和块根的再生能力也很强，比如白茅的根茎挖出风干后，再埋入土中仍能发芽生长。茎叶肥厚的马齿苋拔出暴晒几天，即便晒干，在适宜的条件下仍能复活。

3. 授粉途径多种

杂草与农作物单一授粉方式不同，杂草一般既能异花授粉又能自花授粉，同时对传粉媒介要求不严格，杂草花粉一般可通过风、水、昆虫等动物或人类活动从 1 株传到另 1 株上。杂草多具有远缘杂草亲和性和自交亲和性。异花授粉有利于为杂草种群创造新的变异和生命力更强的变种，自花授粉则可保证杂草在单株生存的特殊环境下仍可正常结实，以保证基因的延续。杂草的这一特性为防除杂草增加了难度。

4. 结实多且连续

杂草在长期的选择进化下，绝大多数结实都比农作物多而且连续。杂草的种子一般都较小，1 株杂草的种子量往往是农作物种子的几倍、百倍甚至成千上万倍。据笔者多年调查，场区禾本科作物田的杂草藜（灰条）单株结籽量可高达 20 万粒，黄凤的单株结籽量可高达 13.5 万粒。并且一年生杂草的营养生长与生殖生长一般同时进行，其结实可从其伴生植物生育中期开始一直持续到生长季节末期，并且在作物收获前其种子从母体脱落下来，进入土壤，或随风、水传播到其他地块，农作物田间杂草不会因为作物收获时而被清除到田外。

5. 种子寿命长

杂草种子一般都具有长寿性。相关资料记载，藜的种子可在土壤中存活 1700 年以上，野燕麦的种子寿命比较短，在土壤中也可存活 3 年以上，种子成熟度与萌发时期参差不齐。农作物的种子出苗时间一般整齐一致，这是长期农业活动选择的结果；而杂草的出苗期可在作物播种至收获整个生长季节持续出苗，这同样是长期自然选择和人类农业活动共同影响的结果。

6. 传播方式多样

杂草的种子可借多种方式广为传播。菊科的刺儿菜、蒲公英、苣荬菜的种子顶端有降落伞状的冠，种子细小，可借助风力将种子传播到很远的距离。苍耳、猪殃殃等种子上有特殊的钩刺，能借人畜活动而传播。酸模、稗草的种子可随水流传播。一些混有杂草的肥料，由于没有经过充分发酵、腐熟就施入农田，也传播了杂草。

7. 适应能力强

杂草有很强的生态适应性和抗逆性，对旱涝、热害、冷害、盐碱和人工干扰具有比农作物更强的忍耐力。当生长条件不良时，杂草表现出很强的可塑性，可随生育条件的改变，自然调节密度、生长量、结实数和生育期，以确保个体生存和种的延续。因萌发条件或种子休眠度的差异，杂草出苗先后不一，处于休眠状态的杂草种子有长寿性。看麦娘、猪殃殃能耐 0 ℃以下的低温而不冻死，在严重干旱情况下不被旱死。农作物在田间一年不施肥就明显减产，而且杂草在荒野地里仍可自然形成茂盛的群落。

8. 具有杂合性和可塑性

由于杂草群落的混杂性、种内异花授粉、基因重组、基因突变和染色体数目的变异性，一般杂草的基因型都具有杂合性，这也是保证杂草具有较强适应性的重要原因。杂合性增加了杂草的变异性，从而增强了抗逆性，特别是在遭遇恶劣环境条件如低温、旱涝以及使用除草剂防治杂草时，可以避免整个种群的覆灭，使物种得以延续。

杂草的可塑性指的是植物在不同生长环境下对其大小、个数和生长量的自我调节能力。一般杂草具有不同程度的可塑性，可塑性使得杂草在多变的农田生态条件下，如在密度较低的情况下能通过个体结实量的提高来产生足量的种子，或在极端不利的条件下缩减个体并减少物质的消耗，保证种子的形成延续其后代。

9. 抗逆性强

方永生(2013)在《杂草的生物学特性分析》中写道，杂草抗逆性强、个体小、生长快，生命周期短，群体不饱和，一年一更新，繁殖快、生产力高，如香薷、薄蒴、藜等一年生杂草。杂草是在比较稳定的环境条件下选择下来的植物类型，其个体生长能力强、群体竞争力强、生命周期长，在一个生命期内可多次重复生殖，群体饱和稳定。因此，杂草比作物有更强的生态适应性和抗逆性，表现为对盐碱、旱涝、热害、冷害及人工干扰等有较强的忍耐能力。

10. 营养方式多种

杂草的营养方式多种多样，绝大多数杂草属于光合自养型，但也有一些杂草属于寄生性。寄生性杂草分为全寄生性和半寄生性两类。寄生性杂草在种子萌发后历经一定时期的生长，必须依赖于寄主的存在和寄主提供足够有效的养分才能完成生活史全过程。

11. 与作物争夺水分、养分和光能

杂草根系发达，吸收土壤水分和养分的能力很强，而且生长优势强，耗水、耗肥超过作物生长的消耗。杂草的生长优势强，株高常高出作物，影响作物对光能利用和光合作用，干扰并限制作物的生长。

(三)油葵田常见杂草种类

油葵田里杂草种类繁多，不少学者对此作了介绍，关于向日葵田中的恶性杂草向日葵列当将单列一节加以介绍。

段爱菊等(2004)通过对洛阳的大田普查结果发现，油葵田主要杂草有 20 多种，隶属于 11 个科。禾本科杂草主要有马唐、千金子、狗尾草、稗草、金狗尾草、狗牙根、牛筋草等；阔叶杂草主要有马齿苋、反枝苋、铁苋菜、小藜、圆叶牵牛、小蓟、苘麻、苣荬菜、打碗花、鳢肠等。禾本科杂草密度较大，占杂草总数的89%，阔叶杂草占11%。

张自启等(2006)介绍，豫西油葵田杂草普查与试验结果表明，油葵田杂草有25种，分别隶属于16个科。杂草密度达240株/m^2，禾本科杂草和阔叶杂草基本上各占1/2。禾本科杂草和阔叶杂草发生规律基本上一致，在播后35 d出苗达到最高峰。油葵苗期至现蕾期是杂草对油葵危害的关键时期。油葵田杂草经济危害允许损失水平为8.08%～10.39%。油葵田杂草的经济阈值为9～16株/m^2。油葵与杂草的竞争临界期为14.02～16.47 d。

麦丽凯姆·伊卜拉伊木(2015)介绍，新疆奇台县向日葵田间杂草有藜、小藜、灰绿藜、地肤、猪毛菜、碱蓬、苍耳、苦苣菜、刺菜、向日葵列当、稗、马唐、狗尾草、金色狗尾草、野燕麦、芦苇等。

黄春艳(2010)对黑龙江省东部地区向日葵田杂草的初步调查结果表明，可以侵入向日葵田的杂草有20科55种，在20科杂草中，菊科杂草占绝对优势，且多数为越年生或多年生杂草(19种中7种为一年生，9种为多年生，3种为一年生或越年生)，蒿类杂草种类较多。虽然杂草种类较多，但优势杂草种类相对较少，出现频率50%以上的主要优势杂草只有10种，按在调查样田中出现频率由高到低的次序排列，分别为稗草、藜、铁苋菜、香薷、金狗尾草、苣荬菜、苍耳、问荆、反枝苋、鸭跖草，可视为向日葵田的主要危害杂草。

黄春艳(2012)对吉林省西北部地区向日葵田杂草的初步调查结果表明，可以侵入向日葵田的杂草有19科49种，在19科杂草中，禾本科杂草有10种占绝对优势，其中9种为一年生杂草，1种为多年生杂草；其次是藜科有8种。虽然调查到的杂草种类较多，但优势杂草种类相对较少，相对多度达10以上的杂草有4科11种，分别为列当科的列当，藜科的藜和刺藜，苋科的反枝苋，禾本科的稗草、野稷、芦苇、狗尾草和虎尾草，菊科的苍耳和苣荬菜。按相对多度由高到低的次序排列，分别为列当、藜、刺藜、反枝苋、稗草、野稷、芦苇、苍耳、狗尾草、苣荬菜、虎尾草，可视为吉林省西北部地区向日葵田的主要危害杂草。向日葵多数种植在土壤比较贫瘠的风沙土、盐碱土地块，与黑土等较肥沃的土壤相比，其杂草种类较多，且有一些特殊的杂草，如甘草、蒺藜、草地风毛菊、牻牛儿苗、灰绿藜、碱蓬、少(疏)花蒺藜草(外来杂草)、尖头叶藜、长穗虫实、猪毛菜、鹅绒藤等，这些杂草虽有分布，但数量都不多，不能成为主要危害杂草。

(四)油葵田常见杂草简介

1. 马齿苋(*Portulaca oleracea* L.)

马齿苋科一年生草本植物。全株无毛。茎平卧或斜倚，伏地铺散，淡绿色或带暗红色。茎紫红色，叶互生，扁平，肥厚，倒卵形，似马齿状，全缘，叶柄粗短。花无梗，簇生枝端，午时盛开；花瓣黄色，花药黄色；子房无毛，花柱比雄蕊稍长，柱头线形。蒴果卵球形；种子细小，多数偏斜球形，黑褐色，有光泽。

2. 马唐(*Digitaria sanguinalis* (L.)Scop.)

禾本科一年生草本植物。秆直立或下部倾斜，叶片线状披针形，具柔毛或无毛；总状花序，花药长约1 mm。

秋熟旱作物地恶性杂草。发生数量、分布范围在旱地杂草中均具首位，以作物生长的前中期危害为主。主要危害玉米、豆类、棉花、花生、瓜类、薯类、谷子、高粱、蔬菜和果树等作物，是棉实夜蛾和稻飞虱的寄主，并能感染栗瘟病、麦雪腐病和菌核病等。

3. 狗尾草(*Setaria viridis*(L.)Beauv.)

禾本科一年生草本植物。根为须状，高大植株具支持根。秆直立或基部膝曲。叶鞘松弛，叶片扁平,长三角状狭披针形或线状披针形。圆锥花序紧密呈圆柱状或基部稍疏离,直立或稍弯垂,颖果灰白色。花柱基分离;叶上下表皮脉间均为微波纹或无波纹的、壁较薄的长细胞。花果期 5—10 月。

与农作物争夺水分、养分和光能,影响作物对光能利用和光合作用,干扰并限制作物的生长;还是作物病害和虫害的中间寄主,明显影响作物的产量和品质。

4. 旱稗(*Echinochloa hispidula* Retz.)

禾本科一年生草本植物。秆高 40～90 cm。叶鞘平滑无毛;叶舌缺;叶片扁平,线形。圆锥花序狭窄,长 5～15 cm,宽 1.0～1.5 cm,分枝上不具小枝,有时中部轮生;小穗卵状圆形,长 4～6 mm;第 1 颖三角形,长为小穗的 1/2～2/3,基部包卷小穗;第 2 颖与小穗等长,具小尖头,有 5 脉,脉上具刚毛或有时具疣基毛,芒长 0.5～1.5 cm;第一小花通常中性,外稃草质,具 7 脉,内稃薄膜质,第二外稃革质,坚硬,边缘包卷同质的内稃。花果期 7—10 月。

5. 牛筋草(*Eleusine indica* (L.)Gaertn.)

禾本科一年生草本植物。根系极发达。秆丛生,基部倾斜。穗状花序。囊果卵形。花果期 6—10 月。根系发达,吸收土壤水分和养分的能力很强,而且生长优势强,耗水、耗肥常超过作物生长的消耗。生长优势强,株高常高出作物,影响作物对光能利用和光合作用,干扰并限制作物的生长。

6. 狗牙根(*Cynodon dactylon* (L.)Pers.)

禾本科草本植物。低矮草本植物,秆细而坚韧,下部匍匐地面蔓延甚长,节上常生不定根。叶片线形,通常两面无毛。穗状花序,小穗灰绿色或带紫色,花小;花药淡紫色;柱头紫红色。颖果长圆柱形。花果期 5—10 月。

7. 反枝苋(*Amaranthus retroflexus* L.)

苋科一年生草本植物。高可达 1 m 多;茎粗壮直立,淡绿色,叶片菱状卵形或椭圆状卵形;叶柄淡绿色,有柔毛。圆锥花序顶生及腋生,花被片矩圆形或矩圆状倒卵形,白色,胞果扁卵形,薄膜质,淡绿色,种子近球形,边缘钝。7—8 月开花,8—9 月结果。

反枝苋主要危害棉花、豆类、花生、瓜类、薯类、蔬菜等多种旱作物。反枝苋混生在大豆、小麦、玉米、甜菜、果园和菜园中,可严密遮光和阻碍通风,消耗大量地力,抑制作物生长。反枝苋还常常污染作物种子,如果不加以有效防除,玉米、大豆、春小麦、油菜和蔬菜等产量将明显受损。由于反枝苋的侵害,甜菜可减产 49%,大豆减产 22%。同时,反枝苋也是许多昆虫、线虫、病毒、细菌和真菌的寄主,影响栽培作物的生长。

8. 凹头苋(*Amaranthus lividus* L.)

苋科一年生草本植物。全体无毛。茎伏卧而上升,从基部分枝,淡绿色或紫红色。叶片卵形或菱状卵形。花成腋生花簇,直至下部叶的腋部,生在茎端和枝端者成直立穗状花序或圆锥花序;花被片矩圆形或披针形,长 1.2～1.5 mm,淡绿色,顶端急尖,边缘内曲,背部有一隆起中脉;雄蕊比花被片稍短;柱头 2～3 个,果熟时脱落。胞果扁卵形,超出宿存花被片。种子环形,直径约 12 mm,黑色至黑褐色,边缘具环状边。花期 7—8 月,果期 8—9 月。

9. 苘麻(*Abutilon theophrasti* Medicus)

锦葵科一年生亚灌木状草本。高达 1～2 m,茎枝被柔毛。叶互生,圆心形。花单生于叶腋,黄色,花瓣倒卵形。蒴果半球形,种子肾形,褐色,被星状柔毛。花期 7—8 月。

主要危害豆类、薯类、瓜类、蔬菜、油菜、花生、棉花、烟草、果树等农作物,其对大豆危害较重，一般造成大豆减产10%～25%。

10. 铁苋菜(*Acalypha australis* L.)

大戟科一年生草本。高0.2～0.5 m。小枝细长，被贴毛柔毛，毛逐渐稀疏。叶膜质，长卵形。雌雄花同序，花序腋生，稀顶生；种子近卵状，长1.5～2.0 mm，种皮平滑，假种阜细长；花果期4—12月。

铁苋菜抗病性较强，主要病害是白锈病，虫害是蚜虫。

11. 小藜(*Chenopodium serotinum* L.)

藜科一年生草本。茎直立，具条棱及绿色色条。叶片卵状矩圆形。花两性，数个团集，排列于上部的枝上形成较开展的顶生圆锥状花序；种子黑色，有光泽，钝，表面具六角形细洼；胚环形。4—5月开始开花。

可与作物争夺阳光、养分、水分等，也是病虫害的传播者，会造成农作物不同程度的减产。具有强大的繁殖能力，顽强的适应能力，生长发育快，种类多，传播途径广，容易蔓延和产生危害。

12. 香附子(*Cyperus rotundus* L.)

莎草科。匍匐根状茎长，具椭圆形块茎。秆稍细弱。叶较多；穗状花序轮廓为陀螺形，稍疏松，小穗轴具较宽的、白色透明的翅；鳞片稍密地复瓦状排列。小坚果长圆状倒卵形，三棱形。花果期5—11月。

13. 婆婆纳(*Veronica didyma* Tenore)

玄参科。铺散多分枝草本植物。多少被长柔毛，高10～25 cm。叶片心形至卵形，两面被白色长柔毛。总状花序很长；花冠淡紫色、蓝色、粉色或白色。蒴果近于肾形。种子背面具横纹。花期3—10月。

14. 鳢肠(*Eclipta prostrata* L.)

菊科一年生草本。茎直立，斜升或平卧。叶长圆状披针形或披针形，无柄或有极短的柄，边缘有细锯齿或有时仅波状，两面被密硬糙毛。头状花序；总苞球状钟形，总苞片绿色，草质，5～6个排成2层，长圆形或长圆状披针形，外层较内层稍短，背面及边缘被白色短伏毛；外围的雌花2层，舌状，长2～3 mm，舌片短，顶端2浅裂或全缘，中央的两性花多数，花冠管状，白色，长约1.5 mm，顶端4齿裂；花柱分枝钝，有乳头状突起；花托凸，有披针形或线形的托片。托片中部以上有微毛；瘦果暗褐色，长2.8 mm，雌花的瘦果三棱形，两性花的瘦果扁四棱形，顶端截形，具1～3个细齿，基部稍缩小，边缘具白色的肋，表面有小瘤状突起，无毛。花期6—9月。

鳢肠是夏大豆田中的恶性杂草。

15. 小蓬草(*Conyza canadensis*(L.)Cronq.)

菊科一年生草本。根纺锤状，具纤维状根。茎直立。叶密集，中部和上部叶较小，线状披针形或线形，近无柄或无柄，全缘或少有具1～2个齿，两面或仅上面被疏短毛，边缘常被上弯的硬缘毛。头状花序多数，小，两性花淡黄色，瘦果线状披针形。花期5—9月。

该植物可产生大量瘦果，蔓延极快，对秋收作物、果园和茶园危害严重，为一种常见杂草，通过分泌化感物质抑制邻近其他植物的生长。该植物是棉铃虫和棉蝽象的中间宿主，其叶汁和捣碎的叶对皮肤有刺激作用。

16. 抱茎苦荬菜(*Ixeris sonchifolia* Hance)

菊科多年生草本。高 15～60 cm。根垂直直伸,不分枝或分枝。根状茎极短。茎单生,直立,基生叶莲座状,匙形、长倒披针形或长椭圆形,全部叶两面无毛。头状花序多数或少数,在茎枝顶端排成伞房花序或伞房圆锥花序,舌状小花黄色。瘦果黑色,纺锤形,上部沿肋有上指的小刺毛,向上渐尖成细喙,喙细丝状。花果期 3—5 月。

17. 苍耳(*Xanthium sibiricum* Patrin ex Widder)

菊科一年生草本。高 20～90 cm。根纺锤状,分枝或不分枝。茎直立不分枝或少有分枝,下部圆柱形,直径 4～10 mm,上部有纵沟,被灰白色糙伏毛。叶三角状卵形或心形,长 4～9 cm,宽 5～10 cm,近全缘,或有 3～5 片不明显浅裂,顶端尖或钝,基部稍心形或截形,与叶柄连接处成相等的楔形,边缘有不规则的粗锯齿,有三基出脉,侧脉弧形,直达叶缘,脉上密被糙伏毛,上面绿色,下面苍白色,被糙伏毛;叶柄长 3～11 cm。

雄性的头状花序球形,直径 4～6 mm,有或无花序梗,总苞片长圆状披针形,长 1.0～1.5 mm,被短柔毛,花托柱状,托片倒披针形,长约 2 mm,顶端尖,有微毛,有多数的雄花,花冠钟形,管部上端有 5 宽裂片;花药长圆状线形;雌性的头状花序椭圆形,外层总苞片小,披针形,长约 3 mm,被短柔毛,内层总苞片结合成囊状,宽卵形或椭圆形,绿色,淡黄绿色或有时带红褐色。

在瘦果成熟时变坚硬,连同喙部长 12～15 mm,宽 4～7 mm,外面有疏生的具钩状的刺,刺极细而直,基部微增粗或几不增粗,长 1.0～1.5 mm,基部被柔毛,常有腺点,或全部无毛;喙坚硬,锥形,上端略呈镰刀状,长 2.5 mm,常不等长,少有结合而成 1 个喙。瘦果 2 个,倒卵形。花期 7—8 月,果期 9—10 月。

18. 蒲公英(*Taraxacum mongolicum* Hand. -Mazz.)

菊科多年生草本。根略呈圆锥状,弯曲,长 4～10 cm,表面棕褐色,皱缩,根头部有棕色或黄白色的毛茸。叶成倒卵状披针形、倒披针形或长圆状披针形,长 4～20 cm,宽 1～5 cm,先端钝或急尖,边缘有时具波状齿或羽状深裂,有时倒向羽状深裂或大头羽状深裂,顶端裂片较大,三角形或三角状戟形,全缘或具齿,每侧裂片 3～5 片,裂片三角形或三角状披针形,通常具齿,平展或倒向,裂片间常夹生小齿,基部渐狭成叶柄,叶柄及主脉常带红紫色,疏被蛛丝状白色柔毛或几无毛。花葶 1 至数个,与叶等长或稍长,高 10～25 cm,上部紫红色,密被蛛丝状白色长柔毛;头状花序直径 30～40 mm;总苞钟状,长 12～14 mm,淡绿色;总苞片 2～3 层,外层总苞片卵状披针形或披针形,长 8～10 mm,宽 1～2 mm,边缘宽膜质,基部淡绿色,上部紫红色,先端增厚或具小到中等的角状突起;内层总苞片线状披针形,长 10～16 mm,宽 2～3 mm,先端紫红色,具小角状突起;舌状花黄色,舌片长约 8 mm,宽约 1.5 mm,边缘花舌片背面具紫红色条纹,花药和柱头暗绿色。瘦果倒卵状披针形,暗褐色,长 4～5 mm,宽 1.0～1.5 mm,上部具小刺,下部具成行排列的小瘤,顶端逐渐收缩为长约 1 mm 的圆锥至圆柱形喙基,喙长 6～10 mm,纤细;冠毛白色,长约 6 mm。花期 4—9 月,果期 5—10 月。

19. 野艾蒿(*Artemisia lavandulifolia* DC.)

菊科蒿属多年生草本植物,有时为半灌木状,植株有香气。主根稍明显,侧根多;常匍地,有细而短的营养枝。茎少数,高可达 120 cm,具纵棱,分枝多,叶纸质,上面绿色,具密集白色腺点及小凹点,基生叶与茎下部叶宽卵形或近圆形,花期叶萎谢;中部叶片卵形、长圆形或近圆形,裂片椭圆形或长卵形,叶柄基部有小型羽状分裂的假托叶;上部叶羽状全裂,具短柄或近无柄；苞片叶为线状披针形或披针形，先端尖，边反卷。头状花序极多数，椭圆形或长圆形，花后头状花序多下倾；总苞片外层苞片卵形或狭卵形，边缘狭膜质，中层总苞片长卵形，内层总苞片长圆形或椭圆形，半膜质，花序托小，凸起；花冠狭管状，檐部裂齿，紫红色，花柱线形，伸出花冠外，两性花，花冠管状，花药线形，长三角形，瘦果长卵形或倒卵形。花果期8—10月。

20. 灰菜(*Chenopodium album* L.)

藜科一年生草本，高30～150 cm。茎直立，粗壮，具条棱及绿色或紫红色色条，多分枝；枝条斜升或开展。叶片菱状卵形至宽披针形，长3～6 cm，宽2.5～5.0 cm，先端急尖或微钝，基部楔形至宽楔形，上面通常无粉，有时嫩叶的上面有紫红色粉，下面多少有粉，边缘具不整齐锯齿；叶柄与叶片近等长，或为叶片长度的1/2。花两性，花簇于枝上部排列成或大或小的穗状圆锥状或圆锥状花序；花被裂片5片，宽卵形至椭圆形，背面具纵隆脊，有粉，先端或微凹，边缘膜质；雄蕊5枚，花药伸出花被，柱头2枚。果皮与种子贴生。种子横生，双凸镜状，直径1.2～1.5 mm，边缘钝，黑色，有光泽，表面具浅沟纹；胚环形。花果期5—10月。

21. 打碗花(*Calystegia hederacea* Wall. ex. Roxb.)

旋花科一年生草本，全体不被毛，植株通常矮小，常自基部分枝，具细长白色的根。茎细，平卧，有细棱。基部叶片长圆形，顶端圆，基部戟形，上部叶片3裂，中裂片长圆形或长圆状披针形，侧裂片近三角形，叶片基部心形或戟形。花腋生，花梗长于叶柄，苞片宽卵形；萼片长圆形，顶端钝，具小短尖头，内萼片稍短；花冠淡紫色或淡红色，钟状，冠檐近截形或微裂；雄蕊近等长，花丝基部扩大，贴生花冠管基部，被小鳞毛；子房无毛，柱头2裂，裂片长圆形，扁平。蒴果卵球形，宿存萼片与之近等长或稍短。种子黑褐色，表面有小疣。

（五）防除措施

1. 综合农艺防除

(1)与其他类型作物进行轮作　各种作物常有其各自的伴生杂草或寄生杂草，这些杂草所以能够与某种作物伴生，其原因主要是它们在长期生长发育过程中形成的生态习性，以及其所需的生态环境与某种作物相似。例如马唐、牛筋草、狗尾草等旱生型杂草，抗旱能力较强，常生长在较为干旱的环境条件下，与油葵所需的生态条件相似，因而逐渐成为油葵的伴生杂草。在油葵的生产过程中如能做到科学合理地与其他作物轮作换茬，改变其生态和环境条件，便可明显减轻杂草的危害。

(2)精选种子　杂草种子的主要扩散途径之一是随作物种子传播。在油葵播种前进行种子精选，清除已混杂在种子中的杂草种子，减轻杂草的危害。

(3)清洁油葵田周边环境　田间施用的有机肥包括家畜粪便，路旁、沟边、林地中的草皮，各种饲料残渣，粮食、油料加工的废料，各种作物的秸秆等，其中或多或少均带有不同种类与数量的杂草种子。如果这些肥料不经高温腐熟而施入大田，所带的杂草种子仍具有发芽能力，还能在田间继续发生危害。因此，堆厩肥料必须要经过50～70 ℃高温堆沤处理，“闷死”或“烧死”混在其中的杂草种子，然后才能施用。要及时除去油葵田周围和路旁、沟边的杂草，防止向田内扩散蔓延。

(4)合理密植，抑制田间杂草　油葵科学、合理的密植栽培，可加速封行进程，利用其自身的群体优势抑制中后期杂草的生长。

(5)植物检疫　杂草检疫工作是防除杂草的重要预防措施之一，在农产品进出口及油葵种子调动过程中要遵照执行国家颁布的“植物检疫条例”，制定切实可行的检疫措施，防止危险性杂草的传播与扩散。

2. 化学防除

(1)前茬残存杂草及播前已出苗杂草的药剂防除　由于大面积推广了免耕土壤耕作技术，前茬残存杂草及播前已部分杂草出苗，对这部分杂草的防除效果优劣直接关系到油葵田杂草的防除效果，影响到油葵的产量及品质。在油葵播种前可选用20%克无踪、41%草甘膦进行对已出土杂草的彻底除草。还可以选用20%克无踪与33%施田补混用进行对播前杂草及对还未出土杂草的封杀，除草效果更佳，施药后除草效达到85%以上。

(2)油葵田播后苗前施用除草剂　在油葵田播后苗前可选用33%施田补100～150 mL/hm^2、72%异丙甲草胺(都尔)100～150 mL/hm^2、50%乙草胺50～70 mL/hm^{2}地表喷雾处理，在干旱条件下可适当加大田间兑水量，一般兑水60～100 kg/hm^2，可有效防除油葵田禾本科杂草及部分阔叶杂草，除草效果达85%以上，且对油葵安全。但50%乙草胺视气候条件而选择药量，在低温、潮湿情况下适当降低用药量，以免产生药害。

(3)油葵田茎叶喷施除草剂

① 以单子叶杂草为主的田块　在杂草基本出齐后，可以选用5%精禾草克乳油45～75 g/hm^2、10.8%盖草能乳油60～70 g/hm^2、6.9%威霸60～70 g/hm^2、15%精稳杀得60～70 g/hm^2，兑水30～40 kg/hm^{2}喷雾进行茎叶处理，可有效防除一年生禾本科杂草；对多年生禾本科杂草可用10%喹禾灵乳油150 mL/hm^{2}进行防除，防除效果较好。

② 以双子叶杂草为主的田块　油葵田目前合适的防除阔叶杂草的除草剂较少，市面售更少。在油葵田防除阔叶杂草要注意在播后苗前选择好合适的地面喷雾除草剂进行有效防除，在防除效果不理想时要及时进行人工拔除，以减少杂草对油葵的危害，或在油葵长至20 cm以上时可选用20%克无踪水剂100 mL/亩进行定向喷雾，能有效防除油葵田的杂草，达到防除目的。

③ 以单双子叶杂草混生的田块　待油葵生长至20 cm以上时，还可选用20%克无踪水剂100 mL/hm^{2}在喷雾器上安装防护罩进行定向喷雾，能有效防除田间杂草，减轻杂草的危害。

(六)向日葵列当

列当(*Orobanche coerulescens* Steph)是列当科(Orobanchaceae)列当属(*Orobanche*)二年生或多年生草本植物。多寄生，是向日葵田的恶性杂草。

《中国植物志》记载，列当属植物约有100多种，主要分布于北温带，少数种分布到中美洲南部和非洲东部及北部。中国产23种，3变种，1变型，大多数分布于西北部，少数分布到北部、中部及西南部等地。*Orobanche coerulescens* Steph是一个常见种。

王靖(2015)在《全寄生杂草向日葵列当研究现状与展望》中介绍，列当是一种寄生于其他植物根部的全寄生杂草，在内蒙古、新疆、山西、黑龙江、吉林、辽宁、河北、陕西、青海、山东等地均有分布，主要寄生在向日葵、番茄、烟草和瓜类作物上。向日葵列当在向日葵现蕾期(播种后35～45 d)开始出土，开花期(播种后60～75 d)大量出土。寄生越早、越多(寄生5株以上就明显减产)，危害越大。在现蕾期寄生时，造成植株矮小，影响花盘形成，严重者则萎蔫死亡；在成株期被向日葵列当寄生，向日葵养分被消耗，导致生长缓慢、花盘缩小、结实率低、空瘪粒增多、含油量降低、产量下降、品质变差。

1. 种类

(1)分枝列当(*O. aegyptiaca*)　一年生寄生草本，高15～50 cm，全株被腺毛。茎坚挺，具条纹，自基部或中部以上分枝。叶卵状披针形，长 0.8～1.0 cm，宽 2～4 mm，连同苞片、小苞片、花萼和花冠外面密被腺毛。花序穗状，圆柱形，长 8～15 cm，具较稀疏排列的多数花；苞片贴生于花梗的基部，卵状披针形或披针形，长 0.6～1.0 cm，宽 3～4 mm；小苞片 2 枚，线形，与苞片近等长或稍长；下部花具 1～2 mm 长的短梗，向上渐无梗；花萼短钟状，长 1.0～1.4 cm，4～5 裂达近中部，裂片线状披针形，顶端线状钻形，近等大，长 4～7 mm。花冠蓝紫色，长 2.0～3.5 cm，近直立，筒部长约 2 cm，在花丝着生处缢缩，向上渐漏斗状膨大；上唇 2 浅裂，裂片长圆形，长 6～7 mm，宽约 5 mm，下唇伸长，长于上唇，3 裂，裂片近圆形或卵形，直径约 5 mm，所有裂片全缘或边缘浅波状，被长柔毛。雄蕊 4 枚，花丝着生于距筒基部 6～8 mm 处，长 1.0～1.2 cm，基部增粗，疏被柔毛，向上渐被短腺毛或变无毛，花药卵形，长 1.8～2.0 cm，沿缝线密被开展的白色绵毛状长柔毛。雌蕊长 2.2～2.6 cm，子房椭圆形，花柱长 1.8～2.0 cm，被短腺毛，柱头 2 浅裂，裂片半圆形。蒴果长圆形，长 0.8～1.2 cm，直径 0.6 mm。种子长卵形，长 0.4～0.6 mm，直径 0.25 mm，种皮具网状纹饰，网眼底部具网状纹饰。花期 4—6 月，果期 6—8 月。

寄生于瓜类植物根上，分部于中国新疆，生长在海拔 140～1400m 的田间或庭院里。

(2)白花列当(*O. alba*) 植株高 35～65 cm，全株被短腺毛。茎直立，较粗壮，基部棍棒状增粗。叶干后黄褐色，卵状披针形或披针形，长 2～3 cm，宽 6～8 mm，连同苞片、花萼及花冠裂片外面和边缘密被腺毛。花序穗状，长 10～22 cm，宽 2.5～4.0 cm，具多数花；苞片披针形，长 2.0～2.5 cm，先端长渐尖或尾状渐尖。花萼常 2 深裂至基部，少有前面裂至距筒基部 2～3 mm 处，裂片卵形、长圆形或披针形，长 1.0～1.5 cm，全缘或不规则 2 浅裂，小裂片披针形，不等长，常后面 2 枚较长，先端渐尖或钻状，前面 2 枚较短，先端渐尖或近截平。花冠钟状，稍前倾弯曲，淡黄色、黄色或黄褐色，少有白色，长 2.0～2.5 cm，筒部膨大，前面在花丝着生处的上部也膨大；上唇全缘或稍微凹，下唇稍短于上唇，3 裂，裂片近圆形，直径约 3 mm，全部裂片边缘具小圆齿或小牙齿。雄蕊 4 枚，花丝着生于筒的近基部，即着生于距筒基部 3～4 mm 处，长 0.8～1.0 cm，基部疏被短柔毛，上部渐被短腺毛，花药长圆形，长约 1.5 mm，沿缝线被短柔毛，后常脱落。雌蕊长 1.6～1.8 cm，子房圆柱状长圆形，连同花柱密被腺毛，花柱长约 1 cm，柱头常红色，2 浅裂，裂片半圆形。蒴果长圆形，长 1.0～1.2 cm，直径 3 mm。种子长圆形，长 0.35 mm，直径 0.23 mm，表面具网状纹饰，网眼底部具蜂巢状凹点。花期 4—6 月，果期 7—8 月。

生长于海拔 2500～3700 m 的山坡及路旁处，寄生于亚菊属 *Arania Poljark*. 植物根上。

(3)美丽列当(*O. amoena*) 二年生或多年生草本。植株高 15～30 cm。茎直立，近无毛或疏被极短的腺毛，基部稍增粗。叶卵状披针形，长 1.0～1.5 cm，宽约 0.5 cm，连同苞片、花萼及花冠外面疏被短腺毛，内面无毛。花序穗状，短圆柱形，长 6～12 cm，宽 3.5～5.0 cm；苞片与叶同形，长 1.0～1.2 cm，宽 3.5～4.5 mm。花萼长 1.0～1.4 cm，常在后面裂达基部，在前面裂至距基部 2.0～2.5 mm 处，裂片顶端又再 2 裂，小裂片披针形，稍不等长，长 5～7 mm，先端长渐尖或尾状渐尖。花冠近直立或斜生，长 2.5～3.5 cm，在花丝着生处变狭，向上稍缢缩，然后渐漏斗状扩大，裂片常为蓝紫色，筒部淡黄白色，上唇 2 裂，裂片半圆形或近圆形，长 2.5～3.5 mm，宽 3.5～5.0 mm，下唇长于上唇，3 裂，裂片近圆形，直径 0.4～0.6 cm，裂片间具宽 3～4 mm 的褶，全部裂片边缘具不规则的小圆齿。花丝着生于距筒基部 6～8 mm 处，近白色，长 1.4～1.6 cm，上部被短腺毛，基部稍膨大，密被白色长柔毛，花药卵形，顶端及缝线密被绵毛状长柔毛。雌蕊长2.0～2.2 cm,子房椭圆形,花柱长1.2～1.5 cm,中部以下近无毛,上部疏被短腺毛,柱头2裂,裂片近圆形,直径1.0～1.5 mm。果实椭圆状长圆形,长1.0～1.2 cm,直径3～4 mm。种子长圆形,长约0.45 mm,直径0.25 mm,表面具网状纹饰,网眼底部具蜂巢状凹点。花期5—6月,果期6—8月。

生长于荒漠沙质山坡,海拔700～2800 m;常寄生于蒿属 *Artemisia* L. 植物根上。

(4)光药列当(*O. brassicae*) 叶稀疏,卵形,长0.8～1.0 cm,连同苞片、小苞片、花萼及花冠外面和边缘密被短腺毛。花序穗状,短圆柱形,长7～10 cm,宽2.5～3.0 cm,顶端近尖或稍钝;苞片卵状披针形,与花冠近等长或稍短,长约8 mm,宽约3.5 mm,先端急尖;小苞片2枚,线形,长6～7 mm,先端钻状。花冠淡蓝紫色,近直立,长1.8～2.0 cm,在花丝着生处明显溢缩,向上渐膨大;上唇2浅裂,裂片近三角形,长2.5 mm,宽3.5 mm,顶端尖,下唇3裂,裂片半圆形或近圆形,直径3～35 mm,全部裂片内面及边缘密被白色长柔毛,边缘具小圆齿状小牙齿,裂片之间不具褶。花丝着生于距筒基部约5 mm处,长约8 mm,基部及下部疏被短柔毛,向上渐变无毛,花药长卵形,长约1.5 mm,无毛,基部具短小尖头。雌蕊长约1.5 cm,子房椭圆球形,花柱长约1 cm,上部疏被短腺毛,柱头明显或不明显地2浅裂。果椭圆球形。种子近圆形,直径0.4 mm,具网状纹饰,网眼底部具网状纹饰。花期3—5月,果期5—8月。

分布于中国福建厦门。

(5)毛列当(*O. caesia*) 叶多数,常宽披针形,长1.0～1.7 cm,宽3～4 mm。花序穗状,卵形或短圆柱形,长5～13 cm,宽3.0～3.5 cm,顶端钝圆,具较密的花;苞片卵状披针形,与花萼近等长,长1.2～1.5 cm,连同叶、小苞片和花萼裂片外面及边缘密被白色蛛丝状绵毛状柔毛,并混生短腺毛;小苞片2枚,披针形或线状披针形,比花萼短,长0.8～1.0 cm;无梗或下部的花具1～2 mm长的短梗。花萼钟状筒形,长1.0～1.4 cm,后面2裂至离基部3～4 mm处,前面2裂至离筒基部5～6 mm处,裂片顶端2浅裂;小裂片披针形,稍不等长,长4～6 mm,具一凸起的主脉。花冠紫色或淡蓝紫色,长2.0～2.5 cm,在花丝着生处缢缩,向上渐膨大并弓状弯曲,上唇2裂,裂片近三角形或半圆形,长2～3 mm,宽3～4 mm,顶端常尖,下唇伸长,稍长于上唇,3裂,裂片椭圆形或长圆形,长4～5 mm,宽3～4 mm,全部裂片外面及边缘密被长柔毛并混生腺毛。花丝着生于距筒基部6～8 mm处,长约8 mm,无毛,花药长卵形,长1.8～2.0 mm,无毛,基部具短的小尖头。雌蕊长1.2～1.6 cm,子房椭圆球形,花柱无毛或疏被短腺毛,柱头2浅裂。蒴果长椭圆球形,长约1 cm,直径5 mm。种子长椭圆形,长约0.45 mm,直径0.12 mm,具网状纹饰,网眼底部有网状纹饰。花期3—6月,果期6—9月。

生长于海拔800～2900 m的山坡及灌丛中;常寄生于蒿属 *Artemisia* L. 植物及小蘖属 *Berberis* L. 植物根上。

(6)丝毛列当(*O. caryophyllacea*) 较高大寄生草本,高35～50 cm。茎坚挺,高15～30 cm,直径1.0～1.5 cm,基部棍棒状增粗下部近无毛,上部疏被腺毛并混生少数长柔毛。叶卵状披针形或披针形,长2.0～2.5 cm,宽4～6 mm,内面无毛,外面及边缘疏被腺毛。花序穗状,圆柱状,长10～20 cm,宽2.5～3.0 cm;苞片卵状披针形,与花近等长或稍短,长2～3 cm,宽4～5 mm,连同花萼外面及边缘密被腺毛,并混生少数长柔毛。花萼长1.0～1.2 cm,分裂度有变化,常2裂达近基部,或在前面短合生,在后面裂达近基部,裂片披针形,全缘或2深裂;小裂片线状披针形,不等大,长4～8 mm,常具3脉,先端长渐尖。花冠黄色,长2.0～3.5 cm,直立地展开,在花丝着生处上部不缢缩并多少膨大,向上渐明显膨大;上唇龙骨状,顶端突起成小尖头或稍微凹，下唇3裂，裂片近圆形，近等大或中间1枚稍大，直径4～5 mm，全部裂片两面和边缘被短腺毛，边缘具不规则圆齿状小牙齿或波状。花丝着生于距筒基部3～4 mm处，长1.0～1.2 cm，基部和下部密被白色长柔毛，向上毛渐变少，花药长圆形，长1.8～2.0 mm，沿缝线被白色短柔毛。雌蕊长约1.6 cm，子房狭椭圆体状，花柱长约1 cm，被短腺毛，柱头2裂，裂片圆球形，直径1 mm。果实长圆形，长1.0～1.2 cm。种子长圆形，长0.4～0.5 mm，直径0.25 mm，种皮网状。花期5—7月，果期7—9月。

常寄生长于海拔1100～1800 m的林下拉拉藤属植物的根部。

(7)弯管列当(O. cernua)　一年生、二年生或多年生寄生草本。高15～40 cm，全株密被腺毛，常具多分枝的肉质根。茎黄褐色，圆柱状，不分枝，直径0.6～1.5 cm。叶三角状卵形或卵状披针形，长1.0～1.5 cm，宽5～7 mm，连同苞片、花萼和花冠外面密被腺毛，内面近无毛。花序穗状，长5～30 cm，具多数花；苞片卵形或卵状披针形，长1.0～1.5 cm，宽5～6 mm。花萼钟状，长1.0～1.2 cm，2深裂至基部，或前面分裂至基部，而后面仅分裂至中部以下或近基部，裂片顶端常2浅裂，极少全缘，小裂片线形，常是后面2枚较长、前面2枚较短，先端尾尖。花冠长1.0～2.2 cm，在花丝着生处(特别是在花期后)明显膨大，向上缢缩，口部稍膨大，筒部淡黄色，在缢缩处稍扭转地向下膝状弯曲；上唇2浅裂，下唇稍短于上唇，3裂，裂片淡紫色或淡蓝色，近圆形，边缘不规则地浅波状或具小圆齿。雄蕊4枚，花丝着生于距筒基部5～7 mm处，长6～8 mm，无毛，基部稍增粗，花药卵形，长1.0～1.2 mm，常无毛。子房卵状长圆形，花柱稍粗壮，长6～8 mm，无毛，柱头2浅裂。蒴果长圆形或长圆状椭圆形，长1.0～1.2 cm，直径5～7 mm，干后深褐色。种子长椭圆形，长0.4～0.5 mm，直径0.18 mm，表面具网状纹饰，网眼底部具蜂巢状凹点。花期5—7月，果期7—9月。

弯管列当主要依靠种子进行繁殖后代，其种子可以在土壤中越冬，也可以混在向日葵种子中越冬，是主要的侵染源。其种子进入土壤后开始萌发，然后长出线状稍弯曲的幼芽，此时如果遇到适宜的寄生根，就会通过吸盘侵入寄主，并逐渐深达木质部。弯管列当生长周期较短，幼芽出土后的14 d就能够开花，过5～7 d开始结子，再经过13～15 d籽实成熟，整体生育期为28～30 d。弯管列当主要依靠昆虫进行授粉，同时可以自花授粉，由于其成熟的种子籽粒很小，每株可形成5万～10万粒种子，轻如灰尘，很容易被风、水、农具所传播，或者随向日葵种子做远距离传播。种子生命力很强，可以在土壤中保持8～12年。种子在土中5～10 cm处发芽最多，其次为1～5 cm处，再次为10～12 cm处。故向日葵5～10 cm处的侧根上寄生的最多，受害最严重。

寄生于蒿类植物或谷类植物根上，生长在海拔500～3000m的针茅草原、山坡、林下、路边及沙丘上，分布于中国吉林西部、古蒙古、河北、山西、陕西、甘肃、青海和新疆。

(8)西藏列当(*O. clarkei*)　叶螺旋状排列，卵状披针形，长5～8 mm，宽2.5～3.5 mm，连同苞片、花萼和花冠外面密被短腺毛。花序穗状，短圆柱状，长2～5 cm，直径1.5～2.0 cm，具较稀疏的花；苞片卵状披针形，长度约为花冠的一半。花萼比苞片稍长，长6～8 mm，2深裂至基部，裂片卵形、卵状披针形或披针形，常全缘或有时顶端2浅裂。花冠蓝紫色，长1.3～1.7 cm，筒部近直立，花丝着生处不膨大；上唇2浅裂，下唇稍短于上唇，3裂，裂片长圆状三角形，边缘具小圆齿。雄蕊4枚，花丝着生于距筒基部2～3 mm处，长5～6 mm，无毛，花药长卵形，长1.0～1.2 mm，常无毛，基部具小尖头。子房长椭圆形，花柱纤细，被短腺毛，柱头2浅裂。果实长圆形，长7～8 mm，直径3～4 mm。种子卵状长圆形，干后黑褐色，种皮网状。花期 5—6 月，果期 7—8 月。

生长于海拔 2900～3400 m 的沙砾半灌木丛中。

(9)长齿列当(*O. coelestis*)　叶少数，卵状披针形或披针形，长 1.0～1.5 cm。花序穗状，卵形或圆柱形，顶端圆或短渐尖，长 6～18 cm，具多而密的花；苞片卵状披针形，长 0.8～1.8 cm，连同小苞片、花萼和花冠被短腺毛；小苞片狭披针形或线形，具脉，干时外卷，比花萼短；下部的花具稍长的花梗，向上渐变无梗。花萼短钟状，亮褐色，长 1.0～1.5 cm，顶端 4 裂，裂片狭披针形，长为花冠的 2/3，顶端钻状。花冠筒状，蓝色，基部微白色，内面被柔毛，长 1.8～2.6 cm，在花丝着生处收缩，向上稍膨大，近直立；上唇 2 裂，裂片椭圆形，顶端常渐尖，下唇稍长于上唇，3 裂，裂片椭圆形或圆形，边缘不规则地浅波状，偶具小牙齿。花丝着生于筒部缢缩处，基部疏被柔毛并略增粗，上部被稀少腺毛，极少全体无毛，花药被稀少的绵毛状柔毛，基部具小尖头。子房椭圆球形，花柱与花丝近等长，被短腺毛，柱头 2 裂。果实与子房同形，长 0.9～1.1 cm。种子椭圆球形或球形，长 0.4～0.6 mm，种皮网状。花期 5—6 月。

寄生于矢车菊属，菊蒿属等植物根上，分布于新疆南部。

(10)列当(*O. coerulescens*)　全株密被蛛丝状长绵毛。茎直立，不分枝，具明显的条纹，基部常稍膨大。叶干后黄褐色，生于茎下部的较密生或多年生寄生草本。花多数，排列成穗状花序，长 10～20 cm，顶端钝圆或呈锥状；苞片与叶同形近等大，先端尾状渐尖。花萼长 1.2～1.5 cm，2 深裂达近基部，每裂片中部以上再 2 浅裂，小裂片狭披针形，长 3～5 mm，先端长尾状渐尖。花冠深蓝色、蓝紫色或淡紫色，长 2.0～2.5 cm，筒部在花丝着生处稍上方缢缩，口部稍扩大；上唇 2 浅裂，极少顶端微凹，下唇 3 裂，裂片近圆形或长圆形，中间的较大，顶端钝圆，边缘具不规则小圆齿。雄蕊 4 枚，花丝着生于筒中部，长 1.0～1.2 cm，基部略增粗，常被长柔毛，花药卵形，长约 2 mm，无毛。雌蕊长 1.5～1.7 cm，子房椭圆体状或圆柱状，花柱与花丝近等长，常无毛，柱头常 2 浅裂。蒴果卵状长圆形或圆柱形，干后深褐色，长约 1 cm，直径 0.4 cm。种子多数，干后黑褐色，不规则椭圆形或长卵形，长约 0.3 mm，直径 0.15 mm，表面具网状纹饰，网眼底部具蜂巢状凹点。花期 4—7 月，果期 7—9 月。

(11)短齿列当(*O. kelleri*)　叶少数，三角状卵形或宽披针形，长 0.8～1.0 cm。花序穗状，短圆柱形或卵圆形，长约 14 cm，顶端稍尖，具多而稍密的花；苞片短卵形，长 6～9 mm，连同小苞片和花萼外面被短腺毛；小苞片线状钻形，比苞片稍短。花茎宽钟状，长 0.8～1.1 cm，果期稍伸长，淡褐色，具稍明显的脉，顶端 4 裂，裂片三角形或三角状披针形，长约为萼筒的一半。花冠淡黄色，筒部略为白色，裂片檐部边缘有时淡紫色，干后变淡黄色，长 1.8～2.2 cm，筒的下部稍膨大，上部缢缩，再向上几乎不膨大，外面被短腺毛；上唇近直立，卵形，稍尖或钝，下唇稍展开，3 裂。花丝着生于距筒基部 5～7 mm 处，无毛或基部多少被短柔毛，花药干后白色，从基部到缝线被一小簇柔毛。花柱无毛，柱头黄色。花期 6—7 月。

寄生于木地肤 *Kochia prostrata*(L.)Schrad. 植物根上。

(12)缢筒列当(*O. kotschyi*)　叶披针形，长 1.0～1.5 cm，宽约 5 mm，生于茎下部的外面无毛，上部的渐密被白色蛛丝状长绵毛。花序穗状，圆柱形，长 10～20 cm，宽 3～4 cm，顶端稍钝；苞片披针形，比叶稍长，长 1.5～2.0 cm，顶端长渐尖，连同花萼外面密被白色蛛丝状长绵毛。花萼长 1.0～1.2 cm，2 深裂达基部，每裂片在中部以下 2 裂，小裂片线状披针形，长 5～7 mm。花冠蓝紫色，长 2.0～2.5 cm，在花丝着生处稍膨大，中部明显缢缩，向上渐扩大并强烈弓状弯曲，外面疏被柔毛，内面变无毛；上唇全缘或微凹，下唇 3 裂，裂片椭圆形，近等大或中间的稍大，边缘波状或有小圆齿，裂片间具褶。花丝着生于距筒基部 6～8 mm 处，长 0.8～1.0 cm，基部被柔毛，向上渐变无毛，花药长圆形，长 1.8～2.0 mm，沿缝线密被白色长柔毛。子房长圆状椭圆形，花柱长 1.2～1.4 cm，疏被柔毛或无毛，柱头 2 浅裂。蒴果长圆形，长 1.0～1.4 cm。种子卵状椭圆形，长 0.3～0.5 mm，种皮网状。花期 5—7 月，果期 7—9 月。

生长于海拔 600 m 的山坡，寄生于刺芹属 *Eryngium* L. 植物根上。

(13)短唇列当(*O. major*)　叶稀少，卵状披针形或披针形，长 1.5～2.0 cm，基部宽约 4 mm，连同苞片和花萼外面及边缘密被腺毛。花序穗状，长 6～15 cm，宽 2.5～3.5 cm，具多数花；苞片与叶同形近等大；几无梗。花萼长 1.0～1.3 mm，口部宽 3.5～4.5 mm，不整齐 2 深裂，后面裂达基部，前面裂至距基部 4～5 mm 处，裂达基部，裂片卵状披针形，常不整齐 2 浅裂，极少全缘。花冠钟状，黄色或黄褐色，长 2.0～2.5 cm，弧状弯曲，在花丝着生处上方渐膨大，口部极扩大；上唇全缘或顶端微凹，长 7～9 mm，下唇短于上唇，3 裂，裂片近长圆形，常中间裂片稍大，全部裂片外面被腺毛，边缘具不规则的小牙齿状小圆齿，无毛。花丝着生于距筒基部 4～5 mm 处，长 0.8～1.0 cm，基部疏被短柔毛，中部以上渐被腺毛，老后渐变无毛，花药长卵形，长 1.5～1.8 mm，沿缝线被短柔毛。雌蕊长 1.6～1.8 cm，子房椭圆形，上部连同花柱疏被腺毛，花柱长约 1 cm，柱头 2 浅裂。蒴果长圆形，长 1.0～1.2 cm，直径 3～4 mm。种子长圆形，长 0.4 mm，直径 0.26 mm，表面具网状纹饰，网眼底部具蜂巢状凹点。花期 5—7 月，果期 7—9 月。

生长于海拔 850～3450 m 的山坡、林下及沙砾地。

(14)大花列当(*O. megalantha*)　寄生草本，高 16～18 cm。茎直立，被黄褐色腺毛。叶三角形或三角状披针形，长 0.8～1.2 cm，宽 3～5 mm，连同苞片、花萼和花冠外面密被腺毛。花序穗状，长 5～7 cm；苞片卵状披针形，长 1.2～1.4 cm，宽 6～7 mm；花萼长约 1.3 mm，不整齐 2 深裂；花冠黄色或蓝色，筒状漏斗形，长约 3.5 cm，在花丝着生处不缢缩，上唇全缘，下唇稍短于上唇，3 裂，裂片近圆形，直径 5～6 mm，边缘浅波状，裂片间具褶，花丝着生于距筒基部 7～9 mm 处，长 1.8～2.0 cm，基部密被一小簇长柔毛；雌蕊长约 2.5 cm，花柱长约 2 cm，连同子房被短腺毛，柱头 2 裂。果实和种子未见，花期 5—6 月。

寄生于木蓝属(*Indigofera*)、茉莉属(*Jasminum*)等植物的根上。分布于四川、西藏。

(15)中华列当(*O. mongolica*)　寄生草本，植株高 15～30 cm。茎细弱，被黄褐色短腺毛，基部不增粗或稍增粗。叶多数，下部的卵形，长 3～6 mm，宽 3～4 mm，上部的渐变长，披针形，长 1.0～1.5 cm，宽 2～3 mm，外面被短腺毛。花序近穗状，短圆柱状，长 7～13 cm，宽 3.0～3.5 cm，顶端圆，具多数花；苞片披针形，比花萼稍短，长 1.0～1.2 cm，宽 2～3 mm，连同小苞片和花萼外面及边缘密被黄褐色短腺毛；小苞片 2 枚，狭线形，长 0.7～0.9 cm，具 1 脉，顶端钻状；近无梗。花萼斜钟状，长 1.2～1.6 cm，外面混生柔毛，4 深裂，裂片狭披针形，近等长，长 6～9 mm，顶端长渐尖或钻状。花冠淡紫色，长 1.8～2.5 cm，在花丝着生处稍缢缩，向上渐漏斗状膨大，筒部外面密被黄褐色短腺毛；上唇 2 浅裂，裂片近三角形，长 2.0～2.5 mm，宽 3.5～4.5 mm，下唇前伸，明显长于上唇，3 裂，裂片长圆形，中间 1 枚稍大，长 3.5～5.5 mm，宽 3～4 mm，边缘浅波状或具小圆齿，全部裂片外面、内面及边缘密被白色长柔毛。花丝着生于距筒基部 4～6 mm 处，长约 1 cm，近无毛或仅在基部被短柔毛，花药长卵形，长 1.5～1.8 mm，沿缝线密被明显的白色绵毛状长柔毛。子房椭圆球状，上部连同花柱被短腺毛，花柱长约 1.2～4.5 cm，柱头 2 浅裂。果实长椭圆球形，长约 1 cm，直径 4～5 mm。种子近长圆球形,长约 0.4 mm,直径 0.3 mm,种皮表面具网状纹饰,网眼底部又具网状纹饰。花期 4—6 月,果期 6—8 月。

生长于海拔 1300～1500 m 的河谷沙滩上。

(16)宝兴列当(*O. mupinensis*) 叶卵状披针形或披针形,长 0.8～1.2 cm,宽 3～5 mm,连同苞片和花萼外面密被腺毛。花序穗状,长约 4 cm,具 3～5 朵花;苞片卵状披针形,与叶近等大;近无梗。花萼钟状,长约 1 cm,不等长 2 深裂,后面分裂至距筒基部约 4 mm 处,前面分裂至距筒基部约 2 mm 处,裂片顶端 2 浅裂,小裂片三角状披针形,长 5～7 mm,顶端长渐尖。花冠淡黄色,长 2.5～2.8 cm,筒状漏斗形,上唇全缘,龙骨状,顶端伸长成 1～2 mm 长的小尖头,内面近无毛,下唇短于上唇,3 裂,裂片近圆形,直径约 3 mm,内面被稀少的长柔毛,全部裂片外面被稀少的短腺毛,花丝着生于距筒基部约 4～5 mm 处,长 1.6～1.8 cm,基部密被长柔毛,向上渐无毛,花药卵形,长约 3 mm,沿缝线密被白色柔毛。雌蕊长约 2 cm,子房狭椭圆形,花柱长约 1.6 cm,上部下弯并疏被短柔毛,柱头 2 浅裂。果实未见。花期 5—7 月。

生长于海拔 2100 m 的路旁,分布于四川宝兴。

(17)毛药列当(*O. ombrochares*) 植株高 15～30 cm,全株密被白色蛛丝状长绵毛。茎直立,不分枝,基部稍膨大。叶狭卵状披针形或披针形,长 1.5～2.2 cm,基部宽 4～5 mm,连同苞片和花萼外面及边缘密被白色蛛丝状长绵毛。穗状花序顶生,卵形或圆柱形,长 8～15 cm,顶端圆,具多数花;苞片与叶同形,比苞片稍短。花萼长 1.0～1.2 cm,2 裂达近基部,每裂片又 2 齿裂,小裂片披针形,稍不等大,长 3～4 mm。花冠深蓝色或蓝紫色,长 2.0～2.5 cm,斜生,筒部在花丝着生处上方缢缩,口部稍扩大,上唇 2 浅裂,下唇稍长于上唇,3 裂,裂片长圆形,边缘具不规则小圆齿。雄蕊 4 枚,花丝着生于筒中部,长约 1 cm,下部和基部被短柔毛,花药卵形,长 1.8～2.0 cm,沿缝线密被白色绵毛状长柔毛,上部尤为密。雌蕊比花稍短,花柱上部被稀疏短柔毛,下部渐变无毛,顶端常下弯,柱头 2～4 裂。蒴果长圆形,长约 1 cm。种子近圆形或长圆形,长 0.3 mm,直径 0.23 mm,表面具网状纹饰,网眼底部具蜂巢,状凹点。花期 4—7 月,果期 7—10 月。

生长于海拔 620～1500 m 的山坡沙质地。

(18)黄花列当(*O. pycnostachya*) 二年生或多年生草本,株高 10～40 cm,全株密被腺毛。茎不分枝直立,基部稍膨大。叶卵状披针形或披针形,干后黄褐色。花序穗状,圆柱形,长 8～20 cm,顶端锥状,具多数花,花冠黄色,中部稍弯曲,在花丝着生处稍上方缩,向上稍增大,上唇 2 浅裂,下唇 3 裂。蒴果长圆形,干后深褐色。种子多数,干后黑褐色,长圆形。花萼长 1.2～1.5 cm,2 深裂至基部,每裂片又再 2 裂,小裂片狭披针形或近线形,不等长,长 4～6 mm。花冠黄色,长 2～3 cm,筒中部稍弯曲,在花丝着生处稍上方缢缩,向上稍增大;上唇 2 浅裂,偶见顶端微凹,下唇长于上唇,3 裂,中裂片常较大,全部裂片近圆形,边缘波状或具不规则的小圆齿状牙齿。雄蕊 4 枚,花丝着生于距筒基部 5～7 mm 处,长 1.2～1.4 cm,基部稍膨大并疏被腺毛,向上渐变无毛,花药长卵形,缝线被长柔毛。子房长圆状椭圆形,花柱稍粗壮,长约 1.5 cm,疏被腺毛,柱头 2 浅裂。蒴果成熟后 2 裂;种子小,褐黑色,多数,扁球形,果期 7—9 月。

寄生于蒿属 *Artemisia* L. 植物根上;生长于沙丘、山坡及草原上,海拔 250～2500 m 处。

(19)四川列当(*O. sinensis*) 叶卵状披针形,长 1.2～2.0 cm,宽 4～6 mm,连同苞片和花萼裂片外面及边缘密被黄褐色腺毛,同时混生白色长柔毛。花序穗状,圆柱状,长 10～30 cm,具多数花;苞片卵状披针形,长 1.4～1.6 cm,宽约 5 mm,内面无毛;几无梗。花萼杯状,长 1.0～

1.4 cm,不等长 2 深裂,前面裂至距筒基部 4～6 mm 处,后面裂至距筒基部 3～5 mm 处,裂片顶端 2 浅裂,小裂片线形或线状披针形,常后面 2 枚较长,先端渐尖或尾状渐尖,具凸起的 2～3 条脉。花冠淡灰蓝色、蓝色或蓝紫色,很少黄色,长 2.5～3.5 cm,筒部近直立,在花丝着生处不缢缩,向上稍下弯并漏斗状扩大,外面密生腺毛,内面被长柔毛;上唇全缘,近龙骨状,下唇与上唇近等长或稍长,3 裂,裂片半圆形或近圆形,上、下唇之间呈锐角张开,裂片间具宽约 3 mm 的褶。花丝着生于距筒基部 5～6 mm 处,基部增粗,连同着生处密被一小簇白色长柔毛,向上疏被短腺毛,花药长卵形,长 2.5～3.0 mm,沿缝线密被长柔毛。雌蕊长 1.5～2.5 cm,子房长椭圆形,连同花柱被腺毛,花柱长约 1.5～2.0 cm,柱头 2 裂。蒴果长圆形,长 1.0～1.2 cm,直径 4 mm,种子长圆形,长 0.35～0.40 mm,直径 0.25 mm,表面具网状纹饰,网眼底部具蜂巢状凹点。花期 5—6 月,果期 6—8 月。

主要生长于海拔 1600～3500 m 的山坡、路边、林下及灌丛中。寄生于蒿属 *Artemisia* L. 植物根上。

(20)其他

① 长苞列当(*O. solmsii*)　茎长 10～15 cm,直径 1.0～1.3 cm,基部明显增粗。叶披针形或长披针形,长 2.0～2.5 cm,宽 3～4 mm,连同苞片和花萼外面及边缘密被白色长柔毛并混生短腺毛,顶端长渐尖。花序穗状,短圆柱状,长 5～10 cm,宽 2.5～3.0 cm,顶端稍钝;苞片披针形或狭披针形,常比花长,长 1.2～1.6 cm,基部宽 2～3 mm,先端近钻状线形。花萼长约 9 mm,2 深裂达基部,每裂片顶端 2 齿裂;小裂片线形,先端钻状,后面 2 枚较长,长约 5 mm,前面 2 枚长 2.5～3.0 mm。花冠深黄色,长 1.3～2.0 cm,稍前倾弯曲,外面密被短腺毛;上唇微凹,下唇稍短于上唇,3 裂,裂片近圆形,全部裂片边缘具不大明显的小圆齿。花丝着生于距筒基部 2～3 mm 处,长约 8 mm,基部疏被柔毛,向上渐无毛,花药长圆形,长 1.4～1.8 mm,无毛。雌蕊长 1.0～1.2 cm,子房长圆形,花柱长约 6 mm,疏被短柔毛,柱头 2 浅裂。果实长圆形,长约 1 cm,直径 3～5 mm。种子长圆形,长约 0.4 mm,直径 0.2 mm,表面具网状纹饰,网眼底部具蜂巢状凹点。花期 5—6 月,果期 6—8 月。

生长于海拔 2700 m 的林下荒地。寄生于独活属 *Heracleum* L. 植物根上。

② 淡黄列当(*O. sordida*)　花序穗状,短圆柱形,长 8～12 cm,宽 2.5～3.0 cm;苞片长圆状披针形,长约 1 cm,宽 4～5 mm,连同花萼和花冠外面疏被短腺毛,内面变无毛。花萼 2 裂达基部,与苞片近等长或稍短,裂片披针形,2 裂达近中部,稀全缘;小裂片狭披针形,稍不等长,长 4～6 mm,先端渐尖。花冠淡黄色,稍下弯,长 2.0～2.2 cm,在花丝着生处稍溢缩,口部稍扩大;上唇 2 浅裂,裂片半圆形,长 2.0～2.5 mm,宽 4 mm,下唇 3 裂,裂片长圆形,长 3～4 mm,宽 3.0～3.5 mm,中间的稍长,全部裂片全缘或具不明显的小齿。花丝着生于距筒基部 4～6 mm 处,长 0.8～1.0 cm,基部稍膨大,疏被柔毛,向上渐变无毛,花药椭圆形,长约 1.8 mm,疏被短柔毛。雌蕊长约 1.5 cm,子房长圆形,花柱长 1 cm,疏被短腺毛,顶端稍下弯,柱头 2 深裂,裂片近圆形。蒴果倒卵状长圆形,长 0.8～1.0 cm,直径 5 mm。花期 5—7 月,果期 7—9 月。

生长于新疆塔城。俄罗斯西西伯利亚南部和中亚的东部地区也有分布。

③ 多齿列当(*O. uralensis*)　叶卵状披针形,长约 1 cm,宽约 0.4 cm,连同苞片、小苞片、花萼及花冠外面和边缘被黄白色白色短腺毛。花序穗状,短圆柱状,具稀疏的少数花;苞片卵状披针形,比花萼短,长 5～7 mm;小苞片线状披针形,贴生于花萼基部,长约 0.8 cm,先端渐

尖。花萼钟状，长 0.9～1.1 cm，常 4～5 裂达近中部，有时偶见某个裂片具单齿，裂片披针形，稍不等大，长 3～6 mm，宽 1～3 mm。花冠蓝紫色，长 2.0～2.2 cm，不明显的二唇形；上唇 2 裂，下唇 3 裂，与上唇近等长，全部裂片近圆形，直径 3.5～4.5 mm，边缘被短腺毛，具不整齐的小圆齿。花丝着生于距筒基部 2～3 mm 处，长 7～9 mm，近无毛，花药长卵形或椭圆球形，长 1.8～2.0 mm，沿缝线及顶端密被白色绵毛状长柔毛，基部具小尖头。雌蕊长约 1.5～1.6 cm，子房长椭球形，花柱长约 1 cm，疏被短柔毛，柱头 2 浅裂。果实未见。花期 7—9 月。

生长于中国新疆尉犁。东欧、俄罗斯的西西伯利亚及中亚地区也有分布。

④ 滇列当(*O. yunnanensis*)　二年生或多年生矮小寄生草本，高 15～25 cm。全株密被腺毛。茎直立，不分枝，基部常膨大。叶卵状披针形，长 1.0～1.5 cm，宽 4～6 mm，生于茎下部的较密，向上渐稀疏，连同苞片、花萼及花冠裂片外面和边缘密被腺毛。花序穗状，短圆柱状，长 6～12 cm，宽 2.5～3.0 cm，先端稍钝；苞片卵状披针形或披针形，与花近等长或稍短，长 1.0～1.8，宽 4～6 mm，先端长渐尖或尾状渐尖；花萼长 1.0～1.5 cm，不整齐的 2 深裂至基部；花冠常肉红色，极少黄褐色而干后变红褐色或褐色，长 1.5～2.0 cm，弧状弯曲，筒部膨大，上唇前伸，长 5～6 mm，先端微凹，下唇短于上唇，长约为上唇的 1/2，3 裂，裂片常反折，半圆形，长约 2 mm，宽约 3 mm，全部裂片边缘具腺毛和不明显的小齿，花丝着生于距筒基部 2～3 mm 处，长 8～9 mm，花药长圆形；雌蕊长约 1.7 cm；子房椭圆形，连同花柱被腺毛，柱头 2 裂。蒴果椭圆形，长约 8 mm，直径 3～4 mm。种子长椭圆形，长约 0.3 mm，直径约 0.2 mm，表面具网状纹饰，网眼底部具蜂巢状凹点。花期 5—6 月，果期 7—8 月。

生长于海拔 2200～3400 m 的山坡及石砾处。分布于四川、贵州、云南等地。

2. 向日葵列当对油葵生长的危害

向日葵整个生育期间都能被列当寄生，寄生越早、数量越多，对向日葵的影响越大，减产越严重。向日葵苗期被列当寄生后，植株不能正常生长，使得植株矮小，不能形成花盘，甚至干枯死亡。后期被寄生，体内营养和水分被向日葵列当消耗，导致百粒重降低、籽粒短小，饱满度差，籽粒含油率下降，品质变劣，商品性变差。单株向日葵寄生 5 株列当就明显减产，单株寄生 10～20 株减产 30%左右，单株寄生 30 株以上减产超过 80%。

3. 防除措施

主要采用农艺防除措施。

(1)种植抗列当品种　申诗法等(2019)结合新疆实际，通过对 6 个油葵品种和 8 个食葵品种共 14 个向日葵品种进行田间抗列当鉴定，旨在明确该 14 个向日葵品种对列当的抗性，为向日葵抗列当育种提供抗源，并为直接利用向日葵抗列当品种提供依据。阿勒泰地区属于向日葵列当发生严重的地区。试验显示，6 个油葵品种均不感染列当，8 个食葵品种不同程度地感染列当，与课题组多年来进行抗列当鉴定试验得出的结论一致。油用型向日葵品种基本都对列当免疫，食用型向日葵品种大都感列当，免疫或高抗品种很少。选育对列当高抗或免疫的食葵品种仍然是当前列当防治的重点。在阿勒泰地区，可选择对列当免疫和高抗的品种进行推广应用，如：谷丰 1 号、TP3313、TP3316、SH361 和新农 177。

(2)人工拔除　可在向日葵列当结实前将其整株拔除并集中销毁，若仅将花茎拔断，残留的地下部分仍会继续消耗寄主养分。人工除草耗费大量劳力，造成寄主根部损伤而使其他病菌乘虚而入，因此只适用于向日葵列当零星发生地块。

(3)加强栽培管理，实行轮作　姜铁军(2015)在《关于新疆新源县寄生性杂草列当危害油葵的田间调查报告》中提到，向日葵播前深翻土地，建议土壤深翻至 20 cm 左右(将浅层土中的向日葵列当种子翻下去即可)。向日葵列当出土盛期及结实前及时灌溉、中耕锄草，可在一定程度上减轻其危害。施用有机肥对向日葵列当有一定的防效。将土壤暴晒(6 周)后施用鸡粪可在一定程度上抑制向日葵列当种子(地下 10 cm)萌发。唐嘉成等报道，播种前用 30 t/hm^2 羊粪处理土壤，对烟草田中向日葵列当的防除效果达 66%，用 10.5 t/hm^2 牛粪处理防效为 36.25%。向日葵可与禾本科植物(小麦、玉米、谷子)、大豆、马铃薯、甜菜等进行轮作(5～6 年)，国际上提倡列当重病区应轮作 8～10 年。但由于轮作年限较长使得推广难度大。

(4)化感作用的利用　待向日葵列当寄主播种后生长 30 d 左右(未成熟)后，趁鲜嫩将其翻耕至地里，利用幼嫩组织的分泌物来刺激向日葵列当种子萌发。但该法一般需将作物播种期前提，会影响后茬作物的播种。从向日葵根分泌物中还分离得到了去氢木香内酯(dehydrocostus lactone)倍半萜烯内酯类，该物质能刺激向日葵列当种子萌发，但未进行田间试验。生产上可分别选择适合当地的对向日葵列当化感作物强的小麦品种和向日葵品种实施麦后复种向日葵，待小麦成熟收割后移栽已育好的向日葵苗，在向日葵现蕾期将其翻耕至地里，通过小麦和向日葵的双重刺激作用以降低土壤中向日葵列当种子的密度。

(5)化学防除　向日葵播种前可结合整地使用 48%仲丁灵(地乐胺)乳油 3750 mL/hm^2、48%氟乐灵乳油 2250 mL/hm^2、48%甲草胺乳油 3000 mL/hm^2 等药剂进行土壤处理，播种及出苗后用 5%烯效唑(生长调节剂)灌根等措施都有较好的防治效果。在向日葵列当出土后(向日葵花盘直径需大于 10 cm，以避免药害)，用 72% 2,4-D 丁酯乳油 1500 mL/hm^2(豆类禁用，易产生药害)喷洒于列当植株和土壤表面，8～12 d 后防效约 80%。张锐等通过田间试验筛选烟草田中防除向日葵列当的化学药剂，发现较经济的混配药剂为 41%草甘膦异丙胺盐水剂＋57%2,4-D 丁酯乳油、41%草甘膦异丙胺盐水剂＋96%精-异丙甲草胺(金都尔)乳油(防效在 90%以上)，但草甘膦单剂防效较低。

(6)生物防除　列当蝇幼虫能以向日葵列当为食。从田间自然发病或死亡的向日葵列当上分离致病微生物，获得纯培养扩繁后采用合适的方法施用，看其能否使向日葵列当致病，达到使其一萌发就发病的效果，是对寄生杂草向日葵列当进行生物防除的基本原理和思路。利用生防微生物及其菌剂防除向日葵列当的最佳时期是向日葵列当开花前。

王之樾等将分离到的镰刀菌在田间进行割茎涂液，防效达 95%。孔令晓等分离的致病镰刀菌 L2 菌株在田间对向日葵列当的防效达 92.4%，丁丽丽等通过大量分离发现镰刀菌，德国报道了利用镰刀菌(*Fusarium oxysporum* Schlecht f. sp. *orthoceras*)防治向日葵列当的室内毒力测定、温室盆栽试验、菌株改良、防治机理等，但未利用其进行田间防除试验。

第二节　非生物胁迫及其应对

向日葵是世界第四大油料作物，是一个朝阳产业，其在国民经济中的地位越来越凸显重要。内蒙古是中国最大的向日葵优势产区，种植面积约占全国向日葵总面积的 30%，总产量占全国向日葵总产量的 39%，均列全国首位。向日葵具有很高的食用价值和广泛用途，除加工食用油外，由于它为半干性油，在工业上有广泛的用途，可制作油漆、制革用油、印刷油、肥皂、蜡烛，还可以提取酒精等化学原料，制造纤维板等。另外，它含有丰富的营养元素，可提取维生素 A、B、D、E，还可以制作酱油、味精等，并且是畜禽的良好饲料。随着栽培技术和农田管理水平的提高，其产量也在逐年提高，但产量波动较大，不仅对农民收入影响较大，而且对以此为原料的加工企业的经济效益和正常运行产生较大影响，其主要原因是对当地向日葵生长的气候环境条件认识不清，许多在生产中存在的农业气象问题没有针对有效的应对措施，特别是不能充分有效地利用不同区域的气候资源种植相应的向日葵品种，促进向日葵生产的发展。基于上述原因，对油用型向日葵生长发育的气象条件及有关农业气象问题进行研究探讨，重点针对水分胁迫、温度胁迫、盐分胁迫和重金属胁迫 4 个方面对向日葵生长发育过程中受的非生物胁迫进行概述并提出防治措施，为油用型向日葵生产提供指导。

一、水分胁迫

干旱是影响中国及世界农作物稳产的重要环境因子，内蒙古自治区是典型的旱作农业区，旱害频繁发生。因此，筛选作物水分高效利用基因型、培育水资源节约型的新品种已成为该区农业生产的迫切要求和抗旱育种的重要目标。

（一）油用型向日葵的需水规律和耐旱性

向日葵植株高大，叶多而密，是耗水较多的作物，其吸水量是玉米的 1.74 倍。但因其生长发育多与当地雨热同步，因此，水分供求矛盾不突出。向日葵不同生育阶段对水分的要求差异很大。从播种到现蕾，比较抗旱，需水不多，仅为总需水量的 1.9%。而适当干旱有利于根系生长，增强抗旱性。现蕾到开花，是需水高峰，需水量约占总需水量的 43%，此期缺水，将引起花盘直径缩小，着花数和结实率降低，花朵分泌花蜜量减少，降低授粉率，空壳率增多，对产量影响很大。此阶段恰逢雨量较多，基本上能满足向日葵生长发育对水分的需要。如过于干旱，需灌水补充。开花到成熟需水量也较多，约占总水量的 38%，如果水分不足，不仅影响产量，而且还降低油脂含量。此外，在播种前要保证土壤一定水分含量，播种早晚、覆土深浅及底墒好坏，种子周围的地温和土壤水分发生变化，均会直接影响出苗的快慢和出苗率。

（二）水分胁迫（干旱）对油用型向日葵生长发育的影响

通常说万物生长靠太阳，这是说万物生长的能量来源于太阳。而其物质来源主要靠水提供，没有水，就没有物质提供，也就没有植物和动物，就没有了生命，可见水是多么重要。自然界中多数植物器官中构成鲜重的 90%以上为水，少有在 70%以下的，细胞内的水在 60%～90%，它在一定程度上，使细胞具有刚性，其余 10%～40%的水渗入细胞壁，使维管束的运输细胞与植物其余部分之间充满连续介质，从而起着经过植物以及在细胞内部运输物质的作用。土壤水是农作物生长发育过程中重要的物质来源，缺水将引起向日葵体内水分平衡失调，各组织和器官的水分被迫重新分配，出现幼叶向老叶夺水的现象，促使下部老叶衰老、萎蔫，若干旱程度较重，即使外界补充水分后体内水分亏缺仍无法恢复常态，长时间萎蔫必将导致植株死亡。向日葵水分亏缺的最早表现是叶面积减少，叶面积减少的直接危害是光合面积的下降，这将直接影响光合效率。此外，干旱还能造成根系有效吸水面积的减少，导致植株细弱矮小，叶片数量减少，叶片失绿变黄，表皮细胞木质化、角质化层增厚，影响光合、蒸腾作用。有研究表明，干旱胁迫可影响氮元素的吸收和代谢，进一步影响蒸腾流中氮素和其他离子的含量及成分的改变，而这些离子含量及成分的改变可直接影响蒸腾流的 pH 值。干旱胁迫对向日葵的影响在萌发、幼苗期和开花期尤为显著，大量相关研究表明，这 3 个生育时期的干旱对向日葵的生长发育具有重要影响。

胡树平等（2010）在油葵灌浆期采用 25% PEG-6000 对从内蒙古油葵主产区搜集到的 30 个杂交油葵品种（系）叶片进行模拟干旱胁迫处理，测定分析与抗旱性有关的叶片相对电导率（REC）、叶片相对含水量（RWC）、超氧化物歧化酶（SOD）、过氧化物酶（POD）、过氧化氢酶（CAT）、游离脯氨酸（Pro）6 项生理生化指标，综合比较其抗旱性能，运用隶属函数法分类，并通过聚类分析加以验证，隶属函数与聚类分析分类相同程度为 76.67%，抗旱型共分为 4 类：强抗型、抗旱型、中抗型、弱抗型，强抗型共有 5 个品种，分别为：康地 5 号、AGR、内葵杂 3 号、澳葵 62 和白葵杂 9 号。

王婷婷等（2015）以高抗旱油用型向日葵自交系 K 58 与低抗旱油用型向日葵自交系 K 55 为亲本，由其组配的 F1 代杂交种和通过单粒传方法获得的 187 个 F5RILs 群体为试验材料，设 8 组聚乙二醇（PEG-6000）浓度梯度，用亲本及杂交种 F1 代进行条件摸索试验，筛选出干旱临界浓度为 20%PEG-6000，用此浓度对其余 187 个重组自交系材料进行干旱胁迫试验，研究干旱胁迫对向日葵种子萌发的影响，为向日葵抗旱性研究及后期 QTL 定位提供科学理论依据。结果表明，187 份向日葵种子的发芽率、发芽势、发芽指数、胚根长、胚芽长、胚根干鲜重及胚芽干鲜重在干旱胁迫下较正常供水条件呈现不同程度的下降；在正常供水及模拟干旱 2 种条件下，各项性状指标在 187 株系间均呈现出显著或极显著差异，且呈正态分布，指标间显现为显著或极显著的正相关性。

宋殿秀等（2017）以抗旱型向日葵恢复系（TR5）和干旱敏感型向日葵恢复系（SR2）为材料，在开花期干旱胁迫条件下对其叶片的光合作用、叶绿素荧光参数进行比较分析，探讨不同抗旱型向日葵恢复系叶片的光合特性对开花期干旱胁迫响应的差异。试验结果表明，开花期干旱胁迫使 TR5 和 SR2 叶片的净光合速率、气孔导度和蒸腾速率呈降低的趋势，随着干旱时间的延长，降低的幅度逐渐增加，SR2 降幅大于 TR5。开花期干旱胁迫对 TR5 和 SR2 叶片的胞间 CO_2 浓度影响较小。受到开花期干旱胁迫的影响，TR5 和 SR2 的 PSⅡ 最大光化学量子产量（F_v/F_m）呈下降的趋势，并且随着干旱时间增加，降低的幅度逐渐增加，SR2 的 F_v/F_m 受干旱影响大于 TR5。TR5 和 SR2 的 Φ_{PSII} 受开花期干旱胁迫影响均极显著降低。不同向日葵材料的 ETR 受开花期干旱胁迫的影响与对照相比均呈降低的趋势。TR5 和 SR2 的 NPQ 在开花期干旱胁迫条件下，均呈增加的趋势，随着干旱胁迫的持续，向日葵材料叶片的 NPQ 增幅不断增加，但 TR5 的增幅小于 SR2。

张丽等（2015）通过对向日葵现蕾期和开花期不同程度的水分胁迫盆栽试验，研究了水分胁迫对向日葵的形态特征及产量的影响。初步明确了随着水分胁迫的加重，向日葵的株高、绿叶面积、地上生物产量等均有不同程度地降低。

刘金刚等（2017）以抗旱型向日葵恢复系（TR5）和干旱敏感型向日葵恢复系（SR2）为材料，在开花期干旱胁迫条件下对其干物质积累与产量进行比较分析，探讨不同抗旱型向日葵恢复系对开花期干旱胁迫响应的差异。试验结果表明，开花期干旱胁迫，使不同抗旱型向日葵恢复系单株籽粒产量、生物量和收获指数降低，籽粒灌浆不充实，有效的结实粒数减少。抗旱型恢复系材料 TR5 的产量及其相关性状受开花期干旱影响的程度相对较小。开花期干旱胁迫没有缩短或延长干物质积累持续时间和到达最大积累速率时间。但开花期干旱胁迫严重影响了干物质积累的平均积累速率和最大积累速率，并且不同抗旱型向日葵材料对开花期的反应不同，SR2 在干物积累速率上受开花期干旱影响大于 TR5。开花期干旱胁迫缩短了灌浆持续时间，降低了灌浆平均速率，使达到最大灌浆速率时间提前，降低了最大灌浆速率。不同抗旱型向日葵恢复系籽粒积累过程对开花期干旱胁迫响应存在差异，总体来说，抗旱型恢复系 TR5 受影响小于干旱敏感型恢复系 SR2。TR5 在灌浆前期就能达到较高的灌浆速率，并且在干旱条件下仍能保持相对较长的灌浆时间。随胁迫的持续，向日葵材料叶片的 NPQ 增幅不断增加，但 TR5 的增幅小于 SR2。

（三）应对措施

1. 播前浸种

种子播种前用 20 ℃左右的温水，在 18～20 ℃的室温下浸种 8～12h，抢在墒情好时或雨后及时播种，如遇春旱严重可采用“坐水”播种。

2. 合理耕作

适时耕作，优化耕作方法和质量，注意耕、耙、压、锄等环节的配合，底墒不足的时候，播种后踩墒使种子与湿土紧密相接利于种子吸水，也有提墒作用，穴播的覆土后踩一踩，犁播的开沟溜籽后顺沟踩一遍再耙地覆土。

3. 适时灌溉、施肥

根据向日葵生育时期需水规律，合理灌溉，重点针对现蕾、开花、灌浆 3 个时期保证水分充足，此外，要控制氮肥合理用量，增施磷钾肥、微量元素肥料能够有效促进植物抗旱。

4. 采用覆膜技术

播种过程中，采用作物秸秆覆盖和地膜覆盖技术，涵养土壤水分，地膜覆盖比秸秆覆盖更具有保墒、节水效应，但要注意及时揭膜纳水。

5. 施用保水剂

作物受到干旱时喷洒醋酸苯汞、羟基磺酸、脱落酸等，能够有效减缓气孔蒸腾，有利于减少水分损失。长链醇类、硅酮喷洒在叶片上能形成单分子层薄膜，阻止叶片的水分散失。

二、温度胁迫

向日葵是喜温作物，又是耐寒作物，它对不同气候条件有很好的适应性，因此，从热带到温带的广大地区都能种植。

中国作物学会等（1991）编写的《中国作物栽培》中对向日葵发育的农业气象条件有简单描述，向日葵对温度较不敏感，既较耐高温，又可耐短时间低温。各品种类型所需有效积温（≥5 ℃）不等，早熟种为 2000～2200 ℃・d，中熟品种是 2200～2400 ℃・d，中晚熟品种为 2400～2600 ℃・d，晚熟品种为 2600 ℃・d 以上。同一品种各生育时期所需有效积温有显著差异。以油用葵为例，从出苗至现蕾最低需 640 ℃・d，现蕾至开花为 340 ℃・d，开花至成熟为 760 ℃・d。向日葵种子在地温 2 ℃以上即能开始萌动，4～5 ℃能发芽；一般地温 8～10 ℃即可满足其发芽、出苗的需要，但地温高出苗快。

王积善等（1980）在《向日葵栽培技术》中介绍说，向日葵比玉米、高粱等作物所需的发芽温度低得多。两对真叶以后向日葵叶片受到－2 ℃以下的低温就会受冻，－4 ℃以下温度就会冻死。

(一)低温胁迫

1. 低温对油用型向日葵生长发育的影响

有研究表明,向日葵幼苗期,遇到地面最低温度≤1 ℃(最低气温在4~5 ℃)的天气条件时,叶片就会受到轻微冻害,主要表现为叶片发黑,受冻部分逐渐枯萎,由于生长点尚未受冻,如果天气晴好,在5~7 d后,幼苗就能恢复生长,只有部分叶片受冻,未受冻部分尚能正常进行光合作用。如2005年5月1日、5日、6日,在加强管理后,向日葵基本不受影响。在地面最低温度≤1 ℃(最低气温在1~3 ℃)时,幼苗即可受冻而死。

王海梅等(2014)以玉米和向日葵幼苗为试验材料,利用MSX-2F人工模拟霜箱系统模拟自然霜冻的降温过程,通过测定幼苗叶片的温度,观测植株冻伤、死亡情况,观测河套灌区两种主要作物玉米和向日葵的过冷却点、结冰点温度,确定以上两种作物受冻的临界温度。研究结果表明,玉米幼苗全部冻死的最低温度为≤-5 ℃;向日葵幼苗全部冻死的最低温度为≤-6 ℃;玉米幼苗的过冷却点主要分布在-3.5~-5 ℃,而向日葵幼苗的过冷却点主要分布在-4.0~-5.5 ℃;玉米叶龄、高度与组织过冷能力呈现极显著正相关,与过冷却点温度呈现极显著负相关,与结冰点呈现显著负相关。以上结果表明,向日葵的抗寒能力比玉米强;玉米在一定叶龄范围内,苗龄越大,高度越高,其过冷却点越低,结冰点越低,抗寒性越强。向日葵幼苗极易受冻害,但植株苗越小,受冻害相对越轻,其主要原因是,向日葵为穴播作物,在向日葵播种时,其穴周围会有一些播种时挖出的虚土,形成一道天然屏障,在其刚出苗时,由于植株较小,其周围的虚土就会遮挡住冷风的吹拂,从而避免受冻或减轻冻害,因此,此时幼苗并不是耐冻,而是受到保护而减轻了低温的影响。

向日葵受到冷害后在外观上表现为部分叶片边缘受冻,呈暗绿色,并逐渐干枯,冷害引起的地温过低常降至根系生长的下限温度,此时将造成根系生长速度缓慢,部分老根发黄并萎蔫,严重时根系停止生长,不能增生新根,并造成沤根、烂根。如根系受害严重,即使温度回升后,植株也很难恢复生长,向日葵开花期和成熟期对温度反应敏感,如开花期遭遇低温冷害,会造成花器官受损,花粉发育延迟,温度较低时昆虫授粉受抑制,易形成大量空秕粒;如在成熟期遭遇低温,将使油分积累减少,从而降低了含油率。

冷害不仅引起向日葵产量下降,还能够诱导大面积病虫害,有时甚至造成部分绝产,严重影响产量和经济效益。例如,菌核病发病的适宜温度在20 ℃左右,如在8月上旬气温下降到20 ℃左右,菌核病开始侵染传播,8月下旬、9月上旬将大范围发病,烂盘逐日扩大,危害期将一直延续到籽粒成熟。

2. 低温应对措施

在品种选择上,应因地制宜,选择适宜所需有效积温较当地积温少100~200 ℃·d的品种,在低温早霜年份也能正常成熟的耐低温高产优质品种,避免出现盲目、过度的越区种植现象。各地区冷害出现日期的年际变化较大,可根据低温气候规律,选择适时夏种,以促进播种后迅速出苗,从而达到防御冷害的目的。提倡多铲多趟,深铲深趟,能有效提高地温、促进土壤养分转化,促进作物早熟。加强播种到开花阶段水肥管理,可使生长发育加速,提前花期;种子成熟期加强水肥管理,可提高光合效率,加快灌浆速度、提高油分含量,使籽实在秋霜来前成熟,对减轻低温冷害的影响有很大作用。

此外,营造防护林、设置防风纱网,可以降低风速、提高地温、改善生态环境,是建设稳产高标准农田、防御作物冷害的重要措施。覆盖地膜也能有效增加地温,抵制土壤水分蒸发,明显改善土壤水分收支和热量平衡，满足作物生育期内所需的有效积温，增产效果明显。

（二）高温胁迫

1. 高温对油用型向日葵生长发育的影响

近年来，在全球气候变暖的大背景下，极端高温天气发生日趋频繁，高温对作物生长发育及产量形成的影响受到广泛关注。作物在营养生长阶段遇高温胁迫会影响其产量生产潜力，生殖生长阶段，尤其是花期受精期遭遇高温会导致配子畸形发育，影响受精过程，对开花授粉及产量影响更为严重。

孙向伟等(2017)采用当地油用型向日葵主栽品种进行试验，综合分析高温胁迫后叶绿素荧光参数、可溶性蛋白、可溶性糖及过氧化物酶(POD)的变化情况，确定其高温指标。可溶性蛋白是一种重要的渗透调节物质，研究表明，高温胁迫会诱导产生新的可溶性蛋白，其含量上升可以增强细胞的持水力，防止细胞质脱水，从而缓解植物体受到高温胁迫的损伤；可溶性糖是植物体内一种重要的有机渗透调节物质，与植物耐热性密切相关，其含量的高低在某种程度上反映了植物体自身的代谢状况，由于多种逆境都会对植物产生水分胁迫，因此，可溶性糖对维持体内水分平衡有重要意义，高温胁迫时，植物可以通过增加可溶性糖含量来增加细胞渗透压，以减少植物受到高温环境的伤害；过氧化物酶(POD)是酶促防御系统的一种重要的膜保护酶，其功能是清除植物体内过量的活性氧，避免或减轻逆境中植物体受到氧化损伤。结果表明，高温胁迫后，36 ℃和 39 ℃分别是大多数荧光参数值变化的转折温度；39～40 ℃是向日葵叶片及花可溶性蛋白、可溶性糖及过氧化物酶(POD)活性进行自身调节的转折温度；荧光参数在高温胁迫下变化更灵敏，综合分析各项指标表明，36 ℃和 39 ℃是开展油用型向日葵高温热害气象服务的关键温度。

2. 油用型向日葵高温防治措施

(1)灌水降温　适时灌水能够改善田间小气候，降低株间温度 1～2 ℃，如此能够降低高温给作物带来的负面影响。当然，利用灌水来降低温度，需要注意合理进行灌溉作业，灌水最好选择在早、晚气温相对较低的时段，此外，如果是对旱地实施以水降温的方法，最好采用喷灌设施或者喷雾器，将凉水喷洒到作物茎叶上，如此也能够起到降温的作用。

(2)人工辅助授粉　由于在高温作用下向日葵自然散粉传粉能力下降，相应的结实率降低，为了尽量避免这种情况的发生，可以采用人工辅助授粉的方式，如此势必能够有效提高农作物的结实率。

(3)根外追肥　在高温环境下对农作物实施根外追肥，不仅能够满足农作物的养分所需，还能够降温增湿，保证农作物良好的生长。当然，要想使根外追肥发挥作用，在清晨或傍晚采取喷施叶面肥的方式提高农作物抗逆性。叶面喷肥时，要适量加大兑水量，即可以增加植株水分，有利于降温增湿，促进作物生长。

(4)加强田间管理　在高温环境下为了促使农作物良好生长，做好田间的管理工作是非常必要的。通常情况下是合理运筹肥水来改善高温作用下农作物营养和含水量情况，提高农作物抗御高温热害的能力。此外，还应配合合理追肥、除草，改善农作物的营养状况，增强抵御高温危害的能力，避免和减轻高温的危害，采取适时喷药防治病虫害等农艺措施。

三、盐碱胁迫

盐害是农业生产上最主要的非生物逆境之一，也是当今世界灌溉农业中的一个严重问题。

近年来随着工农业的发展，灌溉用水的质量不断下降，土壤盐渍化有不断加剧的趋势。特别是中国西北干旱半干旱地区，雨量较小，蒸发强烈，地面灌溉水源短缺，在发展灌溉农业的过程中直接或间接使用工农业生产及人们生活排放的废污水灌溉，灌溉定额过高、方法不合理、技术落后、对配套的排水基础设施建设不重视等原因致使有些地区地下水位升高，土壤含盐量增加，盐分持续积累，土地生产能力降低，给农业生产造成很大危害。向日葵对土壤要求较低，在各类土壤上均能生长，从肥沃土壤到旱地、瘠薄、盐碱地均可种植。有较强的耐盐碱能力。土壤含盐量在 0.4%能出全苗。现蕾期，0～5 cm 和 5～10 cm 土层含盐量分别为 0.42%和 0.445%时，向日葵仍能生长正常。向日葵不仅具有较强的耐盐碱能力，而且还兼有吸盐性能。据化验，向日葵茎秆含氯化钠高达 0.5%左右，因此，它是盐碱地生物治碱作物之一。但土壤中盐碱度过高仍会对向日葵生长发育产生重要影响。

(一)盐胁迫对油用型向日葵品质特性的影响

向日葵不同品种含油率大小不一，一般含油率在 30%～70%，油分主要由油酸、亚油酸、硬脂酸、棕榈酸和亚麻酸组成，其中亚油酸含量最高，其含量在 68%左右。研究表明，向日葵的含油率与多种因素有关，主要受品种、气候和栽培条件的影响。

盐分对向日葵含油率有抑制作用，大量试验报告认为，向日葵含油率受盐胁迫随盐浓度增加而降低。有的试验发现，随着土壤中盐分的增加，向日葵籽粒和籽仁含油率均呈减少趋势，同时，盐分条件下向日葵籽仁含油率下降幅度明显大于籽粒含油率下降幅度。主要盐害机理为，向日葵根系直接与盐分接触，吸收大量盐分，导致向日葵根系的干重下降，根系活性降低，进而影响向日葵根部将水分及矿质离子向地上部运输的作用，向日葵叶部缺乏必要的营养元素，品质形成受阻，致使向日葵品质降低。同时，由于向日葵茎叶的养分缺乏，直接影响了向日葵籽粒的形成，导致向日葵空壳率增加，饱粒减少，秕粒增多，皮壳变厚，因此，盐分条件下籽仁含油率减少幅度要比籽粒含油率大。

研究表明，向日葵受一定盐分浓度胁迫时，盐分对向日葵亚油酸和棕榈酸的形成有促进作用，对向日葵油酸的形成有抑制作用，对亚麻酸和硬脂酸形成的影响作用不大。

(二)盐胁迫对油用型向日葵生理生化特性的影响

盐胁迫将显著影响向日葵种子萌发效率和抑制向日葵根系生长。郑青松等(2005)研究了 100～300 mmol/L NaCl 胁迫对油葵种子萌发、幼苗生长及其离子吸收、分布的效应。结果表明，油葵在种子萌发出苗阶段表现较强的耐盐性。100～300 mmol/L NaCl 胁迫对油葵萌发的影响主要表现为推迟出苗、不影响出苗率。但 100～300 mmol/L NaCl 处理均显著抑制幼苗生长，干物质积累速率下降。Na^+ 主要积累在茎秆、根部，叶片中较少。Cl^- 主要积累于茎秆和叶柄，叶片和根系中较少。盐胁迫下叶片、叶柄中 K^+ 含量显著增加。油葵在离子吸收和向上运输过程中，对 K^+ 具有较强的选择性，这是油葵具有较强耐盐性的主要原因。

陈炳东等(2018)在不同浓度 NaCl 和 $NaHCO_3$ 混合盐胁迫下，研究了油葵根系活力、根系生长情况以及根系与地上部分的关系，以探索油葵的抗盐性。实验结果表明，随着盐浓度的升高，根系和地上部分的生长显著降低；根系体积均低于对照，根系活跃吸收面积/总吸收面积比值的变化比较小，根系活力呈现先增后降的趋势。

马韬等(2016)利用土柱试验和微区试验，研究了不同盐分条件下向日葵的根系分布，建立了基于根系总吸收面积和根长密度的两种根系分布函数(RAA 函数和 PLD 函数)，并利用

HYDRUS-1D软件对微区试验土壤含水率进行动态模拟，以评价分别应用RAA函数、RLD函数、Zuo函数和Ning函数这4种不同根系分布函数计算根系吸水速率的准确性。结果表明，应用RAA函数的土壤含水率模拟准确性在不同的盐分条件下均最优，尤其在受轻度盐分胁迫时，RAA函数较其他3种根系分布函数具有明显的优势。此外，还通过HYDRUS-1D软件计算得到向日葵逐日根系吸水量，表明在向日葵全生育期内盐分胁迫对根系吸水始终具有抑制作用，但是向日葵根系的耐盐性随生育期的推进而提升，盐分的抑制作用逐渐减弱。

作物吸收盐离子的多少直接影响着光合作用强度。陈全战等(2009)以杂交油葵G101(*Helianthus annuus* L.)为试验材料，研究了钙对盐胁迫下幼苗油葵生长速率、净光合速率、超氧化物歧化酶(SOD)、过氧化物酶(POD)、过氧化氢酶(CAT)和丙二醛(MDA)含量影响。结果显示，150 mmol/L NaCl的盐胁迫下油葵幼苗生长速率明显降低。在5～30 mmol/L钙处理后，能促进盐胁迫下植物的生长，提高油葵幼苗生长速率，幼苗叶片的净光合速率也显著增加，尤其20 mmol/L钙处理后净光合速率高于对照。盐胁迫下10 mmol/L钙离子可明显提高SOD、CAT、POD的活性，降低植株体内MDA的含量。综合$CaCl_2$调控对NaCl胁迫下的幼苗各项生理指标的情况，初步认为150 mmol/L NaCl胁迫下，10 mmol/L $CaCl_2$可以有效调控油葵幼苗植株生长。

当向日葵遭遇盐害时，向日葵根部拒Na^+的能力加强，并且阻止Na^+向地上部分运输，选择吸收K^+，使地上部保持较高的K^+/Na^+比率，维持生理平衡，保证自身正常生长。寇伟峰等(2006)用海水灌溉向日葵幼苗，结果发现，向日葵根部具有较强的拒Na^+能力，并且根部集聚了大量的Na^+，较强地阻止了Na^+向地上运输，而茎、叶仍然保持着较强的吸收K^+能力，充分表明向日葵幼苗期具有较强的抗盐能力。郑青松等(2004)分别用NaCl和聚乙二醇浇灌向日葵，分析向日葵长势情况以及向日葵对营养元素的利用，证明了在等浓度的NaCl和聚乙二醇浇灌下，浇灌聚乙二醇的向日葵比浇灌NaCl的向日葵长势好，主要是因为向日葵体内具有较高的K^+/Na^+。马荣等(2017)研究了向日葵耐盐的离子响应机制，可为快速筛选耐盐向日葵品种提供科学依据。试验以油用型向日葵盐敏感品种YK18、中度耐盐品种YK06和耐盐品种GF01为试验材料，研究0 mmol/L、50 mmol/L、100 mmol/L、150 mmol/L、200 mmol/L和250 mmol/L复合盐(NaCl和Na_2SO_4按9∶1摩尔比混合)浓度下的种子萌发和离子在萌发幼苗中积累分布情况，并利用离子流检测技术，动态监测了复合盐胁迫24 h后植株根系的K^+、Na^+、Ca^{2+}等离子的流速流向。结果表明，复合盐胁迫抑制向日葵种子萌发，导致发芽率下降，平均发芽时间延长。盐胁迫后向日葵根系K^+大量外排，流速为YK18＞YK06＞GF01；随着盐胁迫浓度升高，根系Na^+流速由内吸转为外排，内吸时YK18速度最大，YK06次之，GF01最小，外排时GF01流速最大，其“排盐”现象明显。复合盐胁迫后，整株的Na^+积累量增加，K^+减少，K^+/Na^+随着盐浓度升高而下降；低盐浓度(＜150 mmol/L)下GF01和YK06茎秆中K＋/Na＋低于YK18；高盐胁迫(≥150 mmol/L)下，GF01整株Na^+积累最少，叶片K^+/Na^+最高。另外，盐胁迫下向日葵幼苗根系Ca^{2+}的吸收速率加快，GF01是YK18的2倍。由此可见，不同耐盐性的油用型向日葵植株在盐胁迫下可通过调节Na^+、K^+和Ca^{2+}的吸收与外排来适应盐胁迫环境，耐盐性强的品种具有更强的保K^+能力，并通过区域化Na^+(低盐胁迫)和拒盐机制(高盐胁迫)来提高其对盐胁迫的耐受性，维持植株叶片中合理的K^+/Na^+值。研究结果可为盐碱地耐盐品种筛选和栽培提供理论依据。

向日葵积聚盐离子的多少决定着向日葵对盐害的适应强度，导致不同品种向日葵耐盐性存在显著差异，也成为向日葵品种选育的一项重要指标。

穆俊丽等(2009)在不同 NaCl 浓度(0.05 mol/L、0.10 mol/L、0.15 mol/L、0.20 mol/L、0.25 mol/L、0.30 mol/L、0.35 mol/L)处理下，测算 8 个品种油葵种子的发芽率、相对发芽率、发芽势、发芽指数、相对胚芽长度，并用耐盐浓度、耐盐半致死浓度、耐盐极限浓度进行耐盐性分析，采用模糊数学隶属函数法进行综合评价。结果表明，油葵具有较强的耐盐性，8 个品种的油葵耐盐性强弱的排列顺序：567DW＞658＞瑞特姆＞新葵杂 4 号＞欧洲油葵＞F53 油葵＞F57 油葵＞条山，为选育优良抗盐品种提供理论依据。

崔云玲等(2011)通过盆栽试验，研究了盐胁迫对不同品种油葵出苗、生长、产量及植株 Na^+ 和 K^+ 吸收的影响。结果表明，随土壤盐浓度的升高，油葵的出苗率、株高、产量和生物量均有所下降，新葵杂 6 号受到的抑制作用更加明显；与全生育期的相比，各品种在出苗阶段的耐盐性远高于成苗至成熟期阶段，低盐胁迫对油葵的出苗和后期生长均有一定的促进作用。研究发现，当盐胁迫对油葵苗期生长的相对抑制率超过 40%时不能完成其生活史，超过 50%时则不能生长至成熟期，在现蕾或花期枯死。随着盐胁迫程度的加剧，植株中 Na^+ 的含量成倍增加，K^+/Na^+ 显著降低，而 K^+ 含量变化较小，适宜的盐浓度可促进植株对钾的吸收，但品种间存在较大的差异，在同一盐浓度下油葵植株中 Na^+ 含量陇葵杂 1 号＜法 A15＜新葵杂 6 号，而 K^+ 含量与 K^+/Na^+ 则刚好相反，各品种对盐胁迫的敏感性均为花期、现蕾期＞苗期＞成熟期；减少植株对 Na^+ 的吸收，维持 K^+ 的稳定性，保持较高 K^+/Na^+ 是品种耐盐的重要机制之一，3 个油葵品种中，陇葵杂 1 号耐盐性最强，其次为法 A15，新葵杂 6 号耐盐性较差。

张庆昕等(2015)采用 $NaCl:NaHCO_3:Na_2CO_3:Na_2SO_4$ 质量比为 1：9：9：1 的混合盐碱溶液，于种子萌发期对油用型向日葵进行 150 mmol/L 盐碱胁迫处理，检测发芽指标，通过隶属值函数和聚类分析，对 33 个油用型向日葵品种进行抗盐碱性综合评价。结果表明，不同油用型向日葵品种的抗盐碱能力差异较大；聚类分析将 33 个油用型向日葵品种在种子萌发期的抗盐碱能力可分为 5 个类群，耐盐碱性最强的品种(系)占 6.1%，抗盐碱能力较强的品种(系)占 27.3%，抗盐碱中等品种(系)的占 39.4%，抗盐碱性较弱的品种(系)占 18.2%，抗盐碱最弱的品种(系)占 9.1%；隶属函数分析表明，YK9 和 YK31 油用型向日葵品种抗盐碱能力最强，YK14、YK28 和 YK30 油用型向日葵品种抗盐碱能力最弱。

郭园等(2016)对种子萌发期筛选的 2 个抗盐碱油用型向日葵品种 YK09、YK31 和 2 个敏盐碱油用型向日葵品种 YK14、YK28，于苗期进行 75 mmol/L、150 mmol/L、225 mmol/L 的混合盐碱胁迫处理，以不加盐碱的品种为对照，检测生长和水分含量指标，分析盐碱胁迫对不同抗性油用型向日葵品种生长及含水量的影响。结果表明，抗盐碱油用型向日葵品种 YK09 和 YK31 在 150 mmol/L 盐碱处理下生长最好，敏盐碱油用型向日葵品种 YK14 和 YK28 则在 75 mmol/L 盐碱处理下生长最旺盛，对地下部分的作用效果强于地上部分；4 个油用型向日葵品种的含水量均以 75 mmol/L 盐碱处理最高；4 个油用型向日葵品种在 225 mmol/L 盐碱胁迫下抑制作用明显，表现为生长量和含水量降低、根冠比变小。郭园等(2016)采用无土培养方式，对 24 个油葵品种进行盐碱和非盐碱处理，测定株高、茎粗、根长、根鲜重、地上鲜重等农艺性状，进行隶属函数、聚类分析以及相关性分析，对 24 个油用型向日葵品种进行抗盐碱性能的综合评价。结果表明，聚类分析将 24 个油葵品种在苗期的抗盐碱性分为三大类，抗盐碱品种 7 个，敏盐碱品种 6 个，介于中间的 11 个；隶属函数分析表明，YK08 的耐盐碱能力最强，其次是 YK11；YK01 和 YK02 的耐盐碱性最弱。相关性分析表明，株高、茎粗、根长、根鲜重、地上鲜重与抗盐碱性呈极显著正相关。

张旭龙等(2017)通过盆栽试验,研究了新葵4号、新葵6号、新葵10号和美国矮大头4个油葵品种对盐碱地土壤理化、酶活性和微生物群落功能多样性的影响,以期筛选出更适宜改善盐碱地土壤质量的油葵品种。结果表明,种植新葵6号对降低盐碱地根际土壤pH值、提高土壤全氮含量和蔗糖酶活性的效果最为显著,新葵4号对提高根际土壤碱解氮、速效磷、速效钾含量以及脲酶和磷酸酶活性的效果最为显著;种植这4个品种的油葵均能显著(72 h,P0.05)提高盐碱地根际土壤微生物对31种碳源的平均利用率(Average well color development,AWCD)。

(三)盐分胁迫对油用型向日葵产量的影响

作物群体叶面积、叶片水势和产量随土壤含盐量的增加而呈下降趋势,轻度盐土结合55%～65%的水分处理较为适宜,含水量在65%～75%时,含盐量在0.3%～0.5%对油葵的生长及最终产量的形成影响不大,而含盐量超过0.5%时,高水分处理对油葵的生长及最终产量的形成产生严重影响,其产量是轻盐土的57.39%,低水分处理减产率达62.32%。在不同生育阶段盐分水平对向日葵生长和产量的反应也不相同,苗期对盐分较为敏感,作物各生育指标对盐分的响应很大;现蕾期土壤中适量含盐,对苗期受盐分的影响有补偿作用。全生育期土壤盐分含量高于5 mg/g时,严重影响作物生长,最高减产率可达45.52%。岳云等(2011年)为探索生物改良盐碱地的有效办法,选择具有较强抗盐碱能力的油用型向日葵作为研究对象,采用甘肃省永登县秦王川盆地的盐碱土为基础对照,开展盆栽试验,并测定苗期和现蕾期叶片中丙二醛和膜透性、株高、叶面积以及收获时的经济产量和生物产量。结果显示,丙二醛、膜透性可以反映油葵受盐胁迫的生理状况,株高、叶面积可以作为油葵植株受盐胁迫时反映产量的指标。油葵耐盐能力强,可以在土壤盐含量小于8.5 g/kg的环境中生长,但土壤中盐含量大于5.5 g/kg时,产量下降显著。

总之,在盐分条件下,向日葵的耐盐作用主要机理是向日葵的根和茎集聚着大量的盐离子,阻止了盐离子向叶运输,使叶绿素免于盐分伤害,维持正常的光合作用,保证植物正常生长,但土壤盐碱含量超过其承受范围,仍会对向日葵生长发育造成危害,并最终导致产量下降。

(四)防治措施

1. 整地与农田排水系统建设

农田要进行灌溉系统规划,要求灌排方便,尤其要修建好排水沟,沟深30 cm左右,破犁底层,沟直底平,以排盐抑盐。秋季用大中型拖拉机深耕,耕深30 cm以上,做到无盐斑、无漏耕、无坷垃,每3年深耕1次,以打破犁底层。早春时节要进行保墒工作,在春旱严重的地方,采用压、耙、耱连续作业,使土壤紧实,更有利于提墒保墒,抑制返盐。

2. 秋浇春灌,储墒洗盐

在翻地的基础上,根据实际需求选择秋浇、春灌等储灌淋盐方式,浇灌量为每次100～120 m^3/亩,降低耕层含盐量。其中,秋浇主要从每年10月中旬至11月上旬进行,水量集中,主要起到洗盐抑盐、储水供墒、保苗促长的作用;春灌时间约在每年4月至5月间,可促进冻土消融、洗盐抑盐、蓄水保墒,保证春播期间种子萌发及幼苗成长的水分需求。

3. 施用盐碱土壤调理剂

结合翻地,可视盐碱程度、地力、产品特性等因素,适当施用腐殖酸肥、康地宝、丹路菌剂、地王丹等盐碱土壤调理剂或抗盐碱专用肥。研究表明，接种AM真菌可显著促进向日葵对不同程度盐胁迫或不同类型盐碱胁迫的适应性，其作用机理主要是通过促进营养元素和水分的吸收利用，提高植物的光合作用和抗氧化能力，调节渗透物质含量，降低细胞膜的损伤，从而增强植物的耐盐碱性。

4. 选择耐盐碱性好的品种

选择符合当地生产条件、高产优质、抗性好、耐盐性强的品种，如S606、长城A155、KWS303、NWS12244、NWS667、S31等。此外，为提高种子的抗盐性，可在播种前使用那氏778或盐水浸种，可有效增加种子的抗盐性。

四、重金属胁迫

近年来，随着中国工农业的高速发展，含重金属的污水大量排放引发的环境问题随之而来，给人类的生存家园带来了毁灭性的破坏。重金属难以自然降解是土壤重金属污染修复最大的问题。有研究提出可以用植物修复土壤污染。目前已有人把蜈蚣草（*Pteris vittata*）、大叶凤尾蕨（*Pteris cretica*）、粉叶蕨（*Pityrogramma calomelanos*）等植物应用于重金属污染土壤的修复。向日葵生长速度快，在重金属污染的土壤中具有较强的耐受性和吸收净化能力，目前成为植物修复研究的热点植物之一，同时重金属污染对向日葵生长发育的影响研究也越来越多。工业上真正划入重金属的只有10种金属元素：铜、铅、锌、锡、镍、钴、锑、汞、镉和铋。而从土壤—植物系统的角度来说，国际学界认为，只有镉、钴等元素对动物和人类健康造成危害的风险最大。

（一）重金属对植物生理的影响

1. 重金属对膜透性的破坏

植物细胞膜系统是植物细胞和外界环境进行物质交换及信息传递的界面和屏障，其稳定性是细胞生理功能正常的基础。土壤中重金属对植物根部细胞膜具有一定的胁迫性，可导致植物细胞膜透性的严重破坏，使细胞膜透性增加。细胞膜的损伤必然导致膜上结合酶和细胞内酶的失调，大量物质外渗，有毒物质自由进入细胞，导致细胞一系列生理生化过程紊乱，严重时导致植株死亡。

2. 重金属对光合作用的影响

重金属对植物光合作用的影响是通过影响光合过程中的电子传递和破坏叶绿素的完整性而实现的。过量的铜可以引起类囊体结构和功能的破坏，从而使光合过程的PSⅠ、PSⅡ之间的联系阻断，使光合作用受阻。

3. 重金属对呼吸作用的影响

重金属对植物呼吸作用的影响明显，在重金属胁迫下，植物呼吸作用紊乱，供给正常生命活动能量减少，而且一部分能量还会转移到对重金属胁迫的适应过程中。

4. 重金属对油用型向日葵生长发育的影响

（1）金属镉对油用型向日葵生长发育的影响　镉是危害植物生长发育的有害元素，土壤中过量的镉会对植物生长发育产生明显的危害。研究表明，镉胁迫时会破坏叶片的叶绿素结构，降低叶绿素含量，叶片发黄，严重时几乎所有叶片都出现褪绿现象，叶脉组织成酱紫色、变脆、萎缩，叶绿素严重缺乏，表现为缺铁症状。土壤中镉胁迫对植物代谢的影响更加显著，胁迫引起植物体内活性氧自由基剧增，超出了活性氧清除酶的歧化—清除能力时，使根系代谢酶活性降低，严重影响根系活力。随胁迫时间的延长，SOD活性也受到影响而急剧下降，从而使其他代谢酶活性受到影响，最终使植物死亡。叶片中叶绿素成为自由基攻击的靶分子，造成叶绿素结构破坏，叶片失绿，严重时使叶片枯萎。

郭艳丽等（2009）采用溶液培养方法，研究了不同浓度镉（0 mg/L、0.05 mg/L、0.10 mg/L、0.50 mg/L和1.00 mg/L）处理7 d对向日葵幼苗生长和生理特性的影响。结果表明，随着镉处理浓度的增加，向日葵幼苗对镉的吸收显著增加。1 mg/L镉浓度处理时，叶、茎和根中镉浓度分别为0.05 mg/L镉处理时的16.3倍、19.2倍和58.1倍；根中积累的镉含量明显高于叶和茎，各浓度根部积累的镉分别为叶和茎的37.8～63.0倍和29.4～41.0倍。镉胁迫显著抑制向日葵幼苗生长和叶绿素合成，当镉浓度达1 mg/L时，整株植物生物量和总叶绿素含量分别为对照的55.9%和52.6%。镉胁迫下向日葵幼苗游离脯氨酸和丙二醛（MDA）含量显著增加，1 mg/L镉浓度时，根中含量分别为对照的4.0倍和5.8倍。向日葵幼苗可溶性蛋白含量和过氧化物酶（POD）活性变化与镉胁迫浓度呈明显的倒U字形关系，可溶性蛋白含量在0.05 mg/L镉浓度时达到最大值，叶、茎和根中的POD活性分别在0.10 mg/L、0.10 mg/L和0.05 mg/L镉浓度时达到最大值。

殷恒霞等（2009）分析了3种重金属离子（Cd^{2+}、Cu^{2+}、Zn^{2+}）对向日葵种子胚根伸长和早期幼苗生长的影响。结果表明，3种重金属离子对向日葵胚根伸长的抑制作用依次为：Cd^{2+}＞Cu^{2+}＞Zn^{2+}，3种重金属胁迫明显降低了幼苗生长和叶绿素含量，并显著提高了H_2O_2水平，其中Cd^{2+}胁迫引起幼苗H_2O_2爆发高于Cu^{2+}和Zn^{2+}胁迫。进一步分析植株抗氧化系统的变化发现，随着重金属离子浓度的增加，向日葵幼苗酶类抗氧化物质SOD和CAT的活性表现为先增加后降低的趋势；重金属胁迫提高了非酶类的抗氧化物质脯氨酸和GSH的含量。

（2）金属铅对油用型向日葵生长发育的影响　铅并不是植物生长发育的必需元素，当铅被动进入植物根、树皮或叶片后，积累在根、茎和叶片，影响植物的生长发育，使植物受害。铅对植物根系生长的影响是显著的，铅能减少根细胞的有丝分裂速度，这也是造成植物生长缓慢的原因。铅毒害引起草坪植物主要的中毒症状为根量减少，根冠膨大变黑、腐烂，导致植物地上部分生物量随后下降，叶片失绿明显，严重时逐渐枯萎，植物死亡。铅的积累也直接影响细胞的代谢作用，其效应也是引起活性氧对代谢酶系统的破坏作用。高浓度铅还使种子萌发率和胚根长度、上胚轴长度降低，甚至出现胚根组织坏死。

吕潇（2016）以向日葵品种HA89为材料，研究在不同程度的铅胁迫后向日葵幼苗发生的变化。结果表明，从生长指标的结果来看，低浓度的铅胁迫处理对向日葵幼苗的发芽势、发芽率、活力指数以及苗重具有促进作用，超过一定浓度后的高浓度铅胁迫则对发芽势、发芽率、活力指数以及苗重具有抑制作用；而发芽指数受铅胁迫影响不明显，根长和苗长则随着铅胁迫浓度的增加呈下降趋势，根重则随着铅胁迫浓度的增加呈上升趋势。从生理指标可以得知，随着铅胁迫浓度的增加，向日葵幼苗中的MDA含量表现为先下降后上升的趋势，SOD、POD和CAT活性均呈先上升后下降的趋势。

（3）金属锌对油用型向日葵生长发育的影响　锌元素是植物生长发育不可缺少的元素，并把硫酸锌作为一种微量元素肥料。锌是部分酶的组分，与叶绿素和生长素的合成有关，缺锌时叶片失绿，光合作用减弱。但过量的锌也会伤害植物根系，使植物根系的生长受到阻碍，此外地上部分有褐色斑点和坏死。

马克思（2014）以向日葵种子为试验对象，以Zn^{2+}为胁迫试剂，通过向日葵种子的萌发实验和幼苗的生理特性实验，研究了向日葵的发芽率和生理指标等在重金属胁迫下的变化趋势。结果表明，随 Zn^{2+} 浓度的增加，发芽率、发芽势和发芽指数表现为先增加后降低的趋势，即低浓度对种子萌发具有促进作用，而高浓度有抑制作用，发芽率和发芽势均在 Zn^{2+} 浓度为 1 mg/L 达到最大，发芽指数在 Zn^{2+} 浓度为 2 mg/L 达到最大。此外，茎长和根长随 Zn^{2+} 浓度增加均出现先增加后减少的趋势。由此可见 Zn^{2+} 胁迫浓度的增大对向日葵幼苗的 4 种生物量指标具有抑制作用。

(4)其他重金属对油用型向日葵生长发育的影响　杨秀德等(2019)采用砂培实验法，以向日葵作为试验材料，研究不同浓度的锰胁迫对向日葵植株幼苗叶片叶绿素及膜脂过氧化的影响。结果表明，随着锰胁迫浓度的不断升高，向日葵幼苗叶片内叶绿素含量呈先升高再下降的趋势，丙二醛含量则呈不断上升的趋势；低浓度的锰胁迫在一定程度上促进了向日葵幼苗的生长发育，高浓度的锰胁迫则严重破坏了生物膜的功能特性，阻碍了向日葵幼苗的生长。

（二）重金属胁迫防治措施

重金属在土壤中具有性质稳定、易于积累和不易除去的特点，通过食物链对人畜产生慢性中毒。土壤重金属污染防治，应坚持预防为主、综合防治的原则，要严格控制矿山粉尘、工业企业中含重金属废水和固体废弃物的排放。世界各国广泛开展了土壤重金属污染的防治工作，目前大多数治理方法尚在试验阶段。

1. 物理防治

对于已经出现重金属污染的土壤，首先要监测土壤中的重金属含量，然后确定污染等级，根据这些内容，制定处理措施。如果污染程度比较轻，或污染深度比较浅，可以采用去表土以及换土等方式解决，这两者都可使污染土得到有效处理。客土是指利用新土掩盖旧土，使农作物生长在新土中，如此农作物生长便不会受到影响，这也是治理污染土的一种方式。这些方式虽然会暂时抑制重金属带来的污染，但如果重金属污染面积比较大，则会带来很大的工作量，还会影响土壤肥力，甚至有可能对地下水造成污染；此外，该法费工、费力，而且需要较大的资金投入。

2. 化学防治

重金属属于化学成分，可以利用化学处理措施来改善土壤。重金属可以和其他的化学成分发生反应，进而变成无害物质，利用这种特点，可以将具有改良和抑制作用的试剂喷洒到土壤中，使重金属含量降低。但这种方式不可能一劳永逸，也不能完全去除重金属，在后期应用土壤时，重金属可能会卷土重来。

3. 农业治理

如果土壤中的重金属污染无法得到有效治理，可以从改善耕作方式、规划农业种植区等方面入手，使重金属不会直接进入到农作物中。如可通过增施有机肥的方式降低重金属进入植物体内。有机肥不仅可以改善土壤理化性状，提高土壤肥力，而且可以影响重金属在土壤中的形态及向日葵对重金属的吸收。由于有机肥中存在大量官能团和较大比表面积，所以可以促进土壤对重金属离子与其形成重金属有机络合物，增加土壤对重金属的吸附能力，提高土壤对重金属的缓冲性，从而减少植物对重金属的吸收，阻碍重金属进入食物链。农业治理方式对重金属污染程度大的土壤依旧适用。

4. 生物防治

这种方式是利用生物来改善土壤，减少重金属带来的污染。这种方式不会造成二次污染，缺陷很少，对污染面积极大的土壤区域也很适用，所以其备受污染区农民青睐。这种方式中的生物指的是植物，超富集植物是重金属的克星，该种植物在种植一段时间后，相关人员还要对周围土壤中重金属的含量进行监测，看其是否达到安全标准，如果达到，则可以将该种植物连根拔起，将其投入到重金属回收作业中。如此周围的环境和土壤都不会受到损坏，重金属也可以得到有效处理。如王慧忠等(2002,2003)介绍，匍匐翦股颖等草坪植物对镉胁迫具有较强的适应能力，通过在污染土壤上种植绿化草坪植物达到园林绿化与污染防治的双重功效。此外有关研究表明，利用蕨菜植物除镉是一种净化土壤的优良途径。相比其他的治理措施，这种措施实施流程简单，虽然作用周期比较长，但能保证重金属不会卷土重来，也可以使土壤得到有效修复，植物中富集的重金属还可以得到重复利用。在生物治理中，还可以利用微生物修复技术，微生物也是重金属的克星，虽然不能完全消除重金属，但可以使重金属含量降低。这种微生物主要有芽孢杆菌和胶质芽孢杆菌等，可以将其与相关的溶液试剂结合在一起，制成混合微生物制剂，然后作用于土壤，使土壤得到改善修复。在利用微生物处理措施之前，需要配置混合试剂，试剂比例要通过实验获得，要注意控制比例，使试剂作用有效。

五、灾害性天气及应对

(一)干旱

1. 干旱对向日葵生长的影响

向日葵植株高大，叶多而密，是耗水较多的作物。缺水将引起向日葵体内水分平衡失调，各组织和器官的水分被迫重新分配，幼叶向老叶夺水，促使下部老叶衰老、萎蔫，若干旱程度较重，即使外界补充水分后体内水分亏缺仍无法恢复常态，长时间萎蔫必将导致植株死亡。向日葵水分亏缺的最早期表现是叶面积减小，叶面积减小的直接危害是光合面积下降、叶绿体的合成与其光合活性降低，直接影响光合效率。干旱还能造成根系有效吸水面积减少，导致植株细弱矮小，叶片数量减少，叶片失绿变黄，表皮细胞木质化，角质层增厚，影响光合、蒸腾作用。向日葵在花期对干旱反应敏感，如此时遭遇干旱，将引起花盘直径缩小，着花数和结实率降低，花朵分泌花蜜量减少，降低授粉率，空壳秕粒增多，直接影响产量。

2. 抗旱措施

根据向日葵生育期需水规律，合理灌溉，灌好现蕾、开花、灌浆 3 次水是保证高产的关键。控制氮肥合理用量，增施磷钾肥、微量元素肥料能有效促进植物抗旱。采用作物秸秆覆盖和地膜覆盖技术，涵养土壤水分，地膜覆盖比秸秆覆盖更具有保墒、节水效应，但要注意及时揭膜纳水。施用保水剂和抗蒸腾剂也能提高植物的抗旱性。作物受到干旱时喷洒醋酸苯汞、羟基磺酸、脱落酸等，能减缓气孔蒸腾，有利于减少水分损失。长链醇类、硅酮喷洒在叶片上能形成单分子层薄膜，阻止叶片的水分散失。

(二)洪涝

1. 洪涝对向日葵生长的影响

涝灾过后，土壤中含水量增大，水置换了土壤间的空隙，易导致作物根系缺氧。向日葵根系缺氧使有氧代谢受阻，有氧呼吸受到抑制，无氧呼吸加强，积累大量的无氧呼吸产物，有毒物质的积累进一步破坏根系，引起恶性循环。向日葵叶片生长对根系缺氧敏感，根系渍水后，常引起叶片生长缓慢，叶片出现萎蔫、下垂症状，叶面积减少，新叶形成和发展受阻，作物蒸腾、光合作用下降，加上水分对土壤中营养物质的淋失作用，根系对氮素及矿物质元素的吸收明显受到抑制，而向日葵是需氮量较大的作物，有机氮的矿化速度降低，地上部的含氮量下降，老叶中的氮素向幼叶运输，导致老叶发黄，最终导致光合作用同化物积累减少，造成生物合成量下降。向日葵受淹后，由于体内乙烯含量的增加，加快了衰老和离层细胞的分离，植株老化过程提前，茎、叶生长缓慢，有时表现为叶片、花和幼果脱落，导致产量下降。

2. 抗涝措施

及早中耕，以破除板结；散墒通气，提高地温；活化养分，防止沤根。同时，进行高培土掩埋住茎基部，利用向日葵具有在土壤上层出气生根的特性，促使生长出新根，使其位置较高避免涝灾水浸，并可使根系生长稳定，防止倒伏。及时轻施速效氮肥，促进苗情转化，适量施用磷、钾肥，提高作物抗逆性。作物受灾后根系的吸收功能处于衰弱状态，最好采用根外施肥的方法来补充营养，可进行叶面喷施磷酸二氢钾、尿素、氨基酸等肥料，可以有效增强作物的抗逆性。对于夏季涝灾，尚未完成营养物质及干物质积累，距离收获期较远的，应采取措施促进成熟，如覆盖地膜，有效提高地温；去除多余花盘、梳理枝条、打顶，控制有效营养生长，促进生殖生长，促进成熟。

（三）冷害

1. 冷害对向日葵生长的影响

向日葵在受到冷害后在外观上表现为部分叶片边缘受冻，呈暗绿色，并逐渐干枯。冷害引起的地温过低常降至根系生长的下限温度，此时将造成根系生长速度减缓，部分老根发黄并萎蔫，严重时根系停止生长，不能增生新根，并造成沤根、烂根。如根系受害严重，即使温度回升后，植株也很难恢复生长。向日葵开花期和成油期对温度反应敏感，如开花期遭遇低温冷害，会造成花器官受损，花粉发育延迟，温度较低时昆虫授粉受抑制，易形成大量空秕粒；如在成油期遭遇低温，将使油分积累减少，从而降低了含油率。冷害不仅引起向日葵产量下降，还能够诱导大面积病虫害，有时甚至造成部分绝产，严重影响产量和经济效益。例如，菌核病发病的适宜温度在 20 ℃左右，如在 8 月上旬气温下降到 20 ℃左右，菌核病开始侵染传播，8 月下旬、9 月上旬将大范围发病，烂盘逐日扩大，危害期将一直延续到籽实成熟。

2. 冷害防御

在选择种植品种上，应因地制宜，适宜选择所需有效积温较当地积温少 100～200 ℃·d 的品种，在低温早霜年份也能正常成熟的耐低温的高产优质品种，避免出现盲目、过度的越区种植现象。各地区冷害出现日期的年际变化较大，可根据低温气候规律，选择适时夏播，以促进播种后迅速出苗，从而达到防御冷害的目的。提倡多铲多趟、深铲深趟，能有效提高地温、促进土壤养分的转化、促进作物早熟。加强播种到开花阶段水、肥管理，可使生长发育加速，提前花期；种子成熟期加强水、肥管理，可以提高光合速率，加快灌浆速度、提高油分含量，使籽实在秋霜来前成熟，对减轻低温冷害的影响有很大作用。此外，覆盖地膜也能有效增加地温，抵制土壤水分蒸发，明显改善土壤水分收支和热量平衡，满足作物生育期所需的有效积温，增产效果明显。

（四）冰雹

1. 冰雹对向日葵生长的影响

北方地区冰雹主要发生在 7 月、8 月，此时正值向日葵灌浆的关键时期，雹灾易造成绝产。

冰雹不仅直接损伤茎叶、砸伤花盘，影响产量，还能通过降低温度造成土壤板结，产生间接危害。

2. 冰雹防御

在多雹地区选种抗灾性强、早熟品种，避免遭受雹灾的损失；增加防雹高炮的利用，能有效抑制冰雹云的发生和发展，减少雹灾发生次数；雹灾后，应立即扶直植株，中耕培土，提高地温，增施磷素化肥，使受灾植株尽快恢复正常，以降低灾害损失。

（五）大风

1. 大风对向日葵生长的影响

春季大风暴发不仅加速土壤水分蒸发，还将耕地表面土层吹走，使作物遭遇播种期干旱或将幼苗连根拔走，造成大面积缺苗。夏、秋季大风，主要由强对流天气引起，常伴随阴雨天气，风力强、危害范围大，抑制昆虫授粉和植株营养生长，造成空秕粒增多，成熟度不良。夏末秋初正是向日葵接近成熟，此时遭遇大风可导致植株倒伏、花盘脱落，严重影响收获造成减产。

2. 大风防御

在大风易发区选种抗倒伏、低矮品种，以对抗大风摧残；实行垄作种植，早期培土、高培土，加固根系，以提高作物对大风的防御能力；营造农田防风林，减轻大风危害；关注天气预报，对成熟植株及时收割。

参考文献

曹丽霞，徐利敏，云晓鹏，等，2009. 内蒙古地区向日葵主要病虫害发生现状及研究建议[J]. 北方农业学报，1(6)：83-85.

陈炳东，黄高宝，陈玉梁，等，2018. 盐胁迫对油葵根系活力和幼苗生长的影响[J]. 中国油料作物学报(3)：327-330.

陈全战，张边江，周峰，等，2009. 钙对盐胁迫下油用型向日葵幼苗光合生理特性的影响[J]. 华北农学报，24(2)149-152.

陈卫民，段永辉，李俊兴，等，2010. 新疆伊犁河谷向日葵病害发生种类与综合防治技术[J]. 作物杂志，12(5)：89-92.

陈迎春，翟修云，林春凤，等，2000. 杂交油葵田杂草防除技术研究初报[J]. 杂草科学(2)：29-30.

陈永明，谷莉莉，林双喜，等，2018. 黄瓜霜霉病的研究进展及登记防治农药的分析[J]. 农学学报，90(08)：14-20，105.

陈玉梁，裴怀弟，石有太，等，2011. 温度和盐胁迫对油葵种子萌发及幼苗生长的影响[J]. 中国油料作物学报，33(4)：374-378.

崔云玲，王生录，陈炳东，等，2011. 不同品种油葵对盐胁迫响应研究[J]. 土壤学报(5)：1051-1058.

丁旭军，孙发国，2017. 宁夏同心县油葵褐斑病发生规律及防治初报[J]. 农民致富之友(6)：101.

丁逸，陶若娟，2009. 油菜茎黑斑病的防治技术[J]. 农村科技(5)：43-43.

董强，王利军，刘晨光，等，2017. 河套地区向日葵主要病虫害的发生及防治[J]. 中国农业文摘——农业工程，29(3)：34-43.

段爱菊，张自启，彭浩，等，2004. 油葵田杂草的发生状况及除草剂应用研究[J]. 河南科技大学学报(农学版)：42-44.

方永生，2013. 杂草的生物学特性分析[J]. 现代农业科技(7)：170，174.

葛玉彬，卯旭辉，党占海，2015. 甘肃向日葵害虫与天敌的种群动态及时间生态位[J]. 中国油料作物学报，37(6)：868-875.

古力巴合提·努尔哈孜,戴海霞,2018. 阿勒泰地区油葵菌核病的发生与防治[J]. 农村科技(10):20-21.

郭凤英,2012. 油葵主要病害的识别与防治[J]. 现代农村科技(17):33-33.

郭淑云,耿文惠,王秀茹,2016. 吉林省西部油葵主要病虫害介绍及其防治[J]. 中国农业信息(16):93-93.

郭艳丽,台培东,韩艳萍,等,2009. 镉胁迫对向日葵幼苗生长和生理特性的影响[J]. 环境工程学报(12):2291-2296.

郭园,张玉霞,杜晓艳,等,2016. 盐碱胁迫对油用型向日葵幼苗生长及含水量的影响[J]. 东北农业科学(2):20-24.

哈金华,吴惠玲,哈金学,等,2012. 向日葵螟发生规律及防治对策[J]. 宁夏农林科技,53(3):37-38,40.

哈尼亚·黑拉西汗,2015. 油葵霜霉病的发生与防治技术[J]. 农村实用科技信息(7):15-15.

何翠屏,2004. 环境中重金属污染及其对植物生长发育的影响[J]. 青海草业,13(2)26-29.

侯建华,杨体强,吕剑刚,等,2003. 电场处理油葵种子后对其萌发期抗旱性的影响[J]. 植物物理学报,19(2):193-197.

胡树平,高聚林,马捷,等,2010. 油葵不同品种抗旱性能比较[J]. 干旱地区农业研究,28(4):94-101.

黄春艳,2010. 黑龙江省东部地区向日葵田杂草调查初报[J]. 黑龙江农业科学(09):53-55.

黄春艳,2012. 吉林省西北部地区向日葵田杂草调查初报[J]. 杂草科学,30(04):34-37.

黄天芳,1990. 杂草种子的生物学特性[J]. 植物杂志(2):35.

贾爱红,杨新元,王鹏冬,2004. 向日葵苗期虫害的发生与防治[J]. 农业科技通讯(8):36-37.

姜海平,1998. 桃蛀螟严重危害杂交油葵[J]. 植物保护(2):49.

景岚,王丽芳,康俊,等,2009. 向日葵品种叶片组织结构与抗锈病的关系[J]. 植物保护,35(2):81-84.

孔祥清,孔祥森,郭永霞,2007. 土壤处理防除向日葵田杂草试验[J]. 中国植保导刊,27(3):25-26.

寇伟锋, 刘兆普, 郑宏伟, 2006. 海水胁迫对向日葵苗期生长及矿质营养吸收特性的影响[J]. 生态学杂志,25(5):521-525.

李建平,李子钦,王力新,等,1996. 内蒙古向日葵锈病菌生理小种的种类及优势小种[J]. 华北农学报,11(1):128-132.

李军虎,卢川,2019. 油葵不同品种菌核病田间抗性比较及农艺性状与产量间的关系[J]. 种子(8):89-92,96.

李鑫淳,2019. 向日葵锈菌金属蛋白酶基因的生物信息学分析及其原核表达[D]. 呼和浩特:内蒙古农业大学.

李子钦,曹丽霞,白全江,等,2004. 内蒙古向日葵主要病害及其防治对策[J]. 内蒙古农业科技,1(S1):69-70.

刘春荣,张国新,王秀萍,等,2018. 不同油葵品种苗期耐盐性研究[J]. 安徽农业科学,46(23):23-25.

刘德高,龙井梅,龙孟连,2006. 杂交油葵高产栽培技术[J]. 农技服务(4):13-14.

刘继霞,山军建,马员春,等,2016. 向日葵不同品种黄萎病抗性及产量性状的研究[J]. 中国种业(4):50-52.

刘金刚,王妍,宋殿秀,等,2017. 开花期干旱胁迫对向日葵干物质积累与产量的影响[J]. 辽宁农业科学(3):1-8.

刘双平,袁亮,胡俊,2006. 内蒙古向日葵病害种类及研究概况[C]. 中国植物病理学会 2006 年学术年会论文集:338-342.

刘巍,于志水,纪纯阳,等,2008. 植物盐胁迫研究进展[J]. 防护林科技(1):57-61.

刘壮,张雷,王祉诺,等,2019. 向日葵杂草防除药剂筛选[J]. 农业科技通讯(5):140-142.

陆阔宗,2016,油葵高产栽培技术及病虫害防治[J]. 河北农业(4):16-18.

吕潇,2016. 铅胁迫下向日葵幼苗生理及蛋白质组学的研究[D]. 天津:天津农学院.

马克思,2014. Zn^{2+} 胁迫对向日葵种子萌发和幼苗生长的影响[D]. 兰州:兰州交通大学.

马荣,王成,马庆,等,2017. 向日葵芽苗期离子对复合盐胁迫的响应[J]. 中国生态农业学报(5):720-729.

马韬,李琦,杨丽清,等,2016. 基于不同根系分布形式的盐渍化农田向日葵根系吸水模拟[J]. 中国农村水利水电(9):18-23.

麦丽凯姆·伊卜拉伊木,2015. 向日葵田间杂草种类及防除技术[J]. 农业开发与装备(7):147.

穆俊丽,李建科,杨静慧,等,2009. 不同油葵品种种子萌发期的耐盐性研究[J]. 北方园艺(5):26-30.

穆龙,2014. 阿勒泰地区油葵褐斑病发生规律及防治措施[J]. 农技科技(2):44-45.

努尔古丽·艾买提,2016. 棉铃虫的发生规律与防治策略研讨[J]. 农民致富之友(8):83.

彭小东,曾小飚,2017. 砷胁迫对向日葵苗期生理特性的影响[J]. 安徽农学通报,23(19):15,70.

齐瑾辉,2016. 滴灌水分亏缺对冬小麦麦后复播油葵生长和产量的影响[J]. 吉林水利(2):10-13.

秦爱红,杨建勋,魏国宁,等,2008. 向日葵苗期害虫蒙古灰象甲的防治措施[J]. 陕西农业科学(05):212.

冉俊祥,1991. 向日葵病害种类分布和防治[J]. 国外农学——向日葵(4):1-7.

申诗法,陈燕芳,王鹏,等,2019. 不同向日葵品种对列当的抗性鉴定[J]. 新疆农垦科技(1):24-25.

宋殿秀,依兵,崔良基,等,2017. 开花期干旱胁迫对向日葵叶片光合特性的影响[J]. 辽宁农业科学(4):1-6.

苏新红,王春艳,2016. 油葵栽培技术及病虫害防治[J]. 农业工程技术,36(14):62,64.

孙东显,于平,黄金林,等,2014. 呼伦贝尔地区向日葵病虫害调查分析[J]. 内蒙古农业科技,3(3):80-82.

孙卫华,2012. 油葵标准化栽培技术要点[J]. 特种经济动植物(7):43-44.

孙向伟,高飞翔,2017. 内蒙古河套灌区油用型向日葵高温胁迫的关键温度[J]. 中国农学通报,33(25):110-115.

汤莹,王希,2006. 保护性耕作食用型向日葵田杂草防除试验结果[J]. 甘肃农业科技(2):26-27.

吐尔江·木哈江,2016. 无公害农产品油葵病虫害防治技术[J]. 农民致富之友(7):74-74.

王爱华,2011. 向日葵病害的发生和防治[J]. 甘肃农业,10(11):92-93.

王孚,2018. 油葵高产栽培技术及病虫害防治[J]. 农家致富顾问(14):29-29.

王海梅,侯琼云,文丽,等,2014. 内蒙古河套灌区玉米与向日葵霜冻的关键温度[J]. 生态学报(11):2948-2953.

王慧忠,何翠屏,2002. 重金属离子胁迫对草坪草根系生长及其活力的影响[J]. 中国草地(03):56-59.

王慧忠,何翠屏,杨华,2003. 土壤重金属污染对草坪性状影响的调查研究[J]. 草业科学(01):53-55.

王积善, 陈庆南, 张学立,1980. 向日葵栽培[M]. 北京:农业出版社.

王静,2013. 黑龙江省向日葵生产主要农业气象灾害及防御措施[J]. 哈尔滨师范大学自然科学学报(1):72-75.

王利军,柴玉鑫,刘晨光,等,2019. 巴彦淖尔市棉铃虫新发为害情况及综合防控建议[J]. 中国植保导刊(8):55-61.

王玲,王淑红,何建国,等,2010. 向日葵病害发生原因与防治对策[J]. 甘肃科技 26(7):162-163.

王婷婷,侯建华,吕品,等,2015. 干旱胁迫对不同基因型向日葵萌发的影响研究[J]. 种子(10):11-16.

魏清华,2017. 内蒙古向日葵主要病害及其防治对策[J]. 农民致富之友(5):75-75.

文朝慧,何苏琴,王军平,等,2012. 一例向日葵病毒病的检测与诊断[J]. 中国植保导刊(10):11-13.

向理军,雷中华,贾东海,等,2020. 新疆特色油料作物栽培[M]. 北京:中国农业科学技术出版社.

徐利敏,白全江,云晓鹏,等,2013. 内蒙古向日葵花蚤的发生和危害[J]. 内蒙古农业科技(6):80.

杨体强,高雄,侯建华,等,2005. 电场处理油葵种子对其萌发期水分胁迫敏感性的影响[J]. 中国油料作物学报,27(4):45-49.

杨秀德,区善晓,吴松琦,等,2019. 锰胁迫对向日葵幼苗叶片叶绿素及膜脂过氧化的影响[J]. 安徽农学通报(16):10-11,42.

依兵,崔良基,宋殿秀,等,2019. PEG 模拟干旱对向日葵杂交种苗期生物量和根系形态的影响[J]. 辽宁农业科学(2):8-14.

伊淑丽,元浩,2018. 夏油葵高效栽培技术[J]. 作物研究,32(7):147-148,156.

殷恒霞,李霞,米琴,等,2009. 镉、锌、铜胁迫对向日葵早期幼苗生长的影响[J]. 植物遗传资源学报(2):290-294,299.

于焕成,2011. 北方地区农田杂草的发生特点与危害[J]. 农林科技(11):324.

于莉,张立慧,李赤,等,1996. 向日葵黑斑病病原菌的鉴定及与相似种的形态比较[J]. 吉林农业大学学报,18(2):22-24.

于莉,李赤,宋桂茹,等,1998. 向日葵黑斑病研究进展[J]. 吉林农业大学学报,20(1):91-99.

于树华,毛汝兵,唐维,等,2008. 中国种子植物杂草分布区类型分析[J]. 西南农业学报,21(4):1189-1192.

岳云,李福,陈炳东,等,2011. 盐胁迫对油葵生理生化指标和产量影响的研究[J]. 作物杂志(2):32-35.

云雷,2014. 向日葵变黑轮枝菌的鉴定与生物学特性的研究[D]. 呼和浩特:内蒙古农业大学.

张炳坤,付习科,2016. 油葵主要虫害综合防控对策与技术[J]. 农村科技(10):36-37.

张芳,苏锦玲,2006. 油葵化学除草技术[J]. 植物保护(4):27.

张洪喜,1985. 沙潜(网目拟地(虫甲))孤雌生殖的研究[J]. 河北农业大学学报,8(4):63-72.

张继俊,阿力亚,那木苏,2010. 喷特4EC防治油葵田禾本科杂草试验[J]. 农村科技(1):41-42.

张金富,2018. 油用型向日葵病虫草害综合防治技术[J]. 基层农技推广(12):90-91.

张丽,许翠华,李井云,等,2015. 不同时期的水分胁迫对向日葵的形态特征及产量的影响[J]. 北京农业(33):30-31.

张庆昕,张玉霞,刘庆鹏,等,2015. 33个油用型向日葵品种种子萌发期抗盐碱性的综合评价[J]. 种子(11):23-25,30.

张旭龙,马淼,吴振振,等,2017. 不同油葵品种对盐碱地根际土壤酶活性及微生物群落功能多样性的影响[J]. 生态学报 5):1659-1666.

张艳芳,孙瑞芬,郭树春,等,2016. 油葵杂交种耐盐性鉴定及幼苗对盐胁迫的生理响应[J]. 科技导报,34(7):94-102.

张艳杰,2019. 向日葵锈病的发生与防治技术[J]. 农民致富之友(8):83-83.

张园园,2019. 向日葵黄萎病菌的侵染过程、种子带菌及不同寄主间交互侵染的研究[D]. 呼和浩特:内蒙古农业大学.

张自启,刘顺通,段爱菊,等,2006. 油葵田杂草的发生、经济防除阈值及竞争临界期研究[J]. 河南农业科学,35(7):61-63.

张总泽,刘双平,罗礼智,2010. 内蒙古巴彦淖尔市向日葵螟成灾原因及防治措施[J]. 植物保护,36(03):176-178.

赵振玲,钱建宁,2002. 云南省向日葵病害发生与控制途径[J]. 云南农业科技,11(06):30-31.

郑洪元,刘怀华,贾海滨,等,2020. 中国北方向日葵种植[M]. 北京:中国农业科学技术出版社.

郑青松,刘兆普,刘友良,等,2004. 盐和水分胁迫对海蓬子、芦荟、向日葵幼苗生长及其离子吸收分配的效应[J]. 南京农业大学学报,27(2):16-20.

郑青松,陈刚,刘玲,等,2005. 盐胁迫对油葵种子萌发和幼苗生长及离子吸收、分布的效应[J]. 中国油料作物学报(1):60-64.

中国作物学会,1991. 中国作物栽培[M]. 北京:科学普及出版社.

Yuan B,Xu P Y,Zhang Y J, et al,2014. Synthesis of biocontrol macromolecules by derivative of chitosan with surfactin and antifungal evaluation[J]. International Journal of Biological Macromolecules, 66:7-14.

第五章

油葵品质与利用

第一节　油葵品质

一、籽实的营养品质

（一）油葵籽的营养价值

油葵籽仁中含有蛋白质、脂肪、维生素、矿物等营养元素，具有重要的营养与保健功能，可阻止亚油酸的迅速氧化，降低脂质过氧化、清除自由基等功效。另外，油葵籽油不含芥酸、硫代葡萄糖苷等对人体有害的物质，含有丰富的对人体非常有益的不饱和脂肪酸。目前，很多西方发达国家都以油葵籽油为主要食用油，广泛种植油葵。油葵还有很多营养价值亟待了解，因此，对油葵营养成分进行样品成分含量的快速测定将有助于油葵营养品质精准鉴定和功能筛选。

1. 营养成分丰富

油葵籽实含有丰富的营养成分，包括脂肪、蛋白质、糖类、微量元素、矿物质等。其中蛋白质和脂肪是营养成分的重要组成部分，其含量高低直接影响到品质。籽仁中蛋白质含量一般为21%～30%，含有8种必需氨基酸，除赖氨酸外其他7种必需氨基酸含量均比世界卫生组织（WHO）与联合国粮农组织（FAO）标准高，其结构平衡性好，是人类蛋白质的重要来源之一。白宝璋等（1989）介绍了向日葵种仁中含有丰富的蛋白质，在向日葵种仁中，必需氨基酸为11种，累计含量为35.77%～42.47%，占总氨基酸含量的47.95%～53.88%。在组成人蛋白质的20种氨基酸中，有些氨基酸是人和动物在体内不能合成的，必须从食物中摄取，否则就会影响正常的生长发育。

2. 富含多种维生素和矿物质元素

油葵籽仁是天然维生素E的重要来源，具有良好的延迟人体细胞衰老、保持青春的功能，可阻止亚油酸的迅速氧化，降低脂质过氧化、清除自由基等功效。葵花籽含矿物质元素钙、铁、锌等。董贵俊等（2005）介绍了油葵的维生素E含量高。通过对9份油葵和11份食葵共计20份向日葵种质资源的维生素E及相关变异进行评价，结果表明，油葵的维生素E含量和含油率明显高于食葵。油葵维生素E含量在310.22～2135.67 μg/g范围内，平均668.41 μg/g，食葵维生素E含量在138.18～434.94 μg/g，范围为平均251.81 μg/g。

3. 优质保健油原料

油葵籽粒含油量高，一般为30%～70%，是优质保健油的原料，其油质优良，油色纯正清澈，气味芳香，具有很高的营养价值，长期食用对人体有保健作用。油葵油不含芥酸、硫代葡萄糖苷等对人体有害的物质，含有丰富的对人体非常有益的不饱和脂肪酸，占比达到90%。其中亚油酸(18∶2)含量高达65%～73%，油酸(18∶1)含量为20%左右，还含有干油脂、多种维生素以及矿物质。亚油酸是人体内不能合成的必需的不饱和脂肪酸，对修补细胞具有十分重要的作用，经常食用有助于溶解过多的胆固醇、软化心脑血管、促进血液循环、促进新陈代谢和延缓衰老等，吸收利用率能达到93.5%。李培江等(2017)分析了油葵籽仁含油量。通过对40份向日葵材料进行比较，分析了油葵籽实和籽仁大小、蛋白质含量、油脂含量、脂肪酸组成以及碳水化合物含量等的差异。结果表明，油葵籽实和籽仁均较小，籽实饱满充实，种皮多为黑色；油葵籽仁含油量在30.0%～47.3%；油葵籽油主要含棕榈酸、硬脂酸、油酸和亚油酸；其油酸和亚油酸较高，约占90%，油葵籽油酸含量较高，达80%以上。

4. 油葵营养品质检测指标

陈国友等(2019)介绍了葵花籽仁快速测定矿质元素含量的方法。本试验建立了一种葵花籽仁中31种矿质元素同时测定的微波消解—电感耦合等离子体质谱法(ICP-MS)。葵花籽仁样品采用硝酸和过氧化氢微波消解，用铑(119Rh)作内标元素，使用标准和碰撞反应两种模式校正基体效应，再应用电感耦合等离子体质谱仪测定。通过该方法测定的31种矿质元素经过回收率、精密度和检出限等可行性检验，确定本试验所建立的是一种葵花籽仁中多种矿质元素同时、准确、快速测定的可靠方法。本研究还比较了不同葵花籽仁新品种中矿质元素的含量，从而为优质葵花新品种的选育和葵花籽产品质量标准完善提供有利依据。

周菲等(2021)研究了油葵籽仁脂肪、亚油酸等成分含量快速测定的方法。选取50份具有代表性的油用型向日葵材料，采用偏最小二乘法(PLS)构建籽仁脂肪、亚油酸、油酸、硬脂酸和棕榈酸含量的近红外光谱(NIRS)模型。结果表明，脂肪、亚油酸、油酸含量模型校正和验证相关系数均大于0.96，且预测值与化学值相对误差均在10%以下，能够达到样品成分含量的快速测定。

汪磊等(2020)利用化学计量学手段评估籽仁粗蛋白、粗脂肪等品质。对154份向日葵籽仁样品结合化学测定值和近红外光谱，利用化学计量学手段建立向日葵籽仁品质指标的近红外模型，评估其在籽仁粗蛋白、粗脂肪、油酸、亚油酸等重要品质性状测定中的可行性。结果表明，154份样品的粗蛋白、粗脂肪和脂肪酸组成含量基本覆盖了向日葵资源和品种品质性状相关指标的含量范围，粗脂肪平均含量为47.70%，分布于35.65%～61.16%范围内；粗蛋白平均含量为29.09%，其含量范围为10.50%～38.20%。

(二)影响油葵品质的因素

影响油葵品质的因素包括品种遗传效应，降水、温度、光照等气象因素，土壤质地、肥力水平、地温、湿度等土壤因素及栽培技术、病虫害等人为措施。

1. 遗传因素的影响

油葵品质性状受基因控制，在不同环境下，基因的表达存在着表达类型和程度上的差异性。开展油用型向日葵籽实品质性状的遗传规律研究能为油用型向日葵品质育种与改良提供参考。

遗传因素对油葵品质的影响研究鲜有报道，但在向日葵上已有研究和应用，可为遗传因素在油葵上的科学应用提供思路和理论依据。

葛春芳(1990)研究了向日葵籽仁率高的亲本遗传组配。通过对向日葵籽实含油率、油脂产量、籽实蛋白质含量和蛋白质产量4个主要品质性状进行分析，结果表明，亲本籽仁率越高，其所配组合的籽仁率也高，因此，在选育向日葵杂交种时应选用籽仁率高的亲本才能保证子代有较好的品质性状。

包海柱等(2013a)介绍了含油率与油酸含量之间的遗传效应。利用油用型向日葵自交系进行不完全双列杂交，采用数量性状遗传模型和统计分析方法，分析了油用型向日葵籽实含油率、亚油酸含量和油酸含量的遗传效应。结果表明，含油率、亚油酸含量、油酸含量等品质性状同时受到胚、细胞质及母体植株 3 套遗传体系基因的影响，含油率和亚油酸含量主要受控于细胞质效应基因和母体效应基因；含油率与亚油酸含量之间存在细胞质和母体显性的正相关，含油率与油酸含量之间存在细胞质和母体显性的负相关。

奉斌等(2020a)研究了不同环境下不同基因型向日葵品质特性变异情况。选用 8 个向日葵材料在贵州 6 个试验点种植，分析其蛋白质、含油量、维生素含量以及脂肪酸组成等主要品质特性变异情况。结果表明，贵州 6 个不同生态区域的 8 个向日葵材料主要品质性状的基因型、生态区域以及基因型×生态区域互作差异均达到显著水平，不同基因型向日葵的蛋白质、油酸以及亚油酸含量在不同生长环境下的变异高于同一环境下不同基因型向日葵蛋白质、油酸以及亚油酸含量的变异。

因此，要根据油葵品种的遗传特征特性进行区域化种植，充分发挥遗传品质优势，并建立完善的良种良法配套体系，提高油葵种子质量，而且使产量和品质也有所提高。

2. 自然因素的影响

影响油葵品质形成的自然因素主要包括气候、地形、土壤等。这些因素的交互作用都会不同程度地对品质产生显著影响。

自然因素对油葵品质的影响研究鲜有报道，但在向日葵上已有研究和应用，可为自然因素在油葵上的科学应用提供思路和理论依据。

张太平(1995)研究了海拔高度(＞1400 m、1000～1400 m、＜1000 m)与不同油葵品种脂肪、蛋白质含量的关系。试验选取 13 份向日葵品种进行脂肪、蛋白质含量分析，分析发现，海拔与蛋白质含量呈负相关，随海拔的升高，蛋白质含量降低，1000～1400 m 的品种蛋白质含量比 1000 m 以下的低约 4%。

王燕飞等(1994)研究了油用型向日葵籽实含油率与气候因素的关系。以 3 个不同油葵品种为试材，对 4 个地区、5 个气候因素与籽实含油率进行通径分析，结果表明，在开花到成熟期间，相对湿度、日照时数是影响油葵籽实油分形成的两个最重要的气候因素。5 个气候因素对含油率作用的大小顺序为：相对湿度→日照时数→最低温度→日较差→最高温度。

张凤华等(2000)等发现灌浆期的温度不同，油葵籽粒含油率的高低不同。春播与复播比较，灌浆期籽粒最大含油率和油分最高积累速率均分别高于复播油葵 1.6%和 0.92%；复播油葵成熟时籽粒含蛋白质高于春播 3.8%。

倪珍等(2010)研究了吉林省西部葵花籽种植区土壤微量元素与葵花籽品质之间的关系。研究表明，葵花籽品质与土壤中全量铁、锌、钼、硼含量关联度较高，与有效态铁、锰、锌、钼含量关联度较高，并受土壤机械组成、盐碱化程度影响较大，且易受重金属污染影响。

Kandil 等(1991)研究了在埃及和德国不同环境下种植向日葵对蛋白质及含油量等含量的影响。通过分析来自不同地区的 6 个品种在埃及 Giza 开罗大学农学院和德国 Giessen 大学作物栽培和繁育学院的籽实含油量、蛋白质含量、脂肪酸成分和生育酚含量变化情况，结果表明，环境对蛋白质含量有显著影响，与含油量比较，籽实蛋白质含量有相反的趋势，即在 Gross-

Gerau 含油量最高的籽实，其蛋白质含量最低；在 Giza 冬播的结果正好相反。同时环境对向日葵油脂肪酸的成分有明显影响。与不饱和脂肪酸相比较，饱和脂肪酸的差异较小，软脂酸(16：0)在 Giza 夏季和冬季各自变化平均是 5.0％～5.9％，而硬脂酸的变化是 2.6％～4.3％。相反，油酸(18：1)的平均变化是 Gross-Gerau 的 15.1％到 Giza 夏季的 53.1％。亚油酸(18：2)具有相反的趋势，其变幅为 Giza 夏播的 39.2％到 Gross-Gerau 的 76.65％。这些结果表明，环境对饱和脂肪酸影响不大，但对不饱和脂肪酸(油酸和亚油酸)的含量影响很大。在 Giza 的条件下，向日葵生产的油分比在德国条件下生产的油分中含有更多的生育酚。

综上所述，影响油葵品质形成的因素有气候条件、土壤条件、环境质量等。一般情况下，光照充足、土壤肥沃、水质好的条件下油葵品质更高。

3. 人为因素的影响

(1)品种间差异　不同品种葵花籽油营养成分及脂肪酸含量有差别，这与品种特性有关。比如 58.33％油用型向日葵种子油中油酸含量很高，达到 80％以上，91.67％食用型向日葵种子油中亚油酸含量丰富，达到 50％以上，这可用于油用型向日葵和食用型向日葵的差异区分。

赵兴俊等(2013)研究了不同油葵品种之间籽仁率变化范围。在河西地区对 7 个油葵品种进行种植，结果表明，7 个品种之间籽仁率相差大，变化范围在 65.7％～82.3％；籽实粗脂肪含量相差也较大，最高达 48.72％(LS06-9)，最低为 43.23％(S802)，其他品种在 45.36％～47.23％。

张太平(1995)分析了不同油葵品种脂肪、蛋白质含量。选取 13 份有代表性的向日葵品种进行脂肪、蛋白质含量分析，分析发现，脂肪含量平均为 48.09％，变幅为 37.77％～54.48％；蛋白质含量平均为 31.96％，变幅为 26.32％～38.98％；蛋脂总含量平均为 80.05％，变幅为 72.71％～85.44％。

张环等(2020)对 13 个油用型向日葵品种籽粒的水分含量、蛋白质含量和含油率进行了分析。结果显示，籽粒水分、蛋白质、含油率不存在相关性。籽粒水分平均含量为 38.2 g/kg，其中华润 88、宝丰 9 号、华润 99 均超过 45.0 g/kg；蛋白质平均含量为 154 g/kg，其中金丰油 6 号、敦葵 2 号、敦葵 6 号、华润 66、宝丰 9 号、华润 99 均超过 160 g/kg，以金丰油 6 号最高；含油率平均为 440.2 g/kg，其中宝丰 9 号、澳油 996、金丰油 6 号均超过 480 g/kg，以宝丰 9 号最高。综合比较，金丰油 6 号、宝丰 9 号 2 个油用型向日葵品种籽粒蛋白质含量和含油率高，具有较好的营养品质。

总之，不同品种在各品质指标方面表现不同，不同地域之间油葵种质资源营养品质组分具有十分显著的差异，遗传多样性丰富。了解不同品种之间的油脂品质特点和差异，可以为油葵的品质育种提供依据。

(2)人为措施的影响

① 种植密度和播种期对油葵品质的影响　合理密植是提高和保证作物品质的重要措施，不同的种植密度主要是改变了作物生长的光照条件及单株营养供应水平。播种期不同，植株生长发育和物质形成期间所遇到的温、光、水等条件也不同，这些条件的变化会对作物的品质产生很大的影响。不同作物有利于品质提高的适宜播种期，需要在确定品质形成的环境条件限制指标的基础之上，针对当地的气候变化条件加以确定。

于海峰等(2010)研究了播种期、密度因素对油用型向日葵籽粒产量和品质形成的影响。结果表明，油葵籽粒中亚油酸含量从开花至花后 10 d 左右缓慢增长，10 d 后含量有所下降，至花后 20 d 下降至最低点，以后缓慢上升，随着播种期的推迟，亚油酸含量占粗脂肪的比例不断增加。而油酸含量变化与亚油酸含量正好相反，高油品种亚油酸含量从开花后 20 d 至成熟明显高于其他品种，而油酸含量明显低于其他品种。亚麻酸含量呈递减趋势，花后 20 d 左右下降至 0.5%，花后 25 d 左右下降为 0。棕榈酸含量也呈递减趋势，硬脂酸含量从开花至花后 15 d 左右，呈上升趋势，花后 15～35 d，缓慢下降。高油品种棕榈酸含量高于其他品种，而亚麻酸和硬脂酸含量在品种间差异不大。同时播期 5 月 15 日水平单株叶面积、干物质积累以及光合势明显高于其他播种期，成熟期粗脂肪含量为 48.2%，与播期 6 月 4 日基本持平，高于 5 月 5 日和 5 月 25 日的播种期水平。7.5 万株/hm^2 密度水平群体叶面积、干物质积累以及光合势明显大于其他密度水平，成熟期粗脂肪含量为 48.4%，与 4.5 万株/hm^2 持平，高于 6.0 万株/hm^2 密度水平。

吴春胜等(1995)开展了长春地区播种期对向日葵产量及品质影响试验。试验设 6 个播种期，从 4 月 1 日至 5 月 21 日每隔 10 d 播种一期。结果表明，长春地区生产上安排向日葵播期，以 4 月 11 日至 4 月 21 日之间为宜；早播(4 月 11 日前)和晚播(5 月 1 日后)的向日葵含油率均较高，分别达到 47.21%和 46.36%；播种期对油用型向日葵的蛋白质含量无显著影响，变化范围在 24.10%～25.01%；早播的(4 月 1—21 日)向日葵的产量显著增加，因此亩产油量亦增加，其中 4 月 21 日播种的向日葵，尽管其含油率相对较低，但籽实年量最高，油分产量达到 72.47 kg/亩。

刘文杰等(2020)以油用型向日葵 KWS303 以及食用型向日葵 SH363 为试验材料，研究播期与密度双因素及互作效应下，向日葵产量构成因素及品质的变化特征。结果表明，双因素互作效应下，KWS303 和 SH363 均以处理组合 A2B2(播期 5 月 15 日，密度 33000 株/hm^2)产量高；KWS303 各处理粗脂肪含量的变幅为 43.49%～46.50%；SH363 粗蛋白含量变幅为 24.21%～26.16%；其最高值为 A2B3(播期 5 月 15 日，密度 40500 株/hm^2)处理。播期对 KWS303 粗脂肪含量的影响无明显差异，对 SH363 粗蛋白含量的影响处理间表现出差异显著，A2 播期(5 月 15 日)粗蛋白含量最高为 25.54%；种植密度对 KWS303 粗脂肪含量的影响表现出随着种植密度的增加含量逐渐减少，处理间差异显著，变幅为 44.10%～46.31%，对 SH363 粗蛋白含量的影响则表现出随着种植密度的增加逐渐增加，其变幅为 24.51%～25.99%。

综上所述，在适宜的播期内确定合理的种植密度，协调好群体与个体、营养生长与生殖生长，提高结实率、增加单盘粒重和百粒重，是实现油葵高产及高品质的有效措施。

② 施肥技术对油葵品质的影响　油葵栽培生产过程中，主要是通过肥料的施用来调节植株的营养环境，以满足其高产与优质的需求。不同种类的肥料、同一种肥料不同施用时期与施用方法，对油葵品质形成的影响不同。

施用氮、磷、钾肥对油葵的品质有显著影响，氮、磷、钾肥可以起到提升部分油籽品质的作用。氮肥对粗蛋白、粗脂肪、棕榈酸、油酸在籽实的积累方面起到主要效应；磷肥促进油酸在籽实中的积累；钾肥促进粗蛋白、硬脂酸、亚油酸在籽实中的积累，降低粗脂肪、棕榈酸、油酸在籽实中的含量。

王德兴等(2012)以氮(N)、磷(P_2O_5)、钾(K_2O)肥为探讨因子进行田间试验，建立氮、磷、钾三因素与油葵杂交种 F60 的籽粒产量、籽粒粗脂肪含量、粗脂肪产量、籽粒粗蛋白含量和粗蛋白产量的施肥模型。通过分析发现，在供试条件下，氮、磷、钾单因子对油葵籽粒产量和粗脂肪产量的影响是一致的，表现为磷＞氮＞钾；对粗蛋白产量的影响是钾＞氮＞磷；增施氮肥降低粗脂肪含量，增加粗蛋白含量；增施磷肥增加粗脂肪含量，对粗蛋白含量的影响不明显；增施钾肥增加粗脂肪含量，降低粗蛋白含量。每亩施氮、磷、钾分别为 8.5 kg、6.6 kg、8.5 kg 可获得最高粗脂肪含量为 90.9 kg；每亩施氮、磷、钾分别为 9.6 kg、6.6 kg、10.2 kg 可获得最高粗蛋白含量为 35.5 kg。

邓力群等（2002）研究了滨海盐土上施用不同氮肥对油葵品质的影响。结果表明，施用氮肥能增强油葵的耐盐性，促进葵籽内的蛋白质与脂肪合成，但氮肥过量会降低脂肪含量而影响葵籽品质；随着氮肥施用量的增加，油葵籽中的蛋白质含量持续增加，而脂肪含量先增加后减少，在低氮水平下，脂肪与蛋白质表现为同步增长的趋势，当施氮量超过 52.5 kg/hm^2 时，两者呈现出明显的负相关。

张平良等（2020）以陇葵杂 3 号为试材，在年均降水 415 mm 的半干旱地区进行了全膜双垄沟播栽培与施钾对旱地油用型向日葵籽仁品质的影响试验。结果表明，全膜双垄沟播栽培较露地油葵籽仁粗脂肪、油酸含量分别增加 15.4 g/kg、13.6 g/kg，亚麻酸含量显著提高 16.7％。施钾对油葵籽仁粗脂肪、油酸、亚麻酸均有显著影响，随着施钾量的增加呈递增趋势，以施钾量为 120 kg/hm^2 时最好，较不施钾油葵籽仁粗脂肪、油酸含量分别显著增加 29.5 g/kg、10.6 g/kg，亚麻酸含量显著提高 22.2％。综合考虑油葵籽仁粗脂肪及脂肪酸组分油酸、亚麻酸等因素，全膜双垄沟播和施钾可显著改善旱地油葵籽仁品质，以施钾量 120 kg/hm^2 效果最好。

施用硅肥对油葵品质有影响。基施氮、磷、钾肥结合适宜的硅肥有利于油葵的高品质。祁建勋等（2020）以巴彦淖尔市河套地区向日葵为研究对象，在施用氮、磷、钾肥的基础上，配合施用不同量的硅肥，研究不同处理下向日葵的产量及品质。结果表明，硅肥处理的籽粒粗蛋白含量均高于未施用硅肥的对照处理，同时各处理籽粒粗蛋白含量随着硅肥施用量的增加呈现升高的趋势。硅肥施用量为 135 kg/hm^2 处理的粗蛋白含量最高，硅肥施用量为 90 kg/hm^2 的处理次之，较对照分别提高了 6.3％和 3.3％；硅肥处理的籽仁粗脂肪含量均较未施用硅肥的对照处理有所降低，同时各处理籽仁粗脂肪含量随着硅肥施用量的增加呈现降低的趋势，各处理籽仁粗脂肪含量较对照降低 1.75％～5.32％。因此，综合考虑生产效果和经济因素，在河套地区农业生产中可以将硅肥 90 kg/hm^2 施用量进行推广。

施用硒酸钠对油葵营养品质有影响。适当地增施硒酸钠可以提高油葵籽粒中大中量元素钾、硫和微量元素铁、锌、锰、铜、硒以及油酸、亚油酸含量。昝亚玲等（2020）开展了对盐碱地油用型向日葵施用硒酸钠对油用型向日葵产量及营养品质的影响试验。结果表明：土施 100～200 g/hm^2 硒，能提高油葵籽仁中大中量元素钾、硫和微量元素铁、锌、锰、铜、硒以及油酸、亚油酸含量，降低微量元素铬、镉、铅含量；施用硒 300 g/hm^2 左右有利于降低籽仁棕榈酸和硬脂酸含量。综合考虑油葵产量和各营养指标的变化情况，在盐碱地生产富硒油用型向日葵最适宜的施硒量为 200～300 g/hm^2。

关于无机、有机肥相结合对油葵品质的影响，研究表明，土壤质地对油葵品质的影响与土壤有机质含量有关，施用有机肥能改善油葵品质，通过施用有机肥与无机肥，培养理想的土壤结构，有利于保持优质油葵的品质特性。

徐苗等（2017）开展了无机、有机肥相结合的培肥方式，研究不同培肥方式对油葵产量和品质的影响。结果表明，与对照相比，培肥可降低籽粒粗脂肪含量（内盘籽粒粗脂肪含量降低

11.02%～19.61%，外盘籽粒粗脂肪含量降低 9.52%～16.70%），增加籽粒粗蛋白含量（内盘籽粒粗蛋白含量增加 54.11%～79.31%，外盘籽粒粗蛋白含量增加 34.81%～76.92%），可提高油葵籽粒油酸、硬脂酸含量，降低亚油酸、棕酮酸含量，其中化肥配施羊粪 37500 kg/hm^2 处理对提高油酸含量、降低亚油酸含量的效果优于其他培肥处理。

综上，施肥种类、施肥量、施肥时间、施肥方式的施肥技术的不同，可以起到改善品质的作用，在油葵的生产中，要特别注意氮肥的适宜用量，氮、磷、钾肥配合，平衡施肥。同时可根据土壤肥力情况酌情配施有机肥、微肥等，从而提高油葵的优良品质。

③ 生长调节剂对油葵品质的影响　植物生长调节剂对于提高油料作物的产量和改善农产品品质、提高作物抗逆性方面有重要的作用。植物生长调节剂是一种微量的有机生理活性物质，它不是一种营养物质，不能代替通常的栽培技术和肥水管理，只有在良好的栽培管理基础上使用，才能起到提高产量和改善品质的作用。因此，不同内源激素含量及相互比例的动态变化，调节着油葵生长发育进程与物质合成与运输，在油葵的生育过程中，可通过施用生长调节剂改善品质。

植物生长调节剂对油葵品质的影响研究鲜有报道，但在向日葵上已有研究和应用，可为植物生长调节剂在油葵上的科学应用提供思路和理论依据。

谭桂茹等(1992)研究了植物生长延缓剂 B_9（二甲氨基琥珀酰胺酸）对向日葵产量和品质的影响。结果表明，B_9 能提高油葵籽仁中的蛋白质含量和粗脂肪含量，可能是因为 B_9 是有氧呼吸过程中 TAC 循环的重要中间产物——琥珀酸的衍生物。由于 B_9 的施用，可促进 TAC 循环，为蛋白质和脂肪的合成提供充足的原料。

谭桂茹等(1994)研究喷施植物生长调节剂和营养元素 GA_3、NAA、KH_2PO_4 和 H_3BO_4（硼酸）对向日葵产量与品质的影响。以油用品种黑引 88 和杂交种 JS1612 为材料，在向日葵的现蕾期，用含有 GA_3、NAA、P、K、B 的溶液喷洒葵盘，研究表明，能显著提高种仁的含油率和蛋白质含量；对品种黑引 88，含油率处理比对照提高 5.71%，蛋白质提高 12.62%；对杂交种 JS1618，这两项指标分别提高 6.50%和 7.59%。

徐安阳等(2016)研究了多效唑对向日葵生长及产量品质的影响。结果表明，多效唑各浓度处理能不同程度地抑制向日葵株高，增加向日葵茎粗，缩短向日葵节间长和叶柄长，减小向日葵叶片叶长与叶宽、减少叶片数，增加向日葵盘径、单盘粒重、百粒重，提高籽仁率，增产效果明显，同时能改善向日葵籽粒品质，提高籽粒粗蛋白和粗脂肪含量等。

徐安阳等(2016)探讨了植物生长调节剂甲哌鎓、矮壮素和多效唑对向日葵产量及品质的影响。结果表明，植物生长调节剂能不同程度地提高向日葵产量、改善向日葵籽粒品质；甲哌鎓 400 mg/L、矮壮素 800 mg/L、多效唑 75 mg/L 处理能显著提高向日葵盘径、单盘粒质量、百粒质量、籽仁率、产量；甲哌鎓 400 mg/L、矮壮素 1600 mg/L、多效唑 75 mg/L 处理的向日葵籽粒粗蛋白含量较高，分别比对照增加 8.99%、11.28%、8.74%，与对照相比差异显著；甲哌鎓 400 mg/L、矮壮素 1200 mg/L、多效唑 75mg/L 处理的籽粒粗脂肪含量相对较高，分别比对照增加 5.03%、3.41%、4.33%，与对照差异显著。

综上所述，植物生长调节剂使用得当，可以一定程度上改善油葵籽品质，对油葵籽粒粗蛋白、粗脂肪含量有一定的促进作用，在使用时要有针对性地加以选择，以改善油葵籽粒粗蛋白、粗脂肪品质。

④ 储藏条件对油葵品质的影响　油葵籽的脂肪含量较高，并且含有不饱和脂肪酸，在水

分大、温度高的情况下，受到酶、氧气和光的作用或影响，在储藏过程中易发热、霉变、浸油和酸败变质、出油减少，是较难储藏的品种。因此，需了解葵花籽仁在储藏期间影响品质变化的因素，避免因异常变化导致葵花籽仁品质劣变或霉变损失。

张来林等(2013)研究了不同储藏条件下油葵籽品质指标变化情况。结果表明，随着储藏时间的延长，油葵籽的粗脂肪碘值没有明显变化，其酸值、过氧化值和P—茴香胺值则呈现逐渐升高的趋势，且温度越高、水分越高，其变化趋势越明显。即低温、低水分是减少油葵籽储藏期间发生油脂氧化酸败的主要条件。储藏条件的最优组合为水分含量5%、储藏温度15 ℃、储藏方式为 N_2 气调储藏。

李岩等(2013)研究测定不同储藏条件下油葵籽生理指标的变化情况。结果表明，随着储藏时间的延长，油葵籽色泽、气味逐渐出现异常，生活力、发芽率和过氧化氢酶活度均呈逐渐下降的趋势，且温度和水分越高，下降趋势越明显。因此，低温、低水分是油葵籽安全储藏的主要条件。

姚云游等(2014)从空气、光照、温度、水分、杂质以及葵花籽仁完好程度6个方面对葵花籽仁在储藏期间品质变化的影响因素进行了研究。提出要防止油葵籽仁品质降低必须注意防日晒、防潮湿、降低含水量、提高出成率、降低破碎率、降低杂质含量、采用塑料薄膜密闭储藏、缩短储藏时间等。

综上所述，随着储藏时间的延长，油葵籽色泽、气味逐渐裂变，出现不同程度的异常，生活力、发芽率均呈现逐渐下降的趋势，且温度越高、水分越高，下降趋势越明显。因此，储藏温度、水分、时间是油葵籽安全储藏的主要条件。

二、油葵脂肪

(一)油葵含油量与脂肪酸组成

油葵籽实的含油量、脂肪酸组成都是油葵品质性状的重要组成部分。油葵多为黑色小籽，全籽含油率高达45%～54%。油葵的脂肪酸组成包含饱和脂肪酸和不饱和脂肪酸，其中不饱和脂肪酸主要包括油酸、亚油酸、亚麻酸含量占90%左右，而不饱和脂肪酸中亚油酸的含量高达66%，是所有油料作物之中含量最高的，也是人类不可缺少的一种脂肪酸，其含量决定油葵的营养价值。关于油葵脂肪酸的组成、含量及各生育期脂肪酸的变化等方面研究报道比较多。

黄传贵等(1999)通过气相色谱法测定了油葵籽油中脂肪酸组成及含量。实验中用花生油脂肪酸的质谱图作对照，用峰面积归一化法计算油葵籽油各脂肪酸的百分含量。结果表明，油葵籽油不饱和脂肪酸含量高达90%以上，亚油酸含量最多，大于60%，选择适宜的分离方法，可制得纯度更高的亚油酸供药用。

赵华锋等(2008)用气相色谱—质谱法测定了生、熟葵花籽中其脂肪酸的组成。先将生、熟葵花籽去壳研碎，然后用索氏抽提法提取油葵中的脂肪酸并将其甲酯化，最后测定其脂肪酸含量。结果表明，葵花籽油中主要含有8种脂肪酸，不饱和脂肪酸为其主要成分，其中单不饱和脂肪酸主要为油酸，含量分别为38.11%和34.88%，多不饱和脂肪酸主要为亚油酸，含量分别为55.12%和51.82%。生、熟葵花籽油所含脂肪酸成分相近，亚油酸和油酸的含量有较大的区别。

李培江等(2015)以天津检验检疫局引进的24种美国向日葵种子为原料，测定了24种向日葵种子的含油量，并用气相色谱法测定了向日葵种子脂肪酸组成及相对含量。结果表明，24

种向日葵种子含油量介于33.26%～47.24%；向日葵种子脂肪酸组成为棕榈酸、硬脂酸、油酸和亚油酸，油酸和亚油酸的相对含量较高，油酸相对含量介于16.07%～91.30%，亚油酸相对含量介于2.33%～71.45%，不饱和脂肪酸相对含量介于87.43%～93.63%。

任然等(2016)详细阐述了油葵生育期间各脂肪酸组分的变化。结果表明，油葵籽粒中亚油酸含量从开花到花后10 d缓慢增长，10～20 d呈下降趋势，以后缓慢增长，成熟时亚油酸含量占粗脂肪的65%～70%，籽粒中油酸与亚油酸含量呈显著的负相关；籽粒中的亚麻酸含量从开花到灌浆成熟表现为下降趋势，成熟时，籽粒中亚麻酸含量为0，棕榈酸含量也为递减趋势；硬脂酸含量从开花到花后15 d，呈上升趋势；花后15～35 d逐渐下降；花后35～40 d，含量稳定。从开花至灌浆期间的各种环境条件和栽培措施都会影响粗脂肪和脂肪酸的形成及积累以及脂肪酸组分的变化，进而影响油葵籽粒的品质，因此，可根据其变化在不同的生育期间加强肥水管理，为油葵的优质高产提供保障。

油酸为一价不饱和脂肪酸，在氧化稳定性上比亚油酸、亚麻酸等不饱和脂肪酸更高。油酸具有降低高脂血症患者血脂水平以及预防心血管疾病的作用，可降低血清总胆固醇、低密度脂蛋白胆固醇，并保持高密度脂蛋白胆固醇不降低。高油酸含量的植物油被认为是健康、稳定的高品质食用油，近几年，专家们培育出了一种高油酸的葵花籽，主要分布于美洲，中国新疆也有种植(吴正达，2001)。

赵雅霞(2014)曾对新疆高油酸葵花籽油的脂肪酸成分进行了分析。首先采用异辛烷溶剂对随机挑选的15种品牌葵花籽油进行前处理，然后通过气相色谱法对处理后的油脂进行脂肪酸成分分析。结果表明，新疆地区的葵花籽油中油酸并未因产地不同而出现较大差异，均呈现出较高值，平均含量高达82.47%，符合中国高油酸植物油标准中的油酸含量。更有人将高油酸葵花籽油中脂肪酸的组成、含量及碘值、VE、氧化诱导期等理化性质指标与普通葵花籽油进行了对比分析，研究发现，高油酸葵花籽油与普通葵花籽油相比，油酸含量增加3倍多；碘值明显降低；α-VE含量明显减少；氧化诱导期增长近10 h(张运艳 等，2015a)。总体来讲，高油酸葵花籽油具有更好的氧化稳定性和更高的营养价值，因而更受人们的青睐。

(二)油葵的含油量与脂肪酸组成的影响因素

1. 品种间差异

遗传和环境两个因素是影响农作物品质的重要原因，油葵的含油量与脂肪酸组成也往往与品种和环境因素有很大的关系。不同的油葵品种其含油量及脂肪酸的组成有较大的区别，特别是脂肪酸中亚油酸的含量差异直接影响油葵的品质。品种间含油率不同，油脂的品质也有差异。含油率高的品种，油脂中亚油酸含量高，油酸含量低。生育期长的品种其油脂中亚油酸含量高，油酸含量低，生育期短的品种则相反。品种的生态性状与含油率高低有相关性，种子产量高则单位面积上的产油量也高，它们之间呈正相关。花盘大的单位面积上产油量较高，它们之间呈稳定的正相关，单株叶片数多、叶面积大，则种子的含油率也高(郑洪元 等，2020)。

刘文俊等(2021)测定了12个不同品种向日葵的含油量及脂肪酸构成。结果表明，12个不同品种的向日葵含油率范围为33.08%～41.26%，变化幅度为24.7%，品种间含油率差异较为显著；所有品种油葵的脂肪酸组成都为棕榈酸、硬脂酸、油酸和亚油酸4种，都以亚油酸为主，含量在14.96%～70.34%，美石103的亚油酸含量为巴葵118含量的3.87倍，品种间亚油酸含量异极显著。由于亚油酸为人体必需的不饱和脂肪酸，对预防心血管疾病作用很大，因此选育不饱和脂肪酸含量高的油葵品种是向日葵育种的主要方向之一。

尹睿红等(2012)为筛选亚油酸含量较高的高油高品质油葵品种,测定了19个品种的向日葵的千粒重、出仁率、向日葵籽油含量、亚油酸含量。研究发现,19份向日葵的籽仁含油量在36.89%～56.69%,向日葵籽油中主要不饱和脂肪酸亚油酸含量在39.95%～66.49%。通过比较,初步筛选出2份高油高品质的向日葵品种,分别为2份不同产地的油用型向日葵T562(美国)及T562(甘肃)。

鉴于不同品种油葵品质的差异,要生产高营养品质的葵花籽油需以含油率高和不饱和脂肪酸含量高的油葵品种进行加工。

2. 环境因素和人为措施的影响

(1)环境因素的影响　环境因素对油葵的含油量与脂肪酸组成的影响是多方面的。诸如不同海拔、不同纬度、不同温度、不同土壤等都有可能对油葵的含油量与脂肪酸的组成形成影响。

张运达等(1993)研究了海拔、纬度、温度对向日葵脂肪及脂肪酸、蛋白质及氨基酸含量的影响。结果表明,海拔、纬度、气象等因素与向日葵脂肪及脂肪酸以及氨基酸含量密切相关,高海拔和高纬度有利于脂肪及脂肪酸的积累,但不利于氨基酸的积累。低海拔、温差小,向日葵种子蛋白质及氨基酸含量较高。

葛春芳等(1996)曾分析了1986年全国分纬度设点和1994—1995年分期播种试验品种脂肪酸组成的变化。结果显示,油酸与亚油酸含量的变化与气温密切相关。中国向日葵主要产区分布在北纬35°—55°,平均纬度差1°,气温相差1.5℃。西北地区不仅纬度高,海拔也高,生产季节温度低、温差大,所以这些地区种植向日葵含油率高,其脂肪酸组成中亚油酸含量也高;东北地区纬度高、海拔低,向日葵含油率随纬度而变化,油脂中亚油酸含量较高;华北地区除内蒙古外(海拔高),北京、天津、山西等地区通过调整播期可以提高向日葵籽实的油酸含量;西南、中南及华东地区是高油酸油脂向日葵的理想产区。

陈炳东等(2007)通过盆栽试验研究含盐量不同的土壤对油葵含油率及脂肪酸组成的影响。结果表明,籽实含油率和籽仁含油率随土壤盐含量的升高下降明显,且籽仁含油率受到的影响大于籽实含油率。土壤含盐量的增加,促进棕榈酸、亚油酸的生成,抑制油酸的生成,但硬脂酸、亚麻酸的变化受土壤盐含量的影响不明显。土壤盐含量对籽仁含油率组分的影响依次为棕榈酸＞油酸＞亚油酸＞硬脂酸＞亚麻酸。

另外,在不同的环境条件下,油用型向日葵的籽实含油率在其发育期间有着不同的变化,其含油率的表现主要取决于基因效应,而基因效应易受环境条件的影响。包海柱等(2013b)应用ADM模型及非条件和条件方差分析方法分析了不同环境下油用型向日葵籽实含油率在发育时期的变化情况。结果表明,油用型向日葵籽实含油率的表现主要取决于显性遗传效应和母体遗传效应,在油葵开花后的20d内,基因效应的表达易受到环境条件的影响。

(2)人为措施的影响

① 不同施肥水平对油葵含油量和脂肪酸组成的影响　关于施肥水平对油葵含油量和脂肪酸组成的影响,研究者们分别从微量元素硒肥和大量元素氮、磷、钾肥两方面进行了研究。

昝亚玲等(2016)通过大田试验研究了外源硒对盐碱地油葵(矮大头567DM和美国超级矮大盘)含油率及脂肪酸含量的影响。结果表明,土施硒肥对矮大头567DM籽仁亚油酸、油酸、廿碳烯酸和棕榈酸含量无明显影响,硒肥用量200～300 g/hm^{2}时显著提高籽仁含油率,降低籽仁芥酸含量;400 g/hm^{2}时增加籽仁饱和脂肪酸硬脂酸、山嵛酸和廿碳烷酸含量;土施硒肥对美国超级矮大盘的籽仁含油率、亚油酸、油酸、廿碳烯酸、芥酸、棕榈酸、硬脂酸和廿碳烷酸含量无明显影响，硒肥用量 400 g/hm^2 时提高山嵛酸含量。叶面喷施硒肥条件下，矮大头567DW 籽仁亚油酸、油酸、廿碳烯酸、硬脂酸、山嵛酸和廿碳烷酸均无明显影响，叶面喷施60 g/hm^2 硒肥时增加籽仁芥酸、棕榈酸含量，降低籽仁含油率；叶面喷施硒肥对美国超级矮大盘的籽仁含油率、亚油酸、油酸、棕榈酸、硬脂酸、山嵛酸和廿碳烷酸均无明显影响，叶面喷施60 g/hm^2 硒肥显著提高其籽仁芥酸含量。综合考虑 2 个品种的含油率和脂肪酸变化，在盐碱地油葵栽培中，土施 200～300 g/hm^2 或叶面喷施 20～40 g/hm^2 硒肥对提高矮大头 567DW 和美国超级矮大盘籽仁含油率和脂肪酸效果较佳。

同时，通过研究者们在不同的土壤环境、不同的施肥标准下的科学试验，发现增施氮、磷、钾肥可以提高油葵的含油率及不饱和脂肪酸的含量。任然等(2016)研究了在碱化条件下施肥对油葵氮(N)、磷(P_2O_5)、钾(K_2O)养分吸收积累与油葵品质的影响。结果表明，油葵单株干物质积累量符合 Logistic 曲线，叶、茎、盘、根干物质积累量呈抛物线趋势，籽实的干物质积累量呈直线上升趋势。油葵氮、磷、钾养分积累动态符合 Logistic 曲线，增施氮肥(N)积累量提高 1.47 倍，增施磷肥(P_2O_5)积累量提高 26.2，增施钾肥(K_2O)积累量提高 2.4。整个生育期，氮(N)的吸收高峰在现蕾期，磷(P_2O_5)、钾(K_2O)吸收高峰在现蕾期和开花期。氮、磷、钾处理粗脂肪质量分数最高达 55.3。施肥对产油量的影响表现为氮肥＞钾肥＞磷肥＞有机肥。油酸、硬脂酸质量分数与油葵植株氮(N)养分吸收积累量呈正相关，与磷(P_2O_5)、钾(K_2O)呈负相关；粗脂肪、亚油酸、棕榈酸质量分数与油葵植株氮(N)养分吸收积累量呈负相关，与磷(P_2O_5)、钾(K_2O)呈正相关。

段玉等(2018)于 2014—2016 年，在内蒙古河套灌区向日葵典型种植区进行了 3 年的钾肥品种和施用时期田间定位试验，研究施肥对油葵含油率和脂肪酸构成的影响。结果表明，施用硫酸钾和氯化钾均显著增加籽实粗脂肪含量，粗脂肪分别增加 2.17%和 2.74%，硫酸钾和氯化钾以及 3 种施用方式间均无显著差异。钾肥增加了向日葵籽实粗脂肪含量，使向日葵籽实中不饱和脂肪酸比例达到 2.20%，钾肥不同品种和不同施用方式对其影响不显著。

同时，还有人研究了不同培肥方式对油葵品质的影响。徐苗等(2017)为提高油葵籽粒品质，在宁夏中部干旱区比较了无机肥和有机肥对油葵品质的影响。结果表明，与对照相比，培肥可降低籽粒粗脂肪含量(内盘籽粒粗脂肪含量降低 11.02%～19.61%，外盘籽粒粗脂肪含量降低 9.52%～16.70%)，内盘籽粒与外盘籽粒粗脂肪含量变化规律一致。与对照相比，化肥配施有机肥可提高油葵籽粒油酸、硬脂酸含量，降低亚油酸、棕酮酸含量，其中化肥配施羊粪37500 kg/hm^2 处理对提高油酸含量、降低亚油酸含量的效果优于其他培肥处理。从油葵产量与品质综合考虑，化肥与有机肥配施有利于油葵产量的提高和品质的改善，其中化肥配施生物炭 3000 kg/hm^2 效果最好，其次为化肥配施羊粪 37500 kg/hm^2，这为当地油葵合理培肥提供了理论依据。

② 灌溉对油葵脂肪酸构成的影响　与脂肪代谢相关的功能基因是决定油葵脂肪酸组分的分子生物学基础，但油葵粗脂肪的含量及脂肪组分构成也受施肥、灌溉、气候等外界环境的影响(陈炳东 等，2007)。灌溉影响土壤水分和农田小气候，进而影响向日葵植株体内的各种代谢活动，也改变植株生理生化进程，对油葵粗脂肪及其组分构成也有调控作用。

Sezen(2011)针对普通杂交油葵及高油向日葵品种采用喷灌与滴灌两种灌溉方式实施不同的灌水量进行试验，结果表明随着灌水量的增加油葵籽仁中亚油酸含量增加而油酸含量降低，灌水量的增加促进了棕榈酸的增加。

Roche(2016)研究表明，整个花期均受水分胁迫，葵花籽脂肪酸组分构成中油酸含量显著上升而亚油酸含量降低。

李为萍等(2016)分析了水氮交互对油葵粗脂肪及脂肪酸组分的影响。选取油葵杂交品种康地T562，采用现蕾至开花阶段灌水与追氮肥二因素三水平(灌水90 mm、54 mm、36 mm；追氮肥0 kg/hm²、52 kg/hm²、104 kg/hm²)随机区组试验设计，于2011年在河套灌区进行田间试验。结果表明，水、氮及交互对油葵籽仁粗脂肪及主要脂肪酸组分(油酸、亚油酸、亚麻酸、棕榈酸、硬脂酸)均影响显著。土壤中水分的增加，促进油葵籽仁中亚油酸及不饱和脂肪酸的生成，但会抑制油葵籽仁中硬脂酸及饱和脂肪酸的生成。W90N0(灌水90 mm，不追氮肥)处理下油葵籽仁粗脂肪含量最高，为60.37%；W90N52(灌水90 mm，追氮肥52 kg/hm²)处理下亚油酸和不饱和脂肪酸含量最高，分别为69.06%和84.75%，而硬脂酸和饱和脂肪酸含量最低，分别为7.23%和13.06%。综合考虑粗脂肪含量高及脂肪酸组分构成有利于人类饮食健康，在河套灌区推荐油葵水肥技术参数为现蕾后开花前灌水90 mm，追氮52 kg/hm²。通过上述研究，发现灌水量的增加有利于油葵籽仁粗脂肪、亚油酸及不饱和脂肪酸的形成，但不利于硬脂酸和饱和脂肪酸的形成。

③ 栽培密度对油葵含油量的影响　人们在种植油葵过程中不同的施肥水平和栽培密度都会对油葵的含油量与脂肪酸的组成造成一定的影响。

石必显等(2011)研究了种植密度对新葵18号含油率的影响。研究显示，新葵18号在种植密度为5000株/亩时，平均含油率最高，达47.95%；种植密度为4000株/亩时，平均含油率最低，仅为41.53%。种植密度太低，籽粒体积相对较大且皮壳厚，不利于籽仁率和含油率的提高；种植密度太高，容易造成田间小气候恶劣，进而影响灌浆质量，也不利于含油率的提高；适宜的种植密度可以有效促进植株个体发育，使籽粒均匀饱满，从而获得较高的含油率。适宜的种植密度可以调节新葵18号个体发育，最大限度发挥群体效应，在新疆5000株/亩是新葵18号的适宜种植密度，可以取得较高产量和品质。

(三)油葵其他品质性状与含油率的关系

油葵的容重、籽仁率、百粒重等各个农艺性状均与油葵的含油率有一定的关系，不同研究者对不同农艺性状对油葵含油率的影响进行了相关研究。

魏廷武(2004)通过建立多元回归数学模型，对20个国内外油用型向日葵杂交种籽实主要农艺性状与含油率、产油量进行了相关性分析研究。结果表明，容重(g/L)对籽实含油率的贡献值>籽仁率(%)>百粒重(g/100粒)，容重、籽仁率与籽实含油率的高低均呈极显著正相关；百粒重与籽实含油率呈负相关；油葵籽实含油率(%)与单位面积产油量呈极显著正相关。在油葵“三系”配套杂交品种选育过程中，除兼顾其他综合农艺性状外，籽粒经济性状中容重、籽仁率、百粒重等是影响油葵品质(含油率)的重要经济指标。

梁春波(2018)探讨油用型向日葵籽实含油率与主要农艺性状的相关性和各性状对籽实含油率的直接和间接效应。对49个油用型向日葵杂交组合的生育日数、株高、茎粗、叶片数、花盘直径、单株粒数、百粒重、籽仁率、结实率、单株粒数和籽实含油率进行相关分析和通径分析。结果表明，籽实含油率与籽仁率呈极显著正相关，与百粒重显著负相关。高油向日葵新品种的选育过程中应首先关注籽仁率进行选择和调控，同时充分考虑百粒重对籽实含油率的负向作用，在可接受的百粒重范围内选择合适的育种材料。

门果桃等(2001)曾对39个油用型向日葵杂交种F1代材料的9个性状与籽实含油率的相关性分析。结果表明，影响籽实含油率的主要因素是籽仁含油率和籽仁率。籽仁率和籽仁含油率与籽实含油率均呈极显著正相关，相关系数分别是0.7711和0.7766；株高与籽实含油率虽呈正相关但不显著，有利于选育矮秆油用型向日葵杂交种。

通过上述研究发现，所有研究者的结果均是油葵籽仁率与含油量呈正相关，百粒重与含油率呈负相关。在油用型向日葵育种过程中，选择皮壳较薄、籽仁率高的杂交组合对于选育高油向日葵新品种至关重要，在可接受的百粒重范围内选择合适的育种材料，协调好各个农艺性状之间的关系，以发挥每个农艺性状对籽实含油率的最大作用。

(四)油葵籽油的性质

葵花籽油颜色金黄，澄清透明，气味清香，是一种重要的食用油。据相关资料显示，油葵籽油是世界产量排名第四的重要油源，其主要成分是多不饱和脂肪酸，含有亚油酸29.9%～72.0%，油酸29.3%～60.0%，硬脂酸0.3%～1.0%，亚麻油酸0.2%～0.5%，还含有少量的游离脂肪酸等，成分含量与菜籽、大豆、花生基本相似，但多不饱和脂肪酸含量较花生油、大豆油高。由于油葵籽油含有人体必需的脂肪酸，其中亚油酸含量尤其丰富，亚油酸具有降低人体血液中胆固醇水平，促进人体细胞的生长与再生，增强机体免疫功能，深受人们青睐。此外，还含有丰富的生育酚，有人测得葵花籽油的生育酚含量高达82.15 mg/100 g(张运艳 等，2015b)，这使得葵花籽油具有更好的氧化稳定性和更高的营养价值，极具市场潜力和竞争力。不同油葵品种亚油酸与α—生育酚含量高低对葵花籽油的氧化稳定性也有直接影响，亚油酸与α—生育酚含量较高的葵花籽油的氧化稳定性较强。

潘娜等(2014)通过测定葵花籽油过氧化值、酸值、碘值、共轭二烯和共轭三烯含量、亚油酸与α—生育酚含量等指标，研究不同品种葵花籽油的氧化稳定性。结果表明，在氧化过程中油葵6号过氧化值在6 d时均显著低于其他各品种，共轭二烯含量显著低于T012244和内葵杂3号，碘值在9 d时显著高于内葵杂3号但与白葵杂6号和T012244差异不显著，酸值与共轭三烯含量在12 d时均显著低于白葵6号、T012244。油葵6号过氧化值、酸值和碘值在6 d内均未超过国标规定的标准。油葵6号中亚油酸与α—生育酚含量均显著高于其他各品种。综合所有指标，油葵6号葵花籽油氧化稳定性最强。

与普通葵花籽油相比，高油酸葵花籽油具有更好的氧化稳定性和更高的营养价值，是一种具有市场潜力和竞争力的优质食用油。

吴正达(2001)发现高油酸葵花籽油在测定氧化稳定性的指标“酸败时间”时，较一般植物油和高亚油酸向日葵油高3～4倍的良好稳定性。用5000lx荧光灯照射16h，测定过氧化物生成量(pav)，结果表明它对光有非常良好的稳定性。用180 ℃、5 h的模型煎炸试验，进行煎炸油稳定性比较，它比一般植物油和高亚油酸种油过氧化脂质的热分解量(茴香胺值)数值低、热稳定性高。此外，它在剧烈劣化的煎炸作业中，也显示良好的稳定性。根据上述研究者的分析结果，发现高油酸向日葵籽油具有更好的氧化稳定性和更高的营养价值，是一种具有市场潜力和竞争力的优质食用油，由于其含多价不饱和脂肪酸，比一般植物油稳定性更好，具有烹调上的各种价值，不仅用于家庭烹调，也可用于要求存放时间长的快餐食品类和糕点类。高油酸葵花籽油由于其具有较高的抗氧化活性，因此在储藏过程中保存的时间也较长。

张来林等(2013)研究了不同储藏条件下油葵籽油随储藏时间的变化情况。结果显示，随着储藏时间的延长，油葵籽油的粗脂肪碘值没有明显变化，其酸值、过氧化值和P—茴香胺值则呈现逐渐升高的趋势，且温度越高、水分越高，其变化趋势越明显，即低温、低水分是减少油葵籽油储藏期间发生油脂氧化酸败的主要条件。储藏条件的最优组合为水分含量 5%、温度 15 ℃。

三、油葵蛋白质

（一）油葵蛋白质含量与氨基酸组成

向日葵属于菊科向日葵属植物，是世界上四大油料作物之一，也是中国重要的油料作物。种植面积仅低于大豆、油菜和花生。向日葵籽仁中含有许多种蛋白质，如球蛋白、油脂体蛋白等，据文献报道，向日葵种仁中含有丰富的蛋白质，其含量在 20%～24%，而在种仁的非脂肪部分蛋白质含量更高，高达 56%～60%，这大大超过了许多栽培作物而仅次于豆科作物（白宝璋 等，1989）。因此，向日葵不仅是一种重要的油料作物，而且是植物蛋白的重要来源。而向日葵蛋白质的营养问题，不仅与含量有关，更与蛋白质所含的氨基酸种类和数量有关。在组成蛋白质的 20 种氨基酸中，有些氨基酸是人和动物在体内不能合成的，必须从食物中摄取，否则就会影响正常的发育。成人必需氨基酸有 8 种，分别为赖氨酸、色氨酸、苯丙氨酸、缬氨酸、苏氨酸、亮氨酸、异亮氨酸、甲硫氨酸，而组氨酸为婴幼儿所必需的氨基酸。在向日葵的种仁中，蛋白质含 8 种必需氨基酸，除赖氨酸外，其他 7 种必需氨基酸含量均比世界卫生组织（WHO）与联合国粮农组织（FAO）标准高，蛋白质结构的平衡性好（奉斌，2020a）。

白宝璋等（1989）通过研究也发现向日葵种仁含有人体所必需的 8 种氨基酸，其中含量最高的为亮氨酸，其次为缬氨酸，含量最低的为色氨酸，而赖氨酸的含量更是超过了谷类作物。因此，向日葵是人类蛋白质的一大来源。

（二）油葵蛋白质含量与氨基酸组成的影响因素

1. 品种差异对油葵蛋白质含量及氨基酸组成的影响

遗传和环境两个因素是影响农作物品质的重要原因，油葵中蛋白质的含量和氨基酸组成也往往与品种和环境因素有很大的关系。油葵作为一种油料作物，其脂肪酸构成对油葵的营养品质影响最大，然而油葵中蛋白质也是油葵营养成分的组成部分，其含量高低也直接影响油用型向日葵的品质。

张环等（2020）研究了 13 个不同品种油葵的蛋白质含量。结果显示，蛋白质平均含量为 154.0 g/kg，九洋 562 中蛋白质含量最低为 102.3 g/kg，金丰油 6 号蛋白质含量最高为 183.0 g/kg，品种间差异极显著。由于用途不一样，食用型向日葵的蛋白质含量普遍高于油用型向日葵。

李培江等（2017）以食用型和油用型向日葵种子各 20 种为材料，比较分析了两者籽仁蛋白质含量的差异，发现油用型向日葵籽仁蛋白平均含量约为 15%，低于食用型向日葵籽仁蛋白 19%的含量。

昝亚玲等（2016b）研究发现 6 个向日葵品种籽仁蛋白质含量变幅在 18.73～25.3 g/100 g，平均为 21.58 g/100 g。3 个油用型向日葵品种蛋白质平均含量为 20.41 g/100 g，3 个食用型向日葵品种蛋白质平均含量为 22.78 g/100 g。

郭亨（1985）也分析了油用型向日葵与食用型向日葵蛋白质含量和氨基酸含量的差异。结果显示，供试的 10 份材料，蛋白质含量平均为 23.38%，在材料间蛋白质含量变化较大。油用型的蛋白质含量较低，在籽实蛋白质中，谷氨酸含量最高，平均达 6.6%，脯氨酸含量极少。

根据上述研究结果发现，不论是食用型向日葵还是油用型向日葵，它们的蛋白质含量均存在显著的种间差异，且食用型向日葵的蛋白质含量要高于油用型向日葵中的蛋白质含量。

2. 环境因素对油葵蛋白质含量和氨基酸组成的影响

（1）施肥水平对油葵蛋白质含量的影响　氮素是蛋白质和核酸的主要成分，又是叶绿素、维生素、植物激素等的组成成分，参与植物体内许多重要的物质代谢过程，对植物的生长发育、产量和品质影响甚大。不少研究发现氮肥是增加籽粒蛋白质含量最重要的因素。

邓力群等（2002）研究了不同施氮水平下油葵籽粒中蛋白质含量变化趋势。结果显示，随着氮肥施用量的增加，油葵籽中的蛋白质含量持续增加。这是由于当施用尿素用量增加时，会促进氨基酸的合成，进而使油葵籽内可塑性物质更多地转化成了蛋白质。

党柯柯等（2017）也得出油葵的粗蛋白与氮肥的施入量呈正相关的结论。

不少研究发现，不仅增施氮肥可以增加油葵的蛋白质含量，增施磷肥、钾肥等其他肥料也可以提高油葵中的蛋白质含量。

王德兴等（2012）以不同的氮、磷、钾肥配施处理小区收获的籽粒，按处理取 3 份样品进行粗蛋白的含量测定，结果表明，在供试条件下，氮、磷、钾单因子对油葵籽粒粗蛋白产量的影响是钾＞氮＞磷；施氮量为 144 kg/hm^2，可获得最高粗蛋白质产量。

钱寅等（2015）分析发现，氮、磷、钾处理氮肥和钾肥可使油用型向日葵蛋白质含量显著提高。上述研究均是单一品种肥料对油葵蛋白质含量的影响。

有人则研究了氮、磷、钾几种肥料的交互作用对油葵蛋白质的影响。

任然等（2016）研究了碱化条件下施肥对油葵氮（N）、磷（P_2O_5）、钾（K_2O）养分吸收积累与油籽品质的影响。研究发现，油葵籽仁中粗蛋白质量分数和蛋白产量在不同施肥处理下，各处理之间存在极显著差异。氮、磷处理粗蛋白质量分数最高（19.6），各处理籽仁中粗蛋白质量分数表现为 NP＞PK＞NK＞NPK＞CK＞有机肥，与对照相比分别增加 55.6、52.4、49.2、49.2，有机肥处理下降 11.1。NPK 处理蛋白产量最高为 43.53 kg/亩，是对照处理的 3.3 倍，施氮、磷、钾肥蛋白质含量分别增产 54.6％、13.9％、9.6％，施有机肥蛋白质含量增产 1.7％，表现为氮肥＞钾肥＞磷肥＞有机肥。上述研究对氮肥和钾肥哪种肥料对蛋白质影响更大的结论并不一致，这可能是与油葵当时所需的肥料种类有关，当氮肥很充足时，钾肥的影响作用就更大，当肥料都不充足时，可能氮肥的影响作用更大，因为氮肥能为油葵氨基酸的形成提供原料。

此外，还有人就施肥时期对油葵蛋白质的含量进行了研究。曾骏等（2019）研究表明，氯化钾和硫酸钾这两个钾肥品种对向日葵的蛋白质含量间没有明显的差异。施钾时期对油葵蛋白质含量影响显著，钾肥的最佳施用时期为基施。

多年前，向日葵主要以施农家肥为主，随着油葵种植面积的扩大及科技水平的提高，人们开始大量施用化肥。对于有机肥和化肥哪种肥料对油葵的影响作用更大，国内外也进行了详细的研究，综合已有文献来看，化肥和有机肥配施更有利于油葵蛋白质的形成。有学者研究表明，当农家肥和化肥配施时，向日葵获得最高籽粒蛋白质含量（35.5 mg/g）。徐苗等（2017）研究了不同培肥方式对油葵内、外盘籽粒粗蛋白质含量的影响。研究发现，不同培肥处理油葵内、外盘籽粒粗蛋白质量分数均存在差异。同一处理内、外盘籽粒粗蛋白质量分数差异性不同，且各处理粗蛋白质量分数内盘籽粒均大于外盘籽粒。与单施化肥处理相比，在施用化肥的基础上配施加牛粪 37500 kg/hm^2、羊粪 37500 kg/hm^2 处理对油葵外盘籽粒粗蛋白质量分数均具有提高作用，分别提高 6.42％、5.86％；配施生物有机肥 1200 kg/hm^2 的处理对油葵外盘籽粒粗蛋白质量分数比单施化肥处理影响不明显。与对照相比，培肥可增加籽粒粗蛋白含量，内盘籽粒与外盘籽粒粗脂肪与粗蛋白含量变化规律一致。单从油葵蛋白质产量考虑，化肥与有机肥配施有利于油葵蛋白质的形成，其中化肥配施生物炭 3000 kg/hm^2 效果最好，其次为化肥配施羊粪 37500 kg/hm^2。

(2)海拔、纬度、气象等环境因素对油葵蛋白质含量的影响　向日葵具有耐盐碱、耐干旱、耐瘠薄、适应性强等特点。但向日葵对变化的环境有一定的敏感性，不同的环境对向日葵蛋白质的含量也有一定的影响。研究者们分别对不同生态环境条件向日葵蛋白质含量变化及海拔、纬度、气象等具体环境因素对油葵蛋白质含量的影响进行了研究。

奉斌等(2020b)研究了向日葵蛋白质含量在不同生态区域的变化。结果表明，向日葵籽粒在不同生态条件下，粗蛋白变异系数为 3.63%。

张运达等(1993)研究了海拔、纬度、气象等因素对向日葵蛋白质及氨基酸含量的影响。研究表明，高海拔和高纬度不利于蛋白质及氨基酸的积累。低海拔、温差小，向日葵种子蛋白质及氨基酸含量较高。

张太平(1995)选取不同海拔高度的 13 份向日葵品种进行分析，发现海拔与蛋白质含量呈负相关($r=-0.3680$)，随海拔的升高，蛋白质含量降低，1000～1400 m 的油葵品种蛋白质含量比 1000 m 以下的低约 4%；海拔对油葵中蛋白质含量的影响幅度不大。

王燕飞等(1998)以 3 个不同类型油葵品种为试验材料，对 4 个地区、9 个气候因素与油葵蛋白质含量进行了相关分析。结果发现，蛋白质含量随着气候因素的适宜程度而变化，同一品种在不同生态条件下生长，蛋白质含量发生较大变异，平均变异达 5.49%，同一环境中蛋白质含量各个品种间差异不大，其变异差仅 2.67%，环境对油葵蛋白质含量的影响比遗传变异大 2 倍。此项实验表明，气候条件是影响油葵籽仁蛋白质含量的重要因素，同一品种籽仁蛋白质含量存在着显著的地区差异，其地域间的差异显著大于品种间差异。油葵开花期到成熟期的平均最高气温和相对湿度是影响蛋白质含量的重要气候因素。平均最高气温在 25.7～32.8 ℃和相对湿度在 41%～82%范围内偏高，有利于蛋白质含量的积累。

张凤华等(2000)等的研究结论也与王燕飞的结论一致，复播油葵由于灌浆时期温度更高，成熟时复播油葵的蛋白质含量高于春播 3.8%。

此外，蛋白质还可由其他成分转化而来，转化的方向多取决于品种及当时的环境。范丽娟(2014)研究指出，向日葵种子里的油分是叶片茎秆中可溶状态的碳水化合物主要以葡萄糖形式输送到种子中，然后转化为油脂。输送到种子里的碳水化合物是可塑性物质，它可以转化为油脂，也可以转化成蛋白质。此两种产物的形成量存在着互为消长的关系。形成油脂较多时形成的蛋白质少，形成蛋白质较多时形成的油脂就少。

(三)油葵蛋白质的用途

油葵籽粕是油葵籽经预压榨或直接浸出法榨取油脂后的产物，通常由 60%～65%葵花籽种实和 35%～40%葵花籽外壳产生，含有 30%～34%的粗蛋白质。向日葵榨油后的籽粕作为动物饲料具有极高的营养价值，已被广泛地应用于家畜和禽类的养殖中，甚至被添加到宠物的食品中。近年来，葵花籽粕的使用价值、低能值、高纤维和低赖氨酸水平等特点，被看作是一种有效替代豆粕的肉鸡蛋白质原料，在国外被广泛研究。

史碧波等(2012)研究表明，油葵不仅含油丰富，其蛋白质含量也很高，而且其蛋白质具有良好的吸水性、吸油性、乳化性和发泡性，若经过合理的处理和加工，其利用前景十分诱人。例如,与大豆蛋白不同,油葵蛋白的组织受蒸煮影响很小,而且其可嚼性和可口性均可以与肉食相比,可以作肉类代用品或肉食添加剂使用。因此,取油后的葵花籽粕可用于进一步提取优质的蛋白质,进而大幅度提高油葵籽粕的利用率,从而对葵花籽实现多次增值。特别是随着传统饲料蛋白质原料(大豆)价格的不断上涨,给养殖业,尤其是发展中国家的养禽产业带来严重的制约。选择价格便宜并能满足家禽蛋白质和氨基酸需要的农副产品替代物,是产业和科研动物营养领域的研究重点。

第二节 油葵综合利用

一、榨油

(一)工艺流程

向日葵油属半干性油,呈浅琥珀色,含有少量磷脂和胶状物质,精炼后呈浅黄色,主要作为食用。中国是葵花籽油生产和消费大国,因其具有浓郁且令人愉快的香味而成为居民非常喜爱的食用油。

从油脂制取工艺上讲,中国目前主要采用化学浸出法和物理压榨法两种。主要生产工艺流程包括以下几方面:

1. 除杂

向日葵籽油中往往会含有各种各样的杂质,清除带颜色或有异味的杂质,提高油脂及饼粕的综合利用价值;去除各种体积大、质地硬、数量多的杂质,以利于提高设备的处理能力,减轻设备的磨损,提高工作效率。

2. 脱壳

绿色向日葵籽壳的主要成分为纤维素、半纤维素和木质素,油脂含量少,但结构疏松多孔,能吸收大量的油脂,所以需去壳制油,否则残粕中含油率很高,壳中含蜡质 0.4%~0.5%,占整籽含蜡 75%,脱壳后成品油含蜡率为 0.011%~0.015%。

3. 软化

通过恰当的水分调节,改善油料的硬度和脆度,使油料变软,具备适当的可塑性,达到进入轧机的标准。因此,软化物料是进行轧胚前的一项重要预处理工作。

4. 蒸炒

使用层式蒸炒锅蒸炒,先使生胚湿润,水分达 14%~16%,再经过 90 min 的蒸炒后,到出锅后水分降低到 4%~6%,温度为 110 ℃左右。接着,进入压榨机辅助蒸缸,经过调整蒸炒后,水分约为 1.5%,温度为 125~130 ℃。

5. 破碎

增加后续油料的接触面积,便于调节,制备出优质的生胚,并使物料易进入轧胚内的缝隙。

6. 压榨

压榨法又称物理压榨法,在较高的压力下把油料中的油脂挤压出来。一般不使用化学溶剂浸提油脂,避免了油中有机溶剂的残留。压榨的生产工艺最大限度地保留了向日葵籽中的不饱和脂肪酸以及蛋白质、膳食纤维、维生素、微量元素等多种对人体有益的营养成分。压榨法适应性强,工艺操作简单,生产设备维护方便,生产规模大小灵活,适应各种植物油提取,同时生产比较安全。

7. 精炼

绿色向日葵油精炼的全过程包括毛油的预处理(除去悬浮杂质)、脱胶、脱酸、脱色、脱臭和脱蜡等工艺流程,可根据不同品质等级的成品油质量要求,采取不同的精炼步骤以及控制工艺参数。

随着社会的快速发展,绿色食品已被消费者普遍接受,向日葵油作为中国油脂的重要产品,其绿色加工与生产也有重要意义。

智博涛等(2017)根据向日葵油产品特点,提出绿色向日葵油的生产加工技术规范。包括原料要求、产品的生产加工环境要求、生产过程的技术规范,以及成品的包装、贮藏、运输等技术规范。

孙国秀(1981)介绍了向日葵的加工利用。介绍了向日葵籽榨油的加工工艺。向日葵籽榨油的主要设备包括:剥壳机(剥壳机的构造及原理),壳仁分离机(壳仁分离机的构造及工作原理,影响壳仁分离的因素),剥壳分离操作要点,向日葵皮壳、饼粕、油脚的利用,以及葵花香油和葵花酱的制作(图 5-1)。

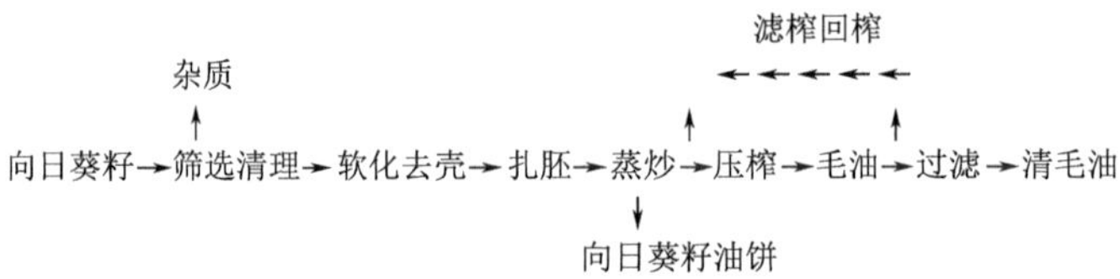

图 5-1　绿色向日葵籽油工艺流程图(孙国秀,1981)

张亚丽等(2016)以葵花籽(油葵)为原料,研究炒籽压榨、压榨油吸附精炼和冷冻脱蜡生产浓香葵花籽油技术。炒籽压榨操作条件为:炒籽温度 160 ℃,炒籽时间 40 min,入榨前加入热水 3%;吸附精炼操作条件为:吸附剂加入量 1.5%,吸附温度 60 ℃,搅拌吸附时间 40 min;冷冻脱蜡操作条件为:带吸附剂冷冻温度 4 ℃,冷冻时间 24 h。采用该技术生产的葵花籽油满足 GB 10464—2003 压榨三级葵花籽油技术指标要求,具有浓香葵花籽油特征香味,天然 VE 保留率达 95%以上。

张玉峰等(2008)提出 21 世纪榨油新概念——低温压榨制油新工艺。低温压榨所得的油品色泽浅,磷脂含量很低,无须水化脱胶或用碱液、白土等进行脱酸、脱色、脱臭,只需经过沉淀、过滤等精炼处理后即可直接装瓶出售,从而保留了油品的天然特性和营养成分。与传统榨油机相比,新型低温榨油机加工原料品种多,出油率高,操作简单,安装方便,无须专设地基,并且简化了榨油工序,不需要油料的预先脱皮、蒸炒、粉碎及后期复杂的油脂净化工序,油料可以直接加入榨油机内榨油,只需要 1 min 就可以出油,榨出的毛油经过自然沉降后即可食用。榨制过程实现微电脑程序控制,自动化程度高,劳动强度低。由于油料在机内处理的时间短、温度低,油脂不分解甘油和脂肪酸,故油品不易变质。目前,俄罗斯、乌克兰及欧美等大多数发达国家都直接食用低温榨油机压榨的植物油。该机可冷榨胡麻、菜籽、花生、大豆、油葵等多种油料作物,是传统油品加工升级换代的首选设备。

(二)油葵油的保健功能

向日葵籽油是一种可供食用的稳定的油脂,其营养丰富、油色金黄、滋味纯正、清明透亮,有令人喜食的清香味。含有维生素、矿物质、亚油酸(含量为 66%)等人体必需的不饱和脂肪酸(含量高达 90%),维生素 E、磷脂、胡萝卜素等,因此,向日葵籽油在国外被誉为保健佳品、高级营养油、健康油等。

葵花籽油人体消化率可达 96.5%,含有葡萄糖、蔗糖等营养物质,其发热量也高于豆油、花生油、麻油、玉米油等,每克可产生 9.499 卡热量。其熔点也较低,宜于被人体吸收,吸收率可达 98%以上。另外,它稍经加热,香味浓郁,是除了芝麻油外味道最好的食用油。

葵花籽油富含亚油酸,亚油酸含量高达 58%~69%,能清除体内的"垃圾";少年儿童经常食用,有助于生长发育,健脑益智;孕妇经常食用,有利于胎儿发育和增加母乳,并可辅助治疗孕期糖尿病;中老年食用,具有溶解胆固醇在血液中的淤积、降低血脂含量、促进人体细胞的再生和生长、合成和修补细胞膜、阻碍化学致癌物进入等多种功能,对预防动脉硬化、高血压、冠心病有一定作用。

葵花籽油富含维生素 E,主要有 4 种,即 α-、β-、γ-和 δ-,尤其是有青春美容素之美称,最具生物活性的维生素 α-有利于抗氧化,长期食用可以延缓衰老,使肌肤润泽有弹性。丰富的维生素 E、不饱和脂肪酸、亚油酸,有助于降低人体的血液胆固醇、降低血压和甘油三酯;且有利于治疗失眠、增强记忆力、预防神经衰弱和皮肤干裂等。

胡超等(2017)综述了葵花籽油的活性成分。有亚油酸(占不饱和脂肪酸的 60%以上)、绿原酸、活性肽、膳食纤维、维生素、磷脂、微量矿质元素等。

吴正达(2001)编译介绍了世界产量排名第四的重要油源——向日葵油的种类、所含成分、特性及其油酸的营养价值、医疗保健和抑制 LDL 氧化的作用。①向日葵油的种类与成分。向日葵油的脂肪酸组成有棕榈酸、硬脂酸、油酸、亚油酸、α-亚麻酸等。由于向日葵油亚油酸含量仅次于红花油,因而使它在降低血浆胆固醇浓度、预防冠状动脉疾病上引人注目。过去的向日葵种亚油酸含量为 30%~70%,现在的高亚油酸种,亚油酸量达到 70%。最近又开发了高油酸品种(油酸约 80%)并逐步推广。其含量比以前开发的高油酸红花油(油酸约 75%)还高,可与橄榄油匹敌。向日葵油成分中的生育酚,有 4 种同系物(α、β、γ、δ)分别显示不同的抗氧化性能。生物体内的抗氧化性,以具有维生素 E 效果的 α 型最强。高油酸种和高亚油酸种的向日葵油,均含大量 α 型生育酚。②高油酸向日葵油的特性。油酸为一价不饱和脂肪酸,在氧化稳定性上比亚油酸、α-亚麻酸等多价不饱和脂肪酸高。因此,高油酸向日葵油比含多价不饱和脂肪酸的一般植物油稳定性好,具有烹调上的各种价值。不仅用于家庭烹调,也可用于要求存放时间长的快餐食品类和糕点类。高油酸向日葵油最适于用作调味用的生食油、煎炸油和炒菜油。油在保存中因氧和光的影响而产生劣化,使风味下降,但具有优良稳定性的高油酸向日葵油却是一种可长期保存风味的油,加热时臭味少。③油酸的营养。所谓营养也就是有利于健康。但不限于油脂,所有的食物,即使再好,都不能过多地偏食,否则会引起其他问题。由于油酸的比率稍高有利于防止动脉硬化,再加上氧化稳定性高对生物体的安全性以及脂肪代谢物无须强烈生物活性的前列腺素的参与,因此,可放心摄取,无须担心过剩摄取的障碍。油酸有降低血浆胆固醇和抑制 LDL 氧化的作用。

汪家灼(2005)也指出向日葵油的主要成分是多不饱和脂肪酸。还有亚油酸 29.9%~72.0%,油酸 29.3%~60.0%,硬脂酸 1.7%~3.9%,棕榈酸 4.6~6.8%,山嵛酸 0.3%~1.0%,亚麻油酸 0.2%~0.5%,也含有少量的游离脂肪酸等。向日葵油成分含量与油菜籽、大豆、花生基本相似,但多不饱和脂肪酸含量较花生油、大豆油高。多不饱和脂肪酸有助于人体发育与生理调节，能将沉积在肠壁上过多的胆固醇脱离下来，对于预防动脉硬化、高血压、冠心病有一定作用。

二、提取

（一）提取有机酸

草酸主要用作还原剂和漂白剂，用于生产抗生素和冰片等药物以及提炼稀有金属的溶剂、染料还原剂、鞣革剂等。在有机合成工业中主要用于生产对苯二酚、季戊四醇、草酸钴、草酸镍、没食子酸等化工产品。草酸锑可作媒染剂，草酸铁铵是印制蓝图的药剂。同时兼具除锈功能。

戴素杰(2006)研究了以植物纤维向日葵壳为原料，采用水解—氧化—水解法制取草酸（乙二酸）的新工艺。与用同类原料、其他方法制草酸相比，在提高产率、降低生产成本以及易于工业化方面有很大突破。

绿原酸是葵花籽粕中的一种活性物质，现代科学对绿原酸生物活性的研究已深入到食品、保健、医药和日用化工等多个领域。绿原酸是一种重要的生物活性物质，具有抗菌、抗病毒、增高白细胞、保肝利胆、抗肿瘤、降血压、降血脂、清除自由基和兴奋中枢神经系统等作用。同时，绿原酸是天然的饲料抗氧化剂、抗菌剂，在禽畜机体免疫调节方面具有突出作用，是一种不可多得的替代抗生素的新型绿色饲料添加剂。

段林东等(2006)曾采用正交试验方法确定了向日葵籽壳中的主要抗菌成分绿原酸类物质的最佳水浸提工艺条件为料水比 1∶10，浸提温度 60 ℃，pH6，提取物最大吸收波长为 326 nm。抑菌试验结果表明，向日葵籽壳绿原酸类物质提取液对大肠杆菌、金黄色葡萄球菌、枯草杆菌都有一定的抑菌作用，最低抑菌浓度分别为 2.6%、2.0%、1.2%(mL/100mL)。

邓本兴等(2011)介绍，绿原酸是一种重要的生物活性物质。提取方法有很多，如乙醇回流法、水浸提取法、超声波提取法、微波提取法、酶提取法、大孔树脂吸附法等。这些工艺都有各自的优点，能够满足不同工艺的要求。

朱浙辉等(2015)为了优化油葵籽粕中绿原酸的醇提工艺，探讨浸提时间、浸提温度、固液比对绿原酸提取率的影响。结果表明，在试验条件限定的范围内，对浸提率影响的主次顺序为温度＞固液比＞时间。根据各因素不同水平下的绿原酸提取率可知，浸提时间 30 min、温度 60 ℃、固液比 1∶40 最合适。

袁粉粉等(2018)曾采用微波技术提取葵花籽粕中的绿原酸，并优化提取工艺条件，为绿原酸在饲料中的应用提供参考。试验首先研究了微波提取葵花籽粕绿原酸过程中乙醇体积分数、微波时间、微波功率、微波温度、料液比 5 个因素对提取率的影响，在此基础上，通过正交实验优化提取工艺。结果显示，乙醇体积分数 60%，微波时间 4 min，微波功率 300 W，微波温度 60 ℃，料液比 1∶18(g/mL)时，葵花籽粕中绿原酸的提取率最高，达 4.925%。绿原酸是天然饲料的抗氧化剂、抗菌剂，在禽畜机体免疫调节方面具有突出作用，是不可多得的天然绿色饲料添加剂。

张涛等(2013)以绿原酸提取率为考察指标，在单因素试验的基础上，通过正交试验设计优化葵粕中绿原酸的微波辅助提取工艺，探讨了乙醇体积分数、料液比、提取时间、微波时间和微波功率对提取工艺的影响，从而获得最佳的生产工艺条件，试验优化的工艺参数为下一步的工业化生产奠定了一定的理论基础。

刘振春等(2016)以葵花籽仁为原料,优化提取绿原酸的工艺条件。以乙醇为提取溶剂、绿原酸提取率为指标,采用超声波微波辅助法提取葵花籽绿原酸,在单因素试验的基础上,选取液料比、超声波功率、微波功率为影响绿原酸提取率的主要因素,采用响应面试验方法对绿原酸提取工艺进行优化,并对绿原酸提取率的二次回归模型进行分析。试验结果表明,绿原酸的提取率随着液料比的增加呈现先增大后保持不变的趋势,而随着乙醇体积分数、超声波功率、微波功率、微波辐射时间的增加呈现先增大后减小的变化趋势。超声波微波辅助法提取葵花籽绿原酸具有操作简单、时间短、提取率高等特点。

李彩云等(2016)研究了乙醇溶液为溶剂微波超声辅助提取葵花籽粕中绿原酸的优化工艺。在单因素实验的基础上采用星点设计响应面法,选择三因素(料液比、乙醇体积分数、超声时间)的最适值作为响应面优化的中心点,进行响应面分析优化提取工艺。结果表明,各因素对绿原酸得率影响的显著性顺序依次为料液比>超声时间>乙醇体积分数,避免了过高温度对绿原酸的降解及对葵花籽粕中蛋白质的变性,同时缩短了提取时间,提高了绿原酸得率,为工业生产提供了可靠的理论参数。

李延辉等(2014)研究从葵花籽仁中提取绿原酸的最佳工艺条件。比较乙醇浸提法、微波提取法、超声波法的提取率,确定提取绿原酸的最佳方法为超声波法。研究乙醇浓度(A)、提取温度(B)、提取时间(C)、超声波功率(D)、料液比(E)对葵花籽绿原酸得率的影响,通过单因素及正交试验,结果显示,各因素对提取效果影响的顺序主次为乙醇浓度>超声波功率>提取温度>提取时间。最佳提取工艺条件为:乙醇浓度 75%,提取温度 40 ℃,提取时间 30 min,超声波功率 300 W。在此条件下,绿原酸的提取率达到最大值。

陈永胜等(2008)为了优化葵花籽粕中绿原酸的提取工艺,采用纤维素酶、蛋白酶以及纤维素酶和蛋白酶联合作用于葵花籽粕提取绿原酸,探讨酶解时间、酶用量对绿原酸提取率的影响。结果表明,纤维素酶和蛋白酶联合作用能显著提高绿原酸的提取率,酶解法为天然产物提取中的新兴技术,利用酶制剂可以降解植物细胞壁,使胞内有效成分最大限度溶出,同时酶解可以较温和地将植物组织分解,保证了提取物的性质和结构的稳定。

何荣海等(2012)以微波辅助回流提取的方法从葵花籽粕中提取绿原酸。研究了微波辅助提取绿原酸过程中料液比、微波辐射功率、乙醇体积分数以及提取时间对绿原酸得率影响的单因素试验,该研究所用的微波辅助回流提取仅用 20 min,大大缩短提取时间,对提高生产效率有明显的价值。经测定,葵花籽粕绿原酸对 DPPH 自由基有明显的清除作用。

(二)提取色素

葵花籽壳色素含量较高,提取工艺简单,提取剂可以反复使用,成本较低。色素安全,无异味,且有特殊香气,易溶于水。总之,葵花籽壳色素的提取是向日葵增值的又一新途径。

张海悦等(2009)以黑色葵花籽壳为原料,用加酸乙醇溶液浸泡提取天然红色素,并从光、温度、pH 值、糖类、金属离子以及常用食品添加剂的影响等方面对色素的稳定性进行了研究。实验证明,葵花籽壳色素属花色苷类,可以适用大多数食品,是一种值得开发的天然食用色素资源。

梁琪等(2002)介绍,以水为溶剂从油葵籽皮中提取紫红色素,并用 721-3 型分光光度计对该色素在不同温度、pH 值、光照及不同介质条件下的稳定性进行了检测。结果表明,此色素是水溶性色素,在酸性、中性及弱碱性条件下稳定性较好。但光照、氧化剂、还原剂、强碱条件及一些金属离子对其稳定性有一定的影响。

冯世江等(2010a,2010b)曾对油葵籽壳红色素的提取条件以及温度、pH值、光照、常用食品添加剂、金属离子对油葵籽壳红色素稳定性的影响进行了系统研究。结果表明，料液比 1∶20(g/mL)、50 ℃恒温、30%乙醇(pH2.0)、浸提 60 min，采用 3 次浸提，提取得率可达 96.76%。色素在 pH 2～6、温度 65 ℃以内比较稳定；光照能加快色素降解；K^+ 和 Ca^{2+} 对该色素无不良影响；而 Cu^{2+}、Al^{3+}、Fe^{3+}、Sn^{2+}(锡离子)和 Ph^{2+}(苯基)对该色素有较大影响；常用食品添加剂对色素稳定性无影响。因此，油葵籽壳红色素作为食用色素具有很好的开发价值。

谢姣等(2012)通过对葵花籽壳红色素的提取、纯化方法以及稳定性实验研究，证实提取葵花壳红色素的可行性及其利用价值。以葵花籽壳为原料，采用超声波辅助溶剂法，即 50%乙醇溶液(pH1～2)提取红色素，通过正交试验得最佳提取条件为超声温度 55 ℃、料液比 1∶16(g/mL)、超声时间 10 min，经验证实验得葵花籽壳红色素的提取率为 8.2%。葵花籽壳红色素的稳定性实验表明，加入不同浓度的氧化剂、还原剂、食品添加剂及不同环境光照处理，红色素的颜色、OD 值变化较小，稳定性较好；但温度大于 80 ℃及 pH≥3 的条件下，红色素颜色和 OD 值变化较大，稳定性不好。将提取的粗品进行纯化试验，所得葵花籽壳红色素的提纯率为 6.30%。

王鹏等(2008)介绍了葵花籽壳红色素的最佳提取溶剂为酸化乙醇(50%的乙醇用 0.1%盐酸调 pH 为 3.5～3.8)，提取工艺参数为物料比为 1∶20，提取时间 2 h，提取次数 2 次。葵花壳红色素为水溶性和醇溶性色素，在酸性条件下能保持原有色泽的稳定性，但在碱性条件下稳定性较差，色泽改变，因此该色素适宜用在酸性食品中。葵花壳红色素有一定的耐热性，但高温对其有影响，光对葵花壳红色素稳定性也有影响，因此加工、保存和贮藏时注意避光。经大孔吸附树脂 HPD-400 纯化后的葵花壳红色素，其得率可达 16.59%。籽壳充分利用可生产天然红色素，不但可变废为宝，节约资源，还可充分提高其经济价值，必将产生良好的社会和经济效益。

张加林等(2011)利用微波(480W)辅助提取的黑葵花籽壳色素对蔗糖、葡萄糖、淀粉、氯化钠较稳定，柠檬酸、醋酸、苯甲酸对色素有增色作用。对温度、日光的稳定性较高。但受氧化剂、还原剂的影响较大。开发和应用天然色素是当代食品工业发展的总趋势。为了寻找一种色彩鲜艳、无毒无害、有利于人体健康的着色剂，以云南澄江的黑葵花籽壳为原料，用微波辅助提取，并对其稳定性做了进一步的研究，旨在为开发和应用该色素提供科学依据。

杨林娴等(2008)为了寻找一种新型着色剂，研究了黑葵花籽壳色素的提取条件和稳定性。用水做提取液提取黑葵花籽壳后得到一种醋酸对其有增色作用的色素。对温度、日光的稳定性较高。但受氧化剂、还原剂的影响较大。黑葵花籽壳色素在未被提取时，看上去是紫黑色的，利用价值不大，但是用水做提取液提取壳后得到一种酒红色鲜艳的色素，60%乙醇提取的色素没有用水提取的颜色深。溶液的 pH、氧化剂、还原剂对该色素影响较大。温度、日光、食品添加剂中除酸性物质外，对该色素影响均不明显。

(三)提取多糖

向日葵盘中提取的水溶性多糖具有一定的抗氧化能力，粗多糖质量浓度为 5 mg/mL 时，对羟自由基清除率为 78.1%，对超氧阴离子抑制率可达 82%。推测羟自由基是由于能与向日葵盘可溶性多糖碳氢链上的氢原子结合成水而被清除，超氧阴离子能与多糖发生氧化反应从而达到抑制的目的，目前多糖抗氧化作用的研究还停留在表面阶段，有待继续深入。

王栋等(2014)通过单因素、双因素和正交试验，研究了油葵葵盘多糖提取过程中不同因素对多糖得率的影响。结果表明，水提温度、固液比、水提时间与多糖得率在一定范围内有关，适量的滤液/乙醇比例有利于多糖的获取。油葵葵盘多糖的最佳提取工艺为固液比 1∶80（m∶m）、水提温度 80 ℃、水提时间 2.5h、滤液/乙醇比 1∶5（V∶V），在此条件下多糖得率为 23.28%。

张喜峰等（2012）试验通过单因素与二次回归正交旋转组合相结合的方法研究了固液比（g/mL）、浸提温度、浸提时间对葵花籽水溶性多糖提取率的影响，确定多糖提取较优的工艺范围。结果表明，各个因素对多糖提取率影响大小的顺序是：固液比＞提取时间＞提取温度。频率分析法得到葵花籽多糖最优提取工艺为温度 64.2 ℃、时间 34.9 min、固液比 1.0∶17.6，在此工艺条件下葵花籽水溶性多糖提取率为 7.1%，此法有望成为葵花籽深加工和综合利用的重要途径。

（四）提取黄酮

黄酮是一种很强的抗氧化剂，可有效清除体内的氧自由基，可以阻止细胞的退化、衰老，也可阻止癌症的发生。黄酮可以改善血液循环，可以降低胆固醇，向日葵黄酮还含有一种 PAF 抗凝因子，这些作用大大降低了心脑血管疾病的发病率，也可改善心脑血管疾病的症状。黄酮可以抑制炎性生物酶的渗出，可以增进伤口愈合和止痛，栎素由于具有强抗组织胺性，可以用于各类敏感症。所以，提取黄酮类物质的方法值得探究。

向日葵盘中含有丰富的黄酮类化合物。通过大孔树脂 D101 对向日葵提取物的纯化，可得到纯度为 73.24%、回收率 71.27%的黄酮类化合物。利用得到的黄酮化合物诱导前列腺癌细胞 DU145 的凋亡试验表明，黄酮化合物作用 48 h 后，细胞总数减少，增殖受到抑制，部分细胞崩解死亡，4d 可抑制 58%细胞的生长，具有明显的抑制作用。

张海悦等（2016）利用响应面法对黑葵花籽壳中黄酮类化合物的提取条件进行了优化，得出了黑葵花籽壳黄酮类化合物的最佳工艺条件。结果表明，从黑葵花籽壳中提取黄酮类化合物的最佳乙醇浓度为 70%vol，最佳提取温度为 50 ℃，提取时间为 2 h，料液比为 1∶23（m/V）。在此条件下提取率由 5.6%提高到 6.2%。对葵花籽壳黄酮的抗氧化研究表明，葵花籽壳黄酮的还原能力和超氧阴离子自由基（O·）的清除作用均明显高于 2,6-二叔丁基对甲酚（BHT）；在质量浓度小于 8.0mg/L 时，葵花籽壳黄酮对羟基自由基（·OH）的清除率高于 BHT，而在质量浓度大于 8.0m/L 时低于 BHT。

许中畅（2016）开展了向日葵花盘总黄酮的提取、纯化及其活性研究，采用黄酮提取经典方法——乙醇回流提取法，对葵花盘总黄酮进行提取，并通过验证实验得出乙醇回流提取葵盘总黄酮的最佳提取条件。聚酰胺树脂适合于葵花盘总黄酮的纯化，在最佳上样和洗脱条件下，经过聚酰胺树脂柱层析解析后得到的葵花盘总黄酮的纯度为 64.5%。葵花盘总黄酮抗氧化能力与样品浓度存在线性关系，可以预测当葵花盘总黄酮浓度达到一定值时，其抗氧化活性可以与维生素 C 相媲美，在必要时可取代维生素 C 作为天然优良抗氧化剂使用。葵花盘总黄酮有望成为一种具有保健功能的天然油脂抗氧化剂。抑菌试验表明，葵花盘总黄酮对食品中常见的致病菌均具有抑制作用，对大肠杆菌抑菌作用较强，其次是金黄色葡萄球菌，对枯草芽孢杆菌的抑制作用较弱。

张海悦等（2018）研究了超声辅助提取葵花籽黄酮的最佳工艺。通过单因素实验选取超声功率、提取温度、液料比、提取时间为考察因素，利用响应面法 Box-Behnken 设计对提取葵花籽黄酮工艺参数进行优化，并用 DPPH·法评价葵花籽黄酮体外抗氧化活性。结果表明，超声辅助提取葵花籽黄酮的最优工艺参数为超声功率 120 W、提取温度 64 ℃、液料比 33∶1、提取时间 28 min，在此条件下，葵花籽黄酮得率为 1.91%；葵花籽黄酮对 DPPH·清除率 IC50 为 0.09 mg/mL，优于食品抗氧化剂 BHT 对 DPPH·清除率（IC50 为 0.11 mg/mL）；与传统的索氏提取法对比，超声辅助法提取葵花籽黄酮时间短、节能和得率高。

三、综合利用

向日葵的综合利用主要针对花盘、茎秆、皮壳、葵花籽粕等进行加工利用并挖掘其潜在价值。刘清等（2011）对目前向日葵副产物的开发利用情况进行了介绍，主要包括秸秆、脱粒后的向日葵盘、压榨后的壳及饼粕 4 类副产物。随着技术设备条件的优化及产业化条件的成熟，向日葵副产物具有十分广阔的开发应用前景，不仅可以作为黄酮、多糖、绿原酸等功能成分的提取原料，还能够制成生物蛋白饲料、吸附剂、包装材料等多种产品。

向日葵花盘、叶子营养丰富，含粗脂肪、粗蛋白，几乎与大麦、燕麦相当。葵花盘中所含的芳香果糖，能使猪增加食欲。将葵花盘在太阳下晒干后，用手撕成小块，再放入粉碎机粉碎，即可制成葵花盘粉，是喂养畜禽的好饲料。用脱粒葵花盘易于消化吸收，应用于反刍动物和猪养殖中的粗饲料。

据马燕（1994）介绍，向日葵的茎秆、叶、花盘和壳、花等用途很多。榨油后的油饼，营养丰富，蛋白质、脂肪、糖分、磷、钾含量多，并可制作各类食品，而且是很好的家畜精饲料和改良土壤的优质肥料。茎秆和籽实皮壳可作燃料，燃后的灰分含钾、钙量高，是优质的钾肥和钙肥。茎秆还是造纸原料，也是良好的隔音板原料。

高银祥（2015）开展了向日葵花盘抗肿瘤有效组分筛选及其活性机制研究。研究了向日葵（除籽之外）资源药用组分分布和积累规律，针对向日葵抗肿瘤活性组分进行了筛选，并对其抗肿瘤活性作用机制进行了探究，以期对向日葵药用资源和抗肿瘤活性组分的开发利用提供依据。结果表明，向日葵花盘是药用组分在向日葵植株内的主要分布器官。向日葵花盘总提取物的二氯甲烷萃取物具有显著的抗肿瘤活性，且活性作用机制明确。因此，有效地开发向日葵花盘抗肿瘤药用组分，促进向日葵药用资源中药现代化应用，具有重大的经济效益和社会效益。

钟方寅等（2014）开展了向日葵秆和向日葵盘对绵羊营养价值的评定。试验选用 6 只体重 28 kg 左右安装永久瘤胃瘘管的甘肃高山细毛羯羊，采用 3×3 无重复拉丁方设计，通过消化代谢试验，对向日葵秆和向日葵盘对绵羊的营养价值进行了评定。饲粮中添加向日葵秆对绵羊瘤胃液中乙酸摩尔比及氨氮含量产生了显著的影响（$P<0.05$），对瘤胃液 pH 总挥发性脂肪酸、丙酸摩尔比、丁酸摩尔比、其他酸摩尔比及瘤胃液中总氮、尿素氮、蛋白氮浓度均无显著影响（$P>0.05$）；饲粮中添加向日葵盘对绵羊瘤胃液乙酸摩尔比、丙酸摩尔比和乙酸/丙酸产生了显著的影响（$P<0.05$），对 pH 值、总挥发性脂肪酸、丁酸摩尔比、其他酸摩尔比和瘤胃液含氮量无显著影响（$P>0.05$）。

随着农牧业的发展，农作物秸秆作为非竞争性饲料资源，价格低廉，来源广泛，是反刍动物重要的饲料来源，具有极大的开发潜力和利用价值，提高秸秆产量和饲用品质对于农牧业可持续发展具有重要意义。葵花秆粉碎经微生物发酵后可制作发酵床进行养猪圈、加入沼气池发酵制作沼气、还田作有机肥等。

刘清等（2011）提到，向日葵秸秆作为生物质原料，可用于废水处理。向日葵秸秆对纺织印染废水中的两种碱性燃料亚甲基蓝和碱性红 9 的吸附性很强，秆对 Cr^{3+} 和 Cr^{6+} 离子也有很好的去除效果。为更好地利用向日葵秸秆，已对利用葵花秸秆为原料制人造板接近于木制刨花板，但其生产成本比木制刨花板低15%～20%，具有更强的市场竞争力。向日葵秸秆含有丰富的纤维成分，可利用其纤维素骨架制备吸水材料，也可作为生产新型生物质缓冲包装材料的原料。

陈小强等(2019)以向日葵茎髓为原料，制得3种不同极性向日葵茎髓提取物。采用琼脂扩散法测定3种不同极性向日葵茎髓提取物对4种受试菌的抑菌活性；并以其中的金黄色葡萄球菌和大肠杆菌为研究对象，探讨了乙酸乙酯萃取部位(EE)的抑菌机制。结果显示，不同极性萃取部位对4种受试菌均有一定的抑制作用。抑菌作用与其总酚、总黄酮含量呈显著正相关性($P<0.05$)。通过SEM分析发现，EE处理引起菌体形态变化，破坏菌体的细胞膜结构；EE可增加金黄色葡萄球菌和大肠杆菌细胞膜结构的通透性，使菌体内的电解质、蛋白质、碱性磷酸酶向胞外泄露；应用4,6-二脒基-2-苯基吲哚(DAPI)染色和荧光检测发现，EE能干扰细菌遗传物质(DNA)的复制，最终抑制受试菌增殖。

李仲康等(2008)报道宁蒗县用向日葵秆替代木杆种植白芸豆，经3年的试验和示范都获得了成功。扦插方法：先用1根长约60 cm、粗约5 cm的木桩，在地上打25～30 cm的洞(打成倾斜的洞)，再将向日葵秆斜插入洞中。如有空隙，则用细土填满。要求每塘白芸豆中插1根向日葵秆，每2根秆于1.5m左右处斜交叉，交叉处不用捆绑，经白芸豆茎蔓生长环绕后自然形成捆绑。用向日葵秆替代木杆种植白芸豆，不但可以避免农林矛盾，而且可以带来增收增效。

中国每年约产100万t向日葵盘，其中副产物葵花籽壳约有70万t。葵花籽壳可作为燃料进行燃烧，但容易造成环境污染。因此，随着科学的发展，开发探究出其一系列附加价值，葵花籽壳可以作为生产燃料乙醇的纤维质原料，作为目前淀粉类、糖类原料的有效补充。葵花籽壳从水溶液中除去染料，是一种有效的低成本吸附剂；葵花籽壳还可作为提取可食用天然色素的原料，天然色素不仅安全性好，还具有营养和医药作用，可广泛用于食品生产中对产品的着色；葵花籽壳中含有具极高药用价值的绿原酸，葵花籽壳的绿原酸提取液对大肠杆菌、金黄色葡萄球菌、枯草杆菌均有一定的抑制作用；以葵花壳为原料采用水解—氧化—水解的工艺，可制取重要的化工原料——草酸；将葵花籽壳经炭化和活化制成活性炭，可以缓解活性炭在国内外供不应求的局面。

葵花籽粕是葵花籽经预压榨或直接浸出榨取油脂之后的物质，其富含各种微量元素、蛋白质、维生素、氨基酸等，营养价值高；葵籽饼粕产量在所有油料饼类中居第2位，葵花粕的纤维含量较高，能量相对豆粕较低，葵花籽粕中含有高于其他谷物的优质蛋白质，作为植物蛋白的重要来源之一，其还含有丰富的铁、锌、锰、钾等微量元素，可作为蛋白饲用原料来配制多样性的禽畜口粮，开发利用潜力巨大。葵花籽粕中除富含29%～43%的优质植物蛋白且氨基酸组成均衡外，还含有大量的矿物质、维生素、类脂、碳水化合物及生物活性成分等。尤其是葵花籽粕蛋白酶解物中的小分子肽等对调节机能、提高免疫力、抗氧化、预防疾病方面具有重要作用。

史碧波等(2012)介绍了从油葵饼粕中提取分离蛋白。通过单因素试验和正交试验对乙醇浓度、粕液比、pH值和温度等因素进行了研究，得出了最佳的蛋白质提取条件。结果表明，油葵饼粕分离蛋白提取的最佳工艺条件为pH 4.5、温度40 ℃、粕液比1∶15和乙醇浓度95%，在此条件下油葵饼粕分离蛋白的提取率可达到12.86%。

刘文静等(2017)以当地油脂厂工业副产物葵花籽粕为原料，分离含有少量多酚类物质的可溶性蛋白粉。经测定，提取后的葵花籽蛋白含量为67.1%、白度为78%、脂肪为1‰、绿原酸为1.12%。由于蛋白质没有经过纯化含有部分多酚类物质，所得的产品具有抗氧化活性。分离出来的蛋白具有很好的理化性质及功能性质，可作为活性物质应用于功能性食品研究与开发。

赵微微等(2018)开展了新型复合葵花籽粕多肽功能茶饮料的研制。以葵花籽粕和红茶为主要原料，研究制备葵花籽粕多肽功能茶饮料的最优工艺。从葵花籽粕中提取蛋白质后再进行酶解得到多肽粉，对多肽粉进行口味调配、灌装、杀菌等一系列工序后，以感官评价为指标，通过单因素试验和正交试验得到最佳的多肽功能茶饮料的工艺参数。结果表明，新型复合葵花籽粕多肽功能茶饮料的最佳复配参数为：多肽液液料比15∶1、红茶粉添加量0.5%、蜂蜜添加量7%和稳定剂添加量0.3%，在此条件下，此功能茶饮料营养丰富又美味可口。

周锦龙等(2019)研究了日粮中不同添加比例葵花籽粕对蛋鸡生产性能和蛋品质的影响。试验动物选取320日龄、产蛋率90%左右的健康海兰褐蛋鸡360羽，根据产蛋率和蛋重随机分为4个处理，每个处理5个重复，每个重复18羽。对照组饲喂基础日粮，试验组分别在基础日粮中添加3%、6%、9%的葵花籽粕替代豆粕。试验结果表明，日粮中添加不同比例葵花粕对蛋鸡生产性能、蛋壳厚度无显著影响。随着葵花籽粕添加量的增加，蛋鸡产蛋率、产蛋量和采食量与对照组相比差异不显著，但有上升的趋势；在日粮中添加6%、9%葵花籽粕组相对对照组经济效益分别上升了0.66%、3.28%。

邹轶等(2018)介绍葵花籽粕在肉鸡饲粮中的应用。葵花籽粕可作为一种非常规的蛋白质原料用于肉鸡饲粮生产中。在豆粕价格居高不下的今天，葵花籽粕能作为一种有效的蛋白质资源用于肉鸡营养中。因此，建议肉鸡饲粮中葵花籽粕的最大添加量为10%～15%。邹轶等(2018)搜集并分析了国外关于葵花籽粕在肉鸡饲粮中应用方面的文章，对葵花籽粕理化指标及其对肉鸡的营养价值、氨基酸消化率、抗营养成分和饲粮中适宜添加量等方面的内容进行了系统性综述，为葵花籽粕在肉鸡生产中的实际运用提供参考。

高荣丽等(2006)介绍了葵花籽粕的综合利用。对从葵花籽粕中提取绿原酸和葵花籽分离蛋白的制备工艺进行了研究。通过实验，获得了提取绿原酸和蛋白质的最佳工艺参数。采用乙醇，料液比1∶12、浸提1.5 h、温度50 ℃、pH 4首先提取绿原酸，然后用1 mol/L NaCL溶液，料液比1∶10、时间1 h、温度50 ℃、pH 9提取葵花籽分离蛋白。

杨晨等(2020)介绍葵花籽粕是葵花籽提油后的副产品。葵花籽粕蛋白品质优，各氨基酸组成平衡，此外葵花籽粕中还含有绿原酸、黄酮等多种活性物质，营养价值高，具有广阔的应用前景。从葵花籽粕作为原料提取有效成分及作为饲料用原料两方面对葵花籽粕资源的综合利用情况进行了阐述，以期为葵花籽粕的进一步开发利用提供参考。作为葵花籽油加工的副产物，中国葵花籽粕资源丰富，可从葵花籽粕中提取蛋白质、多肽、绿原酸等高附加值产品，但目前葵花籽粕的利用率并不高，多用作蛋白饲料原料，造成了资源的浪费。因此，加大对葵花籽粕精深加工的应用研究，不仅能有效地促进葵花籽粕资源的综合利用，进一步提高葵花籽粕的经济效益，还可以推动葵花籽整个加工产业的健康发展，具有重大意义。

随着向日葵产量的逐步提高，充分利用向日葵及其副产物资源已成为亟待解决的问题。通过发展规模化种植、建立技术集成及积极推广应用产业化成果，能够促进向日葵副产物开发利用技术的日趋成熟，丰富产品种类，扩大应用领域，使向日葵资源得到充分的开发和利用，在提高向日葵经济价值的同时，为人们的生活带来更多更新的产品。

参考文献

白宝璋. Dragan M,1989. 向日葵种仁蛋白质与氨基酸的分析[J]. 中国油料作物学报(1):50-52.

包海柱,高聚林,马庆,等,2013a. 油用型向日葵籽实品质性状的遗传研究[J]. 中国粮油学报,28(7):50-59.

包海柱,高聚林,马庆,等,2013b. 基于ADM模型的油用型向日葵籽实含油率动态发育遗传研究[J]. 中国油料作物学报,35(5):533-538.

陈炳东,岳云,黄高宝,等,2007. 油葵含油率及脂肪酸组成与土壤盐含量的关系[J]. 中国油料作物学报,29(4):483-486.

陈国友,杜英秋,金海涛,等,2019. 微波消解—电感耦合等离子体质谱法测定新疆栽培新品种葵花籽仁中31种矿质元素[J]. 沈阳农业大学学报,50(4):421-428.

陈小强,张鹤,杨逢建,等,2019. 向日葵茎髓提取物的抑菌活性及机制[J]. 精细化工,36(04):649-657.

陈永胜,李志光,董建国,2008. 酶解法提取葵花粕绿原酸工艺研究[J]. 食品科学(2):202-204.

戴素杰,2006. 向日葵壳水解—氧化—水解法制取草酸新工艺研究[J]. 内蒙古石油化工(7):6-7.

党柯柯,张骞,何文寿,等,2017. 施肥对盐化土壤油葵养分吸收及产量和品质的影响[J]. 江苏农业科学,45(10):70-76.

邓本兴,张维刚,陈敬欢,等,2011. 葵花籽粕中绿原酸提取工艺的研究进展[J]. 广东化工,38(1):82-83.

邓力群,刘兆普,沈其荣,等,2002. 不同施氮水平对滨海盐土上油葵产量与品质的影响[J]. 土壤肥料(6):24-28.

董贵俊,刘公社,潘卫东,2005. 向日葵种质资源维生素E含量及相关变量的初步评价[J]. 植物遗传资源学报,6(2):178-181.

段林东,王秀群,2006. 向日葵籽壳氯原酸的提取及其抑菌效果的研究[J]. 西南农业大学学报:自然科学版,28(1):124-126.

段玉,张君,安昊,等,2018. 基施钾肥有效提高内蒙古河套灌区向日葵产量和油分品质[J]. 植物营养与肥料学报,24(5):1349-1356.

范丽娟,2014. 向日葵产量及品质形成因素分析[J]. 现代农业科技(19):65-68.

冯世江,魏丽,2010a. 酸化乙醇法提取油葵籽壳红色素工艺的研究[J]. 科技信息(4):85-86.

冯世江,魏丽,2010b. 油葵籽壳红色素酸化乙醇法提取工艺及其稳定性的研究[J]. 现代农业科技,26(3):295-299.

奉斌,杨航,李慧琳,等,2020a. 贵州地方向日葵种质资源脂肪酸成分分析[J]. 农家科技(6):60-61.

奉斌,李慧琳,杨航,等,2020b. 生态环境因子对不同基因型向日葵材料主要品质性状的影响[J]. 种子,39(3):82-85.

高荣丽,陶冠军,杨严俊,2006. 葵花籽粕的综合利用[J]. 食品工业科技,27(7):138-140.

高银祥,2015. 向日葵花盘抗肿瘤有效组分筛选及其活性机制研究[D]. 哈尔滨:东北林业大学.

葛春芳,1990. 向日葵品质性状的研究[J]. 辽宁农业科学(2):9-12.

葛春芳,张鉴,刘秋,1996. 气候条件对向日葵脂肪酸组成的影响[J]. 辽宁农业科学(4):10-12.

郭亨,1985. 向日葵籽实蛋白质的品质分析[J]. 辽宁农业科学(2):23-24.

何荣海,翟庆娇,仲晗实,等,2012. 微波辅助回流提取葵花籽粕绿原酸的研究[J]. 中国油脂,27(9):107-111.

胡超,杨陈,黄凤洪,等,2017. 葵花籽活性成分及生理功能研究进展[J]. 中国食物与营养,23(10):58-62.

黄传贵,裴以川,李文光,等,1999. 气相色谱法测定油葵子油中脂肪酸[J]. 中国民族民间医药杂志(3):171-172.

Kandil A,常月帆,1991. 向日葵籽实和油的某些品质特性对不同环境的反应[J]. 国外农学:向日葵(1):36-39.

李彩云,康健,刘晓娜,等,2016. 微波超声辅助优化葵花籽粕绿原酸的提取工艺[J]. 中国油脂,41(02):88-91.

李培江，米瑶，余竞，等，2015. 美国引进向日葵种子含油量和脂肪酸组成比较分析[J]. 中国油脂，40(11)：104-106.

李培江，李碧娟，南伟，等，2017. 油用与食用型向日葵籽形态及主成分差异辨析[J]. 四川大学学报(自然科学版)，54(1)：203-207.

李为萍，史海滨，李仙岳，等，2016. 水氮交互对油用型向日葵粗脂肪及脂肪酸组分的影响[J]. 中国油料作物学报，37(6)：838-845.

李岩，张来林，顾祥明，等，2013. 不同储藏条件对油葵籽生理品质的影响研究[J]. 河南工业大学学报(自然科学版)，34(04)：34-38.

李延辉，塔长青，刘超，等，2014. 葵花籽仁中绿原酸的提取工艺[J]. 食品研究与开发，35(23)：42-46.

李仲康，刘光荣，2008. 利用向日葵秆栽培白芸豆技术[J]. 云南农业科技(03)：34.

梁春波，2018. 油用型向日葵杂交组合籽实含油率与农艺性状的相关和通径分析[J]. 安徽农业科学，46(33)：19-20，24.

梁琪，张鹏，袁翔，等，2002. 油葵色素的提取及其稳定性的研究[J]. 甘肃农业大学学报，37(4)：466-470.

刘清，师建芳，赵威，等，2011. 向日葵副产物资源的综合利用[J]. 农业工程学报，27(增刊2)：336-340.

刘文杰，王波，段维，2020. 播期与密度耦合对向日葵产量、产量构成因素及品质的影响[J]. 新疆农垦科技(9)：3-6.

刘文静，张雪，李鋆一，等，2017. 葵花籽粕中热变性蛋白粉制备工艺的研究[J]. 粮食与油脂，30(11)：79-82.

刘文俊，苏锐，2021. 基于气相色谱法的食用型向日葵籽含油量及脂肪酸组成研究[J]. 食品研究与开发，42(04)：165-169.

刘振春，钱月，2016. 响应面优化超声波微波辅助提取葵花籽绿原酸工艺[J]. 西北农林科技大学学报(自然科学版)，44(10)：157-164.

马燕，1994. 向日葵的综合利用[J]. 新疆农业科技(03)：35.

门果桃，安玉麟，郭富国，等，2001. 油用型向日葵部分性状与籽实含油率的相关性研究[J]. 内蒙古农业科技(6)：10-12.

倪珍，刘兆顺，李淑杰，2010. 吉林西部土壤微量元素与葵花籽品质灰关联分析[J]. 安徽农业科学，38(19)：10129-10131.

潘娜，屈文娇，尹睿红，等，2014. 不同品种葵花籽油氧化稳定性研究[J]. 中国油脂，39(12)：42-45.

祁建勋，张润生，2020. 施不同量硅肥对向日葵产量及品质的影响[J]. 内蒙古农业大学学报(自然科学版)，41(1)：14-18.

钱寅，何进宇，何文寿，2015. 施肥对宁夏盐化土壤油用型向日葵产量与品质的影响[J]. 农业资源与环境学报，2(6)：565-570.

任然，何文寿，何进尚，等，2016. 碱化土壤施肥对油葵养分与品质的影响[J]. 西北农业学报(25)，109-115.

石必显，雷中华，王琴，等，2011. 种植密度对新葵18号生长发育及产量品质的影响[J]. 新疆农业科学，48(4)：629-633.

史碧波，张忠，2012. 油葵饼粕分离蛋白的制备工艺研究[J]. 农业机械(3)：59-61.

孙国秀，1981. 向日葵的加工和利用[J]. 油脂科技(S1)：167-173.

谭桂茹，乔春贵，1992. 植物生长延缓剂B9对向日葵产量和品质的影响[J]. 农业与技术(6)：3.

谭桂茹，白宝樟，乔春贵，等，1994. 植物生长调节剂和营养元素对向日葵产量与品质的影响[J]. 中国油料，16(2)：62-63.

汪家灼，2005. 谈谈向日葵油的营养价值与开发前景[J]. 种子世界(3)：58.

汪磊，谭美莲，傅春玲，等，2020. 利用近红外技术预测向日葵籽仁品质性状[J]. 中国油料作物学报，42(1)：147-153.

王鹏，陈寅初，李万云，等，2008. 葵花籽壳红色素的提取纯化研究[J]. 农产品加工(11)：61-63.

王德兴，崔良基，宋殿秀，等，2012. 氮、磷、钾配施对油葵产量与品质的影响[J]. 辽宁农业科学(1)：4-9.
王栋，张婷婷，马磊，2014. 油葵葵盘多糖的提取及优化[J]. 湖北农业科学，53(13)：3149-3152.
王燕飞，胡启林，贾作忱，等，1994. 新疆油用型向日葵籽实含油率影响因素研究[J]. 新疆农业科学(2)：68-69.
王燕飞，于伯成，向理军，等，1998. 油用型向日葵籽仁蛋白质含量与气候因素的关系[J]. 中国农业气象，19(4)：1-3.
魏廷武，2004. 油用型向日葵籽实主要经济性状与含油率相关性研究[J]. 种子世界(11)：25-26.
吴春胜，胡文河，李夫，1995. 播种期对油用型向日葵产量及品质影响的研究[J]. 农业与技术(1)：7-9.
吴正达，2001. 高油酸向日葵油[J]. 四川粮油科技(3)：49-51.
谢姣，王华，谈安群，等，2012. 葵花壳红色素提取方法[J]. 食品科学，33(4)：128-133.
徐安阳，段维，吴慧，等，2016.3 种植物生长调节剂对向日葵产量与品质的影响[J]. 江苏农业科学，44(5)：149-151.
徐苗，何文寿，马琨，2017. 化肥有机肥配施对油葵产量及品质的影响[J]. 作物杂志(5)：129-135.
许中畅，2016. 向日葵花盘总黄酮的提取、纯化及其活性研究[D]. 长春：长春工业大学.
杨晨，孔凡，田华，等，2020. 葵花籽粕综合利用研究进展[J]. 中国油脂，45(5)：123-127.
杨林娴，张加林，2008. 黑葵花子壳色素的提取及稳定性研究[J]. 科技创新导报(17)：249.
姚云游，姚玮，2014. 影响葵花籽(仁)品质变化的因素及控制方法[J]. 中国油脂，39(9)：85-87.
于海峰，安玉麟，李素萍，等，2010. 油用型向日葵品质形成规律研究[J]. 黑龙江农业科学(9)：14-18.
袁粉粉，余长坡，2018. 葵花籽粕中绿原酸的微波提取工艺研究[J]. 湖南饲料(5)：32-36.
昝亚玲，王磊，2016a. 外源硒对油葵籽仁含油率及脂肪酸含量的影响[J]. 贵州农业科学，44(12)：19-22.
昝亚玲，王磊，2016b. 盐碱地不同向日葵品种营养品质差异性的研究[J]. 运城学院学报，34(3)：59-61.
昝亚玲，张丽光，王创云，等，2020. 土壤施硒酸钠对盐碱地油用型向日葵产量及营养品质的影响[J]. 土壤，52(5)：1011-1016.
曾骏，郭天文，张平良，等，2019. 钾肥种类和施钾时期对油葵产量及品质的影响[J]. 干旱地区农业研究，37(5)：187-192.
张凤华，方向坤，赖先齐，等，2000. 春播与复播油葵籽粒形成期生理特性的研究[J]. 耕作与栽培(5)：24-25.
张海悦，王蕾，2009. 葵花籽壳色素的提取及稳定性研究[J]. 中国酿造，208(7)：72-74.
张海悦，张守媛，2016. 响应面优化黑葵花籽壳中黄酮的提取及抗氧化性研究[J]. 中国酿造(9)：152-156.
张海悦，贺泽民，高瑞苑，等，2018. 超声辅助提取葵花籽黄酮及其抗氧化活性研究[J]. 中国油脂，43(8)：133-136.
张环，徐美蓉，柳利龙，等，2020.13 个油用型向日葵品种籽粒的水分含量及营养成分比较[J]. 甘肃农业科技，20(11)：59-61.
张加林，杨林娴，2011. 微波辅助提取黑葵花籽壳色素的稳定性研究[J]. 农业机械(8)：96-97.
张来林，郑忆青，顾祥明，等，2013. 不同储藏条件对油葵籽储藏品质的影响研究[J]. 河南工业大学学报(自然科学版)，34(5)：29-34.
张平良，曾骏，郭天文，等，2020. 全膜双垄沟播与施钾量对半干旱区油葵籽仁品质的影响[J]. 甘肃农业科技(6)：64-68.
张太平，1995. 黔南山区油料作物资源的品质分析及其相关研究[J]. 贵州农业科学(1)：43-46.
张涛，刘会平，王浩，等，2013. 微波辅助提取葵粕中绿原酸的工艺研究[J]. 食品工业，34(9)：22-25.
张喜峰，史庚林，李彩霞，等，2012. 葵花籽水溶性多糖的提取工艺研究[J]. 北京联合大学学报(自然科学版)，26(01)：56-60.
张亚丽，黄庆德，马建国，等，2016. 浓香葵花籽油生产技术研究[J]. 中国油脂，41(12)：9-14.
张玉峰，张建中，任维民，2008.21 世纪榨油新概念——低温榨油技术[J]. 当代农机(04)：61-62.
张运达，王凤琴，姚一萍，1993. 海拔、纬度、温度对向日葵脂肪及脂肪酸、蛋白质及氨基酸含量的影响[J]. 中国油料(1),63-64,68.

张运艳,顾斌,陈凤香,等,2015a. 高油酸葵花籽油与普通葵花籽油的比较研究[J]. 粮食与油脂,28(7):50-52.

张运艳,陈凤香,顾斌,等,2015b. 高油酸葵花籽油的理化性质及化学成分分析[J]. 粮油加工(6):34-36.

赵华锋,谢慧明,朱霖,等,2008. 生、熟葵花籽油中脂肪酸组成的 GC—MS 分析[J].. 粮油加工(1):68-70.

赵微微,李松华,2018. 新型复合葵花籽粕多肽功能茶饮料的研制[J]. 现代食品(22):165-169.

赵兴俊,赵旭华,2013. 河西地区几个油用型向日葵品种引种初步试验及分析[J]. 农业与技术,33(12):156-158.

赵雅霞,2014. 新疆高油酸葵花籽油脂肪酸成分分析[J]. 农产品加工(学刊)(22):67-67.

郑洪元,刘怀华,贾海滨,等,2020. 中国北方向日葵种植[J]. 北京:中国农业科学技术出版社.

智博涛,朱效兵,2017. 绿色向日葵油生产技术规范[J]. 现代食品(10):4-7.

钟方寅,郑琛,李发弟,等,2014. 向日葵秆和向日葵盘对绵羊营养价值的评定[J]. 草业学报,23(3):205-214.

周菲,王文军,刘岩,等,2021. 向日葵籽仁脂肪和脂肪酸含量近红外光谱模型的建立[J]. 作物杂志(2):200-206.

周锦龙,罗华军,王慧,等,2019. 日粮中不同添加比例葵花粕对蛋鸡生产性能和蛋品质的影响[J]. 湖南饲料(02):38-43.

朱浙辉,巩发永,2015. 油葵饼粕中绿原酸的乙醇浸提研究[J]. 科技资讯,13(19):123-124.

邹轶,刘松柏,彭运智,等,2018. 葵花籽粕在肉鸡饲粮中的应用[J]. 动物营养学报,30(8):2894-2901.

Roche, Jane, Mouloungui, et al, 2016. Fatty acid and phytosterol accumulation during seed development in three oilseed species[J]. International Journal of Food Science & Technology, 51:1820-1826.

Sezen S M, Ahmad I, Habib-Ur-Rahman M, et al, 2011. Growth and productivity assessments of peanut under different irrigation water management practices using CSM-CROPGRO-Peanut model in Eastern Mediterranean of Turkey[J]. Environmental science and pollution research international, 29(18):26936-26949.